T0132811

LES HERMÉNEUTIQUES AU SEUIL DU XXIème SIECLE

BIBLIOTHÈQUE PHILOSOPHIQUE DE LOUVAIN
62

LES HERMÉNEUTIQUES AU SEUIL DU XXIème SIECLE

ÉVOLUTION ET DÉBAT ACTUEL

Édité par
ADA NESCHKE-HENTSCHKE
avec la collaboration de
FRANCESCO GREGORIO ET CATHERINE KÖNIG-PRALONG

EDITIONS DE L'INSTITUT
SUPERIEUR DE PHILOSOPHIE
LOUVAIN-LA-NEUVE

EDITIONS PEETERS
LOUVAIN-PARIS
2004

Library of Congress Cataloging-in-Publication Data

Les herméneutique au seuil du XXIème siecle / edité par Ada Neschke-Hentschke
avec la collaboration de Francesco Gregorio et Catherine König-Pralong.
   p. cm. -- (Bibliothèsue philosophique de Louvain; 62)
French and German.
Chiefly contributions presented at a colloquium held May 3-5, 2001 in Crête-
   Bérard, Switserland.
Includes bibliographical references.
ISBN 90-429-1443-2 (alk. paper) -- ISBN 2-87723-782-6 (alk. paper)
   1. Hermeneutics--Congresses. I. Neschke-Hentschke, Ada B. (Ada BAbette), 1942- II.
Gregorio, Francesco. III. König-Pralong, Catherine. IV. Series.

BD241.H446 2004
121'.686--dc22

                                                                    2004043516

ISBN 90-429-1443-2 (Peeters Leuven)
ISBN 2-87723-782-6 (Peeters France)
D. 2004/0602/50

PRÉFACE

Les herméneutiques au seuil du xxième siècle s'inscrit dans un vaste projet, dont le but est de retracer l'évolution de l'herméneutique depuis l'institutionnalisation des sciences humaines dans les universités du début du xixème siècle. Cette première phase a fait l'objet d'une étude précédente intitulée *La naissance du paradigme herméneutique,* qui reconstituait les débuts de l'herméneutique postkantienne[1].

Le présent volume veut offrir un panorama des courants et des conceptions actuels qui se réclament de l'herméneutique. La majeure partie des contributions présentées ici sont le fruit d'un colloque tenu du 3 au 5 mai 2001, à Crêt-Bérard (Suisse). Certaines d'entre elles ont pourtant été sollicitées par après, pour compléter le tableau. Nous regrettons par ailleurs l'absence des historiens et des littéraires, que nous évoquons dans l'introduction; en effet, leur débat autour de l'œuvre maîtresse de Gadamer, *Wahrheit und Methode,* fut des plus vifs et des plus intéressants pour l'histoire de l'herméneutique.

Le décès de H.-G. Gadamer, le 11 février 2002, a signé le départ d'un important partenaire de discussion. L'adage «*Das Gespräch das wir sind*» s'appliquait à lui plus qu'à personne[2]. Quant au débat continué dans ce volume, il aura nécessairement les allures d'un *work in progress.* S'il parvient à stimuler la discussion dans la direction d'une meilleure compréhension de l'herméneutique, il aura accompli la tâche que nous lui assignons.

Nous tenons à remercier chaleureusement les institutions sans lesquelles le colloque de Crêt-Bérard et cette publication n'auraient pas pu voir le jour: le Fonds national suisse de la recherche scientifique, l'Académie suisse des sciences humaines et sociales, et la Fondation du 450e anniversaire de l'Université de Lausanne. Nous adressons enfin nos vifs remerciements à Adrian Dufour, qui a réalisé la mise en forme informatique de cette publication.

---

[1] LAKS, A. et NESCHKE, A., éds. (1990), *La naissance du paradigme herméneutique. Schleiermacher, Boeckh, Humboldt, Droysen,* Lille. Le volume est aujourd'hui épuisé. En 2005, les Editions Peeters en publieront une seconde version augmentée.
[2] Voir «In memoriam Hans-Georg Gadamer», dans: FLASCH, K. (2003), *Die Philosophie hat Geschichte,* Francfort, pp. 286-290.

INTRODUCTION HISTORIQUE

LES HERMÉNEUTIQUES AU SEUIL DU XXIème SIECLE

L'*ars hermeneutica,* cette technique qui vise la compréhension maîtrisée du passé, doit être inscrite dans une longue tradition qui débute
avec la première interprétation (ἑρμηνεία) des poèmes d'Homère, aux
Vème et IVème siècles avant Jésus-Christ[1]. Aujourd'hui, elle concerne
toutes les disciplines des sciences humaines, que celles-ci soient théoriques (histoire, analyse littéraire, philologie, histoire de l'art) ou orientées vers la pratique (théologie et jurisprudence)[2].

Au seuil du XXIème siècle, à l'heure où ce savoir prétend à une dignité
accrue, il est temps de faire un bilan de la tradition herméneutique. En effet,
l'herméneutique d'aujourd'hui n'est plus le modeste art de la compréhension; sous le pavillon de l'«herméneutique» circulent au contraire des entreprises scientifiques et philosophiques beaucoup plus ambitieuses. De plus,
à côté de ces projets théoriquement justifiés, il est fait un toujours plus vaste
usage du terme «herméneutique» pour qualifier, par exemple, une compréhension du politique, du religieux, etc. De manière symptomatique, cet
emploi pléthorique du terme manifeste le succès d'une thèse de l'herméneutique philosophique qui doit faire l'objet d'un examen critique: la thèse
de l'universalité de la compréhension. Notre projet est donc d'objectiver
cette situation complexe et diversifiée, pour articuler les tendances de l'herméneutique actuelle à l'écoute de ses représentants les plus lucides. Ce
volume réunit leurs différentes visions, représentatives de l'actualité de l'herméneutique. Pour mieux cerner quelle est la situation actuelle de la discipline, cette introduction abordera auparavant les deux questions suivantes:

1) Quelle est la caractéristique des herméneutiques actuelles?
2) Où situer leurs lieux de naissance et ceux de leurs interactions et
   de leurs influences croisées?

Enfin, nous présenterons brièvement les contributions qui constituent ce volume.

---

[1] Pour le terme voir PLATON, *Ion* 535 a6.

[2] Sur l'histoire de l'*ars hermeneutica* voir SZONDI, P. (1975), «Einführung in die literarische Hermeneutik», dans: *Studienausgabe der Vorlesungen,* tome V, J. BOLLACK et H.
STIERLIN, éds., Francfort, pp. 7-191 (trad. fr. M. BOLLACK (1989), *Introduction à l'herméneutique littéraire,* Paris). Au sujet de l'«herméneutique» philologique, voir PFEIFFER,
R. (1970), *Geschichte der Klassischen Philologie,* Hambourg, pp. 114 ss.

I. Les trois herméneutiques d'aujourd'hui

L'herméneutique d'aujourd'hui est prioritairement issue de la tradition scientifique et philosophique germanophone. Cependant, depuis la fin de la deuxième guerre mondiale et grâce aux nouveaux échanges culturels établis entre la France et l'Allemagne, un essor parallèle s'est fait jour dans le monde francophone, notamment grâce aux travaux de Paul Ricœur, de Jean Greisch et de Jean Grondin[3]. Pour expliquer la stabilité de l'herméneutique en Allemagne, il faut rappeler deux événements. Le premier appartient à l'histoire des institutions. Depuis la réforme universitaire de Wilhelm von Humboldt au début du XIXème siècle (1810), la Faculté de philosophie (*Philosophische Fakultät*) fut le lieu de l'essor des sciences humaines (*Geisteswissenschaften*)[4]. Deuxièmement, il faut souligner l'importance de l'entreprise inachevée de Wilhelm Dilthey, au début du XXème siècle. Dilthey avait en effet le projet de porter la connaissance des sciences humaines au concept; il voulait engager une critique de la raison historique, à l'instar de ce qu'avait entrepris Kant pour la raison pure[5]. Comme théorie du comprendre («*Verstehen*»), l'herméneutique constituait chez Dilthey la procédure prioritaire et caractéristique des sciences humaines, dans leur opposition aux sciences de la nature. Après Dilthey, dont l'influence a été sous-estimée[6], l'herméneutique qu'il avait conçue dans le contexte d'une épistémologie des sciences humaines s'est diversifiée en trois projets bien distincts:

I.1. Une *herméneutique* philosophique[7]

Cette première tendance projette d'établir une herméneutique de l'existence humaine (de sa «facticité»). Elle fut inaugurée par Martin Heidegger entre 1919 et 1927, puis élaborée par Hans-Georg Gadamer, dès 1960. Elle constitue une herméneutique *descriptive* dans la mesure où

---

[3] Les ouvrages majeurs de ces auteurs sont mentionnés dans la bibliographie.
[4] Voir LAKS, A. et NESCHKE, A., éds. (1990), *La naissance du paradigme herméneutique. Schleiermacher, Boeckh, Humboldt, Droysen*, Lille, pp. 121 ss.
[5] Voir LESSING, H.U. (2001), *Wilhelm Diltheys Einleitung in die Geisteswissenschaften*, Darmstadt, pp. 159 ss.
[6] Faire l'histoire de la réception de Dilthey permettrait de reconstruire une grande partie de l'histoire intellectuelle de l'Allemagne du début du XXème siècle. Les matériaux ont été préparés par RODI, F. et LESSING, H.U. (1984), *Materialien zur Philosophie W. Diltheys*, Francfort.
[7] Nous faisons de cette désignation le nom propre d'un mouvement particulier de l'histoire intellectuelle allemande.

elle veut saisir la situation existentielle de l'être humain par le biais d'une approche phénoménologique. Dès lors, la compréhension (*das «Verstehen»*) ne renvoie pas à une méthode, à une forme de procédure disciplinée, mais elle exprime une manière d'être-au-monde (*das «In-der-Welt-Sein»*) du sujet humain, un mode de son existence. Le comprendre n'est donc plus un procédé d'appropriation culturelle, mais il s'inscrit dans un projet existentiel qui ouvre le monde au sujet humain et donne lieu à des expériences fondamentales. Ainsi Gadamer parle-t-il d'«expérience herméneutique» (*«hermeneutische Erfahrung»*). Cette première forme d'herméneutique appartient à un mouvement philosophique dont le projet épistémique, réflexif et descriptif, vise la connaissance de soi. Elle revendique le nom d'«herméneutique» puisqu'elle livre une analyse du comprendre, qu'elle considère comme l'activité humaine la plus fondamentale. En résumé, il s'agit d'une phénoménologie de la compréhension conçue comme activité quotidienne (*das lebensweltliche Verstehen*) qu'il faut dépouiller de sa banalité pour en dévoiler le sens profond.

I.2. Une *herméneutique* générale

L'*herméneutique générale* se présente comme théorie méthodologique et normative de la connaissance. Elle entend le terme «comprendre» (*«Verstehen»*) dans son acception la plus large, sans que son domaine de référence ne se trouve limité par la spécificité de quelque objet. La compréhension est le résultat positif de l'interprétation (*«Auslegen»*) ou de l'explication (*«Erklären»*). Tandis que l'herméneutique philosophique se définit principalement par son sujet, à savoir l'existence humaine «facticielle» dont elle fournit une analyse, l'herméneutique générale se distingue par une focalisation exclusive sur la question des procédés de l'interprétation; son univers est celui des «raisons» et des «méthodes». Le tournant méthodologique pris par cette herméneutique et son ouverture sur les objets les plus divers justifient le nom d'«herméneutique *générale*» (*«Allgemeine Hermeneutik»*). Cette appellation signifie en outre un renouement avec l'herméneutique des Lumières, dont la redécouverte marque les débuts de l'herméneutique générale, lorsque, dès 1965, Lutz Geldsetzer publia les textes oubliés des penseurs des Lumières[8]. Aujourd'hui, le mouvement est porté par un groupe important

---

[8] Voir la bibliographie livrée par SCHOLZ, O.R. (1994), «Bibliographie zur Hermeneutik des 17. und 18. Jahrhunderts. Primär- und Sekundärliteratur», dans: A. BÜHLER, éd. (1994), *Unzeitgemäße Hermeneutik. Verstehen und Interpretation im Denken der Aufklärung*, Francfort, p. 252.

de chercheurs qui élaborent une épistémologie du comprendre conçu comme résultat d'une quête générale du savoir.

Au sein de l'univers philosophique contemporain, ces deux premiers courants défendent deux conceptions différentes de la vérité. Le fondement de la théorie normative de l'herméneutique générale est la vérité «apophantique» d'origine aristotélicienne (le λόγος ἀποφαντικός): elle porte sur la proposition et valide une correspondance entre le dire et l'être. La théorie sémantique de la vérité de A. Tarski a renouvelé cette conception de la vérité qui sert l'herméneutique générale[9]. Quant à l'herméneutique philosophique, elle rejette cette première conception de la vérité au profit de l'authenticité, sous le signe du dévoilement de l'être[10].

I.3. Des herméneutiques propres aux diverses disciplines des sciences humaines

L'ancienne *ars hermeneutica* n'a pourtant pas cessé d'exister, bien qu'elle perdure sans faire grand bruit[11]. Sa théorie fut l'objet des ouvrages importants de Emilio Betti, *Teoria generale dell'interpretazione*[12] et de Eric Donald Hirsch, *Validity in Interpretation*[13]. En dehors de sa théorie, elle se pratique dans les facultés de sciences humaines (lettres, histoire, jurisprudence et théologie), après avoir été élevée par Wilhelm Dilthey au rang de procédure prioritaire des sciences dites «de l'esprit» («*Geisteswissenschaften*»). Ces sciences se réclament toutes du comprendre (*Verstehen*) en tant qu'activité intellectuelle soumise aux standards théoriques d'une communauté scientifique. Cette compréhension dépend des

---

[9] TARSKI, A. (1983), «Der Wahrheitsbegriff in den formalisierten Sprachen», dans: K. BERKA et L. KREISER, éds., *Logik-Texte*, Darmstadt, pp. 445-546.

[10] Voir GRONDIN, J. (1994b), «Die Entfaltung eines hermeneutischen Wahrheitsbegriffs», dans: J. GRONDIN (1994a), *Der Sinn für Hermeneutik*, Darmstadt, pp. 40-53. Mais voir la critique ancienne de TUGENDHAT, E. (1966), *Der Wahrheitsbegriff bei Husserl und Heidegger*, Berlin. La question est reprise récemment par APEL, K.O. (2003), «Idées régulatrices ou advenir de la vérité? A propos de la tentative gadamerienne de répondre à la question des conditions de possibilité d'une compréhension valide», dans: G. DENIAU et J.-C. GENS, éds., *L'héritage de Hans-Georg Gadamer*, Paris, pp. 153-179.

[11] On lui reproche son silence, alors que son milieu vital n'est pas le brouhaha du marché, mais le silence propre à l'étude et à la réflexion. Voir NESCHKE, A. (1997), «Geisteswissenschaften heute», *Bulletin der Schweizerischen Akademie für Geistes- und Sozialwissenschaften*, Beiheft November, pp. 4-15.

[12] BETTI, E. (1955), *Teoria generale della interpretazione*, Milan (2e édition élargie: Milan, 1990).

[13] HIRSCH, E.D. (1967), *Validity in Interpretation*, Chicago (trad. all.: A.A. SPÄTH (1972), *Prinzipien der Interpretation*, Munich). Du même auteur (1976), *The Aims of Interpretation*, Chicago.

formes de la recherche scientifique et de ses institutions; elle suppose une documentation et se présente comme argumentation. Les herméneutiques particulières des sciences humaines ont un présupposé commun: la documentation qui est au départ de toute recherche peut être appréhendée dans une démarche plus ou moins pertinente; de fait, la compréhension peut être valide (*das richtige Verstehen*) ou invalide. La documentation qui est objet du comprendre peut appartenir à des domaines très divers: il peut s'agir de textes sacrés ou laïques, de textes fictifs ou non, d'objets d'art, de corpus de lois et d'arrêtés, de pratiques sociales ou de rites religieux, dans la mesure où ceux-ci laissent une trace observable. Nonobstant cette variété, qui témoigne de l'étendue des activités humaines, les sciences de l'esprit poursuivent un objectif commun: comprendre l'être humain comme auteur du monde culturel et de sa transformation.

Ces trois herméneutiques entretiennent des rapports mutuels. Selon l'analyse pointue de W. Dilthey[14], la connaissance des sciences humaines a pour but une prise de conscience de l'homme, qui oriente forcément la vie pratique. Contrairement à la recherche du soi que propose l'herméneutique philosophique, les herméneutiques des sciences humaines ne prétendent pas atteindre le *soi* individuel, ses perceptions intérieures et ses expériences existentielles «authentiques», mais un «soi» médiatisé par la société humaine, par ce que le soi individuel partage avec autrui. La connaissance de soi, qui débouche sur un savoir descriptif, s'acquiert donc ici par la connaissance d'*autrui*; elle est prioritairement connaissance du monde historique comme ensemble des traces de l'activité humaine. Puisque autrui est un parent mais aussi un inconnu, la compréhension sera guidée par des méthodes scientifiques (analyse et critique historiques, littéraires et philosophiques des sources). Ainsi l'herméneutique des sciences humaines est-elle impérativement soumise à des règles qui la contrôlent; elle veut être une «*Regelhermeneutik*». Les règles servent à élaborer une compréhension pertinente des productions humaines selon leurs particularités et refusent à cette compréhension d'être la pure projection de l'interprète sur autrui. De fait, elle revendique une certaine forme de réalisme et constitue «la matière» de l'herméneutique générale comme théorie épistémologique de la compréhension en tant que *réussite* de l'interprétation. Celle-ci entend en effet élucider les présupposés et

---

[14] Voir, en particulier, DILTHEY, W. (1910), *Der Aufbau der geschichtlichen Welt in den Geisteswissenschaften*, dans: *Gesammelte Schriften*, tome 7, B. GROETHUYSEN, éd., Leipzig/Berlin, 1927, pp. 141-146; 8e tirage: Göttingen, 1992 (trad. fr.: S. MESURE (1988), *L'édification du monde dans les sciences de l'esprit*, Paris, pp. 95-100).

les règles les plus générales qui régissent les procédures herméneutiques particulières.

L'herméneutique des sciences humaines rassemble donc, d'une part, les applications particulières de l'herméneutique générale; d'autre part, elle contribue à la connaissance de l'homme par l'homme et côtoie ainsi l'herméneutique philosophique. Elle ne partage pourtant pas le présupposé de cette dernière, qui affirme que la compréhension est la seule activité fondamentale de l'être humain. Le fait de l'existence du monde culturel et historique comme «produit» de l'activité humaine témoigne plutôt d'une dimension particulière de l'homme, dès lors conçu comme *homo faber*. Ceci dit: l'homme ne se résigne pas à *comprendre*, il vise à *transformer* le monde, qu'il s'agisse du modelage continu du monde social par l'activité politique et économique ou de la transformation du monde naturel par les techno-sciences. L'universalité du comprendre revendiquée par l'herméneutique philosophique doit dès lors être réinscrite dans ses limites. L'anthropologie épistémologique (*Erkenntnisanthropologie*) proposée par Karl Otto Apel visait un tel but, en réaction à l'herméneutique philosophique[15]. Elle caractérise l'herméneutique philosophique comme un avatar de la philosophie de la conscience, de la philosophie de l'être-au-monde (*das In-der-Welt-Sein*), dans laquelle «l'expérience herméneutique» est envisagée comme conscience de soi, non comme fait réel soumis au regard de l'historien. Selon Apel, l'herméneutique philosophique perpétue l'occultation de la corporéité humaine (le «*Leib-Apriori*» de Apel). Une brève histoire des herméneutiques philosophiques confirmera d'ailleurs ce bilan critique formulé par K.O. Apel.

II. L'évolution de l'herméneutique au XXème siècle

L'existence conjointe de ces *trois* herméneutiques peut être élucidée dans une perspective historique. Avant d'esquisser l'origine de ce phénomène, regrettons l'absence d'une véritable histoire de l'herméneutique au XXème siècle, qui narrerait l'essor de l'herméneutique en Allemagne sur l'arrière-fond de son histoire intellectuelle, institutionnelle, sociale et politique[16]. Dans le cadre de cette introduction, notre propos sera plus modeste: il s'agira de relever quelques moments cruciaux de

---

[15] Voir APEL, K.O. (1971), «Szientistik, Hermeneutik und Ideologiekritik», dans: J. HABERMAS, éd., *Hermeneutik und Ideologiekritik,* Francfort, pp. 7-44.

[16] Cette entreprise a été commencée seulement par: SCHNÄDELBACH, H. (1991), *Philosophie in Deutschland 1831-1933*, Francfort.

cette évolution que la recherche récente a pu décrire grâce à des documents fraîchement collectés[17]. Dans l'état actuel de nos connaissances, l'évolution générale de l'herméneutique du XXème siècle peut s'articuler en quatre phases[18]:

(1) D'abord, il y eut la théorie des sciences humaines («*Geisteswissenschaften*») de W. Dilthey entre 1883 et 1910, qui poursuivait un double objectif: une critique de la raison historique et une philosophie de la vie.

(2) L'herméneutique considérée par Dilthey comme partie de l'épistémologie des sciences humaines fut transformée en phénoménologie de l'existence par le jeune M. Heidegger (1919-1927). Elle a été prolongée par H. G. Gadamer depuis 1960. Un usage parallèle de l'herméneutique apparaît en France à partir de 1965, dans l'œuvre de P. Ricœur.

(3) L'herméneutique de Gadamer a été interprétée comme théorie valide du rôle social des sciences humaines par J. Habermas, K.-O. Apel et M. Riedel. Cette lecture a suscité des réactions du côté des sciences humaines et favorisé la naissance de l'herméneutique générale, après 1965.

(4) La coexistence de ces trois herméneutiques a donné lieu à un débat continu. Au lieu d'affaiblir l'herméneutique philosophique, ses critiques l'ont renforcée. Gadamer et ses disciples se sont défendus et ont cherché à clarifier et à élaborer leur théorie comme projet général de philosophie. Ainsi, un nouveau projet de «philosophie herméneutique» (sic!) s'est récemment substitué à l'herméneutique philosophique en Allemagne[19]. En France, la phénoménologie herméneutique représentée par P. Ricœur et J. Greisch est en plein essor. L'ensemble des contributions que nous proposons ici veut être une contribution à l'élucidation de cette quatrième phase[20].

---

[17] F. Rodi, H.U. Lessing et leur équipe ont édité l'œuvre complète de W. Dilthey et en ont donné des interprétations dans le *Dilthey-Jahrbuch*. L'œuvre de jeunesse de M. Heidegger bénéficie également d'une édition critique. T. Kisiel, J. Greisch et J.-C. Gens ont élucidé le tournant heideggerien de l'herméneutique. J. Grondin a livré des interprétations de Gadamer, alors que L. Geldsetzer, A. Bühler, O. Scholz, parmi d'autres, s'intéressaient à l'«allgemeine Hermeneutik». Enfin, J. Greisch a consacré des études décisives à P. Ricœur. Voir la bibliographie.

[18] Concernant les auteurs et leurs textes, voir la bibliographie et le tableau chronologique.

[19] Voir Pöggeler, O. (1994), *Schritte zu einer hermeneutischen Philosophie*, Freiburg; et sa recension par Greisch, J. (1994b), «Bulletin de philosophie. La raison herméneutique en débat», *Revue des sciences philosophiques et théologiques*, 78, p. 444.

[20] Mentionnons la récente réaction de K. Flasch à l'encontre de Gadamer: Flasch, K. (2003), *Die Philosophie hat Geschichte*, Francfort, pp. 275-285 et le volume édité par Deniau, G. et Gens, J.-C. (2003), *L'héritage de Hans-Georg Gadamer*, Paris.

II.1. Wilhelm Dilthey (1834-1911)

La dernière œuvre de W. Dilthey, *L'édification du monde historique dans les sciences de l'Esprit*, constitue l'articulation la plus mûre de ses conceptions[21]. Par le biais d'un développement à la fois historique et systématique, Dilthey y décrit le statut particulier des sciences de l'esprit (*Geisteswissenschaften*) dont il a vécu l'essor au sein de l'université humboldtienne[22]. Son approche n'est pas purement épistémologique; Dilthey inscrit en effet ces sciences dans une philosophie de la vie dont l'originalité a souvent échappé à ses interprètes[23]. La science même est le produit de la vie tout en la représentant.

Or la notion de vie embrasse chez Dilthey un vaste spectre de significations conjointes. Pour les distinguer, il faut établir deux dichotomies. Les détenteurs de la vie sont d'une part les individus, d'autre part la collectivité humaine, l'humanité dans laquelle la vie de l'individu est enchevêtrée; la vie de l'humanité n'est rien d'autre que l'histoire envisagée comme ensemble interactif (*EMH*, p. 86). La seconde division concerne l'individu: en lui, elle démarque la vie consciente, caractérisée comme «expérience vitale» («*Erlebnis*»), de la force vitale qui sous-tend la vie consciente et se manifeste dans les pulsions, attractions ou répulsions. La vie de l'individu et celle du collectif interagissent toujours l'une sur l'autre. En effet, la vie de l'individu s'enracine dans la vie collective, dans la société et son histoire, alors que la vie collective est nourrie et constituée des activités de l'individu considéré comme puissance novatrice et créatrice (*EMH*, pp. 106 ss).

La notion de vie englobe donc aussi bien l'existence de l'individu, ses pulsions vitales, que l'existence d'une nation entière et celle de l'humanité. Sur ce canevas, Dilthey tisse une théorie complexe des sciences de l'esprit. D'emblée, elles constituent un ensemble de coopération qui est ensuite considéré comme le produit de l'évolution historique et inscrit dans la vie de la société et de l'humanité. Au début de son discours (*EMH*, pp. 41-73), Dilthey montre que leur développement est parallèle à celui des sciences de la nature. Comme ces dernières, elles

---

[21] Nous citons dans la traduction française, sous l'abréviation *EMH*.
[22] Dès 1883, il occupe la chaire de H. Lotze à Berlin. Voir LESSING, H.U. (2001), p. 23.
[23] Voir par contre les travaux de RODI, F. (1990), *Erkenntnis des Erkannten. Zur Hermeneutik des 19. und 20. Jahrhunderts*, Francfort, pp. 56-69, et (1998), «Wilhelm Dilthey. Der Strukturzusammenhang des Lebens», dans: M. FLEISCHER, éd., *Philosophie des XIX. Jahrhunderts*, Darmstadt, pp. 199-219.

se présentent sous une modalité pratique avant de devenir réflexives. Ainsi les sciences de la nature ont-elles vu naître leur validation théorique chez Kant, alors que les sciences de l'esprit trouveront leur Kant en Dilthey. Hélas, l'ouvrage que préparait *L'édification du monde historique dans les sciences de l'esprit*, à savoir la *Critique de la raison historique,* demeurera inachevée.

Dilthey décrit ensuite les sciences de l'esprit comme le prolongement d'une pratique quotidienne et vitale, le comprendre (*das Verstehen*). C'est en effet par le comprendre que l'individu est partie de la collectivité humaine: la nature commune de l'espèce rend possible la compréhension d'autrui. L'individu s'ouvre au monde des autres et étend la portée de ses propres expériences en interprétant les actions d'autrui. Il interagit ainsi avec le monde social (*EMH*, pp. 95 ss). Après avoir précisé l'importance de la compréhension pour la vie de l'individu et de la société, pour leur interaction primordiale, Dilthey engage la première analyse de fond de la compréhension. Celle-ci établit qu'autrui n'est pas l'objet immédiat de la compréhension, mais que cet objet premier est constitué par les traces ou les objectivations laissées par autrui. Qu'il s'agisse de textes de diverses natures, d'œuvres d'art, d'actes officiels ou d'autres documents, la compréhension appréhende ces objectivations comme l'expression (*der Ausdruck*) de l'expérience vitale (*das Erlebnis*) du sujet humain. La triade «*Erlebnis-Ausdruck-Verstehen*» dessine le cadre général des sciences de l'esprit (*EHM*, p. 37). En effet, celles-ci visent toutes à la compréhension des objectivations en tant qu'expression de l'*Erlebnis*, de la vie consciente d'un individu, de son interaction et de son inscription dans une collectivité; elles visent conjointement à la compréhension de ces mêmes objectivations dans la mesure où en résulte l'histoire comme ensemble interactif. Les objectivations sont donc des *expressions de la vie* qu'elle soit individuelle ou collective. Aussi, la vie constitue-t-elle l'objet prioritaire des sciences de l'esprit.

Cependant, les sciences de l'esprit entretiennent encore un autre rapport avec la vie. La vie ne leur fournit pas seulement l'objet et le but de leur quête de savoir, elle constitue *la condition de possibilité* de l'activité scientifique. En effet, la compréhension d'autrui ne serait pas possible si la vie consciente ne s'identifiait pas avec l'*Erlebnis*. L'interprète a une connaissance intuitive de sa vie consciente et la communauté de la nature humaine l'autorise à reconduire l'objectivation de la vie consciente intérieure d'autrui à la sienne propre. Ce rapport entre les sciences de l'esprit et la vie est souligné par le célèbre adage diltheyen: «La vie saisit la vie» (*EMH*, p. 90). Cette analyse aboutit de fait à l'élucidation générale des conditions les plus élémentaires de tout acte de compréhension, qu'il soit quotidien (*lebensweltlich*) ou scientifique.

Or, Dilthey, à la différence de ce que propose Gadamer cinquante ans plus tard, rejette pourtant l'identification de la compréhension quotidienne avec celle pratiquée par les sciences. Scrutant les modalités de l'expérience vitale en tant que condition de possibilité de la compréhension valide, Dilthey y découvre des tendances qui entravent la compréhension pertinente et valide d'autrui. L'expérience vitale se décompose en trois actes: l'appréhension du monde, l'évaluation de ce qui est appréhendé, et le choix des fins de l'action. Chez Dilthey, l'*Erlebnis* débouche en effet sur l'action. Or l'appréhension du monde est d'ores et déjà imprégnée par la vie; en elle intervient l'impulsion vitale qui détermine la signification des faits mondiaux pour le sujet humain (*EMH*, pp. 86 ss). Dans l'expérience vitale spontanée, les objets ne sont donc jamais neutres; ils exercent immédiatement une attraction ou une répulsion. Le sujet appréhende le monde toujours selon son propre centre d'intérêt. L'évaluation qui aboutit au choix des fins est donc précontenue dans l'appréhension; elle rend explicites les valeurs des «faits» appréhendés.

Pour Dilthey, toute activité des sciences de l'esprit est certes *enracinée* dans cette structure spontanée de l'expérience vitale; elle n'est pourtant pas *déterminée* par cette origine. La force de la réflexion rompt en effet la loi de la spontanéité. La méthodologie scientifique impose au chercheur de déloger la compréhension de ses enracinements dans les seuls élans vitaux qui sous-tendent sa vie consciente individuelle, pour comprendre les objectivations d'autrui grâce aux outils que sont les «vérités scientifiques», par exemple les connaissances historiques, sociologiques, juridiques, etc. (*EHM*, pp. 91 ss., pp. 95 ss.). Un impératif méthodologique impose de quitter son propre centre d'intérêt, la pure spontanéité, pour pouvoir approcher du centre d'intérêt d'un autrui à comprendre. Ainsi, les sciences de l'esprit, de par leur coopération, opèrent une compréhension médiatisée, fort différente de la compréhension pré-scientifique et spontanée. Cette caractéristique les rend aptes à l'édification du monde historique en tant qu'ensemble interactif tournant autour des centres propres. Ceux-ci ne se découvrent que par l'interaction des sciences et le savoir multiple fourni par elles. L'historien s'en rapproche à grand renfort de recherches et d'analyses documentaires (*EHM*, pp. 112 ss).

Ce bref résumé a pour but prioritaire de faire voir en quoi l'œuvre de Dilthey peut être considérée comme l'arrière-fond de l'évolution de l'herméneutique au XXème siècle[24]. La notion diltheyenne de vie est complexe. Elle signifie tantôt les pulsions vitales, tantôt la vie consciente de l'individu, tantôt la vie collective des nations et de l'humanité entendue comme ensemble interactif. La première strate, celle des pulsions, sous-tend les autres et échappe, selon Dilthey, à toute analyse[25]. (Un contemporain de Dilthey, Sigmund Freud, chercha pourtant à pénétrer cette strate et découvrit l'inconscient, en 1900[26].) Encore faut-il souligner l'importance du corps humain chez Dilthey: il est porteur de vie et d'élans vitaux qui soumettent l'homme à l'histoire de la nature. Conscient du rôle du corps[27], le penseur allemand n'en est pas moins tributaire de la doctrine commune de son époque, un dualisme âme/corps radical, dont Descartes fut le chantre. Il confine donc son analyse au psychisme de l'homme, plus précisément au psychisme conscient. Dans le sillage de sa philosophie, l'anthropologie philosophique du début du XXème siècle, celle de Max Scheler et de Helmuth Plessner, s'est proposé de dépasser ce dualisme, tout en prolongeant l'entreprise de Dilthey[28].

Pour l'histoire de l'herméneutique, l'œuvre de Dilthey est capitale à deux égards. D'une part, les analyses de l'*Erlebnis* développées dans la «psychologie descriptive»[29] ont fourni un point de départ au jeune Heidegger, qui apprécia le projet de philosophie de la vie tout en

---

[24] Elle influa même sur Paul Ricœur, comme l'a montré DUNPHY, J. (1991), «L'héritage de Dilthey dans l'œuvre de Paul Ricœur», dans: J. GREISCH et R. KEARNY, éds., *Paul Ricœur. Les métamorphoses de la raison herméneutique*, Paris, pp. 83-95.

[25] Voir DILTHEY, W. (1982), *Gesammelte Schriften*, tome 19, H. JOHACH et F. RODI, éds., Göttingen, p. 353: «Nous cherchons à comprendre la vie; mais la vie est toujours déjà le fondement de la recherche». Dilthey perçoit bien que toute recherche est «intéressée» et que cet intérêt la motive. La notion d'intérêt épistémique est devenue monnaie courante depuis J. Habermas (1968), mais son origine diltheyenne a été oubliée, car la pensée de Dilthey a été fortement déformée par les présentations que lui a consacrées Gadamer. J'en propose une analyse dans: «Fusion des horizons-confusion des herméneutiques. La lecture de Dilthey opérée par H.-G. Gadamer». L. Couloubaritsis, A. Mazzú (éds), Horizons de l'herméneutique philosophique. Bruxelles 2005.

[26] FREUD, S. (1900), *Traumdeutung*, Leipzig/Wien, dans: S. FREUD, *Studienausgabe*, tome 2, Francfort, 1972.

[27] Voir, par exemple, *EMH*, p. 33, p. 38.

[28] SCHELER, M. (1928), *Die Stellung des Menschen im Kosmos*, Darmstadt. PLESSNER, H. (1928), *Die Stufen des Organischen und der Mensch*, Berlin; 3e tirage: Berlin, 1975. Nous préparons un volume sur l'évolution de l'anthropologie philosophique à partir de ses origines dans l'œuvre de Dilthey.

[29] DILTHEY, W. (1894), *Ideen über eine beschreibende und zergliedernde Psychologie*, dans: *Gesammelte Schriften*, tome 5, G. MISCH, éd., Leipzig/Berlin, 1924, pp. 137-240 (trad. fr.: M. REMY (1947), *Idées concernant une psychologie descriptive et analytique*, dans: *Le monde de l'esprit*, tome I, Paris).

constatant son échec[30]. D'autre part, l'impératif méthodologique qui impose de comprendre les centres d'intérêt d'autrui à partir des objectivations de ses activités vitales a marqué la théorie et pratique des sciences humaines; ces dernières ont trouvé chez Dilthey une analyse pertinente de leur effort de compréhension d'autrui. Du temps de Dilthey même, au début du XXème siècle, Hermann Diels a par exemple collationné les «objectivations» de la première pensée philosophique occidentale, celle des «présocratiques», sous le titre de *Fragments des présocratiques* (*Fragmente der Vorsokratiker*)[31]. Cette entreprise, qui a inauguré une nouvelle compréhension de l'histoire intellectuelle occidentale, est dédiée à W. Dilthey.

II.2. Martin Heidegger (1889-1976)

L'herméneutique de Dilthey portait sur *toutes* les objectivations de la vie et ne privilégiait pas l'objectivation la plus «compréhensible», à savoir le langage humain (discours oraux et textes). Pourtant, la compréhension d'autrui passe prioritairement par le langage et le contrôle de la compréhension s'avère nécessaire dès lors que le discours d'autrui devient opaque. Alors qu'ils reflétaient un état de la société et de la langue grecque passé, les textes d'Homère furent les premiers objets d'une compréhension «technique», trois siècles après leur conception. Dans le monde romain, l'*Ecriture* et les textes juridiques furent soumis à une même procédure. Cette focalisation sur le phénomène discursif est typique de la culture occidentale, jusqu'à Schleiermacher[32]. Quant à Dilthey, il n'a pas focalisé les difficultés particulières aux compréhensions des différents types d'objectivations (textes, œuvres d'art, monuments, etc.). Au contraire, faisant de la vie même l'objet du comprendre, il a inconsciemment préparé le tournant de l'histoire de l'herméneutique au XXème siècle. En effet, alors qu'il renoue avec l'entreprise de Dilthey d'une philosophie de la vie, le jeune Heidegger dénonce la faiblesse de ses conceptions psychologiques. Pour Heidegger, l'attitude phénoménologique fondamentale consiste dans «l'analyse eidétique descriptive des phénomènes

---

[30] Dans les conférences de Kassel, Heidegger marque clairement son départ d'avec Dilthey, qu'il veut dépasser: HEIDEGGER, M. (1925), *Die Kasseler Vorträge*, dans: J.-C. GENS, *Heidegger. Les conférences de Cassel*, (texte allemand et traduction fançaise), Paris, 2003, pp. 160-168. Voir aussi RODI, F. (1990), pp. 102-122.

[31] La première édition date de 1903.

[32] NESCHKE, A. (1990), «Le platonisme et le tournant herméneutique au début du XIXe siècle en Allemagne», dans: A. LAKS et A. NESCHKE, éds. (1990), pp. 121-181.

de conscience en dehors de toute aperception psychologique»[33]. En 1927, *Etre et temps* réalise ce projet phénoménologique. Ce faisant, en quoi Heidegger a-t-il renoué avec Dilthey? Tous deux rejettent le transcendantalisme de Kant et des néo-kantiens en faveur d'un regard porté sur la vie; ils s'intéressent à l'homme total (*der «ganze Mensch»* chez Dilthey). Leurs parcours divergent cependant. Dilthey regarde vers l'homme qui intervient sur le monde réel par ses actions; de fait, l'historicité du sujet humain *(Geschichtlichkeit)* consiste dans l'interaction de l'individu et du collectif. Quant à Heidegger, il part de cette interaction en l'interprétant comme *«In-der-Welt-Sein»*, mais lui reconnaît une portée profondément individuelle. La dimension temporelle de l'homme, que Dilthey concevait dans les termes de l'histoire collective, devient temporalité de l'existence individuelle qui débouche sur la mort. Cette existence individuelle orientée vers la mort, cette facticité vécue, est l'objet de l'analyse heideggerienne; il s'agit dès lors de décrire les phénomènes de la conscience individuelle.

Au sein de cette phénoménologie, l'analyse du *Verstehen* joue un rôle capital[34]. L'acception heideggerienne du *Verstehen* diffère radicalement de celle de Dilthey. Chez ce dernier, elle recouvrait le champ du «comprendre autrui», dans le sens courant de «comprendre une personne». Pour Heidegger par contre, le comprendre représente un mode fondamental du sujet, de son être au monde. La compréhension heideggerienne s'inscrit dans la prolongation de l'appréhension (l'«*Erlebnis*») et non dans celle de la compréhension d'autrui au quotidien diltheyenne. En effet, selon Heidegger, la compréhension est le mode sur lequel la conscience du sujet *appréhende le monde*, elle n'est donc plus le mode par lequel le sujet *comprend l'appréhension du monde par autrui*. Selon Heidegger, la compréhension ouvre le monde au sujet, dans la mesure où elle s'exerce comme explicitation ou «comprendre quelque chose en tant que...». Le sujet comprend le monde en *l'expliquant*. Il effectue ainsi un choix dans l'horizon des possibilités en établissant un sens: il pose ce que le monde signifie pour lui. «Comprendre le monde en tant que...»

[33] HEIDEGGER, M. (1920), *Phänomenologie der Anschauung und des Ausdrucks. Theorie der philosophischen Begriffsbildung*, dans: *Gesamtausgabe*, tome 59, C. STRUBE, éd., Francfort, 1993, p. 7. Voir la présentation de J. Greisch, dont je reproduis la traduction: GREISCH, J. (1994b), «Bulletin de philosophie. La raison herméneutique en débat», *Revue des sciences philosophiques et théologiques*, 78, p. 439.

[34] Elle fait l'objet du paragraphe 31 de *Etre et temps*. Pour un commentaire pointu, qui relève de l'importance du texte dans l'histoire de l'herméneutique, voir GREISCH, J. (1994a), *Ontologie et temporalité. Esquisse d'une interprétation intégrale de* Sein und Zeit, Paris, pp. 187-204.

est une activité constructive qui fait naître le monde pour le sujet. Avec Heidegger, la compréhension acquiert donc une nouvelle dignité: elle est au fondement de l'existence, car le monde se dévoile au sujet humain, il se constitue monde du sujet, par le processus de compréhension.

Cette nouvelle interprétation du comprendre instaure une double rupture: d'une part, la compréhension n'est plus un procédé épistémologique, un principe méthodologique des sciences, mais elle acquiert un statut existentiel; d'autre part, la notion même de compréhension est redéfinie. Le paradigme sémantique «comprendre un sujet humain par ses expressions/objectivations» se mue en «comprendre quelque chose en tant que...», c'est-à-dire «interpréter». Par conséquent, le comprendre de l'herméneutique diltheyenne et celui de la phénoménologie de Heidegger se présentent comme deux termes *homonymiques* couvrant deux projets épistémiques résolument différents selon leur définition. Chez Dilthey, il s'agissait de re-construire la manière dont un sujet humain particulier a interprété le monde, (selon la célèbre formule de A. Boeckh, nous avons affaire à l'«*Erkenntnis des Erkannten*»); cette reconstruction visait des vérités apophantiques garanties par les démarches scientifiques et s'inscrivait dans une certaine forme de réalisme[35]. Chez Heidegger, il s'agit d'expliciter en général les procédés mêmes de l'interprétation du monde par le sujet humain au moyen de concepts eidétiques; cette dernière ne doit pas être considérée dans le fractionnement de ses diverses manifestations individuelles, mais dans la dimension universelle de toute l'existence humaine. La vérité concernée par l'interprétation est celle du dévoilement, elle est constructive. Heidegger y situe la nature *interprétative* de toute appréhension humaine du monde et renoue implicitement avec la thèse de Nietzsche: «tout est interprétation». Le prolongement le plus actuel de cette approche est la *Philosophie de l'interprétation* de Günther Abel et Hans Lenk[36].

En conclusion, la substitution du paradigme «comprendre autrui» par le paradigme «comprendre quelque chose en tant que...» ou «interpréter» donne naissance à une nouvelle herméneutique, celle du comprendre comme élément de la vie «facticielle». Cette herméneutique ne se présente plus comme une épistémologie des sciences humaines, mais comme une ontologie; en elle, l'être humain, le «*Dasein*», a le statut privilégié de lieu où l'Etre apparaît, où la vérité est dévoilement.

---

[35] La tâche du comprendre n'en sera pour autant jamais finie, étant donné la circularité et la complexité du procédé. Voir RODI, F. (1990), pp. 7 ss.

[36] Voir ABEL, G. (1993), *Interpretationswelten*, Francfort; LENK, H. (1993), *Philosophie und Interpretation. Vorlesung zur Entwicklung konstruktionistischer Interpretationsansätze*, Francfort.

Après l'intervention de Heidegger, *deux conceptions fondamentales et fondamentalement différentes* de l'herméneutique se trouvent donc en concurrence. L'une analyse la compréhension du monde par le sujet humain de manière immédiate, par le truchement d'une phénoménologie des actes de compréhension; l'autre recherche dans les objets phénoménaux — signes et objectivations diverses — les traces des interprétations humaines (Dilthey parlerait «des appréhensions, des évaluations et des fins»), dans le but de comprendre la nature prioritairement active et créatrice de l'être humain considéré comme auteur de l'histoire collective. Ces deux herméneutiques ont pourtant en commun l'exclusion méthodique de l'histoire naturelle de l'homme, donc de sa corporéité et des contraintes naturelles qui en découlent (le «*Leib-Apriori*» de K. O. Apel).

II.3. Hans-Georg Gadamer (1900-2002)

Sur l'arrière-fond de ces deux herméneutiques, l'intervention de Hans-Georg Gadamer apparaît dans une double lumière, sinon dans une profonde *ambiguïté*. La partie majeure de l'œuvre magistrale de Gadamer, c'est-à-dire la deuxième partie de *Wahrheit und Methode*[37], propose une ré-interprétation des sciences humaines; elle prolonge donc le projet de Dilthey. Elle réalise cependant cette entreprise en reconduisant les activités des sciences humaines à leur fond existentiel; l'entreprise de Gadamer est orientée par le souci de savoir ce qui advient à l'interprète lorsqu'il cherche à comprendre la tradition par l'intermédiaire des objectivations et des traces du passé. «*Nicht, was wir tun sollten, sondern was über unser Wollen und Tun hinaus mit uns geschieht, steht in Frage*»[38]. Ainsi, la compréhension d'autrui aboutit à la compréhension de soi. Avec cette redéfinition du projet de l'herméneutique, Gadamer veut libérer les sciences humaines d'un carcan méthodologique inadéquat, inspiré des sciences de la nature. Dès lors, le concept central de l'herméneutique philosophique n'est ni la compréhension d'autrui, ni la compréhension du monde comme construction du sujet, mais une compréhension considérée comme événement ou expérience cruciale du

---

[37] GADAMER, H.-G. (²1965), *Wahrheit und Methode. Grundzüge einer philosophischen Hermeneutik*, Tübingen, pp. 162-360; réédité dans: *Gesammelte Werke I, Hermeneutik I*, Tübingen, 1986, 2ᵉ tirage: 1990 (trad. fr.: P. FRUCHON, J. GRONDIN et G. MERLIO (1996), *Vérité et méthode. Les grandes lignes d'une herméneutique philosophique*, Paris). Au sujet de la construction de l'œuvre, voir GRONDIN, J. (1993), *L'universalité de l'herméneutique*, Paris, pp. 1-23.
[38] GADAMER, H.-G. (²1965), p. XIV.

sujet, de celui qui interprète la tradition. Telle est l'expérience herméneutique (*die «hermeneutische Erfahrung»*): elle signe une prise de conscience, en laquelle l'interprète se reconnaît enchevêtré dans l'histoire, se sait être un moment de l'histoire de l'efficience (*die «Wirkungsgeschichte»*). Chez Dilthey, l'historicité était la modalité de la liberté de l'homme qui construit et transforme la vie collective; chez Heidegger, elle se présentait comme projection d'un monde individuel et subjectif; chez Gadamer, elle devient un destin auquel le sujet humain est livré sans retour. L'intervention de l'homme sur l'histoire est toujours et encore un moment de l'histoire de l'efficience.

D'abord focalisée sur les sciences humaines envisagées comme les principaux supports de la tradition, *Wahrheit und Methode* voit ensuite s'élargir son champ d'investigation. Dans la troisième partie, l'historicité est assimilée à la dimension langagière (*die «Sprachlichkeit»*)[39]. Gadamer même a commenté ce pas: «Die philosophische Hermeneutik dehnt ihren Anspruch weiter aus. Sie erhebt Anspruch auf Universalität. Sie begründet ihn damit, dass Verstehen und Verständigung nicht primär und ursprünglich ein methodisch geschultes Verhalten zu Texten meinen, sondern die Vollzugsform des menschlichen Soziallebens sind, das in letzter Formalisierung eine Gesprächsgemeinschaft ist»[40]. Le concept de langage (*die «Sprachlichkeit»*) ne coïncide plus avec celui de langue, mais sa signification est étendue à la communication en général et au dialogue noué entre les générations. Gadamer considère le monde comme compréhensible, comme une communauté de communication. La compréhension de la tradition réaffirme à tout moment l'efficience de cette dernière, car elle se prolonge dans les actes mêmes de compréhension.

Cette troisième partie de *Wahrheit und Methode* assume donc un projet plus large que la deuxième: elle propose de considérer la compréhension de la tradition comme un phénomène universel et fondamental qui caractérise l'existence sociale dans son ensemble; l'analyse de ce phénomène doit donner naissance à une nouvelle philosophie. Jürgen Habermas a souligné les limites d'une telle philosophie de l'existence *sociale*, qui néglige les concepts de travail et de pouvoir[41]; K.O. Apel a prolongé cette critique en y ajoutant le «*Leib-Apriori*» de l'existence humaine et en bâtissant une architectonique des sciences qui laisse une place aux sciences de

---

[39] GADAMER, H.-G. (²1965), pp. 361-465.
[40] GADAMER, H.-G. (1971), «Replik», dans: J. HABERMAS, D. HENRICH et J. TAUBES, éds., *Hermeneutik und Ideologiekritik*, Francfort, p. 289.
[41] HABERMAS, J. (1967), *Zur Logik der Sozialwissenschaften*, Tübingen, pp. 176-180.

la nature et à la critique idéologique[42]. Le projet d'une philosophie herméneutique en tant que *phénoménologie herméneutique* du soi eut pourtant une postérité en France, avec Paul Ricœur et Jean Greisch qui prolongent le projet heideggerien[43]. Quant à l'entreprise gadamerienne, elle influence aujourd'hui les travaux d'Otto Pöggeler en Allemagne[44].

II.4. La réception de Wahrheit und Methode (1960-1993)

L'œuvre de Gadamer est riche d'analyses phénoménologiques. Celles-ci concernent les notions de «pré-jugé» («*Vor-urteil*»), d'expérience («*Erfahrung*»), de fusion des horizons («*Horizontverschmelzung*»). Elles se proposent de dévoiler les conditions pré-théoriques et pré-méthodologiques de la compréhension. La notion d'application («*Applikation*») y joue un rôle central. En effet, tout acte de compréhension suppose, selon Gadamer, un engagement existentiel, au départ d'une pratique existentielle. L'herméneutique juridique en fournit le modèle.

Cette insistance sur l'inscription des sciences dans la vie pratique et la dévaluation parallèle de l'idéal théorique et méthodique ont provoqué deux types de réactions. Dans les diverses disciplines des sciences humaines, les représentants de l'*ars hermeneutica* se sont très tôt sentis visés. Un premier débat s'est noué entre H.-G. Gadamer, Ernesto Betti et Eric Donald Hirsch répondant directement aux thèses centrales du philosophe allemand[45]. Quant aux représentant des sciences du langage (linguistes et littéraires), ils reçurent l'œuvre de Gadamer de manière affirmative et critique à la fois. Le cercle de recherche «*Hermeneutik und Poetik*»[46], Hans Robert Jauss ou encore Peter Szondi cherchent une voie de réconciliation entre les acquis traditionnels de leur discipline et les analyses de Gadamer[47].

---

[42] APEL, K.O. (1971), «Szientistik, Hermeneutik und Ideologiekritik», dans: J. HABERMAS, éd., *Hermeneutik und Ideologiekritik*, Francfort, pp. 7-44.

[43] Voir GREISCH, J. (1994a); GREISCH, J. (1994b).

[44] PÖGGELER, O. (1994), *Schritte zu einer hermeneutischen Philosophie*, Freiburg.

[45] BETTI, E. (1962), *Die Hermeneutik als allgemeine Theorie der Geisteswissenschaften*, Tübingen, pp. 36-72; HIRSCH, E.D. (1967), pp. 245-264; HIRSCH, E.D. (1972), pp. 301-320.

[46] H.J. Jauss, W. Iser et M. Fuhrmann travaillant à l'université de Constance.

[47] SZONDI, P. (1975), pp. 23 ss. JAUSS, H.R. (1970), «Literaturgeschichte als Provokation der Literaturwissenschaft», dans: *Literaturgeschichte als Provokation*, Francfort, pp. 183-194. Une critique toute récente de Gadamer a été développée par Kurt Flasch. Sous le titre *Philosophie hat Geschichte*, l'historien allemand regrette la dévaluation du travail méthodique par l'herméneutique philosophique. Voir FLASCH, K. (2003a), «Wahrheit und philosophiegeschichtliche Methode im Blick auf Hans-Georg Gadamer», dans: *Philosophie hat Geschichte*, tome I, Francfort, pp. 275-285.

Entre temps, la révolution estudiantine de mai 1968 avait prôné l'émancipation de l'individu, le soustrayant à toute autorité issue de la collectivité et de la tradition. Une conception et une architectonique nouvelles des sciences humaines étaient dès lors nécessaires, dans la mesure où celles-ci s'occupaient de la tradition collective. Le débat portait sur l'autorité que pouvait constituer la tradition et sur le fondement des normes communes[48]. Malgré sa prétention à l'universalité, qui fut critiquée par Jürgen Habermas[49], l'herméneutique philosophique de Gadamer fut favorablement accueillie, car elle insistait sur la communication pour assurer la cohésion sociale. Habermas lui-même et plus encore Karl Otto Apel y découvraient une interprétation concluante de la fonction *sociale* des sciences humaines[50]. Alors qu'il réinterprétait les sciences humaines à partir de leur intérêt épistémique («*Erkenntnisinteresse*») dans le cadre d'une anthropologie épistémologique («*Erkenntnisanthropologie*»), Apel prit l'œuvre de Gadamer comme point de départ; il voulait ainsi souligner le caractère communicationnel et pratique des sciences humaines. Les sciences humaines offrent à la société une voie de communication avec la tradition et la sauvegarde des valeurs communes. Elles s'inscrivent ainsi dans le champ de la philosophie pratique. Le modèle de Apel est emprunté à l'*Ethique* d'Aristote, avec une reprise du concept de raison pratique déjà réactualisé par Gadamer[51]. Sur cette base, Manfred Riedel put ensuite envisager les sciences de l'esprit comme «sciences herméneutiques», dans le cadre de la philosophie pratique[52].

Cette interprétation des sciences humaines fut pourtant réductrice. Elle négligea non seulement la deuxième des *Considérations intempestives* de Nietzsche, qui soulignait la diversité des intérêts épistémiques et vitaux à l'origine de l'appropriation de la tradition, mais elle acceptait aussi trop facilement la thèse gadamerienne, selon laquelle le comprendre implique d'emblée une application dans le contexte d'une

---

[48] La défense de l'autorité par Gadamer fut une donnée importante de la discussion. Voir HABERMAS, J. (1971a), «Zum Universalitätsanspruch der Hermeneutik», dans: J. HABERMAS, D. HENRICH et J. TAUBES, éds., *Hermeneutik und Ideologiekritik*, Francfort, pp. 156-159.

[49] En sus de la critique contenue dans la *Logik der Sozialwissenschaften*, voir HABERMAS, J. (1971a).

[50] Voir HABERMAS, J. (1967), pp. 149-176, et APEL, K.O. (1971), pp. 7-44.

[51] GADAMER, H.-G. (^{2}1965), pp. 295-307.

[52] RIEDEL, M. (1978), *Verstehen und Erklären. Zur Theorie und Geschichte der hermeneutischen Wissenschaften*, Stuttgart; RIEDEL, M. (1988), *Für eine zweite Philosophie*, Francfort.

pratique existentielle. Elle ignora donc le potentiel cognitif préservé dans les théories de l'ancienne *ars hermeneutica*, son héritage méthodologique et épistémologique. Un tel héritage avait d'ailleurs été occulté par l'historiographie de l'herméneutique conçue par Dilthey[53]. Cet oubli fut cependant comblé par Lutz Geldsetzer, qui, dès 1965, édita les œuvres des penseurs de l'herméneutique générale des Lumières (Meier et Chladenius, entre autres). Après lui, Axel Bühler dirigea des ouvrages collectifs qui portaient sur cette époque trop longtemps négligée[54]. Olivier Scholz formula une critique acérée de la conception diltheyenne de l'histoire de l'herméneutique[55] et établit une première synthèse de l'*Allgemeine Hermeneutik*, sous le titre *Verstehen und Rationalität*[56]. A l'heure actuelle, cet ouvrage est le plus décisif manifeste de l'*ars hermeneutica* entendue comme théorie générale du comprendre en tant que réussite de l'interprétation.

Depuis, l'existence des trois herméneutiques en Allemagne est un fait incontournable; en France, la phénoménologie herméneutique constitue une tradition propre, sur laquelle les ouvrages de Jean Greisch jettent une claire lumière. La discussion sur l'herméneutique a enfin gagné l'Europe entière, comme en témoignent les actes du congrès international de 1993[57], qui célébrait le tricentenaire de l'Université de Halle où avaient enseigné Wolff et Schleiermacher dont les projets herméneutiques ont en propre de clôre, d'une part, l'herméneutique des Lumières (Wolff) et d'ouvrir, d'autre part, l'herméneutique contemporaine dirigée par la conscience historique (Schleiermacher)[58].

ADA NESCHKE-HENTSCHKE

---

[53] En tant que théoricien de la raison *historique*, Dilthey ne pouvait situer cette naissance à l'époque de l'*Aufklärung*. L'herméneutique de Schleiermacher est la première à intégrer l'historicité du comprendre dans ses réflexions. Voir NESCHKE, A. (1999), «Hermeneutik in Halle: Wolf und Schleiermacher», dans: H.J. ADRIAANSE et R. ENSKAT, éds., *Fremdheit und Vertrautheit. Hermeneutik im europäischen Kontext*, Leuven, pp. 283-302.

[54] BÜHLER, A. (1994), *Unzeitgemäße Hermeneutik. Verstehen und Interpretation im Denken der Aufklärung*, Francfort; BÜHLER, A. et CATALDI MADONNA, L., éds. (1993), *Hermeneutik der Aufklärung, Aufklärung*, 8, 2.

[55] SCHOLZ, O.R. (2001), «Jenseits der Legende — Auf der Suche nach den genuinen Leistungen Schleiermachers für die allgemeine Hermeneutik», dans: J. SCHRÖDER, éd., *Theorie der Interpretation vom Humanismus bis zur Romantik — Rechtswissenschaft, Philosophie und Theologie*, Francfort, pp. 265-285.

[56] SCHOLZ, O.R. (1999), *Verstehen und Rationalität. Untersuchungen zu den Grundlagen von Hermeneutik und Sprachphilosophie*, Francfort.

[57] ADRIAANSE, H.J. et ENSKAT, R., éds. (1999).

[58] Voir NESCHKE, A. (1999).

III. Le débat actuel présenté dans ce volume

Ce volume a pour objectif de présenter les diverses théories qui revendiquent le titre d'herméneutique. La première partie (I) est consacrée au débat qui se joue à l'intérieur de l'herméneutique philosophique. Les trois premières contributions s'intéressent à l'herméneutique philosophique, de Heidegger à Foucault et Ricœur.

J. Grondin fait un bilan des directions prises par l'herméneutique après le tournant phénoménologique husserlien. Dans la filiation de Dilthey, il place P. Ricœur, dont l'herméneutique se fonde sur la possibilité d'un sens offert dans des objectivations; dans le sillage de Heidegger, il situe H.-G. Gadamer, qui réaffirme la primauté du comprendre comme expérience essentielle et investissement du sujet. Aussi l'entreprise de Ricœur représente-t-elle un tournant herméneutique de la phénoménologie; celle de Gadamer, un tournant phénoménologique de l'herméneutique.

R. Célis met en lumière la pertinence des propositions de P. Ricœur relatives à l'interprétation des textes littéraires. La lecture d'une œuvre de fiction se révèle processus cognitif, dans la mesure où elle est une création réglée. En intégrant les outils des sciences du langage (linguistique, narratologie, sémiotique, rhétorique), l'herméneutique de Ricœur évite trois écueils: le psychologisme, l'effacement des singularités énonciatrices dans l'impersonnalité du discours, et la fragmentation de l'œuvre dans le bain de l'intertextualité généralisée.

J. Greisch conduit une lecture herméneutique de l'avant-dernier cours de M. Foucault, donné au Collège de France en 1981-1982 et intitulé *L'herméneutique du sujet*. Foucault y développe une histoire du «souci de soi» en Occident et des imbrications ou oppositions que ce thème entretient avec la «connaissance de soi». L'analyse foucaldienne débouche sur l'énoncé d'un programme: elle milite en faveur d'une herméneutique du soi, dans un monde qui se donne comme objet de connaissance à partir de la maîtrise technique.

Les trois contributions qui suivent émettent des critiques de l'herméneutique philosophique à partir de trois perspectives différentes.

H. Ineichen procède à une critique du tournant ontologique de l'herméneutique gadamérienne. Il met en évidence ses difficultés et propose de lui substituer une herméneutique analytique qui évite les hypostases des concepts centraux de l'herméneutique philosophique, ceux de vérité, d'être et d'historicité. Contre le primat pré-méthodique de l'herméneutique philosophique, il plaide pour une herméneutique sans fondation ontologique qui prenne en compte la linguistique et la philosophie analytique.

H. Krämer soumet le concept gadamérien d'expérience herméneutique à une analyse critique. Il s'agit de déployer les alternatives possibles effacées par le cadre universaliste de l'herméneutique philosophique. Krämer montre que les idées mères de perspectivisme, d'historicité, de *Wirkungsgeschichte* sont trop univoques et n'accueillent pas la multiplicité inhérente à l'expérience historique. Redéployer ces concepts implique une reconnaissance du caractère multiple de l'expérience herméneutique.

Contre l'herméneutique philosophique de Gadamer, O. Scholz noue l'herméneutique générale à une théorie générale de la connaissance. Dans cet esprit, il s'attache à un travail critique et analytique au chevet des concepts nucléaires de l'herméneutique: comprendre, interpréter, expliquer. On obtient un projet de méthodologie qui doit constituer la tâche de l'herméneutique générale. Au centre de ces nouveaux principes de compréhension et d'interprétation se trouve le concept de présomption.

Dans la deuxième partie sont regroupées les contributions de quelques représentants des sciences humaines.

A. Neschke analyse les procédés de la philologie et confirme l'importance de l'application, déjà soulignée par Gadamer, dans le processus du comprendre. L'auteur signale une rupture entre le comprendre quotidien et le comprendre du philologue historien, qui provient de la nécessaire objectivation du processus d'application, c'est-à-dire du moment réflexif propre à la démarche scientifique.

C. Berner s'intéresse à l'histoire de la philosophie et aux problèmes spécifiquement philosophiques inhérents à une herméneutique des textes philosophiques. En s'interrogeant sur la possibilité d'une historiographie philosophique, sa lecture de Ricœur ouvre une voie vers une réconciliation de la philosophie et de l'histoire, alors que, chez Heidegger mais aussi Gadamer, la découverte de la vérité philosophique paraissait abolir l'histoire, philologiquement reconstruite et attachée à des textes considérés dans leurs singularités.

F. Thürlemann analyse les conséquences de la révolution informatique pour l'herméneutique de l'histoire de l'art. La nouvelle notion d'*hyperimage* doit requérir la réflexion de l'historien de l'art, spécifiquement quant au phénomène central de la re-liaison entre les images. On propose ici une préhistoire de l'*hyperimage* faisant fond sur l'histoire de l'art. Un phénomène de sémiose ouverte est mis en évidence. La photographie, puis l'informatique renforcent ce phénomène, dont l'herméneutique de l'histoire de l'art doit rendre compte.

A son origine, l'anthropologie culturelle n'est pas issue de la tradition herméneutique. C. Calame pose que l'anthropologie sociale et culturelle contemporaine est tributaire d'une conception sémiotique des cultures et des langues. On distingue deux paradigmes: le paradigme francophone, structuraliste, et le paradigme anglo-saxon, pragmatique. C. Calame propose une critique du discours anthropologique qui se fonde sur une étude des modes de fonctionnement des discours produits par l'anthropologie. La tâche herméneutique nouvelle de l'anthropologie s'énonce: traduction transculturelle.

Quant à l'herméneutique juridique, Gadamer l'avait érigée en modèle exemplaire du potentiel existentiel de tout comprendre. Les contributions de P. Moor et de G. Timsit montrent la complexité et la spécificité de l'herméneutique juridique et remettent en question son prétendu caractère paradigmatique.

P. Moor pose que l'herméneutique juridique ne saurait se réduire à une théorie de l'interprétation des normes. Il analyse le statut de la norme au sein de l'ordre juridique et plaide pour un nouveau paradigme qui prenne en compte les concepts de l'herméneutique philosophique (Gadamer et Ricœur). On cherche à élaborer une théorie qui s'appuie sur la pratique réelle, en analysant le concept de norme comme un processus de production normative de sens. L'enjeu est de lire autrement les structures de l'ordre juridique.

G. Timsit se donne pour tâche de réarticuler le juspositivisme et le jusnaturalisme dans un modèle qui les englobe. Sa thèse est que la loi n'est pas le fondement de la légitimité, mais un signe. Renonçant aux analyses dichotomiques des doctrines traditionnelles du droit, Timsit isole les mécanismes de la signification en analysant l'ensemble des modalités d'application de la loi au moyen des notions de transcription, de transgression et de transdiction. Concevoir la loi comme signe permet de sortir des apories des conceptions positivistes et réalistes du droit.

FRANCESCO GREGORIO / CATHERINE KÖNIG-PRALONG

BIBLIOGRAPHIE[59]

ABEL, G. (1993), *Interpretationswelten*, Francfort.

ADRIAANSE, H.J. et ENSKAT, R., éds. (1999), *Fremdheit und Vertrautheit. Hermeneutik im europäischen Kontext*, Leuven.

APEL, K.O. (1964/5), «Die Entfaltung der sprachanalytischen Philosophie und das Problem der Geisteswissenschaften», dans: *Philosophisches Jahrbuch*, pp. 239-289.

APEL, K.O. (1971), «Szientistik, Hermeneutik und Ideologiekritik», dans: J. HABERMAS, J. HENRICH et J. TAUBES, éds., *Hermeneutik und Ideologiekritik*, Francfort, pp. 7-44.

APEL, K.O. (1973), «Szientismus und transzendentale Hermeneutik», dans: *Transformation der Philosophie*, tome 2: *Das Apriori der Kommunikationsgesellschaft*, Francfort.

APEL, K.O. (2003), «Idées régulatrices ou advenir de la vérité? A propos de la tentative gadamerienne de répondre à la question des conditions de possibilité d'une compréhension valide», dans: G. DENIAU et J.C. GENS, éds., *L'héritage de Gadamer*, Paris, pp. 153-179.

BAUSCH, N. (1974), *Der Begriff des Lebens im Werk von F. Nietzsche und im Vergleich mit den Objektivationen des Lebens bei W. Dilthey*, Freiburg.

BETTI, E. (1955), *Teoria generale della interpretazione*, Milan (2ᵉ édition élargie: Milan, 1990).

BETTI, E. (1962), *Die Hermeneutik als allgemeine Theorie der Geisteswissenschaften*, Tübingen.

BÜHLER, A. et CATALDI MADONNA, L., éds. (1993), *Hermeneutik der Aufklärung*, *Aufklärung*, 8, 2.

BÜHLER, A., éd. (1994), *Unzeitgemäße Hermeneutik. Verstehen und Interpretation im Denken der Aufklärung*, Francfort.

CRIFO, G. (1999), «Emilio Betti und die juristische Hermeneutik», dans: H.J. ADRIAANSE et R. ENSKAT, éds., 1999, pp. 365-378.

DENIAU, G. et GENS, J.C., éds. (2003), *L'héritage de Hans-Georg Gadamer*, Paris.

DIELS, H. (1903), *Die Fragmente der Vorsokratiker*, Berlin.

DILTHEY, W. (1883), *Einleitung in die Geisteswissenschaften*, dans: *Gesammelte Schriften*, tome 1, B. GROETHUYSEN, éd., Leipzig/Berlin, 1923, pp. 3-408; 9ᵉ tirage: Göttingen, 1990 (trad. fr.: S. MESURE (1992), *Introduction aux sciences de l'esprit*, Paris).

DILTHEY, W. (1894), *Ideen über eine beschreibende und zergliedernde Psychologie*, dans: *Gesammelte Schriften*, tome 5, G. MISCH, éd., Leipzig/Berlin, 1924, pp. 137-240 (trad. fr.: M. REMY (1947), *Idées concernant une psychologie descriptive et analytique*, dans: *Le monde de l'esprit*, tome I, Paris).

---

[59] Les auteurs et les ouvrages qui ont principalement marqué le débat sur l'herméneutique du XXᵉ siècle sont soulignés. Afin de rendre visible le cheminement du débat, nous les regroupons en ordre chronologique dans le tableau qui suit la bibliographie.

DILTHEY, W. (1900), *Die Entstehung der Hermeneutik*, dans: *Gesammelte Schriften*, tome 5, G. MISCH, éd., Leipzig/Berlin, 1924, pp. 317-338 (trad. fr.: D. COHN et E. LAFON (1955), *La naissance de l'herméneutique*, dans: *Ecrits esthétiques*, Paris, 1995, pp. 291-307).

DILTHEY, W. (1910), *Der Aufbau der geschichtlichen Welt in den Geisteswissenschaften*, dans: *Gesammelte Schriften*, tome 7, B. GROETHUYSEN, éd., Leipzig/Berlin, 1927, pp. 79-188; 8e tirage: Göttingen, 1992 (trad. fr.: S. MESURE (1988), *L'édification du monde dans les sciences de l'esprit*, Paris).

DUNPHY, J. (1991), «L'héritage de Dilthey dans l'œuvre de Paul Ricœur», dans: J. GREISCH et R. KEARNY, éds., *Paul Ricœur. Les métamorphoses de la raison herméneutique*, Paris, pp. 83-95.

FLASCH, K. (2003a), «Wahrheit und philosophiegeschichtliche Methode im Blick auf Hans-Georg Gadamer», dans: *Philosophie hat Geschichte*, tome I, Francfort, pp. 275-285.

FLASCH, K. (2003b), *Philosophie hat Geschichte*, Francfort.

FREUD, S. (1900), *Traumdeutung*, Leipzig/Wien, dans: S. FREUD, *Studienausgabe*, tome 2, Francfort, 1972.

GADAMER, H.-G. (1960, ²1965), *Wahrheit und Methode. Grundzüge einer philosophischen Hermeneutik*, Tübingen; réédité dans: *Gesammelte Werke I. Hermeneutik I*, Tübingen, 1986, 2e tirage: 1990 (trad. fr.: P. FRUCHON, J. GRONDIN et G. MERLIO (1996), *Vérité et méthode. Les grandes lignes d'une herméneutique philosophique*, Paris).

GADAMER, H.-G. (1971), «Rhetorik, Hermeneutik und Ideologiekritik. Metakritische Erörterungen zu Wahrheit und Methode», dans: J. HABERMAS, D. HENRICH et J. TAUBES, éds., *Hermeneutik und Ideologiekritik*, Francfort, pp. 57-82.

GADAMER, H.-G. (1971), «Replik», dans: J. HABERMAS, D. HENRICH et J. TAUBES, éds., *Hermeneutik und Ideologiekritik*, Francfort, pp. 283-317.

GELDSETZER, L. (1965), *G.F. Meier. Versuch einer allgemeinen Auslegekunst*, Düsseldorf.

GELDSETZER, L. (1989), «Hermeneutik», dans: H. SEIFFERT et G. RADNITZKY, éds., *Handlexikon zur Wissenschaftstheorie*, Munich, pp. 27-129.

GENS, J.C. (1995), *La pensée herméneutique de Dilthey*, Lille.

GENS, J.C. (2003), *Heidegger. Les conférences de Cassel*, (texte allemand et traduction fançaise), Paris.

GREISCH, J. (1991), «Bulletin de philosophie. Herméneutique et philosophie pratique», *Revue des sciences philosophiques et théologiques*, 75, pp. 97-128.

GREISCH, J. (1994a), *Ontologie et temporalité. Esquisse d'une interprétation intégrale de* Sein und Zeit, Paris.

GREISCH, J. (1994b), «Bulletin de philosophie. La raison herméneutique en débat», *Revue des sciences philosophiques et théologiques*, 78, pp. 429-452.

GREISCH, J. (1999), «Bulletin de philosophie herméneutique», *Revue des sciences philosophiques et théologiques*, 83, pp. 171-197.

GREISCH, J. (2000a), *L'Arbre de vie et l'Arbre du savoir. Le chemin phénoménologique de l'herméneutique heideggerienne (1919-1923)*, Paris.

GREISCH, J. (2000b), *Le cogito herméneutique. L'herméneutique philosophique et l'héritage cartésien*, Paris.

GREISCH, J. (2001), *Paul Ricœur. L'itinérance du sens*, Grenoble.
GREISCH, J. et KEARNY, R., éds. (1991), *Paul Ricœur. Les métamorphoses de la raison herméneutique*, Paris.
GRONDIN, J. (1993), *L'universalité de l'herméneutique*, Paris.
GRONDIN, J. (1994a), *Der Sinn für Hermeneutik*, Darmstadt.
GRONDIN, J. (1994b), «Die Entfaltung eines hermeneutischen Wahrheitsbegriffs», dans: J. GRONDIN, *Der Sinn für Hermeneutik*, Darmstadt, pp. 40-53.
GRONDIN, J. (1999), *Introduction à Hans-Georg Gadamer*, Paris.
HABERMAS, J. (1967), *Zur Logik der Sozialwissenschaften*, Tübingen.
HABERMAS, J. (1968), *Erkenntnis und Interesse*, Francfort.
HABERMAS, J. (1971), «Zum Universalitätsanspruch der Hermeneutik», dans: J. HABERMAS, D. HENRICH et J. TAUBES, éds., *Hermeneutik und Ideologiekritik*, Francfort, pp. 120-159.
HABERMAS, J., HENRICH, D. et TAUBES, J., éds. (1971), *Hermeneutik und Ideologiekritik*, Francfort.
HEIDEGGER, M. (1920), *Phänomenologie der Anschauung und des Ausdrucks. Theorie der philosophischen Begriffsbildung*, dans: *Gesamtausgabe*, tome 59, C. STRUBE, éd., Francfort, 1993.
HEIDEGGER, M. (1925), *Die Kasseler Vorträge*, dans: J.C. GENS, *Heidegger. Les conférences de Cassel*, (texte allemand et traduction française), Paris, 2003.
HEIDEGGER, M. (1927), *Sein und Zeit*, Halle; 16e tirage: Tübingen, 1986 (aussi dans: *Gesamtausgabe*, tome 2, F.-W. VON HERMANN, éd., Francfort, 1977).
HIRSCH, E.D. (1967), *Validity in Interpretation*, Chicago (trad. all.: A.A. SPÄTH (1972), *Prinzipien der Interpretation*, Munich).
HIRSCH, E.D. (1976), *The Aims of Interpretation*, Chicago.
INEICHEN, H. (1991), *Philosophische Hermeneutik*, Freiburg.
INEICHEN, H. (1999), «Warum sind Zeitlichkeit und Geschichtlichkeit ontologische Bestimmungen?», *Studia hermeneutica*, 5, pp. 83-99.
JAUSS, H.R. (1970), «Literaturgeschichte als Provokation der Literaturwissenschaft», dans: *Literaturgeschichte als Provokation*, Francfort, pp. 144-207.
KISIEL, T. (1993), *The Genesis of Heideggers Being and Time*, Berkeley (Californie).
LAKS, A. et NESCHKE, A., éds. (1990), *La naissance du paradigme herméneutique. Schleiermacher, Boeckh, Humboldt, Droysen*, Lille.
LENK, H. (1993), *Philosophie und Interpretation. Vorlesung zur Entwicklung konstruktionistischer Interpretationsansätze*, Francfort.
LESSING, H.U. (2001), *Wilhelm Diltheys Einleitung in die Geisteswissenschaften*, Darmstadt.
NESCHKE, A. (1990), «Le platonisme et le tournant herméneutique au début du XIXe siècle en Allemagne», dans: A. LAKS et A. NESCHKE, éds., *La naissance du paradigme herméneutique. Schleiermacher, Boeckh, Humboldt, Droysen*, Lille, pp. 121-181.
NESCHKE, A. (1997), «Geisteswissenschaften heute», *Bulletin der Schweizerischen Akademie für Geistes- und Sozialwissenschaften*, Beiheft November, pp. 4-15.
NESCHKE, A. (1999), «Hermeneutik in Halle: Wolf und Schleiermacher», dans: H.J. ADRIAANSE et R. ENSKAT, éds., *Fremdheit und Vertrautheit. Hermeneutik im europäischen Kontext*, Leuven, pp. 283-302.

NIETZSCHE, F. (1874), «Zweite unzeitgemässe Betrachtung. Vom Nutzen und Nachteil der Historie für das Leben», dans : *Werke in drei Bänden*, tome 1, Darmstadt, 1966, pp. 209-285.

PFEIFFER, R. (1970), *Geschichte der Klassischen Philologie*, Hambourg.

PLESSNER, H. (1928), *Die Stufen des Organischen und der Mensch*, Berlin; 3ᵉ tirage: Berlin, 1975.

PÖGGELER, O. (1994), *Schritte zu einer hermeneutischen Philosophie*, Freiburg.

RICŒUR, P. (1965), *De l'interprétation. Essai sur Freud*, Paris.

RICŒUR, P. (1969), *Le conflit des interprétations. Essai d'herméneutique*, tome I, Paris, 1969.

RICŒUR, P. (1975), *La métaphore vive*, Paris.

RICŒUR, P. (1983/1984/1985), *Temps et récit*, 3 vols, Paris.

RICŒUR, P. (1986), *Du texte à l'action*, Paris.

RIEDEL, M. (1978), *Verstehen und Erklären. Zur Theorie und Geschichte der hermeneutischen Wissenschaften*, Stuttgart.

RIEDEL, M. (1988), *Für eine zweite Philosophie*, Francfort.

RODI, F. et LESSING, H.U. (1984), *Materialien zur Philosophie W. Diltheys*, Francfort.

RODI, F. (1987), *Dilthey-Jahrbuch*, tome IV: *Zu Heidegger 1919-1923*.

RODI, F. (1990), *Erkenntnis des Erkannten. Zur Hermeneutik des 19. und 20. Jahrhunderts*, Francfort.

RODI, F. (1998), «Wilhelm Dilthey. Der Strukturzusammenhang des Lebens», dans: M. FLEISCHER, éd., *Philosophie des XIX. Jahrhunderts*, Darmstadt, pp. 199-219.

SCHELER, M. (1928), *Die Stellung des Menschen im Kosmos*, Darmstadt.

SCHNÄDELBACH, H. (1991), *Philosophie in Deutschland*, Francfort.

SCHOLZ, O.R. (1994), «Bibliographie zur Hermeneutik des 17. und 18. Jahrhunderts. Primär- und Sekundärliteratur», dans: A. BÜHLER, éd., *Unzeitgemäße Hermeneutik. Verstehen und Interpretation im Denken der Aufklärung*, Francfort, pp. 241-261.

SCHOLZ, O.R. (1999), *Verstehen und Rationalität. Untersuchungen zu den Grundlagen von Hermeneutik und Sprachphilosophie*, Francfort.

SCHOLZ, O.R. (2001), «Jenseits der Legende — Auf der Suche nach den genuinen Leistungen Schleiermachers für die allgemeine Hermeneutik», dans: J. SCHRÖDER, éd., *Theorie der Interpretation vom Humanismus bis zur Romantik — Rechtswissenschaft, Philosophie und Theologie*, Francfort, pp. 265-285.

SZONDI, P. (1975), «Einführung in die literarische Hermeneutik», dans: *Studienausgabe der Vorlesungen*, tome V, J. BOLLACK et H. STIERLIN, éds., Francfort, pp. 7-191 (trad. fr. M. BOLLACK (1989), *Introduction à l'herméneutique littéraire*, Paris).

TARSKI, A. (1933), «Pojecie prawdy w jezykach nauk dedukcyjnych», *Prace Towarzystwa Naukowego Warszawskiego*, Wydzial III, Nr. 34 (allemand: (1935), «Der Wahrheitsbegriff in den formalisierten Sprachen», *Studia philosophica*, I, pp. 261-405; réimprimé dans: K. BERKA et L. KREISER, éds. (1983), *Logik-Texte*, Darmstadt, pp. 445-546).

TUGENDHAT, E. (1966), *Der Wahrheitsbegriff bei Husserl und Heidegger*, Berlin.

TABLEAU CHRONOLOGIQUE

Allemagne-Italie-États-Unis	France — Canada
1883 Dilthey, W., *Einleitung in die Geisteswissenschaften.*	
1894 Dilthey, W., *Ideen über eine beschreibende und zergliedernde Psychologie.*	
1900 Dilthey, W., *Die Entstehung der Hermeneutik.*	
1910 Dilthey, W., *Der Aufbau der geschichtlichen Welt in den Geisteswissenschaften.*	
1920 Heidegger, M., *Phänomenologie der Anschauung und des Ausdrucks. Theorie der philosophischen Begriffsbildung.*	
1925 Heidegger, M., *Die Kasseler Vorträge.*	
1927 Heidegger, M., *Sein und Zeit.*	
1960 Gadamer, H.-G., *Wahrheit und Methode. Grundzüge einer philosophischen Hermeneutik.*	
1962 Betti, E., *Die Hermeneutik als allgemeine Theorie der Geisteswissenschaften.*	
	1965 Ricœur, P., *De l'interprétation. Essai sur Freud.*
1965 Geldsetzer, L., *G.F. Meier. Versuch einer allgemeinen Auslegekunst.*	
1966 Tugendhat, E., *Der Wahrheitsbegriff bei Husserl und Heidegger.*	
1967 Hirsch, E.D., *Validity in Interpretation.*	
1967 Habermas, J., *Zur Logik der Sozialwissenschaften.*	
1968 Habermas, J., *Erkenntnis und Interesse.*	
	1969 Ricœur, P., *Le conflit des interprétations. Essai d'herméneutique.*
1970 Jauss, H.R., *Literaturgeschichte als Provokation der Literaturwissenschaft.*	

1971 Habermas, J., *Zum Universalitäts-anspruch der Hermeneutik.*
1971 Habermas, J., Henrich, D. et Taubes, J., *Hermeneutik und Ideologiekritik.*
1971 Gadamer, H.-G., *Rhetorik, Hermeneutik und Ideologiekritik. Metakritische Erörterungen zu Wahrheit und Methode.*
1971 Gadamer, H.-G., *Replik.*
1973 Apel, K.O., *Szientismus und transzendentale Hermeneutik.*
1975 Szondi, P., *Einführung in die literarische Hermeneutik.*

1975 Ricœur, P., *La métaphore vive.*

1976 Hirsch, E.D., *The Aims of Interpretation.*
1978 Riedel, M., *Verstehen und Erklären. Zur Theorie und Geschichte der hermeneutischen Wissenschaften.*

1983/84/85 Ricœur, P., *Temps et récit.*
1986 Ricœur, P., *Du texte à l'action.*

1988 Riedel, M., *Für eine zweite Philosophie.*
1989 Geldsetzer, L., *Hermeneutik.*
1991 Ineichen, H., *Philosophische Hermeneutik.*
1993 Lenk, H., *Philosophie und Interpretation. Vorlesung zur Entwicklung konstruktionistischer Interpretationsansätze.*
1993 Abel, G., *Interpretationswelten.*

1993 Grondin, J., *L'universalité de l'herméneutique.*

1994 Bühler, A., *Unzeitgemäße Hermeneutik. Verstehen und Interpretation im Denken der Aufklärung.*
1994 Pöggeler, O., *Schritte zu einer hermeneutischen Philosophie.*

1994 Grondin, J., *Der Sinn für Hermeneutik.*
1994 Grondin, J., *Die Entfaltung eines hermeneutischen Wahrheitsbegriffs.*

1999 Scholz, O.R., *Verstehen und Rationalität. Untersuchungen zu den Grundlagen von Hermeneutik und Sprachphilosophie.*

2000 Greisch, J., *L'Arbre de vie et l'Arbre du savoir. Le chemin phénoménologique de l'herméneutique heideggerienne (1919-1923).*

2000 Greisch, J., *Le cogito herméneutique. L'herméneutique philosophique et l'héritage cartésien.*

2001 Greisch, J., *Paul Ricœur. L'itinérance du sens.*

2003 Apel, K.O., *Idées régulatrices ou advenir de la vérité? A propos de la tentative gadamerienne de répondre à la question des conditions de possibilité d'une compréhension valide.*

2003 Flasch, K., *Philosophie hat Geschichte.*

PARTIE I

HERMÉNEUTIQUE PHILOSOPHIQUE

PARTIE I.1

HERMÉNEUTIQUE PHILOSOPHIQUE:
Présentation

LE TOURNANT PHÉNOMÉNOLOGIQUE DE L'HERMÉNEUTIQUE SUIVANT HEIDEGGER, GADAMER ET RICŒUR

Notre colloque porte sur les questions de l'herméneutique. Il s'agit d'un sujet assez général. Ma tâche sera encore plus générale puisqu'on m'a assigné le défi, redoutable, d'ouvrir ce colloque en parlant justement de l'herméneutique générale, dont on présuppose qu'elle préside aux herméneutiques spéciales, celles du droit, de la théologie, de la philologie, qui nous intéresseront aussi dans ce colloque. Que dire de l'herméneutique générale? Je ne parlerai pas ici de l'émergence de cette idée d'une herméneutique universelle, que l'on rencontre chez des auteurs comme Melanchton, Dannhauer, Meier ou Schleiermacher, pour ne rien dire de Dilthey[1]. Pour nous, qui sommes tous des amis, et des amis de l'herméneutique, l'histoire de cette émergence est bien connue, même si certains de ses aspects restent controversés (sinon nous ne nous retrouverions pas ici). Ce n'est pas de cette histoire que je parlerai, mais du présent, puisqu'il s'agit de réfléchir sur le statut de l'herméneutique à l'orée du troisième millénaire (tout un programme aussi!). On peut entendre deux choses par herméneutique générale: soit une théorie universelle et normative de l'interprétation qui proposerait des règles universelles, valides pour toutes les sciences de l'interprétation (ce qui correspond assez au programme de Dannhauer et de Schleiermacher), soit une réflexion philosophique sur la compréhension humaine en général et le caractère interprétatif de notre expérience du monde. C'est en ce second sens que je parlerai ici d'herméneutique générale, c'est-à-dire au sens d'une réflexion fondamentale, donc philosophique, sur la part d'interprétation qui investit notre compréhension du monde et de nous-mêmes. Cette réflexion philosophique en est une à hauts risques, et c'est aux herméneutiques spéciales à en faire l'usage ou le non-usage qui leur convient. La philosophie elle-même ne saurait le leur dicter.

Cette réflexion herméneutique est issue, comme je le rappellerai brièvement ici, de la phénoménologie de Husserl et ses plus grands

---

[1] Cf. à ce sujet l'ouvrage récent et très bien accueilli de SCHOLZ, O. (1999), *Verstehen und Rationalität*, Francfort (2ᵉ éd. 2001).

représentants au XXᵉ siècle auront été à mes yeux Heidegger, Gadamer et Ricœur². J'y vois les trois grands maîtres à penser de l'herméneutique générale et c'est la logique de leur conception de l'herméneutique qui m'intéressera ici. Cette logique se marque dans le rapport que ces trois penseurs ont entretenu face à la phénoménologie. Car, de fait, chacun de ces trois auteurs a présenté l'herméneutique comme un certain infléchissement, un infléchissement nécessaire, de la phénoménologie.

Seulement, Heidegger, Ricœur et Gadamer se sont expliqués de manière très différente sur la dette de l'herméneutique envers la phénoménologie, qui est, bien sûr, aussi une dette de la phénoménologie envers l'herméneutique (entre amis, on ne tient pas les comptes). Jusqu'à eux, il était plus juste de parler d'une tension, latente mais réelle, entre la phénoménologie et l'herméneutique, Ricœur parlant même d'une «subversion de la phénoménologie par l'herméneutique»³. Si elle était plutôt latente, c'est que ni Husserl, ni Heidegger ne s'étaient vraiment expliqués avec toute la clarté souhaitable sur les liens entre les deux types de regard. Même s'il ne pouvait la connaître comme telle, Husserl était plutôt hostile à une pensée de nature herméneutique, qu'il inclinait à identifier à l'historicisme et dont il voyait, à son grand désarroi, ressurgir l'hydre dans la pensée de son élève Heidegger. Il n'en demeure pas moins que, dans sa conférence de 1931, intitulée «Phénoménologie et anthropologie», Husserl a lui-même caractérisé ses propres analyses comme une «*herméneutique* de la vie de la conscience» (*Hermeneutik des Bewußtseinslebens*)⁴. L'expression étonne d'autant plus que la conférence, comme tant de travaux du dernier Husserl, cherche à tout prix à s'opposer aux métastases de la pensée anthropologisante et historiciste. Le titre de la conférence veut évidemment dire «Phénoménologie *ou* anthropologie». Entre l'historicisme de la nouvelle mode «anthropologique» et le projet fondationnel de la phénoménologie, il faut choisir. Si Husserl se

---

² Cf. GREISCH, J. (2000), *Le Cogito herméneutique. L'herméneutique philosophique et l'héritage cartésien*, p. 28: «L'herméneutique ouvre-t-elle de nouvelles possibilités à la phénoménologie, telle que la concevait Husserl, ou lui tourne-t-elle le dos? En d'autres termes: l'expression même de "phénoménologie herméneutique" n'est-elle pas soit une pure tautologie, soit une *contradictio in adiecto* ? » Cf. à ce sujet mon petit recueil GRONDIN, J. (2003), *Le tournant herméneutique de la phénoménologie*, Paris.

³ RICŒUR, P., *Essais d'herméneutique II: Du Texte à l'action*, Paris, 1986, p. 28 (il parle aussi d'un «renversement» de la phénoménologie husserlienne par l'herméneutique heideggérienne et post-heideggérienne).

⁴ HUSSERL, E., «Phänomenologie und Anthroplogie», dans: *Husserliana: Gesammelte Werke*, tome XXVII: *Aufsätze und Vorträge (1922-1937)*, T. NENON et H.R. SEPP, éds., Dordrecht/Boston/London, 1989, p. 177 (trad. fr. et éd. D. FRANCK (1993), «Phénoménologie et Anthropologie», dans: E. HUSSERL, *Notes sur Heidegger*, Paris, p. 70).

réclame lui-même du terme d'herméneutique, c'est sans doute parce que son analyse se comprend elle-même comme une exploration de l'intentionnalité (*Intentionalitätsforschung*), qui relève à ce titre de l'ordre de l'herméneutique. Le terme d'*Hermeneutik* chez Husserl semble donc fonctionner comme un synonyme du terme d'interprétation ou de *Deutung*, que l'on rencontre plus fréquemment chez Husserl, comme l'a bien montré Paul Ricœur. Si les vécus de la conscience se prêtent à une analyse «herméneutique», c'est qu'il n'est pas de donation sans projet intentionnel. C'est cette corrélation entre l'intention et le donné que doit tirer au clair l'herméneutique ou ce que Husserl préfère, bien sûr, appeler la phénoménologie. C'est parce qu'elle est un retour aux choses elles-mêmes, à l'intentionnalité donc, que la phénoménologie peut être appelée ici une herméneutique.

Certes, Heidegger a été un peu plus disert sur les liens de la phénoménologie et de l'herméneutique. Mais, dans *Sein und Zeit*, lorsqu'il s'emploie à définir la «méthode» phénoménologique, ses propres réflexions sur le tournant herméneutique de la phénoménologie restent assez prudentes, sinon évasives. C'est que l'herméneutique, qui promet de se vouer à ce qui n'est pas donné, c'est-à-dire à l'être, semble *s'opposer*, d'où l'idée de subversion évoquée par Ricœur, à une méthode simplement descriptive qui en resterait à la surface des phénomènes. On peut donc aussi parler chez lui d'une tension entre les deux regards. C'est que sans herméneutique, la phénoménologie n'est pas encore assez critique. Heidegger estime que les assurances phénoménologiques au sujet d'un retour aux choses elles-mêmes sont naïves et largement évidentes (*reichlich selbstverständlich*[5]), donc triviales. C'est parce que les choses (!) ne sont pas aussi simples qu'il en vient à parler d'herméneutique. On sait pourquoi: si la phénoménologie a besoin d'une cure herméneutique, c'est parce que l'essentiel (l'être, le temps, la mort, ce que nous sommes) se trouve le plus souvent recouvert. Il est recouvert par une conceptualité (*Begrifflichkeit*) qui procède elle-même secrètement d'une certaine intelligence de l'être (comme présence permanente). C'est de cette conceptualité, qui a sa logique, celle de l'évitement de la question du temps, qu'il faut faire l'herméneutique (ou la destruction, les deux termes fonctionnant à peu près comme des synonymes) si l'on veut se frayer un chemin à l'essentiel, au *Dasein* et à sa compréhension de l'être. L'herméneutique n'est donc pas seulement le complément, elle est surtout le mode d'accomplissement, critique et destructeur, ou désobstruant, de la

---

[5] HEIDEGGER, M., *Sein und Zeit*, Tübingen, 1977, p. 28.

phénoménologie. Une phénoménologie sans herméneutique est aveugle, et une herméneutique sans phénoménologie reste vide.

Si, d'après Heidegger, l'herméneutique sans phénoménologie est vide, c'est que son regard doit pointer le phénomène des phénomènes, c'est-à-dire l'être. Mais Heidegger découvrira de plus en plus que l'être, même si on s'efforce de le libérer de ses recouvrements ou de ses «alluvions», ne peut être dit sans herméneutique, sans mise en langage. Même si le «second» Heidegger paraîtra laisser tomber les labels de la phénoménologie et de l'herméneutique, toute sa recherche restera, de fait, une herméneutique phénoménologique, c'est-à-dire une explication avec l'histoire de la métaphysique qui se sait à la recherche d'un autre dire, d'une nouvelle phénoméno-*logie* de l'être. On fait souvent grief à cette recherche d'un nouveau discours sur l'être de ne relever que de la poésie. Comme si la poésie était une affaire honteuse! C'est, en vérité, faire un très grand honneur à la pensée de Heidegger que de la qualifier de poétique. J'ai, pour ma part, toujours pensé que si les poèmes de Heidegger étaient plus ou moins heureux, toute sa pensée et tout son travail sur le langage avaient quelque chose de poétique. Il est clair, en tout cas, que l'*Unterwegs zur Sprache*, l'acheminement vers le langage pour dire ce qui est, est non seulement un titre emblématique de la dernière philosophie de Heidegger, il veut aussi résumer la condition humaine, s'il est vrai que c'est en recherche de parole que nous habitons ce monde.

Les œuvres de Ricœur et de Gadamer s'inscrivent dans ce tournant herméneutique de la phénoménologie. Il est alors indifférent de les classer dans la tradition de la phénoménologie ou dans celle de l'herméneutique. Ils ont tous deux compris que l'une était impensable, mieux, impraticable sans l'autre. Il demeure que, dans leurs œuvres, ils ont eux-mêmes décrit le tournant herméneutique de manière quelque peu différente.

Selon Ricœur, c'est parce qu'une description directe des phénomènes est impossible sans interprétation qu'il faut emprunter un tournant ou un «détour» herméneutique. Il ne fait guère de doute que Ricœur a développé cette conception de l'herméneutique indépendamment de Gadamer (mais aussi, même si cela peut surprendre davantage, de Heidegger). Les références à Gadamer ou à *Vérité et méthode* sont à peu près absentes, ou tout à fait secondaires, dans les grands travaux d'herméneutique qu'il a fait paraître dans les années 60 et 70, notamment dans *De l'interprétation. Essai sur Freud* (1965), *Le conflit des interprétations* (1969) et *La métaphore vive* (1975). Si elles se font plus nombreuses plus tard, notamment dans *Temps et récit* (1983-1985), *Soi-même comme un autre* (1990), et surtout dans *Du texte à l'action* (1986), elles ne deviendront cependant jamais vraiment déterminantes. C'est qu'elles apparaissent sur le fond d'une conception et d'une pratique de l'herméneutique dont les sources se trouvent encore en amont de l'œuvre de Gadamer, voire de Heidegger. Ricœur a, en effet, d'abord rencontré le continent de l'herméneutique dans le cadre de ses recherches sur le problème du mal (qui restera l'un des grands fils conducteurs de toute sa pensée) et l'herméneutique des symboles, menées durant les années 50. Le problème du mal, qui est celui de l'incompréhensible perversion de la volonté, ne se prêtant guère à une thématisation directe, on ne peut en prendre la mesure qu'à partir d'une interprétation ou d'une herméneutique de la symbolique du mal. C'est par ce biais que Ricœur est entré en herméneutique (donc bien avant Gadamer et pour des raisons d'une rigueur propre). C'est ce grand chantier de l'herméneutique des symboles qui l'a amené à discuter avec d'illustres praticiens de l'herméneutique comme Gerhard von Rad (pour l'herméneutique de l'Ancien Testament) ou Rudolf Bultmann (pour le Nouveau Testament). Même si Bultmann a été profondément marqué par Heidegger, il demeure que le paradigme déterminant d'une herméneutique des objectivations avait d'abord été développé par Dilthey. La première herméneutique des symboles de Ricœur doit, en effet, beaucoup à Dilthey[6], même si Ricœur en élargit considérablement le sens[7]. L'herméneutique des objectivations de Dilthey portait, bien sûr, sur les sciences humaines et sa visée se voulait essentiellement épistémologique: toutes les sciences humaines sont des sciences du comprendre, en sorte que c'est à une théorie du comprendre, donc à une herméneutique, qu'il revient de tirer au clair les conditions de validité de la compréhension des manifestations de la vie qui se sont fixées dans des objectivations. Ricœur applique l'herméneutique de Dilthey à l'univers des symboles, mais reste fidèle à son intention épistémologique: c'est une *logique de l'objectivation* que l'herméneutique doit

---

[6] C'est aussi l'avis, sans doute un peu trop sévère, de Claus von Bormann dans l'article VON BORMANN, C (1986), «Hermeneutik», dans: G. Müller, éd., *Theologische Realenzyklopädie*, tome XV, Berlin/New York, p. 130: «C'est dans l'œuvre de Gadamer que l'herméneutique a sans doute reçu son dernier grand développement. Depuis, de nouveaux paradigmes n'ont pas été élaborés. Les essais de Ricœur visant une "herméneutique philosophique" nous ramènent à des formes plus anciennes de la compréhension du sens».

[7] RICŒUR, P. (1986), p. 30: «Cette définition de l'herméneutique par l'interprétation symbolique m'apparaît aujourd'hui trop étroite». On peut cependant se demander si cette première amorce n'a pas continué de marquer l'élargissement ultérieur. La formule de Ricœur («trop étroite») le suggère déjà, car l'*élargissement* n'est pas en lui-même une mise en question du paradigme initial.

rendre intelligible. Depuis, Ricœur a étendu l'arc de l'herméneutique à
toute la sphère des expressions à multiples sens, celles qui intéressent
notamment la psychanalyse (qui se comprenait aussi comme une technique de l'interprétation), mais aussi à la théorie du texte[8], à la métaphore, à la narrativité, à l'histoire et, finalement (dans ce qui est un retour
trop peu remarqué, j'y reviendrai en conclusion, au projet heideggérien
d'une herméneutique de l'existence[9]), à la compréhension de soi. Dans
cet impressionnant parcours, l'herméneutique est restée pour Ricœur une
réflexion sur les expressions ou les objectivations symboliques. Ce que
l'herméneutique cherche à comprendre, c'est toujours un sens qui s'est
déposé dans une forme objective (un symbole, un texte, un récit, etc.).
Si l'on veut «comprendre» cette forme, il faut aussi tenir compte de ses
approches plus objectivantes, plus explicatives, celles de l'économie freu-
dienne ou du structuralisme. La compréhension du sens ne peut, selon
Ricœur, faire l'économie d'un détour par l'ordre des objectivations.

Or, c'est précisément ce *privilège de l'objectivation* qui est apparu
un peu suspect à Gadamer. Il y a toujours vu un reste diltheyien et cartésien. C'est, bien sûr, Heidegger qui a amené Gadamer à se méfier d'une
approche du comprendre qui reste encore trop méthodologique, trop axée
sur les sciences de l'objectivation. L'herméneutique, selon Gadamer, doit
d'abord se situer sur le terrain de la facticité de la compréhension, dont
les sciences humaines ne constituent qu'une forme dérivée. Son paradigme de la compréhension, Gadamer ne le puise d'ailleurs pas vraiment
dans les sciences de la compréhension, mais dans l'expérience de l'art,
où l'objectivation est moins essentielle que l'être-pris («l'être-joué», dit
Gadamer) par le sens. Comprendre, ce n'est pas se retrouver *face* à un
sens, mais en être saisi, l'habiter en quelque sorte ou encore être-habité
par lui. Ainsi, lorsque je comprends un poème et que je suis immédiatement pris par ce qu'il me dit, je participe à une vérité, face à laquelle le
point de vue de l'objectivation arrive toujours un peu trop tard. C'est
qu'en me découvrant une vérité, le poème me rend moi-même plus
«voyant». Gadamer aime parler de la fusion qui s'opère ici entre ce qui
est compris et celui qui comprend. «Je comprends» veut dire ici «je

---

[8] Cf. notamment sa contribution de 1970 au recueil d'hommages pour Gadamer (qui
aura été la première «amorce» d'un dialogue avec Gadamer, même si Gadamer demeurait
encore tout à fait absent de la réflexion de Ricœur): RICŒUR, P., «Qu'est-ce qu'un texte?»
dans: R. BUBNER, K. CRAMER et R. WIEHL, éds., *Hermeneutik und Dialektik: Hans-Georg
Gadamer zum 70. Geburtstag*, tome II, Tübingen, 1970, pp. 181-200, repris dans RICŒUR,
P. (1986), pp. 137-159.

[9] Selon J. GREISCH (2000), p. 63, Ricœur transforme «en point d'arrivée ce qui,
pour Heidegger et Gadamer, est un point de départ acquis d'emblée».

peux» ou «je vois». C'est ici que réside la vérité herméneutique. La prise en compte de l'objectivation (qui en éclaire la structure, la genèse, la sémantique, le contexte, etc.), même si elle peut s'accompagner de lumières très précieuses, n'est ici que postérieure et, parfois, secondaire. C'est pourquoi, le niveau premier de l'herméneutique et de la compréhension n'est pas celui de l'objectivation pour Gadamer. C'est en le reconnaissant qu'on entre en herméneutique.

Dans la perspective de Gadamer, Ricœur en resterait donc au niveau de Dilthey, celui des objectivations et de la méthodologie. C'est pourquoi le dialogue entre Gadamer et Ricœur a toujours été aussi difficile, sinon inexistant[10], même s'il s'est extérieurement caractérisé par une très grande déférence. L'écart entre les deux auteurs tient sans doute à leurs points de départ différents, Heidegger pour l'un, Dilthey pour l'autre, même si l'on ne saurait parler dans les deux cas d'une simple reprise. Il demeure que ce point de départ leur a sans doute suggéré des paradigmes différents de la compréhension: privilège de l'objectivation pour Ricœur, alors que l'herméneutique pour Gadamer s'ouvre, au contraire, sur la mise en cause du primat de l'objectivation pour un être, un *Dasein*, qui est toujours «là» où le sens advient, car il y va toujours en son être de cet être même.

Ces différences, qui ne sont peut-être irréconciliables, se répercutent très certainement dans leur intelligence des liens qu'entretiennent l'herméneutique et la phénoménologie. Alors que Ricœur parle volontiers d'une greffe de l'herméneutique sur la phénoménologie, pour souligner la nécessité du détour herméneutique par les objectivations du sens, donc d'un tournant herméneutique de la phénoménologie, Gadamer parle plutôt, si on le lit attentivement, d'un *tournant phénoménologique de l'herméneutique*. Dans *Vérité et méthode*, il s'intéresse, en effet, beaucoup moins à l'histoire de la phénoménologie (qui n'avait pas encore, en 1960, le caractère d'une tradition ou le statut d'objet qu'elle a pour nous aujourd'hui) qu'à celle de l'herméneutique. La dernière figure de

[10] Cf. GREISCH, J. (2000), p. 55: «À ma connaissance, personne n'a encore tenté de comparer systématiquement les conceptions que Gadamer et Ricœur se font de l'herméneutique. Cette confrontation me paraît d'autant plus nécessaire que Ricœur lui-même se montre assez évasif sur ses rapports à Gadamer». Cf. cependant la thèse, non publiée, de Jean-Louis GUILLEMOT sous le très beau titre: *Le conflit des herméneutiques. Gadamer et Ricœur en débat*, Département de philosophie, Université d'Ottawa, 1999. Certains des échanges publics de Gadamer et Ricœur ont été documentés, mais on ne peut guère parler d'un dialogue. Cf. notamment RICŒUR, P. et GADAMER, H.-G., [discussion sur le sujet:] «The Conflict of Interpretations», dans: R. BRUZINA et B. WILSHIRE, éds., *Phenomenology: Dialogues and Bridges*, Albany, 1982, pp. 299-320.

l'herméneutique classique est aussi pour Gadamer celle de Dilthey. Il la dépeint d'emblée comme une herméneutique épistémologique, parce qu'elle cherche à assurer le fondement des connaissances en sciences humaines. Le grand défi de l'herméneutique était, en effet, pour Dilthey celui de montrer ce qui permet aux sciences humaines d'échapper à l'arbitraire subjectif. Si cette question est loin d'être illégitime, il demeure, et c'est la critique essentielle de Gadamer, que son idéal d'une fondation épistémologique ou méthodologique impose tacitement aux sciences humaines le modèle de connaissance des sciences qui se veulent plus exactes. Gadamer ne veut pas dire que les sciences humaines ne sont pas assez bonnes ou assez exactes pour se plier à une telle comparaison. Il estime plutôt qu'on leur applique alors une conception du savoir qui leur est tout à fait étrangère. C'est que l'idéal d'objectivité des sciences exactes finit peut-être par masquer, malgré ses très bonnes intentions, le type de vérité qui est celui de la compréhension en sciences humaines. Il est clair, en effet, que le savoir des sciences exactes en est un d'objectivation, où la vérité dépend de la distance de l'interprète par rapport à son objet, vérité qui peut être ainsi soumise à un contrôle. Il en va autrement dans les ordres du savoir qui intéressent l'herméneutique de Gadamer: l'art, les sciences humaines, le savoir pratique, la compréhension langagière la plus quotidienne. Dans tous ces cas, ce qui est essentiel à la compréhension, ce n'est pas la distance objectivante, mais l'être-pris par le sens, l'interpellation ou l'appel, comme le dit Jean-Luc Marion dans sa phénoménologie de la donation. On ne peut, en effet, entendre ici la compréhension que comme réponse à un appel. Ce serait un contresens, induit par le modèle d'objectivité des sciences exactes, et que Gadamer conteste pour cette raison, et uniquement pour cette raison, que d'en conclure que tout relève alors de l'arbitraire et du subjectivisme. Mais où trouve-t-on de l'arbitraire dans un vers bien frappé, dans une mise en scène réussie, dans l'évidence d'une maxime morale, dans un tableau ou dans un argument philosophique qui nous convainc? Certes, il est loisible d'avoir recours ici, et souvent avec le plus grand profit, à l'apport des sciences objectivantes si l'on veut reconstruire la logique de ces objectivations, mais selon Gadamer cette logique arrive toujours trop tard et n'atteint jamais l'expérience essentielle de la compréhension, qui se joue à un niveau antérieur à l'objectivation de la science. Selon Gadamer, il est capital de voir que l'application à soi qu'implique ici la compréhension ne porte pas nécessairement préjudice à la vérité de ce qui est compris. Elle en est aussi une condition de possibilité s'il est vrai qu'il n'y a de sens que pour une conscience qui se laisse interpeller par lui, qui se trouve convoquée, là où le sens advient. Toute compréhension renferme un élément d'application. Vouloir l'extirper des sciences humaines au nom d'un idéal abstrait et aliénant d'objectivité, c'est méconnaître de fond en comble leur mode de connaissance. Ici, la vérité ne souffre pas d'être formatrice.

Il est donc impératif pour une herméneutique des sciences humaines de dépasser ce que Gadamer appelle, un peu généralement, il est vrai, le *paradigme épistémologique*. Or si Gadamer le fait, c'est justement, quoique assez paradoxalement au premier coup d'œil, pour reconquérir le thème de la vérité pour l'herméneutique. C'est qu'une intelligence encore trop épistémologisante de la vérité, c'est-à-dire une conception qui estime que la vérité dépend *toujours* de critères et de fondements objectivables, risque encore de masquer le découvrement de sens qui est au cœur de l'expérience de la compréhension. C'est ce dépassement qui amène l'herméneutique à prendre un tournant phénoménologique. Dans l'intitulé d'un chapitre de *Vérité et méthode*, très important puisqu'il jette les fondements de son herméneutique plus théorique, Gadamer parlera donc d'un «dépassement de l'interrogation épistémologique [en herméneutique] par la recherche phénoménologique»[11]. On ne saurait dire plus clairement qu'il s'agit moins, chez Gadamer, d'un tournant herméneutique de la phénoménologie que d'un tournant phénoménologique de l'herméneutique.

«Phénoménologique» veut dire ici que l'herméneutique doit retourner ici à sa donne première, celle de la compréhension, au lieu de poursuivre des idoles qui lui sont intimées par l'épistémologie, mais qui ne correspondent pas vraiment à la réalité de la compréhension, comprise comme application et traduction d'un sens qui doit devenir parlant pour moi. Dans ce tournant phénoménologique, la compréhension ne désigne pas un procédé ou une *méthode* propre aux sciences humaines, elle décrit «la forme d'accomplissement originaire de la vie elle-même»[12]. La formule est un peu vague, mais elle veut dire que l'herméneutique doit situer le phénomène de la compréhension en amont de la science et sur

---

[11] GADAMER, H.-G., *Vérité et méthode: les grandes lignes d'une herméneutique philosophique*, trad. et éd. P. FRUCHON, J. GRONDIN et G. MERLIO, Paris, 1996, pp. 262-285; *Wahrheit und Methode: Grundzüge einer philosophischen Hermeneutik, Gesammelte Werke*, tome I, Tübingen, 1986, pp. 262-269.

[12] GADAMER, H.-G. (1996), p. 280; GADAMER, H.-G. (1986), p. 264. J'analyse cette formule dans GRONDIN, J. (2002), «Gadamers Basic Understanding of Understanding», dans: R. DOSTAL, dir., *The Cambridge Companion to Gadamer*, Cambridge, pp. 36-51.

le terrain de la compréhension la plus élémentaire que la vie a d'elle-même. Cela vaudra aussi pour les sciences humaines: au lieu de leur imposer un idéal de savoir modelé sur les sciences exactes, n'est-il pas plus indiqué de comprendre à partir de leur travail effectif ce que signifie pour elles la vérité? On pourrait parler ici d'une phénoménologie des sciences humaines et de la part d'*événement* qui intervient dans leur compréhension. Elle ne cherchera pas à les rendre conformes à un idéal abstrait, et aliénant, de méthode, mais à comprendre à partir d'elles ce qu'est la vérité, mais aussi ce qu'est la méthode (il serait fatal de l'oublier), c'est-à-dire la rigueur, pour ce type de savoir. Ici aussi, il y a de la vérité et même de la méthode, mais ce ne sont pas celles qu'un regard purement épistémologique, instruit par d'autres modalités du savoir, voudrait leur imposer dans sa lutte contre le fantôme du subjectivisme.

Pour Gadamer, les grands parrains de ce tournant phénoménologique de l'herméneutique auront été Husserl et Heidegger[13]. Husserl fait œuvre de phénoménologie herméneutique par l'attention qu'il a su porter à l'intentionnalité naturelle de la conscience: la conscience ne désigne pas une sphère de vécus subjectifs repliée sur elle-même, elle est d'emblée ouverture vers le sens, conscience intentionnelle. Autrement dit, la subjectivité n'a pas à «sortir d'elle-même» pour être dans l'objectivité. Situer la conscience face à un monde d'objets, c'est amputer la conscience de son intentionnalité première et constitutive. Mais la phénoménologie de Husserl ouvre aussi de nouvelles voies à l'herméneutique en reconduisant cette intentionnalité à l'ordre du monde de la vie (*Lebenswelt*): la conscience baigne toujours-déjà dans des contextes de sens qui l'excèdent, mais qui l'englobent et la rendent possible. L'«historicité» de la conscience n'est donc pas nécessairement un obstacle à la compréhension. Elle lui ouvre aussi ses avenues de sens et, nécessairement aussi, ses perspectives critiques.

Mais, selon Gadamer, Husserl ne conduit pas encore de manière assez radicale le dépassement phénoménologique du paradigme épistémologique qu'il a lui-même mis en œuvre. C'est qu'il resterait prisonnier du modèle épistémologique en plaçant sa propre phénoménologie sous l'étoile d'un savoir apodictique. Si les origines mathématiques du parcours de Husserl peuvent expliquer la fascination qu'exerce ce modèle sur sa pensée, il ne saurait s'imposer à une herméneutique qui est devenue, grâce à lui, attentive à l'enracinement de la conscience dans une trame de

---

[13] Cf. aussi le chapitre sur «Le dégel phénoménologique», dans: GRONDIN, J. (1999), *Introduction à Hans-Georg Gadamer*, Paris, pp. 111-120.

vie, mais aussi dans l'élément du langage. C'est ici que la phénoménologie de Husserl apparaît victime d'emprunts à un mode de savoir, dont
les fondements ontologiques n'ont pas été élucidés (ou élaborés à partir
des phénomènes). Ce sont ces fondements que l'herméneutique phénoménologique de Heidegger a voulu mettre à découvert. Sa phénoménologie se veut donc ici plus «phénoménologique» encore, c'est-à-dire aussi
plus herméneutique que celle de Husserl. La mise en question par Heidegger des schèmes de pensée épistémologiques de la phénoménologie
husserlienne aide ainsi à mieux accomplir le tournant phénoménologique
de l'herméneutique, au sens de Gadamer.

Pour Heidegger, la compréhension n'est pas d'abord une affaire épistémologique. Si elle est un savoir, elle est surtout un «savoir s'y prendre»
au sens d'un pouvoir, d'une «capacité», qui est celle de l'existence elle-
même, lorsqu'elle cherche à s'orienter dans un monde qui ne lui sera
jamais totalement familier. Certes, le monde est le plus souvent vécu sur
le mode de la familiarité et de l'être chez soi, mais l'expérience de la
familiarité présuppose l'absence de familiarité, et non l'inverse[14]. La
recherche de sens présuppose, souterrainement, l'expérience du non-sens.

Ceci explique le caractère «projectif» de la compréhension chez
Heidegger. Tout comprendre, au sens fort du terme, a quelque chose
d'une aventure. Il est investissement, et investissement de soi, dans un
projet d'intelligibilité. Cette intelligibilité n'est pas créée de toutes pièces
par une subjectivité souveraine qui contrôlerait toutes ses intentionnali-
tés. Le *Dasein* se trouve «empêtré» dans des projets de sens, mais en
tant que *Dasein*, c'est-à-dire d'un être qui peut être «là» et s'ouvrir lui-
même les yeux, il peut se rendre compte de ses propres possibilités de
compréhension. Cet éclaircissement du comprendre ou, plus justement,
des anticipations qui le gouvernent secrètement, est ce que Heidegger
nomme l'interprétation ou l'explicitation (*Auslegung*). Elle n'est ni plus
ni moins qu'un développement du comprendre lui-même, qui s'efforce
alors de se comprendre lui-même. Toute explicitation a ainsi pour tâche
de mettre à jour ce qui est silencieusement anticipé en tout projet de compréhension. Heidegger distingue, en bonne phénoménologie, deux types
d'anticipations, celles qui sont authentiques de celles qu'il faut appeler
inauthentiques. Les anticipations inauthentiques sont celles que le *Dasein*
emprunte à son monde, au monde du «on», des potins et des ragots qui

---

[14] Cf. HEIDEGGER, M. (1977), p. 189: «L'être-dans-le-monde rassuré et familier est
un mode de la non-familiarité (*Unheimlichkeit*) du *Dasein*, et non l'inverse. Le ne-pas-être-
chez-soi doit donc être compris, à un plan existentiel et ontologique, comme le phénomène
le plus originaire».

courent. Elles sont le lot du *Dasein*. Heidegger ne dit jamais qu'il est possible de s'en extirper totalement. Il dit seulement qu'elles sont, en toute rigueur, inauthentiques parce qu'elles n'ont pas fait l'objet d'une reprise expresse. Parler d'authenticité, ce n'est pas proposer au *Dasein* un modèle particulier d'existence, mais reconnaître que toute inauthenticité présuppose l'horizon d'une authenticité au moins possible. Le phéno-mène de la mauvaise conscience (qui correspond un peu à ce que Hei-degger appelle le *Schuldigsein*, l'être coupable ou «en dette») en fournit une excellente illustration. Même si je me suis engagé dans certaines pos-sibilités d'existence, je sais, mieux, je sens que d'autres auraient pu être choisies. L'authenticité est un peu l'utopie que présuppose nécessaire-ment toute conscience de l'inauthenticité.

L'herméneutique de l'existence de Heidegger, qui se veut stricte-ment phénoménologique (ce qui veut dire que d'autres descriptions peu-vent être proposées si les siennes sont trop unilatérales), n'est rien d'autre que ce rappel de la compréhension à elle-même. Le *Dasein* est d'abord herméneutique parce qu'il comprend, et qu'il comprend l'être (c'est-à-dire, ici, «ce qu'il en est»), mais il peut aussi comprendre ce qu'il com-prend s'il fait l'effort d'une appropriation de ses possibilités de compré-hension. C'est cette appropriation que Heidegger nomme «interprétation» (*Auslegung*).

Il faut ranger les herméneutiques de Gadamer et de Ricœur dans cette tradition ou dans ce «tournant phénoménologique de l'herméneutique». Mais encore ici, on ne saurait parler d'une simple reprise. C'est que tous deux reculent d'abord un peu devant l'énormité du chantier d'une hermé-neutique de l'existence, qui s'approprierait ses propres possibilités de com-préhension. Le recul peut être compris comme une rechute (négativement donc) ou comme une prise de distance critique. Les heideggériens insiste-ront peut-être davantage sur la perte, jugeant que le plan où se situe Hei-degger reste plus fondamental, plus radical. Ce retour à Heidegger n'est pas en soi illégitime. Tous ceux qui seront déçus du manque de «radicalité» de Gadamer ou de Ricœur (et ils sont nombreux, surtout parmi nos étu-diants) pourront retourner au questionnement autrement plus radical de Heidegger, en souhaitant qu'ils ne se contentent pas d'une simple imita-tion. Mais l'intérêt du travail de Gadamer et de Ricœur est ailleurs. Il se situe dans l'aval du tournant phénoménologique de l'herméneutique, dans son accomplissement ou son application (*Vollzug*). Heidegger dit, en effet, qu'il appartient à l'interprétation (au sens fort de l'*Auslegung*) de s'appro-prier elle-même ses anticipations de sens. Heidegger s'y est surtout attelé pour ce qui est de l'éclaircissement des sous-entendus de l'histoire de la métaphysique. C'est ce qui l'a amené à mettre à découvert la métaphysique de la présence comme le fondement de l'essence de la technique planétaire. On peut, bien entendu, contester la rigueur de ses analyses, mais il s'agissait au moins d'une tentative d'appropriation, qui nous a certainement permis de comprendre plusieurs développements essentiels à notre destin.

C'est à d'autres types et, partant, à d'autres possibilités d'appropriation que nous ouvrent Gadamer et Ricœur. Ils confirment par là que l'on n'est phénoménologue que si l'on voit par soi-même. C'est pourquoi on peut dire que la phénoménologie n'est ni le titre d'une méthode, ni celui d'un domaine d'objets, mais qu'elle est d'abord et avant tout une vertu: est phénoménologique le regard (ou le discours) qui réussit à faire parler (ou voir) les phénomènes. Dire d'une description qu'elle est phénoménologique, c'est, en fait, lui faire un compliment. C'est pourquoi il est difficile, et surtout contraire à l'humilité, de parler soi-même de phénoménologie. Mais le pire des contresens serait d'en faire une méthode.

C'est cette capacité de vision, qui en est une de lecture, donc d'herméneutique, qu'ont exercée Gadamer et Ricœur. Le premier l'a surtout mise en pratique en faisant prendre un bain de phénoménologie à l'herméneutique, traditionnellement préoccupée par les questions d'épistémologie et de méthode. Ricœur, quant à lui, a fait prendre un bain d'herméneutique à la phénoménologie, traditionnellement rivée aux thèmes de la vision directe, de la perception et de la fondation ultime. Alors que Gadamer parle plus volontiers d'une *herméneutique philosophique* (dans le sous-titre de *Vérité et méthode*) et, partant, phénoménologique, Ricœur semble nettement préférer le titre d'une «*phénoménologie herméneutique*»[15]. Pour Gadamer, c'est donc l'herméneutique, la théorie de l'interprétation ou des sciences humaines, qui doit devenir phénoménologique, pour Ricœur, c'est la phénoménologie qui a besoin de l'herméneutique.

Le propos essentiel de Gadamer est, en effet, de mettre en question l'idéal méthodique sous l'égide duquel se tient l'herméneutique classique. Sa destruction de l'idéal de méthode fait œuvre de phénoménologie en découvrant une expérience de vérité que l'objectivation scientifique tend à rendre imperceptible. Gadamer dénonce surtout l'instrumentalisme inhérent à l'idéal de maîtrise qui déforme le phénomène premier de la compréhension, où nous sommes moins ceux qui maîtrisons que ceux qui sommes pris. Cette destruction phénoménologique amène Gadamer à mettre en valeur le travail de l'histoire et du langage en toute compréhension. En

---

[15] Cf. le titre de l'essai «Pour une phénoménologie herméneutique», dans RICŒUR, P. (1986), pp. 55ss.

bonne phénoménologie herméneutique, il «désobstrue» ou délivre ce travail de l'histoire (*Wirkungsgeschichte*) et du langage du rôle strictement
préjudiciable que l'épistémologie tend souvent à lui prêter. Pour Gadamer, il n'y a pas de compréhension sans mise en langage et surtout sans
recherche de langage. L'herméneutique phénoménologique de Gadamer
en appelle ainsi à une vigilance de la compréhension, qui s'avise non seulement de sa condition langagière, mais aussi de l'histoire de ses sédi-
mentations.

Même si elle souligne peut-être moins ouvertement sa dette envers
Heidegger, la «phénoménologie herméneutique» de Ricœur prolonge
aussi son entreprise de destruction, en acceptant si patiemment le long
détour des objectivations. Elle accepte même peut-être plus volontiers
que Heidegger ou Gadamer de se laisser instruire par les percées explicatives des sciences de l'objectivation. Mais le décodage des objectivations n'est jamais une fin en soi chez Ricœur. Il reste au service d'une
appropriation réflexive de la compréhension. Ricœur a lui-même souvent
rappelé qu'il était parti de la tradition de la philosophie réflexive[16], mais
que c'est la crise du *cogito* qui l'avait conduit à prendre un tournant herméneutique. Or, dans ses derniers travaux, au terme de son long «détour»
herméneutique, Ricœur semble être revenu au projet d'une philosophie de
l'ipséité ou d'une herméneutique du soi (*Soi même comme un autre*,
1990; *La mémoire, l'histoire, l'oubli*, 2000). Ce retour signifie non seulement un *retour* au chantier heideggérien d'une herméneutique de l'existence, il incarne aussi un accomplissement rigoureux, et plus heideggérien qu'il n'y paraît[17], de la conception de la philosophie défendue par
Heidegger dans *Sein und Zeit* : la philosophie trouve non seulement sa
source (*entspringt*) dans l'interrogation qu'est l'existence pour elle-même,

---

[16] Cf. RICŒUR, P. (1986), p. 25, mais aussi RICŒUR, P., *La Critique et la conviction.
Entretiens avec François Azouvi et Marc de Launay*, Paris, 1995 (où, très curieusement,
car il s'agit d'un résumé de tout son parcours intellectuel, il n'est jamais question de l'herméneutique) et RICŒUR, P., *Réflexion faite. Autobiographie intellectuelle*, Paris, 1995. Le
problème fondamental de la philosophie réflexive concerne selon Ricœur «la possibilité
de la *compréhension de soi* », où «la réflexion est cet acte de retour sur soi par lequel un
sujet ressaisit dans la clarté intellectuelle et la responsabilité morale, le principe unifica-
teur des opérations entre lesquelles il se disperse et s'oublie comme sujet» (RICŒUR, P.
(1986), p. 25). Si la terminologie réflexive paraît assez étrangère à Heidegger, l'idée selon
laquelle le sujet incarne moins un point de départ qu'un impératif, un idéal et une recon-
quête depuis sa dispersion première est rigoureusement conforme au projet d'une herméneutique de la vie facticielle.
[17] Même si J. GREISCH, (2000) p. 63, a dit des écrits de Ricœur sur Heidegger qu'ils
équivalaient à une véritable «déclaration de guerre à l'encontre de la conception heideggérienne de l'herméneutique».

mais c'est aussi sur ce terrain que ses analyses doivent re-jaillir (*zurück-schlagen*). La destruction herméneutique veut ainsi mettre en œuvre ce que Ricœur appelle une phénoménologie herméneutique, au nom d'une meilleure compréhension de soi. À ce titre, le tournant herméneutique de la phénoménologie n'est pas moins essentiel que le tournant phénoménologique de l'herméneutique.

JEAN GRONDIN
Université de Montréal

BIBLIOGRAPHIE

I. Sources:

GADAMER, H.-G., *Wahrheit und Methode: Grundzüge einer philosophischen Hermeneutik, Gesammelte Werke*, tome I, Tübingen, 1986.

GADAMER, H.-G., *Vérité et méthode: les grandes lignes d'une herméneutique philosophique*, trad. et éd. P. FRUCHON, J. GRONDIN et G. MERLIO, Paris, 1996.

HEIDEGGER, M., *Sein und Zeit*, Tübingen, 1977.

HUSSERL, E., «Phänomenologie und Anthroplogie», dans: *Husserliana: Gesammelte Werke*, tome XXVII: *Aufsätze und Vorträge (1922-1937)*, T. NENON et H.R. SEPP, éds., Dordrecht/Boston/London, 1989, pp. 164-181 (trad. fr. et éd. D. FRANCK (1993), «Phénoménologie et Anthropologie», dans: E. HUSSERL, *Notes sur Heidegger*, Paris, pp. 57-74).

RICŒUR, P., «Qu'est-ce qu'un texte?» dans: R. BUBNER, K. CRAMER et R. WIEHL, éds., *Hermeneutik und Dialektik: Hans-Georg Gadamer zum 70. Geburtstag*, tome II, Tübingen, 1970, pp. 181-200.

RICŒUR, P. et GADAMER, H.-G., «The Conflict of Interpretations», dans: R. BRUZINA et B. WILSHIRE, éds., *Phenomenology: Dialogues and Bridges*, Albany, 1982, pp. 299-320.

RICŒUR, P., *Essais d'herméneutique II: Du Texte à l'action*, Paris, 1986.

RICŒUR, P., *La Critique et la conviction. Entretiens avec François Azouvi et Marc de Launay*, Paris, 1995.

RICŒUR, P., *Réflexion faite. Autobiographie intellectuelle*, Paris, 1995.

II. Etudes:

GREISCH, J. (2000), *Le Cogito herméneutique. L'herméneutique philosophique et l'héritage cartésien*, Paris.

GRONDIN, J. (1999), *Introduction à Hans-Georg Gadamer*, Paris.

GRONDIN, J. (2002), «Gadamers Basic Understanding of Understanding», dans: R. DOSTAL, dir., *The Cambridge Companion to Gadamer*, Cambridge, pp. 36-51.

GRONDIN, J., (2003), *Le Tournant herméneutique de la phénoménologie*, Paris.

GUILLEMOT J.-L. (1999), *Le Conflit des herméneutiques. Gadamer et Ricœur en débat*, thèse non publiée, Département de philosophie, Université d'Ottawa.

SCHOLZ, O. (1999), *Verstehen und Rationalität*, Francfort.

VON BORMANN, C. (1986), «Hermeneutik», dans: G. Müller, éd., *Theologische Realenzyklopädie*, tome XV, Berlin/New York, pp. 108-137.

L'INTERACTION ENTRE SCIENCES DU LANGAGE ET TECHNIQUES DE L'INTERPRÉTATION DANS L'HERMÉNEUTIQUE LITTÉRAIRE DE PAUL RICŒUR

I. La genèse transcendantale de l'œuvre littéraire

Une des originalités majeures et l'un des mérites essentiels de l'herméneutique de Paul Ricœur consiste à intégrer les modèles explicatifs proposés par les sciences du langage (linguistique, sémiotique, rhétorique, narratologie, ...) à l'intérieur du processus de compréhension et d'interprétation lui-même. Mais que veut dire ici intégrer? Intégrer veut dire que l'on ne peut se contenter de juxtaposer les modèles d'exécution des textes à la technique d'interprétation elle-même, mais que l'on cherche au contraire à instruire, par une dialectique fine (c'est-à-dire non définitivement synthétisable comme l'est la dialectique spéculative qui absorbe et efface la différence entre ses pôles d'intelligibilité), l'explication par l'interprétation et réciproquement. Ce programme ne fait en un certain sens que reprendre le projet d'herméneutique philosophique de Schleiermacher qui préconisait à l'art d'interpréter de s'assurer sans cesse de l'objectivité et de la rigueur de sa démarche en s'appuyant sur l'analyse de la dimension grammaticale et formelle des textes, c'est-à-dire de motiver scientifiquement l'induction interprétative de la signification globale de l'œuvre étudiée par un travail de déduction opéré sur les bases des lois de leur structuration que font découvrir la philologie et les sciences historiques.
Chez Schleiermacher, la clef de voûte de la connaissance herméneutique se trouve exposée dans sa *Dialectique* de 1822, où il distingue très clairement la fonction organique de l'imagination de la fonction intellectuelle-analytique de l'entendement. L'imagination construit ou reconstruit des images, des figures, des représentations associatives qui assurent un lien continu entre le texte et le monde vécu et perçu, c'est-à-dire avec ce que la phénoménologie appelle le monde de la vie. La fonction intellectuelle procède par identifications et distinctions, par conjonctions et disjonctions, par assimilations et oppositions des unités élémentaires qui composent le discours: elle permet ainsi de mettre au jour les opérations discursives qui structurent le texte, indépendamment du signifié général

de celui-ci, de son «vouloir-dire» ou de son intention. L'articulation des deux fonctions revient proprement à ce que Schleiermacher, empruntant ici au vocabulaire kantien, appelle le «schématisme», lequel n'est autre que le processus dynamique de la production du concept lui-même. Ce processus consiste à montrer que la production singulière des images est toujours orientée par la visée d'un contenu universel, dont le concept et l'idée accomplissent en quelque sorte la fixation ou l'arrêt. Cette fixation s'opère sur la base de la structuration logique du discours, si l'on inclut dans la «logique» l'ensemble des mécanismes formels (grammaticaux, rhétoriques, argumentatifs) auxquels ce discours obéit. Schleiermacher insiste cependant sur le fait que la production d'un concept est toujours provisoire, en raison même de l'hétérogénéité de l'acte d'imaginer et de l'acte de concevoir — ainsi que Ricœur le dira lui-même, à la fois pour la production du sens et pour sa réception et sa lecture. Donc, cette synthèse n'est jamais achevée, jamais aboutie. Toute lecture d'un texte la réactualise chaque fois à nouveau, faisant apparaître une excédence de l'image sur le concept et une excédence du concept sur l'image. Pour citer un exemple à caractère métaphysique, il suffit de s'en référer à la manière dont les philosophes font «jouer» les représentations religieuses qu'ils proposent de l'immortalité avec son Idée. La métempsycose, le séjour dans l'Hadès, la résurrection des corps ou la vie des divinités elles-mêmes constituent autant d'images qui nous permettent de configurer l'état d'immortalité. Cependant, l'Idée d'immortalité elle-même ne se réduit pas à ces images mais donne à penser au-delà d'elles: qu'il s'agisse d'un être hors-temps, d'une durée infinie (l'éternel retour par exemple), du cycle répétitif de la vie et de la mort ou d'autres «noèmes», ceux-ci proposent de saisir des entités de sens non figuratives qui, à la limite, défient le pouvoir de notre imagination, sans toutefois s'affranchir totalement de celle-ci. C'est au niveau de ce va-et-vient constant entre ce qui est représenté et conçu que se situe le travail réflexif — mieux «réfléchissant» — du travail de l'interprétation.

Or, pour opérer ce travail réfléchissant, la pensée qui interprète doit incessamment articuler l'activité organique de l'imagination à l'activité déterminante et universalisante des concepts. C'est pourquoi Schleiermacher affirme au §110 de sa *Dialectique*:

> «Les concepts réels universels, les concepts substantiels, contiennent une activité organique, car dans leur genèse originelle, ils rappellent les représentations sensibles des objets qui doivent y être subsumés.» «Le plus souvent», ajoute-t-il, «nous n'en avons plus immédiatement conscience, car dans l'usage ordinaire nous laissons rarement ces

concepts parvenir à leur vraie vie, mais poursuivons notre combinaison. Mais plus nous les utilisons (ces concepts) uniquement comme des signes, moins nous pensons alors véritablement.»[1]

Autrement dit, dans la mesure où nous ne vérifions pas les concepts formels par les éléments organiques qui y sont subsumés, nous encourrons le risque de ne rien penser d'effectif. Schleiermacher va même jusqu'à dire que c'est à l'imagination, qu'il ne nomme pas organique par hasard, que revient le rôle d'anticiper sur le tout de la signification. En revanche, il précise également que cette anticipation ne donne lieu à la pensée d'aucun objet déterminé si elle ne fait appel aux concepts formels qui distinguent et opposent les éléments constituants de ce tout. La pensée de l'effectif n'est donc accomplie que par l'intégration de l'organique et du formel. Schleiermacher réassume ainsi, à sa manière, la définition que Kant avait proposée, dans la *Critique de la faculté de juger*, de l'Idée esthétique comme complexe d'imagination et d'entendement.

«En un mot», écrit Kant, «l'Idée esthétique est une représentation de l'imagination associée à un concept donné, et qui se trouve liée à une telle diversité de représentations partielles, dans le libre usage de celles-ci, qu'aucune expression, désignant un concept déterminé, ne peut être trouvée pour elle, et qui donne à penser en plus d'un concept bien des choses indicibles, dont le sentiment anime la faculté de connaissance et qui inspire à la lettre du langage un esprit.»[2]

L'Idée esthétique que Kant utilise ici pour distinguer la production géniale d'une œuvre artistique, son esprit, — ou ce que Paul Ricœur appellerait le «monde» interne de l'œuvre et qui se donne à penser comme un complexe de relation de sens inépuisables et irréductibles à tout concept déterminé —, bien qu'il ne cesse d'animer et de stimuler la faculté de connaître, est ainsi caractérisé comme étant une production de l'imagination qui, associée à un contenu intelligible de la Raison, nous oblige à intuitionner celui-ci au travers de sa diffraction en une multitude de représentations partielles, c'est-à-dire d'images qui à la différence des schèmes spatio-temporels de la physique, ne se laissent énoncer dans aucune définition exhaustive. L'Idée esthétique «exprime» un concept ou l'équivalent d'un concept (son analogon), mais cette expression n'est pas adéquate à celui-ci, c'est-à-dire qu'elle ne nous en livre jamais le contenu par une formulation claire et distincte. C'est parce que l'imagination «joue» avec

---

[1] SCHLEIERMACHER, F.D.E. (1997), *Dialectique*, trad. CH. BERNER et D. THOUARD, Paris, p. 90.
[2] KANT, I. (1968), *Critique de la faculté de juger*, trad. A. PHILONENKO, Paris, p. 146.

un contenu de la Raison, avec l'Idée, plutôt que de la démembrer en unités analytiques séparées et logiquement recomposées, c'est parce qu'elle le configure en «allusions», c'est-à-dire comme le signifie le mot latin *adludere*, en formes ludiques qui en accusent le sens, qu'elle peut en donner à saisir la cohérence organique par-delà les éléments formels qui la constituent *partes extra partes* et qui, linguistiquement parlant, correspondent à ce que Schleiermacher entend généralement par «signes».

Ceci étant dit, ces éléments formels n'en sont pas moins essentiels pour l'accomplissement de cette cohérence organique, pour l'expression réussie de cette Idée sensible, puisque celle-ci est associée à un concept, c'est-à-dire tributaire d'un libre usage de l'entendement. Ce libre usage est précisément ce qui, à l'intérieur du champ de la littérature, fait l'objet d'une étude systématique par les sciences du langage que nous avons déjà évoquées et qui explorent, aussi bien la logique du langage comme système de signes distincts de la parole elle-même (le langage dans son état construit) que la logique des formes de l'énonciation dont la poétique des genres littéraires constitue, avec la rhétorique, un domaine d'étude institué depuis Aristote, et dont le récit est le paradigme que Paul Ricœur a privilégié dans ses propres recherches, en raison de son importance pour la compréhension de la rationalité de l'action et de l'histoire humaine. Nous y reviendrons par la suite. Mais pour l'instant, j'aimerais insister sur le fait que la prise en compte de ces éléments formels est décisive pour la juste appréciation du statut épistémologique de la notion d'œuvre et avec elle, de l'Idée esthétique que Gadamer et Ricœur lui associent à la suite de Kant, avant que de revenir sur le problème plus spécifique de l'interprétation des textes littéraires.

Kant propose en effet une autre définition de l'œuvre d'art qui concerne directement le rôle assumé par l'entendement dans son développement et sa genèse. «La belle représentation d'un objet, accomplie par l'artiste», écrit-il au §48 de la *Critique de la faculté de juger*, «n'est en fait que la forme de la présentation d'un concept, grâce à laquelle celui-ci est communiqué universellement»[3]. Qu'est-ce à dire? Que la communication universelle de l'Idée sensible, dont témoigne le jugement de goût, n'est pas le corrélat d'une intuition vague et informe, mais qu'elle dépend au contraire de la structure formelle du phénomène qu'elle donne à saisir. Cette structure décide en effet de la cohérence interne de l'œuvre et de la possibilité même de sa compréhension. Pour faire l'objet d'une pensée, entendue ici comme l'interprétation d'un contenu de signification, l'œuvre

---

[3] KANT, I. (1968), p. 142.

doit en effet offrir au jugement le sentiment de l'unité de ce contenu de signification à même le matériau de sa représentation — c'est-à-dire à même sa figuration plastique, sa partition sonore ou son articulation sémantique. En effet, la présence du concept (ou de l'entendement) y est d'abord davantage sentie ou perçue qu'intellectuellement identifiée. Et pour assurer ce sentiment contre toute tentative de l'absorber par une pareille identification intellectuelle, Kant la rapporte à un état de la subjectivité qui juge, c'est-à-dire à l'accord interne des facultés de l'imagination et de l'entendement, plutôt qu'à la réalité objective de l'œuvre d'art elle-même. Ce qui conduit Kant à la thèse paradoxale qui consiste à convertir l'œuvre d'art en une simple opportunité pour le jugement de goût de découvrir l'harmonie dont il est lui-même habité et en laquelle réside la seule et unique source de plaisir qui l'accompagne, c'est-à-dire le sentiment du Beau comme tel. Or, cette thèse est paradoxale en ceci que le jugement qui porte sur une œuvre d'art, à la différence du jugement de goût portant sur une production de la nature, fait intervenir la visée d'une Idée, c'est-à-dire d'une perfection qui, quoique différente du concept scientifique, n'en est pas moins conçue comme un analogon sensible d'une Idée intellectuelle, par exemple comme le symbole d'une Idée morale. Kant énonce en effet sa pensée en ces termes, au §49 de la *Critique de la faculté de juger*:

> «Le poète ose donner une forme sensible aux Idées de la raison que sont les êtres invisibles, le royaume des saints, l'éternité, la création, etc., mais en les élevant alors au-delà des bornes de l'expérience, grâce à l'imagination, qui s'efforce de rivaliser avec la raison dans la réalisation d'un maximum, en leur donnant une forme sensible dans une perfection dont il ne se rencontre point d'exemple en la nature. C'est pourquoi c'est en poésie que la faculté des Idées esthétiques peut donner toute sa mesure.»[4]

Or, pour produire cette perfection dont la nature ne nous donne point d'exemple, le poète ne peut faire l'économie de l'entendement. Car l'on voit mal comment la perfection d'une forme sensible pourrait voir le jour en l'absence de toute régulation objective. Certes, l'usage spécifiquement imaginatif de l'entendement, que Shaftesbury caractérisait déjà par la création de «formes en formation» diffère de l'usage qu'en fait l'homme de science dans le jugement déterminant. Mais cet écart ne doit pas exclure l'étude objective et méthodique de ces formes. C'est cependant ce que semble exiger Kant qui, bien avant Gadamer, déclarait qu' «il n'y

---

[4] KANT, I. (1968), p. 144.

a pas de méthode (*methodus*) mais seulement une manière (*modus*) pour les Beaux-arts»[5]. Ce qui implique non seulement que l'artiste ne puisse soumettre la construction de son œuvre à des préceptes déterminés, mais que l'amateur de cette œuvre ne puisse en expliquer l'ordonnance par des concepts.

En un certain sens, Kant ne fait ainsi que reprendre à son compte une des thèses essentielles de Baumgarten qui opposait la vérité logique de la connaissance intellective, laquelle procède par perceptions et représentations mathématiquement distinctes, à la vérité esthétique composée de représentations confuses, c'est-à-dire de représentations dont le *nexus* de relations associatives ne peut être dénoué sans être détruit. Cependant, Baumgarten, qui persiste à parler de «vérité» à propos de l'œuvre d'art, et tout particulièrement de la poésie, considérait que l'imagination, qu'il nommait lui aussi *analogon* de la Raison, ne pouvait être entièrement privée de portée cognitive. La vérité de l'œuvre d'art a d'ailleurs pour lui une valeur extensive plus grande que celle, plus précise, voire infinitésimale, de la connaissance logique. Le paradoxe de l'œuvre d'art réside en effet en ceci, à ses yeux, qu'elle confère une dimension de sens illimitée à une représentation partielle et même plus singulière que celle, pourtant universelle en droit, que produit le concept scientifique. Ce qu'elle perd en effet en certitude dénotative, elle le compense par sa fonction connotative, proportionnelle à sa puissance de condensation. Cette fonction connotative, Baumgarten la décrit en termes de veri-similitude ou de vraisemblance, afin de faire se porter l'attention sur le potentiel de ressemblance que l'œuvre d'art entretient dans son rapport avec une foule de situations, qui non seulement ont été effectivement réalisées, mais qui s'avèrent également possibles ou probables lorsque nous laissons libre cours au pouvoir d'anticipation de notre imagination, et dont la portée référentielle est hétérocosmique, c'est-à-dire concevable à l'intérieur d'un autre agencement du réel que celui auquel nous sommes accoutumés.

La valeur cognitive et heuristique de l'œuvre d'art réside donc en ceci qu'elle nous donne à explorer des vérités qui ne peuvent être traduites en terme de certitude logico-mathématique. En effet, écrit Baumgarten, cette exploration est légitimée par le fait que «l'esprit humain n'est pas en mesure de saisir toutes les qualités individuelles déterminées qui existent virtuellement ou en acte, ni d'en avoir une connaissance adéquate au moyen d'arguments justes»[6]. Pour quel motif? Parce que ce qu'il nomme

[5] KANT, I. (1968), p. 176.
[6] BAUMGARTEN, A.G. (1988), *Esthétique*, trad. J.-Y. PRANCHERE, Paris, §561, p. 201.

«vérité», au sens métaphysique, c'est-à-dire aussi anthropologique et éthique, ne s'épuise jamais dans une concaténation d'états de faits, aussi nécessaire soit-elle. La vérité de notre monde est aussi faite d'une charge de relations, à la fois complexe et implexe, que l'esprit ne peut appré-senter que via la représentation d'un tout ou, pour reprendre le vocabu-laire de Schleiermacher, via la saisie d'une unité organique qui, bien qu'informée par le concept, se révèle néanmoins réfractaire à sa frag-mentation algébrique.

Or, pour Baumgarten, cette unité organique de l'œuvre d'art n'est pas purement et simplement synonyme d'indétermination. Elle ne se détecte pas non plus seulement, comme le jugement esthétique de Kant le donne en partie à penser, à l'intégrité d'un affect ou d'une émotion inobjectivable. L'unité organique présuppose non seulement le respect de certaines règles logiques, ainsi que l'attestent par exemple les traités de la poétique classique, mais elle implique l'invention d'autres systèmes de régulation que ceux que mobilisent le discours argumenté — ces sys-tèmes de régulation dont Baumgarten souligne l'importance pour que l'œuvre d'art atteigne sa perfection matérielle, attestée par sa rigueur au niveau de la composition des couleurs, des sons et des syntagmes, et qui fait pendant à la perfection formelle logico-mathématique de l'intelli-gence abstraite.

Car c'est bien à cette perfection matérielle que la singularité de l'œuvre d'art doit son pouvoir de communication universelle, ou si l'on préfère, sa vérité extensive qui, ainsi que Kant le reconnaît lui-même, est intrinsèquement contenu dans le plaisir esthétique. Mais alors que Kant a tendance à confondre l'unité organique qui caractérise cette perfection avec l'accord subjectif des facultés, Baumgarten, plus fidèle en cela à l'esprit des Lumières qui jamais ne dissocie entièrement les sciences et les arts, conçoit cette unité comme sous-tendue par une autre forme de structuration expressive, porteuse de sa propre dimension de vérité. «Toute beauté est vérité», écrit-il, en citant Shaftesbury et «même dans la poésie où tout n'est que fable, c'est malgré tout la vérité qui domine et qui produit la perfection du tout»[7].

Or, une telle affirmation, dont on ne trouve pas d'équivalent chez Kant, présuppose au moins ceci: c'est que la forme de la présentation du concept, qui équivaut à la forme en formation d'une Idée esthétique, obéisse à un code susceptible d'être déchiffré par tout un chacun. Autrement dit l'œuvre d'art, et a fortiori l'œuvre littéraire, obéit à une grammaire spécifique dont

---

[7] BAUMGARTEN, A.G. (1988), p. 198.

le suivi n'est pas moins impérieux que celui du raisonnement logique ou mathématique. C'est un certain usage de l'entendement qui conditionne l'accès à l'Idée sensible, Kant le reconnaît. Mais il faut ajouter à présent que cet usage n'ouvre l'esprit à l'intelligence d'une vérité, en l'occurrence d'une Idée de la Raison universellement communicable, que si les règles de cet usage peuvent être identifiées dans la texture de l'œuvre elle-même. Toute l'herméneutique de Paul Ricœur, qui vise à dépsychologiser (contre W. Dilthey) l'interprétation des textes littéraires et à réhabiliter leur cohérence discursive et leur portée référentielle spécifiques (ce qu'il nomme «référence de second rang») n'est compréhensible que sur la base d'une dialectique approfondie de l'imagination et de l'entendement, la première étant responsable de la totalité architectonique de l'œuvre, la seconde étant responsable des limitations, des répétitions et des différenciations ordonnées des parties de cette totalité.

L'œuvre de langage a servi à Paul Ricœur de laboratoire à cette hypothèse de travail qui surmonte l'opposition stricte, établie par Dilthey, entre compréhension et explication. Quoiqu'il soit impossible de reconstituer ici l'édifice de sa méthode d'interprétation, même en restreignant son application au seul récit ou à la poésie lyrique, nous nous efforcerons toutefois, dans la seconde partie de ce texte, de faire apparaître quelques pierres angulaires de cet édifice, et tout particulièrement celles qui assurent la continuité profonde entre l'analyse structurale des œuvres — celle de la sémiotique, par exemple — et le travail proprement «réfléchissant» de l'interprétation. Car c'est la fermeté de ce principe de continuité qui permet, à mon sens, de mesurer l'écart immense qui sépare l'herméneutique de Paul Ricœur des pensées herméneutiques post-nietzschéennes ou post-heideggeriennes qui, exception faite de Gadamer dont on feint parfois d'ignorer le platonisme, aboutissent tantôt à la dissolution de la notion d'œuvre et à la dissémination de son contenu, tantôt à un perspectivisme qui convertit la littérature en machine de guerre contre l'universalisme de l'*Auflklärung*.

II. Comprendre et interpréter le langage de l'imagination littéraire

II.1. L'écriture littéraire comme double réduction: à l'égard du monde et à l'égard du langage construit

Dans ses écrits consacrés à la poésie et à la fiction, Paul Ricœur a réussi à éviter trois écueils majeurs qui menacent de façon permanente la démarche de l'herméneutique des textes littéraires.

Le premier écueil, le plus banal, consiste à concevoir l'œuvre de langage comme l'expression symptomatique de la subjectivité de l'écrivain, de sa complexion psychique ou de son parcours biographiques, lesquels devraient être recherché en amont de sa création. Sans jamais faire l'impasse sur le rôle joué par l'instance d'énonciation du texte, présente dans le récit lui-même, Paul Ricœur a véritablement dépsychologisé la méthode herméneutique, en montrant clairement que la subjectivité qui appose à l'œuvre sa signature ne doit pas être hypostasiée au-delà des procédés stylistiques qui permettent de reconnaître l'identité idiosyncrasique de l'œuvre en question. L'œuvre littéraire est conçue pour être comprise *sui generis*, en l'absence du secours de son auteur et des paroles que celui-ci pourrait y ajouter. Il faut prendre cette autonomie de l'œuvre, garante de l'objectivité de son sens, au sérieux.

Le deuxième écueil consisterait à effacer purement et simplement toute trace de cette signature en considérant cette fois l'œuvre du langage comme un épiphénomène d'un ordre de discours impersonnel, normé par ce que Michel Foucault nomme des socles épistémiques, qui sont autant d'arrangements discursifs à la fois aléatoires et épochals, c'est-à-dire porteurs d'une idéologie archéologiquement datée. Dans cette perspective, l'interprétation ne serait plus fondée, ni à déchiffrer l'œuvre du langage comme l'articulation d'une parole singulière, ni à y rechercher la manifestation de problèmes anthropologiques universels. Mais sa tâche serait de la réintégrer dans un ensemble de signes plus vastes où elle occuperait la fonction d'archive.

Enfin, le troisième écueil consisterait à dépecer l'œuvre en unités syntagmatiques supposées autonomes et à les interpoler dans un enchaînement textuel sans fin, une intertextualité généralisée, en s'appuyant sur les méthodes que l'ethnologie structurale a utilisées pour formaliser la combinatoire des mythologèmes. Une telle démarche, qui n'est pas étrangère à la visée déconstructiviste de la littérature (P. De Man), autorise le plus souvent l'interprète à négliger la cohérence interne et impérieuse de l'œuvre, pour pouvoir puiser en celle-ci les éléments d'une chaîne de variations associatives qui déportent ces éléments de leur contexte.

L'évitement de ce triple écueil, Paul Ricœur n'a pu l'opérer que par la prise au sérieux du processus intentionnel par lequel le lecteur se laisse orienter par la texture matérielle de l'œuvre. Confronté à une œuvre de langage, le lecteur n'en saisit les contenus de signification que s'il se concentre sur l'écrit comme écrit. La cause efficiente de l'œuvre, son auteur, n'y est alors identifié que progressivement, au fil du déchiffrage de son instance d'énonciation, laquelle constitue toujours le texte de telle sorte qu'on ne puisse en réifier la sémantique dans l'anonymat d'un discours sédimenté. Enfin, le fait de considérer le monde de l'œuvre, non comme la réduplication d'un monde préalable, mais comme une entéléchie immanente à sa constitution textuelle, oblige le lecteur à en suivre la téléologie, par-delà la concaténation des paradigmes, dans un processus d'intégration cumulative qui ne cesse de se répandre et de se transformer. Ce n'est donc pas la clôture du texte qui caractérise l'unité singulière de l'œuvre, mais la réflexivité interne qui l'anime et qui réalise sa dimension véritablement adressative, son interpellation à l'activité reconfigurative du lecteur.

En effet, le fait pour le lecteur de participer au processus de constitution interne de l'œuvre institue entre lui et le monde naturel auquel il appartient une double distanciation méthodologique: d'une part, l'attention portée à la logique de l'écriture fait se détacher le lecteur du monde de sa perception directe et des horizons qui en forment l'arrière-plan, pour l'introduire dans un monde de quasi-perceptions: celui des images, des personnages et des intrigues, lesquelles, quoique à chaque fois singulières (au point de se renouveler à chaque acte de lecture), ne peuvent être déictiquement rapportées à la présence immédiate des choses. A l'inverse, ce monde n'est pas non plus construit de pures abstractions mentales dépourvues d'effet sur le schématisme de la sensibilité. Ce qu'il y a de plus général dans un texte, son contenu noématique, lové entre les signes, se donne pourtant bien à voir, mais à voir dans un horizon de visibilité qui se déploie à même l'univers du livre. Le texte littéraire invite donc le lecteur à pratiquer une manière de réduction, d'épochè. En quel sens? Au sens où la lecture interrompt la vision normale de l'attitude naturelle et les évidences qui la sous-tendent. L'œuvre d'art dépasse et surprend les attentes liées à l'inductivité du flux intentionnel propre à la quotidienneté. Or ce dépassement n'est pas une simple évasion dans un «ailleurs» du monde. Si l'œuvre fait porter le regard sur ce qui, du point de vue de l'attitude naturelle naïve, est «trouble» et «déplacé», c'est pour reconduire ces troubles et ces déplacements dans un ordre d'intelligibilité plus approprié aux événements et aux aspects de la condition humaine que cette attitude naturelle a tendance à ignorer. Autrement dit, la modélisation de l'intentionnalité que commande l'ordonnancement des signes vise à produire un équivalent d'évidence et d'intégrité perceptive, lequel se présente au lecteur, davantage comme un surcroît de sens que comme une pure et simple aliénation (*Verfremdung*) à l'égard du monde de la vie (*Lebenswelt*). La discontinuité effective qui se creuse dès lors entre le monde du texte et le monde de la vie a pour effet d'en reconfigurer la cohérence, non de l'abolir. C'est l'étude de cette distanciation reconstructive qui a permis à Paul Ricœur de soutenir cette thèse devenue célèbre, à savoir que la configuration littéraire (métaphorique ou narrative) offre *ipso facto* au lecteur le pouvoir de redécrire après coup la réalité à laquelle il appartient, en aval du texte, pour en dégager de nouveaux possibles.

Si la référence de premier rang à cette réalité est suspendue par le texte, ce n'est donc pas parce que celui-ci viserait par ses négations, ses perturbations et ses syncopes à déconstruire radicalement l'évidence irréductible (l'*Ur-doxa*) dont se nourrit la subjectivité en tant qu'être au monde. Mais c'est au contraire pour que le trop plein de signification qui se love dans notre présence au monde à la façon d'un non-dit ou d'un impensé puisse être désocculté et porté au langage.

Or, pour ce faire, une deuxième réduction est nécessaire: plutôt que de recevoir des significations toutes faites, dans la transparence d'un langage bien connu, l'œuvre littéraire nous oblige sans cesse à produire nous même ces significations. L'opacité de son matériau linguistique contraint le lecteur à investir simultanément son attention sur celui-ci, et à n'en concevoir la thématique que par la prise en considération de sa construction, qu'il s'agisse des micro-éléments de celle-ci, tels que ses entités phonétiques par lesquelles l'auteur joue sur le clavier des intonations, des euphonies ou des allitérations, ou qu'il s'agisse des macro-éléments qui en régissent la rhétorique (accumulation, symétrie, paradoxe, etc.). Si l'on entend par thématique le signifié idéel d'un texte, son universel concret, l'on doit aussitôt préciser que celui-ci ne peut être ressaisi que par le décodage de tous les procédés qu'il met en œuvre pour à la fois réassumer et subvertir les standards linguistiques du langage ordinaire. Car c'est précisément grâce à cette tension que produit le texte littéraire entre le contenu de sens lexicalisé et sédimenté de son matériau sémantique et ses modifications figuratives, — tension qui invite à une réflexivité constante au niveau même de l'usage de ce matériau —, qu'une distanciation critique à l'égard de l'attitude naturelle est rendue possible. Quel que soit le registre particulier par lequel l'on peut caractériser cette distanciation (parodique, ironique, lyrique, dramatique,…) ce qu'il nous importe de souligner, c'est que la littérature produit ses propres objectités idéelles lesquelles, aussi singulières soient-elles, sont le fruit d'un jeu réglé, qui n'est pas séparable du mouvement réfléchissant par lequel le contenu idéel ou le thème de l'œuvre est engendré.

Comment Paul Ricœur conçoit-il les règles de ce jeu qui confèrent à la configuration littéraire son efficacité spécifique? Il serait présomptueux de vouloir en proposer une synthèse exhaustive, alors même que le mérite de la pensée de Paul Ricœur réside dans l'évolution précise et motivée de tous les instruments conceptuels qu'il emprunte aux sciences du langage. Nous prendrons cependant le risque de proposer une esquisse des étapes les plus significatives de sa méthode. Cette esquisse ne fera certainement pas justice à la subtilité avec laquelle le philosophe assigne sa juste place à chacune des étapes évoquées. Mais elle permettra, je l'espère, d'en comprendre l'intention et l'unité profonde, de sorte que l'on puisse également entrevoir ce qui dans la poétique de Paul Ricœur constitue le prolongement opératoire de la genèse transcendantale exposée plus haut.

En prenant pour base les trois volumes de *Temps et Récit*, et tout particulièrement le volume II (*La configuration dans le récit de fiction*), je distinguerai les étapes de cette esquisse de la façon suivante. Dans un premier moment, je mentionnerai l'attention portée par Paul Ricœur à l'approche des paradigmes structuraux de la fiction. Dans ce cadre, les travaux que je citerai seront principalement ceux de Propp, de Brémond et de Greimas. En un second temps, je me rapporterai aux analyses qu'il propose de la fonction syntagmatique du récit, c'est-à-dire à sa dimension chronogénétique (G. Guillaume), et par là même au processus qui gouverne la transformation des paradigmes mentionnés en point 1. Enfin, dans un troisième temps, j'aborderai la question complexe de l'écart entre le niveau diégétique et métadiégétique de la narration, question que Paul Ricœur emprunte à G. Genette, mais qu'il problématise aussi sur la base des recherches de Harald Weinrich et de Benveniste sur l'implication de la «voix narrative» à l'œuvre dans le récit. La finalité de ce parcours consiste à montrer comment Paul Ricœur prend appui sur les éléments les plus formalisables du texte littéraire (les fonctions narratives, les rôles, les invariants binaires de Greimas) pour complexifier son analyse par l'étude des opérations stylistiques plus réfléchissantes que constituent les temporalisations et le jeu avec la syntaxe verbale d'une part, et les modes d'énonciation par lesquels l'auteur commente l'objet de son récit et se présente comme «partie prenante» du sens configuré par celui-ci d'autre part.

II.2. L'ordonnancement paradigmatique

Le formalisme russe, dont V. J. Propp est le représentant le plus connu, a permis de découvrir que la trame des contes et des légendes est invariablement constituée par un nombre fini de fonctions narratives dont la combinatoire réalise une forme d'individuation. Cette combinatoire est à la fois mécaniquement réglée et téléologiquement orientée. Il s'agit en effet d'articuler ces paradigmes dans des situations qui permettent d'en actualiser les possibilités praxiques et de construire l'enchaînement des situations de telle sorte qu'il offre à certains acteurs privilégiés de conduire ces possibilités à leur aboutissement plénier. Il en va par exemple ainsi de la matrice narrative du preux chevalier qui délivre une princesse de la captivité qui lui est infligée par un vassal félon. Il la restitue à son père, le suzerain, et la reçoit finalement en mariage. Dans ce type de récit, qui n'est pas sans rappeler la combinatoire structurale des mythes dévoilée par Levi-Strauss, le récit se prête à une investigation de ses possibles narratifs, en l'absence de toute considération systématique. Les «schèmes» actantiels de ces récits sont en quelque sorte pré-formés de telle sorte que leur mise en séquence obéit à une logique dont l'arborescence peut être dessinée avec un maximum de probabilité. La logique du récit de C. Brémond et le modèle narratologique de Greimas ont permis d'étendre ce type d'analyse à l'épopée et au roman. Greimas utilise par exemple trois paires de catégories actantielles qui permettent de formaliser, outre l'axe pragmatique de l'intrigue, dans lequel l'actant se trouve entouré d'opposants ou d'auxiliaires (adjuvants), l'axe de la communication entre les personnages (destinateur-destinataire) et l'axe sujet-objet dans lequel sont configurés les pôles sur lesquels portent les désirs et les passions de ceux-ci. Tout récit procède donc par conjonction et disjonction des rôles répartis sur ces trois axes. Néanmoins, le modèle de Greimas n'est pas seulement plus complexe que celui utilisé par Propp à l'endroit des contes populaires. La réduction à l'élémentaire est en effet compensée par ceci que l'articulation de ces rôles n'y est plus seulement comprise en terme de succession, de chronologie. Car les rôles sont eux-mêmes l'objet d'une transformation, voire d'une élaboration progressive. Les rôles «se cherchent» à même le déploiement de l'intrigue, et cette quête d'identité et de position s'exprime par l'emploi de toute une série de verbes modaux qui non seulement font signe vers l'interaction des personnages, mais témoignent aussi de leur conflictualité interne: vouloir, devoir, pouvoir, savoir, … Autant de modalités intentionnelles qui ont le pouvoir d'infléchir le rôle des actants dans des directions imprévisibles, voire de faire se métamorphoser leur fonction dans le champ de l'action racontée. De plus, ces verbes modaux sont eux-mêmes responsables des structures aspectuelles de la temporalité du récit: durativité d'un état (par exemple vouloir à tout prix), inchoativité (par exemple prendre conscience d'un devoir), terminativité (pouvoir enfin poser tel ou tel acte), etc. L'essentiel de ce processus de transformation dans lequel sont plongés les actants se perçoit à tout moment dans la narration grâce à la tension qui se creuse entre l'état ponctuel où ils se trouvent à un moment du temps et l'horizon du faire à venir que ce moment appelle avec lui.

Dès lors, écrit Paul Ricœur, si la grammaire profonde de la narration réside au niveau de cette modélisation structurale, la question fondamentale se pose «de savoir si la grammaire de surface n'est pas plus riche en potentialités narratives que la grammaire fondamentale»[8]. Ce qui revient à poser la question de l'opérativité propre au syntagme. Le système de Greimas est un système de relations virtuelles, qu'il est possible d'appliquer selon les critères de la substitution et de la similarité. Mais l'analyse d'une œuvre littéraire concrète montre que cette application est tout à la fois productrice de prédictibilité et affectée de contingence. Prédictible, l'usage de ce système l'est dans la mesure où il réussit à disséquer et à segmenter le texte, pour en faire apparaître après coup la reconstruction comme sous-tendue par des conditions invariantes de sens. Contingent, il l'est dans la mesure où chaque œuvre majore l'importance de certaines catégories actantielles (par exemple la communication: certains récits, tels ceux de Marguerite Duras, sont presque exclusivement composés de dialogues) et que la discontinuité en apparence aléatoire dans la combinatoire de ces catégories peut jouer un rôle tout aussi important pour son unité que pour son articulation canonique (telle qu'on la retrouve par exemple dans les tragédies anciennes). S'il n'existait en effet aucun décalage entre la créativité propre de la narration, en tant que réseau syntagmatique, et la logique de ses présupposés structuraux, il ne se passerait rien au fil de sa lecture, il n'y aurait point d'événement à raconter. Or l'événement n'intervient que là où la logique des présupposés est quasi contrariée, quasi démentie ou quasi transgressée. Cette subversion interne au syntagme narratif est aussi ce qui motive le sentiment du lecteur d'avoir affaire à des êtres qui agissent et pâtissent vraiment, qui construisent leur devenir, fut-il fatal, au fil des épreuves et des péripéties, plutôt que d'être les exécutants d'un programme. Or, c'est précisément ce va-et-vient entre ordre et subversion, entre prédictibilité et imprédictibilité, qui permet au récit d'advenir en la forme symbolique d'un monde spirituel, par-delà son exemplarité paradigmatique ou générique. Si la subversion interne à la séquence narrative était totale, le lecteur serait confronté à l'anarchie: aucune modélisation ne pourrait plus être entreprise, avec pour conséquence une absence de code et d'indice

---

[8] RICŒUR, P. (1984), *Temps et récit*, tome II: *La configuration dans le récit de fiction*, Paris, p. 85.

de reconnaissance catégorielle pour le lecteur. La récurrence, la similarité et la dissimilarité formelle, l'équivalence et ses mécanismes de substitution sont aussi essentiels à l'intelligibilité d'une configuration poétique ou narrative que la dynamique réfléchissante qui lui permet de la saisir comme une unité organique impérieuse. Notre propos consistera à montrer à présent sur quelles bases cette saisie peut s'édifier.

II.3. L'unité syntagmatique

Les formes syntagmatiques du récit constituent en effet explicitement, pour Paul Ricœur, une «classe de jugement réfléchissant, c'est-à-dire de jugements capables de prendre pour objet les opérations même de nature téléologique par lesquelles les entités esthétiques et organiques prennent forme»[9]. Réfléchir sur les évènements racontés, se distancer par rapport à eux pour s'interroger sur les liens de sens qui se tissent entre eux et sur la téléologie immanente qui les font se précipiter vers un dénouement, exige tout d'abord un aller et retour constant entre mémoire et anticipation. Que le narrateur soit présent dans son récit à la première ou à la troisième personne, ou que les évènements se racontent eux-mêmes, sans référence du locuteur à son acte d'énonciation, la contiguïté syntagmatique a essentiellement pour objet le temps raconté lui-même, c'est-à-dire un nœud qui s'accroît sans cesse entre ce que la rétrospection conserve à l'esprit et les attentes qui se développent avec le phrasé du texte. C'est pourquoi le propre des catégories syntaxiques du récit réside essentiellement pour Paul Ricœur dans les transitions que celles-ci aménagent entre les phases hétérogènes du temps. Celles-ci ne consistent d'ailleurs pas seulement dans le rapport unilinéaire entre le passé, le présent et l'avenir. Le présent peut être un passé qui se prolonge heureusement ou désespérément, l'avenir peut consister en un retour à un état antérieur au passé raconté lui-même. Et ainsi de suite. Les jeux avec le temps, qui font intervenir toute la gamme des modes et des concordances des temps verbaux, sont a priori totalement indéfinis. De plus, comme nous l'avions déjà évoqué à propos des travaux de Greimas, l'énonciation narrative sculpte également son rythme et son tempo, lequel n'équivaut pas au temps réel ou probable des événements eux-mêmes.

Raconter, c'est faire subir au temps des élongations et des compressions, c'est précipiter ou ralentir des actions en cours, c'est condenser des séries d'évènements en un seul, c'est aussi parfois anticiper, revenir en

---

[9] RICŒUR, P. (1984), p. 92.

arrière ou enchâsser plusieurs séquences narratives pour en signifier les affinités, c'est aussi donner à sentir des temps morts, des pauses méditatives ou introduire des rapports avec le présent du narrateur, etc. En d'autres termes, le temps interne à l'intrigue elle-même (*erzählte Zeit*) est affecté par le temps qui structure l'acte même de raconter (*erzählende Zeit*). Le premier est «réfléchi» par le second. Ou, si l'on préfère, le second «thématise» le premier. C'est dans la forme en mouvement de la temporalisation narrative que la succession des évènements et des actions est organisée en un complexe figuratif unique et insécable. Autrement dit, c'est la compréhension de l'armature temporelle du texte pris en son intégrité qui nous livre la clef pour interpréter le contenu diégétique lui-même. L'écart entre le temps narratif (le temps mis à raconter) et le temps raconté est en effet déjà en lui-même un écart d'interprétation, puisque la construction du premier opère comme si les événements, fictifs ou réels, qu'elle présente obéissaient en définitive aux directions de signification qu'elle induit.

Le lecteur qui vit une fiction comme si elle s'était réellement passée ne cesse d'emprunter la voie indirecte du processus d'énonciation de cette fiction pour se l'approprier dans le présent de sa lecture. Paul Ricœur a démontré l'efficacité de cette hypothèse dans son interprétation de Proust, de Thomas Mann et de Virginia Woolf. Nous n'avons pas le temps de nous y arrêter pour l'instant. Je me contenterai plutôt, pour conclure ce paragraphe, de citer ce passage significatif de l'auteur:

> «Il est clair qu'une structure discontinue convient à un temps de dangers et d'aventures, qu'une structure linéaire plus continue convient au roman d'apprentissage dominé par les thèmes du développement et de la métamorphose, tandis qu'une chronologie brisée, interrompue par des sautes, des anticipations et des retours en arrière, bref une configuration délibérément pluridimensionnelle, convient mieux à une vision du temps privée de toute capacité de survol et de toute cohésion interne. L'expérimentation contemporaine dans l'ordre des techniques narratives est ainsi ordonnée à l'éclatement qui affecte l'expérience même du temps. Il est vrai que dans cette expérimentation, le jeu peut devenir l'enjeu lui-même. Mais la polarité du vécu temporel (*Zeiterlebnis*) et de l'armature temporelle (*Zeitgerüst*) semble ineffaçable.
> Dans tous les cas, une création temporelle effective, un "temps poïétique", se découvre à l'horizon de toute "composition significative". C'est cette création temporelle qui est l'enjeu de la structuration du temps, qui lui-même se joue entre temps mis à raconter et temps raconté.»[10]

---

[10] RICŒUR, P. (1984), p. 120.

II.4. Conclusion. L'individuation du style

Les paragraphes précédents nous montrent combien Ricœur prend au sérieux, pour s'orienter dans son herméneutique, le précepte qui consiste à vouloir interpréter l'œuvre de langage en fonction des processus d'objectivation du sens qu'elle contient. Ne pas recourir abusivement à des éclairages extérieurs à l'œuvre pour la comprendre, fussent-ils empruntés au contexte culturel de l'auteur ou à sa biographie, c'est s'en tenir à l'ascèse qui consiste à en déduire le contenu idéel de ses configurations, plutôt que d'en présupposer l'existence pour sur-interpréter ces dernières. Car un écart énorme peut exister, par exemple, entre les convictions politiques explicites d'un auteur et la manière dont il donne à penser la réalité politique dans la cohérence interne d'une fiction.

Cette ascèse oblige l'interprétation à pratiquer le détour d'une stylistique rigoureuse. Celle-ci ne s'épuise évidemment pas dans l'inventaire des paradigmes qu'elle hérite de la tradition (de la mythologie, par exemple) ni même dans l'analyse de son architecture temporelle. Les fonctions communicationnelles de la littérature mobilisent un grand nombre de ressources: depuis la métrique et la scansion, particulièrement investies dans la poésie classique, jusqu'à la production d'icônes métaphoriques ou jusqu'à la mise en scène explicite de la voix narrative, telle qu'on peut la saisir dans l'autobiographie, la satyre ou le roman philosophique, il importe à chaque fois à l'herméneute d'identifier les procédés d'écriture à la façon de ces jugements réfléchissants dont nous avons parlé, et dont les effets de sens affleurent dans des figures certes mouvantes mais non arbitraires pour autant. Ce n'est que dans la mesure où nous respectons la logique de l'imagination poétique, ce que Käte Hamburger nomme «*Logik der Dichtung*» que nous appréhenderons le texte littéraire comme une parole parlante et non comme une routine rhétorique qui consisterait à habiller des idéologèmes pré-fabriqués. L'œuvre de langage est une matrice d'Idée. Mais les Idées sensibles, celles qui concernent notre existence d'êtres humains en chair et en os pour lui dévoiler de nouveaux horizons d'expérience, ne nous sont accessibles que si nous résistons à la tentation de nous précipiter vers l'abstraction de leur noyau de sens. C'est pourquoi, interpréter une œuvre ne consiste pas à substituer un discours à son discours à elle, mais consiste plutôt à frayer une voie pour y séjourner et s'y mouvoir, pour peut-être devenir ensuite les poètes de notre propre vie.

RAPHAËL CÉLIS
Université de Lausanne

BIBLIOGRAPHIE

BAUMGARTEN, A.G. (1988), *Esthétique*, trad. J.-Y. PRANCHERE, Paris.
KANT, I. (1968), *Critique de la faculté de juger*, trad. A. PHILONENKO, Paris.
RICŒUR, P. (1984), *Temps et récit*, tome II: *La configuration dans le récit de fiction*, Paris.
SCHLEIERMACHER, F.D.E. (1997), *Dialectique*, trad. CH. BERNER et D. THOUARD, Paris.

DU «MAITRE DU SOUPÇON» AU «MAITRE DU SOUCI»:
MICHEL FOUCAULT ET LES TACHES
D'UNE HERMÉNEUTIQUE DU SOI

Le colloque qui nous réunit ici a pour tâche d'analyser le profil de l'herméneutique au seuil du 21ᵉ siècle. Il s'inscrit dans la continuité de plusieurs autres colloques internationaux, parmi lesquels je mentionnerai en particulier celui qui s'est tenu à Lille en 1989, sur l'initiative de Jean Bollack, et publié par André Laks et Ada Neschke sous le titre: *La naissance du paradigme herméneutique*[1], ainsi que le Colloque qui s'est tenu en septembre 1994 à l'université de Halle, à l'occasion du tricentenaire de la fondation de cette université[2].

Grâce aux travaux de Lutz Geldsetzer, Hasso E. Jaeger, Axel Bühler, Axel Horstmann, Luigi Cataldi Madonna et Oliver R. Scholz relatifs à l'herméneutique générale des Lumières, nous disposons aujourd'hui d'une connaissance bien plus approfondie des origines modernes de l'herméneutique, ce qui entraîne une révision critique des thèses développées par Dilthey dans son célèbre article de 1900 sur les origines de l'herméneutique. Deux siècles après le début des cours d'herméneutique néo-testamentaire de Schleiermacher à Halle, et un siècle après l'*Aufbau* de Dilthey, que pouvons nous dire du «paradigme», ou plutôt des «paradigmes» de l'herméneutique aujourd'hui?

C'est exclusivement en référence à l'herméneutique philosophique que je tenterai d'apporter une réponse à cette question, à laquelle j'ai récemment consacré une trilogie d'ouvrages[3]. Leur fil conducteur est l'hypothèse que c'est la «greffe» de l'herméneutique sur la phénoménologie husserlienne qui nous permet de constituer, en toute rigueur philosophique, un paradigme herméneutique de la raison, même si ce n'est pas le seul possible.

---

[1] NESCHKE, A., et LAKS, A., éds. (1990), *La Naissance du paradigme herméneutique*, Lille.

[2] ADRIAANSE, H.J., et ENSKAT R., éds. (1999), *Fremdheit und Vertrautheit. Hermeneutik im europäischen Kontext*, Leuven.

[3] GREISCH, J. (2000), *L'arbre de vie et l'arbre du savoir. L'herméneutique de la phénoménologie heideggérienne*, Paris; GREISCH, J. (2001), *Le Cogito herméneutique. L'herméneutique philosophique et l'héritage cartésien*, Paris; GREISCH, J. (2001), *L'itinérance du Sens: la phénoménologie herméneutique de Paul Ricœur*, Grenoble.

Du moins dans le paysage de la philosophie française contemporaine, la phénoménologie se montre d'une extraordinaire fécondité, ce qui entraîne la nécessité d'une réflexion approfondie sur la manière dont elle intègre ce qu'on peut appeler le «moment cartésien» dans son projet et sur les transformations requises pour passer de la phénoménologie transcendantale à une phénoménologie herméneutique. Il me semble très important que la phénoménologie herméneutique accepte le débat avec d'autres traditions, que ce soit avec l'interprétationnisme de Günter Abel ou avec la conception davidsonienne du *principle of charity*, débat que j'ai amorcé dans les chapitres 3-4 du *Cogito herméneutique*.

Dans le chantier vaste et complexe des problèmes qui font l'objet de notre colloque, je me limiterai à un seul thème, celui que désigne le terme «herméneutique du soi». Il s'est imposé à mon attention à la faveur du repérage chronologique suivant.

Comme le rappelle Dilthey dans l'*Aufbau*, la naissance du paradigme herméneutique nouveau, marquant le primat de la compréhension sur l'ancienne *ars interpretandi* est à peu près contemporain de la naissance des sciences de l'esprit, avec, à leur tête, la reine de ces sciences: l'histoire universelle. De Schleiermacher à Dilthey, en passant par Boeckh et Droysen, la prise de conscience des enjeux philosophiques de l'acte de comprendre s'associe de plus en plus étroitement à une réflexion sur le statut des sciences de l'esprit. La publication, en 1883, du premier volume de l'*Introduction aux sciences de l'esprit* de Dilthey marque l'apogée de ce mouvement. Contrairement aux apparences, le programme diltheyen d'une «Critique de la raison historique», revendiquant de prendre la suite de la *Critique de la raison pure* de Kant, ne se limite nullement au souci de déterminer le profil épistémologique de ce nouveau groupe de sciences, à la faveur de la célèbre distinction entre le régime de l'*Erklären*, censé caractériser les sciences naturelles, et celui du *Verstehen*, propre aux sciences de l'esprit. Les questions que les sciences de l'esprit nous obligent à nous poser, ne relèvent pas toutes, loin de là, de l'épistémologie.

Cinq ans à peine après la publication de l'Introduction de Dilthey, un obscur professeur de philologie ancienne à Bâle, du nom de Friedrich Nietzsche, publie sa *Deuxième Considération Intempestive* sous le titre: «De l'utilité et de l'inutilité de l'histoire pour la vie». Cette critique virulente de l'historicisme disqualifie-t-elle la «Critique de la raison historique», telle que l'entendait Dilthey, ou l'enrichit-elle, et si oui, en quel sens? Telle me semble être l'une des questions les plus intéressantes que l'herméneutique philosophique d'aujourd'hui doit affronter, compte tenu des nombreuses relectures de la Deuxième *Intempestive* qui jalonnent l'histoire de la philosophie du 20e siècle, de Heidegger à Ricœur, en passant par Michel Foucault. J'en veux simplement pour preuve la manière dont Ricœur, dans son dernier ouvrage: *La Mémoire, l'histoire, l'oubli*, place sa tentative d'articuler une analyse épistémologique de ce qu'il appelle «l'opération historiographique» et une «herméneutique de la condition historique» sous l'égide explicite de la Deuxième *Intempestive*.

Quand, au début des années 20 du 20e siècle, Heidegger met en chantier son programme d'une «herméneutique de la vie facticielle», il a pour interlocuteurs constants trois philosophes de la vie: Bergson, Nietzsche et Dilthey. Rien d'étonnant dès lors que l'historicité lui apparaisse comme un «phénomène nucléaire» que toute phénoménologie herméneutique devra intégrer à son projet. Cela n'empêche pas Heidegger de rompre de manière décidée avec la lignée «épistémologique» de l'herméneutique moderne, de Schleiermacher à Dilthey, en renouant avec une tradition plus ancienne, représentée par le *Peri hermeneias* d'Aristote et surtout par l'herméneutique augustinienne, dont, curieusement, il cherche le modèle non dans le *De doctrina Christiana*, mais essentiellement dans le Livre X des *Confessions*.

Faut-il parler à ce sujet de la naissance d'un autre paradigme herméneutique, et comment le définir? Même si les termes de *Verstehen* et d'*Auslegen* occultent ici très nettement celui d'interprétation, dans l'esprit de Heidegger, la réponse ne fait pas l'ombre d'un doute. Il suffit de jeter un coup d'œil sur le «Rapport Natorp» de 1922, pour y déceler le programme d'une interprétation phénoménologique d'Aristote, dont le fil conducteur est formé par les termes de: *phronèsis, kinèsis, sophia*, pour y découvrir la place éminente de la compréhension comme mode d'être, irréductible à un mode du connaître. Or, dans les premiers cours de Heidegger, les tâches de comprendre le «monde ambiant» (*Umwelt*), le «monde commun» (*Mitwelt*) et le «monde propre» (*Selbstwelt*), forment un tout indissociable. Toutefois, ces trois orientations du comprendre, qui correspondent à autant de «mouvements» de la vie, ne sont nullement logées à la même enseigne: le primat appartient à ce que nous pourrions appeler «l'herméneutique du soi», à l'élucidation du monde propre.

La deuxième époque charnière, où se décide le profil contemporain de l'herméneutique philosophique, est le début des années 60, avec la publication de *Vérité et Méthode* de Gadamer en Allemagne, *Verità e interpretazione* de Luigi Pareyson en Italie, *La symbolique du mal* de Paul Ricœur en France.

Tout se passe comme si, du moins sur la scène philosophique française, la polarité entre une herméneutique de la conscience historique et une approche généalogique de l'histoire, qui opposait un siècle plus tôt Dilthey et Nietzsche, faisait retour, opposant cette fois-ci Ricœur à Michel Foucault. Dans *L'Itinérance du sens,* j'ai consacré un chapitre entier à l'analyse de la réception critique des thèses de Foucault par Ricœur. Je me contente ici de souligner simplement deux points, qui forment la toile de fond des réflexions qui vont suivre.

Concernant l'herméneutique, rien ne résume mieux le climat intellectuel des années 60 que le titre du premier recueil d'articles de Ricœur: *Le Conflit des interprétations*. On y trouve de nombreuses allusions aux trois grands «maîtres du soupçon», Marx, Freud et Nietzsche. Même si la formule est régulièrement associée à l'herméneutique de Ricœur, elle a pour auteur Foucault, qui l'utilise dans une conférence au colloque de Royaumont. De ces trois «maîtres du soupçon», le plus important aux yeux de Foucault est incontestablement Nietzsche. Or, rien n'illustre mieux la dette qui rattache la conception foucaldienne de la généalogie à Nietzsche que son interprétation de la Deuxième *Intempestive*, publiée en 1971 sous le titre: «Nietzsche, la généalogie, l'histoire» dans le volume d'hommage à Jean Hippolyte[4]. Cette relecture, aussi audacieuse qu'originale, de la 2e *Intempestive* constitue un document de première importance pour comprendre l'arrière-plan philosophique de la manière dont Foucault analyse ce qu'il appelle l'archéologie des sciences humaines dans *Les mots et les choses*[5], prolongée en 1969 dans *L'archéologie du savoir*[6].

A ma connaissance, personne n'a encore tenté de confronter systématiquement la critique diltheyenne de la raison historique et la «généalogie» ou «archéologie» de l'histoire qui, à presque un siècle de distance, impliquent une confrontation approfondie avec la mise en cause nietzschéenne de l'historicisme. De fait, le titre de ma contribution originellement prévue pour notre colloque se rapportait directement à ce problème. Je m'étais proposé de développer une réflexion sur la place que Foucault accorde (ou n'accorde pas) à l'herméneutique dans son archéologie des sciences humaines, scandée, comme on sait, en trois «âges»: l'âge de la *ressemblance*, illustré par le Don Quichotte de Cervantès, l'âge de la *représentation*, illustré par les Ménines de Velasquez, l'âge de la *positivité*, qui rend possible la naissance des sciences

---

[4] FOUCAULT, M., «Nietzsche, la généalogie, l'histoire», dans: *Hommage à Jean Hippolyte*, Paris, 1971, pp. 145-171.

[5] FOUCAULT, M., *Les Mots et les choses. Une archéologie des sciences humaines*, Paris, 1966.

[6] FOUCAULT, M., *L'archéologie du savoir*, Paris, 1969.

humaines. La grande absente de cette archéologie est l'herméneutique générale des Lumières. On peut dès lors se demander en quel sens les travaux déjà mentionnés sur l'herméneutique générale entraînent une révision de certaines thèses relatives à l'archéologie des sciences humaines.

Les hasards de l'édition m'ont incité à donner une orientation différente à ma contribution. En avril 2001, ont paru presque simultanément *Le Juste 2* de Ricœur[7] et l'avant-dernier cours de Michel Foucault donné en 1981-1982 au Collège de France sous le titre: *L'herméneutique du sujet*[8]. Ce n'est pas seulement parce que le terme «herméneutique» — une sorte d'*hapax* dans l'œuvre de Foucault — figure dans le titre du cours de 1981-82 que cette ultime étape de sa recherche mérite de retenir l'attention du spécialiste de l'herméneutique. Beaucoup plus profondément, il s'agit de la manière dont Foucault y développe le problème qu'indique le cours de 1979-1980: «Subjectivité et Vérité» et dont on trouve encore l'écho dans le titre du cours de 1983-1984: «le courage de la vérité».

A quel genre d'herméneutique avons-nous affaire ici? Quel est le sujet dont il faut faire l'herméneutique? Y a-t-il un rapport entre l'herméneutique foucaldienne du sujet et «l'herméneutique du soi», qui fait l'objet des Gifford Lectures de Ricœur, données en 1986 à Edinburgh, publiées en 1990 sous le titre: *Soi-même comme un autre*, ou les recherches de Charles Taylor sur les «sources du soi», récemment traduites en français sous le titre: *Les sources du moi*[9]? Ce sont ces questions qui commandent les réflexions qui suivent.

I. A la recherche d'une autre philosophie critique

En 1970, Foucault donne au Collège de France la leçon inaugurale sous le titre: *L'Ordre du discours*[10] qui inaugure la Chaire: *Histoire des systèmes de pensée*, qu'il occupera jusqu'à sa mort en 1984. Comment expliquer l'apparition brusque du syntagme «herméneutique» dans le contexte d'une recherche philosophique essentiellement vouée jusque-là à une «archéologie des formations discursives», et qui se place décidément

---

[7] RICŒUR, P., *Le Juste 2*, Paris, 2001.
[8] FOUCAULT, M., *L'herméneutique du sujet*, Paris, 2001.
[9] TAYLOR, CH. (1989), *Sources of the Self. The Making of Modern Identity*, Harvard (trad. fr. CH. MELANÇON (1998), *Les Sources du moi. La formation de l'identité moderne*, Paris).
[10] FOUCAULT, M., *L'Ordre du discours*, Paris, 1971.

sous l'égide de la généalogie nietzschéenne? La question est d'autant plus légitime que ni le résumé officiel du cours, rédigé par Foucault lui-même, ni l'excellente postface de Frédéric Gros ne nous fournissent de réponse.

Dans le résumé du cours, on relève trois occurrences du terme «herméneutique». Foucault commence par rappeler quel fut le thème directeur du cours, «consacré à la formation du thème de l'herméneutique de soi»[11]. En réalité, comme il le précise aussitôt après, il s'agit d'une enquête sur les réflexions théoriques et les exercices pratiques sur l'*epimeleia heautou,* la *cura sui*, le «souci de soi», Socrate étant, à ses yeux, «le maître du souci de soi».

La seconde occurrence du terme se trouve dans un passage où Foucault analyse le statut des «discours vrais» qui permettent à un sujet de faire face aux contingences des événements et aux incertitudes de l'avenir. Après avoir souligné qu'il s'agit «d'armer le sujet d'une vérité qu'il ne connaissait pas et qui ne résidait pas en lui» (c'est-à-dire, si je comprends bien, que le rapport du sujet à la vérité n'est pas ici du type «maïeutique», comme dans le *Théétète*), Foucault note, énigmatiquement, que «nous sommes encore très loin de ce que serait une herméneutique du sujet»[12].

La troisième occurrence du terme figure dans le contexte d'une description des exercices de contrôle des représentations qui constituent une sorte de moyen-terme entre la *meditatio*, où on s'exerce en pensée, et l'*exercitatio*, où on s'entraîne en réalité. Foucault illustre ces exercices, qui visent une attitude de surveillance permanente à l'égard des représentations «qui peuvent venir à la pensée», à travers les métaphores du «gardien de nuit, qui ne laisse pas entrer n'importe qui dans la ville ou dans la maison»[13] et celle du changeur de monnaie chez Evagre le Pontique et Cassien. Chez ces derniers auteurs, la métaphore prescrit, d'après Foucault, «une attitude herméneutique à l'égard de soi-même», celle du discernement des esprits, susceptible de faire le partage entre les pensées qui viennent de Dieu ou du grand tentateur qu'est le diable. Tel n'est justement pas le cas dans les exercices que prescrit Epictète et qui visent un tout autre but: «savoir si on est ou non ému par la chose qui est représentée et quelle raison on a de l'être ou de ne pas l'être»[14].

L'examen des trois occurrences du terme «herméneutique» sous la plume de Foucault ne permet pas de savoir en quel sens le mot qui figure

[11] FOUCAULT, M. (2001), p. 473.
[12] FOUCAULT, M. (2001), p. 481.
[13] FOUCAULT, M. (2001), p. 483.
[14] FOUCAULT, M. (2001), p. 484.

dans le titre doit être entendu. La postface de Frédéric Gros, qui nous fournit par ailleurs des informations précieuses sur la situation du cours dans l'œuvre de Foucault et ses enjeux philosophiques, ne nous aide pas davantage à résoudre cette énigme. C'est pourquoi je tenterai de la résoudre à mes propres risques et périls, à travers une lecture personnelle du cours.

Comme le souligne Frédéric Gros, celui-ci se présente comme une sorte de version amplifiée du bref chapitre: «La Culture du soi», qu'on trouve dans *Le Souci de soi,* qui forme lui-même le troisième volume de l'Histoire de la sexualité. Alors que jusque là, Foucault s'était focalisé sur les systèmes anonymes du savoir, il s'intéresse maintenant de plus en plus à la manière dont le sujet produit un discours censé donner à lire sa propre vérité. Ce nouveau volet de sa recherche est inaugurée en 1979-1980 avec le cours sur le gouvernement des vivants, centré sur les pratiques chrétiennes de l'aveu et il s'achève en 1983-84 avec un enseignement qui a pour objet le gouvernement de soi et des autres. Cette enquête sur les formes historiques du rapport à soi ne se focalise nullement sur le statut ontologique du soi, comme c'est le cas chez Heidegger; elle revêt une allure décidément pragmatique et presque technique. L'hypothèse qui commande les réflexions de Foucault est en effet que les techniques qu'une culture invente pour permettre à un sujet de devenir lui-même, nous en apprennent plus long sur l'idée qu'elle se fait du soi que les spéculations théoriques sur la nature de l'âme.

En ce sens, la question que je viens de soulever pourrait être formulée dans les termes suivants: peut-on dire que la focalisation sur le souci de soi et les techniques afférentes enrichit l'herméneutique du soi, principalement ontologique chez Heidegger et principalement «éthique» chez Ricœur?

Un premier point capital me semble être que l'approche généalogique des processus de subjectivisation implique une «histoire des formes d'expérience», ce qui confère d'emblée une ampleur philosophique considérable à cette entreprise. C'est ce que confirment deux importantes notes manuscrites reproduites dans la postface du cours. Pour Foucault, il s'agit de «partir à la recherche d'une autre philosophie critique», qui «ne détermine pas les conditions et les limites d'une connaissance de l'objet» (ce qui est la tâche de la critique de la raison pure au sens de Kant, critique qui se focalise sur la question: «Que puis-je savoir?»), mais qui se donne pour tâche de déterminer «les conditions et les possibilités indéfinies de transformation du sujet»[15] — ce qui était, pourrions-nous ajouter, une

---

[15] FOUCAULT, M. (2001), p. 508.

des ambitions de la critique généalogique chez Nietzsche. Dans une autre note manuscrite, où Foucault explicite l'orientation majeure de sa recherche qui est de «replacer le sujet dans le domaine historique des pratiques et des processus où il n'a pas cessé de se transformer», il reconnaît explicitement sa «dette théorique à l'égard d'un philosophe comme Nietzsche, qui a posé la question de l'historicité du sujet»[16].

A ses yeux, les seuls penseurs contemporains qui se soient intéressés avant lui à la question du rapport du sujet à la vérité furent Heidegger et Lacan. Lui-même affirme se tenir plutôt «du côté de Heidegger»[17], mais sans que les modalités de son allégeance heideggérienne ne soient explicitées.

En quoi cette «autre philosophie critique», sous les espèces d'une «généalogie du sujet», rejoint-elle les préoccupations de l'herméneutique? En assumant le risque d'une certaine *subtilitas applicandi*, je propose une réponse en plusieurs points.

II. Souci de soi et connaissance de soi: pour une herméneutique des pratiques de la subjectivité

La recherche de Foucault a pour toile de fond des hypothèses élaborées en 1982-83 sur les relations entre subjectivité et vérité. Il y expose ses vues relatives aux arts d'existence et les processus de subjectivisation dans l'Antiquité, impliquant l'hypothèse que le rigorisme moral n'est pas un produit de la civilisation chrétienne, mais l'œuvre de la civilisation païenne. Cela le conduit à faire du régime ancien des *aphrodisia* le soubassement de la morale sexuelle européenne moderne. Loin de se cantonner dans l'histoire de la sexualité, cette recherche engage une enquête historique sur les rapports entre le «sujet» et la «vérité», prenant pour fil conducteur le thème du «souci de soi-même» (*epimeleia heautou, cura sui*). La question directrice de Foucault est de savoir quel est le «soi» du souci de soi, et de quel genre de «souci» un soi peut faire l'objet. Mais c'est aussi la question de savoir pourquoi le thème delphique et socratique du *gnôthi seauton*, de la *connaissance* de soi, a occulté de plus en plus fortement le thème originel du *souci* de soi. Concernant cette dernière question, on peut dire que c'est à un travail de déconstruction au sens presque heideggérien du mot que se livre Foucault, en dégageant, à

---

[16] FOUCAULT, M. (2001), p. 506.
[17] FOUCAULT, M. (2001), p. 182.

l'encontre de toute la tradition moderne, «cartésienne» au sens large du mot, le lien perdu entre les deux thèmes et en montrant que le *gnôthi seauton* ne prend sens qu'en référence à l'*epimeleia heauto*, et non l'inverse.

A ses yeux, on ne saurait éviter la question de savoir pourquoi la philosophie occidentale, et plus généralement, la pensée occidentale, a été amenée à privilégier le *gnôthi seauton* au détriment de l'*epimeleia heautou*. La question n'a pas seulement des enjeux éthiques considérables, mais, telle que Foucault nous invite à la relire, elle engage également le problème de la vérité et l'histoire de la vérité. Lue ainsi, elle nous renvoie au célèbre texte de Nietzsche qui raconte comment le monde vrai est devenu fable, texte dont Heidegger et Derrida nous ont chacun proposé une exégèse.

Dans l'optique de Foucault, le point charnière de la disqualification du souci de soi et de la requalification philosophique de la connaissance de soi correspond à ce qu'il appelle «le moment cartésien»[18]. Plus qu'une disqualification, l'invention cartésienne du *cogito* aboutit à ses yeux à une véritable exclusion, tout se passant comme si le «souci de soi» devenait impensable dans l'horizon de la philosophie moderne, Descartes et Kant apparaissant comme les deux grands liquidateurs du problème de l'accès à la vérité[19], les agents principaux de «l'énorme transformation» grâce à laquelle «la notion de connaissance de l'objet vient se substituer à la notion d'accès à la vérité»[20].

Avant d'examiner plus en détail l'argumentation de Foucault, en tentant d'en dégager quelques conclusions concernant les tâches contemporaines de l'herméneutique, ouvrons une brève parenthèse. Quel que soit le sens qu'on donne à l'idée d'une «herméneutique du sujet», il me semble qu'elle nous confronte à quatre notions fondamentales, toute la difficulté étant de savoir comment on peut les conjoindre. De manière un peu schématique, je propose de les regrouper par couples polaires. La philosophie ancienne nous a laissé le couple polaire: «souci de soi», «connaissance de soi». C'est surtout de celui-ci que s'occupe Foucault. Une bonne partie de la philosophie moderne est traversée par le couple polaire: «certitude de soi», «compréhension de soi». Une lecture de l'herméneutique qui se focalise trop exclusivement sur les origines modernes de l'herméneutique tend presque fatalement à ne retenir que la

---

[18] FOUCAULT, M. (2001), p. 15.
[19] FOUCAULT, M. (2001), p. 183.
[20] FOUCAULT, M. (2001), p. 184.

seconde polarité, en oubliant la première. Inversement, on peut se demander si l'herméneutique du soi ne doit pas également intégrer la seconde polarité, quitte à la modifier profondément, comme l'a fait Heidegger dans son analytique du *Dasein*.

L'hypothèse historique qui commande les analyses de Foucault est que, dans l'optique d'une histoire de la vérité, l'âge moderne, qu'inaugure le «moment cartésien», «commence à partir du moment où ce qui permet d'accéder au vrai, c'est la connaissance elle-même et elle seule»[21]. Dans son cours: *Introduction à la recherche phénoménologique*, donné à Marbourg au semestre d'hiver 1924/25, Heidegger développe une thèse assez semblable, en soutenant que le geste cartésien consiste fondamentalement dans le souci de la «connaissance connue»[22]. Aux yeux de Foucault, Descartes est le premier à rompre le pacte pluri-séculaire qui unit la philosophie à la spiritualité. L'acte de connaître, et les conditions internes qui le gouvernent (conditions formelles, objectives, règles de méthode, structure de l'objet à connaître) est le seul qui ait le pouvoir de nous faire accéder à la vérité. Le sujet de l'acte de connaître — le *cogito* — est, par nature, capable de vérité, de sorte que la question du travail que le sujet doit opérer sur lui-même pour avoir accès à la vérité ne se pose plus[23].

Emboîtant le pas de Roscher et de Defradas[24], Foucault rappelle d'abord que le commandement delphique de la «connaissance de soi», et les commandements afférents («Rien de trop», les «cautions»), loin d'être un principe de connaissance de soi, a le sens d'un avertissement et d'une règle de prudence. A partir de là se pose la question du sens que Socrate a voulu donner à ce précepte. L'examen des textes montre non seulement qu'il est régulièrement couplé avec l'exigence du souci de soi, mais qu'il lui est subordonné, formant une sorte d'application concrète de celui-ci[25]. Socrate lui-même se présente à ses interlocuteurs et à ses concitoyens comme celui que son *daimôn* incite à les inviter à s'occuper d'eux-mêmes, ce qui en fait un dangereux agitateur. Il joue à leur égard le rôle d'un éveilleur, les «piquant au vif», à la manière d'un taon. «Le

---

[21] FOUCAULT, M. (2001), p. 19.
[22] HEIDEGGER, M., *Einführung in die phänomenologische Forschung*, F.-W. v. HERRMANN, éd., *Gesamtausgabe*, tome 17, Francfort, 1994, pp. 195-227. C'est «ce souci de la connaissance connue» qui constitue aux yeux de Heidegger le dénominateur commun entre Husserl et Descartes (HEIDEGGER, M. (1994), pp. 57-63). Sur les enjeux de cette lecture, je renvoie au chapitre 12 de GREISCH, J. (2000).
[23] FOUCAULT, M. (2001), p. 182.
[24] DEFRADAS, J. (1954), Les Thèmes de la propagande delphique, Paris.
[25] FOUCAULT, M. (2001), p. 6.

souci de soi-même est une sorte d'aiguillon qui doit être planté là, dans la chair des hommes, qui doit être fiché dans leur existence et qui est un principe d'agitation, un principe de mouvement, un principe d'inquiétude permanent au cours de l'existence.»[26]

«Socrate, c'est l'homme du souci de soi, et il le restera.»[27] Est-ce là une simple idiosyncrasie socratique? Nullement! Aux yeux de Foucault, le souci de soi «n'a pas cessé d'être un principe fondamental pour caractériser l'attitude philosophique presque tout au long de la culture grecque, hellénistique et romaine»[28]. Il peut évidemment se décliner selon plusieurs registres et à la lumière de plusieurs analogies, parmi lesquelles l'analogie thérapeutique, sur laquelle se sont focalisés Pierre Hadot, André-Jean Voelke et Martha Nussbaum, occupe une place éminente. Mais Foucault ne se contente pas de faire du souci de soi la condition décisive de l'accès à l'existence philosophique, de sorte qu'on peut dire que philosopher, c'est se soucier de soi et réciproquement. Il y voit en même temps «un véritable phénomène culturel d'ensemble»[29] qui, en tant que tel, doit être analysé comme événement majeur de l'histoire de la pensée, notamment en raison du fait qu'il «est devenu une sorte de matrice de l'ascétisme chrétien»[30].

Appréhendée à cette échelle de grandeur et de complexité, la notion de souci de soi présente trois aspects également remarquables.

Elle détermine d'abord une attitude générale, une «certaine manière d'envisager les choses, de se tenir dans le monde, de mener des actions, d'avoir des relations avec autrui»[31]. Rien ne serait donc plus faux que de cantonner le «souci de soi» dans la sphère purement «privée» du rapport intime de soi à soi. Comme ne cesse de le souligner Heidegger dans ses premiers cours relatifs à l'herméneutique de la vie facticielle, là où nous avons affaire au «monde propre» (*Selbstwelt*) nous avons inévitablement aussi affaire au «monde ambiant» (*Umwelt*) et au «monde commun» (*Mitwelt*). C'est ce que confirmera une analyse plus précise de l'*Alcibiade*.

En second lieu, il s'agit d'une «certaine forme d'attention, de regard»[32], à laquelle il faut d'abord «se convertir».

---

[26] FOUCAULT, M. (2001), p. 9.
[27] FOUCAULT, M. (2001), p. 10.
[28] FOUCAULT, M. (2001), p. 10.
[29] FOUCAULT, M. (2001), p. 11.
[30] FOUCAULT, M. (2001), p. 12.
[31] FOUCAULT, M. (2001), p. 12.
[32] FOUCAULT, M. (2001), p. 12.

Envisagé dans cette optique, le «souci de soi» devient une affaire d'exercice et de méditation. Avec Pierre Hadot nous pouvons dire: une affaire d'«exercice spirituel» ou «d'examen de conscience». Le troisième trait que souligne Foucault est justement la fait que le souci de soi entraîne des pratiques, ou des exercices: «actions que l'on exerce de soi sur soi»[33], telles que: se prendre en charge, se modifier, se purifier, se transformer, se transfigurer.

J'ajoute, ce que Foucault ne dit pas explicitement, que ce n'est que parce que nous devons parcourir l'arc entier des figures du souci de soi, «définissant une manière d'être, une attitude, des formes de réflexion, des pratiques» qu'elles engagent un travail herméneutique d'interprétation des «pratiques de la subjectivité»[34]. Cette dimension potentiellement herméneutique se renforce encore si nous tenons compte du fait que ces pratiques s'étendent «de l'exercice philosophique à l'ascétisme chrétien» sur plus de mille ans de transformation et d'évolution[35].

III. Philosophie et spiritualité: les tâches d'une herméneutique de la spiritualité

Dès le premier cours, on est surpris de voir apparaître un terme qu'on s'attendrait à rencontrer plutôt sous la plume de Dilthey que sous celle de Foucault: «spiritualité»[36]. Il surgit dans le contexte d'une réflexion sur la manière dont un sujet accède, ou n'accède pas, à la vérité. Tel est, aux yeux de Foucault, le sens originaire du terme «philosophie». Pourra être dite «philosophique» toute «forme de pensée qui s'interroge sur ce qui permet au sujet d'avoir accès à la vérité» ou «qui tente de déterminer les conditions et les limites de l'accès du sujet à la vérité»[37]. Dans la foulée de cette définition, il suggère de définir la «spiritualité» comme «la recherche, la pratique, l'expérience par lesquelles le sujet opère sur lui-même les transformations nécessaires pour avoir accès à la vérité»[38].

Foucault souligne «qu'il n'y a pas de sens à opposer, comme si c'étaient deux choses de même niveau, la spiritualité et la rationalité»[39].

---

[33] FOUCAULT, M. (2001), p. 12.
[34] FOUCAULT, M. (2001), p. 13.
[35] FOUCAULT, M. (2001), p. 13.
[36] FOUCAULT, M. (2001), p. 16.
[37] FOUCAULT, M. (2001), p. 16.
[38] FOUCAULT, M. (2001), p. 16.
[39] FOUCAULT, M. (2001), p. 76.

Même si les historiens de la philosophie et de la spiritualité peuvent trouver à redire sur ces deux définitions, il me semble qu'elles ont un pouvoir heuristique incontestable. Cela concerne en particulier les trois postulats qui définissent, d'après Foucault, la «spiritualité» en Occident.

Le premier postule que l'accès à la vérité n'est pas l'affaire de la connaissance seule: «La vérité n'est donnée au sujet qu'à un prix qui met en jeu l'être même du sujet.»[40] L'accès à la vérité a pour condition une *metanoia*, une conversion, qui ne concerne pas seulement les manières de penser, mais la manière d'être du sujet. Foucault en distingue deux formes principales, que désignent les termes d'*erôs* et d'*askêsis*. La première pourrait être illustrée par le *Banquet* de Platon et ses transpositions chrétiennes: c'est le mouvement de l'éros, arrachant le sujet à lui-même, pour l'exposer à une vérité qui vient à lui et l'illumine. La seconde forme est celle du travail de soi sur soi, «dont on est soi-même responsable dans un long labeur qui est celui de l'ascèse»[41]. Curieusement, Foucault ne mentionne pas la possibilité d'un entrecroisement entre ces deux formes de spiritualité, c'est-à-dire entre les deux modalités fondamentales qui permettent à un sujet de devenir capable de vérité. A mes yeux, une herméneutique de la «spiritualité», qui se focaliserait précisément sur les diverses modalités de cette articulation, trouve ici un domaine de recherche à peine exploré.

Je note également, dans l'optique d'une phénoménologie de «l'homme capable» qui domine, comme je l'ai montré ailleurs, les travaux les plus récents de Ricœur, l'intérêt qu'il y aurait à analyser plus en profondeur cette notion de «sujet capable de vérité».

La troisième caractéristique de la notion de «spiritualité» est non seulement que la conversion, qu'elle soit philosophique ou religieuse, doit produire des fruits, mais, plus profondément, que la vérité découverte, conquise ou trouvée, en payant le prix pour s'y élever a des effets «de retour» sur l'être même du sujet. «La vérité, c'est ce qui illumine le sujet; la vérité, c'est ce qui lui donne la béatitude; la vérité, c'est ce qui lui donne la tranquillité de l'âme.»[42]

L'exception qui confirme cette règle, serait, s'il faut en croire Foucault, la quête gnostique du salut par la connaissance. L'affirmation qu'il n'y a pas de «spiritualité» gnostique me semble non seulement incompatible avec les données de l'histoire des religions et l'interprétation

---

[40] FOUCAULT, M. (2001), p. 17.
[41] FOUCAULT, M. (2001), p. 17.
[42] FOUCAULT, M. (2001), p. 18.

existentiale que nous en propose Hans Jonas; elle me semble également contradictoire avec la définition de la gnose que nous propose Foucault lui-même. Si, en effet, la particularité de la gnose est que l'acte de connaître s'y trouve surchargé «de toutes les conditions, de toute la structure d'un acte spirituel»[43], cette surcharge, quel que soit le jugement qu'on porte sur la vision du monde gnostique, engendre bel et bien une spiritualité.

Mis à part ces réserves critiques, ce qu'il faut surtout retenir des réflexions de Foucault, c'est l'hypothèse d'après laquelle pendant toute l'Antiquité — «avec l'énigmatique exception d'Aristote»[44] —, il y a une complémentarité foncière entre la question philosophique de l'accès à la vérité et le problème «spirituel» des transformations de l'être même du sujet que requiert la conversion à la vérité. Envisagé dans cette optique, le souci de soi «désigne précisément l'ensemble des conditions de spiritualité, l'ensemble des transformations de soi, qui sont la condition nécessaire pour que l'on puisse avoir accès à la vérité»[45].

La naissance de la philosophie moderne sonne-t-elle réellement le glas de la spiritualité? Sommes-nous condamnées au divorce irrévocable entre «savoir de connaissance» et «savoir de spiritualité»[46]? C'est en tout cas sur cette thèse explicite que s'achève le cours du 6 janvier 1982:

> «Si l'on définit la spiritualité comme étant la forme des pratiques qui postulent que, tel qu'il est, le sujet n'est pas capable de vérité mais que, telle qu'elle est, la vérité est capable de transfigurer et de sauver le sujet, nous dirons que l'âge moderne des rapports entre sujet et vérité commence le jour où nous postulons que, tel qu'il est, le sujet est capable de vérité mais que, telle qu'elle est, la vérité n'est pas capable de sauver le sujet.»[47]

Parmi de nombreux textes de la philosophie moderne qu'on pourrait alléguer à l'appui de cette thèse, je me contente de citer la Remarque du §7 de l'*Encyclopédie des sciences philosophiques* de Hegel. «Le principe de l'expérience», dit Hegel, soucieux de cerner l'exigence fondamentale de l'empirisme philosophique, en-deçà de laquelle la pensée ne peut plus guère revenir,

> «contient la détermination infiniment importante déclarant que pour admettre un contenu et le tenir pour vrai, on doit y être là soi-même; plus précisément qu'on doit trouver un tel contenu en unité

[43] FOUCAULT, M. (2001), p. 18.
[44] FOUCAULT, M. (2001), p. 182.
[45] FOUCAULT, M. (2001), p. 18.
[46] FOUCAULT, M. (2001), p. 296.
[47] FOUCAULT, M. (2001), p. 20.

et pleinement unifié avec la *certitude de soi-même*. On doit être là soi-même, que ce soit avec ses sens extérieurs, que ce soit avec son esprit plus profond, sa conscience essentielle de soi-même.»

«Y être là soi-même»; «trouver le contenu en unité et pleinement unifié avec la certitude de soi-même»: bien des choses dépendront de l'idée que le philosophe moderne se fait de la «certitude de soi-même». A supposer, comme le suggère Paul Ricœur, qu'elle se situe au-delà du *cogito* auto-posant de la tradition réflexive, et du *cogito* destitué de la tradition nietzschéenne, elle nous invite à développer une herméneutique du soi capable de discerner le travail de l'altérité au cœur même de l'ipséité. Il n'est pas sûr que cette promotion de la certitude du soi (et son contraire: le soupçon dirigé contre toute forme d'identité stable), signifie le déclin de toute spiritualité. Ce qui est sûr en revanche, c'est qu'elle promeut de nouvelles formes de «spiritualité», comme Michel de Certeau l'a montré dans *La Fable mystique,* relativement à la mystique moderne.

Le moins qu'on puisse dire est que l'interprétation que Foucault propose du «moment cartésien» implique une certaine lecture de la pensée cartésienne qu'il faudrait confronter aux interprétations les plus récentes de Descartes chez des auteurs comme J.L. Marion, Vincent Carraud, Jean-Marie Beyssade, sans oublier les francs-tireurs phénoménologiques tels que Michel Henry et Emmanuel Lévinas. Peut-être le sujet cartésien est-il plus capable de «spiritualité» que ne le suppose Foucault.

Il n'est pas non plus inutile de souligner, en vue d'une confrontation éventuelle avec l'interprétation heideggérienne du «moment cartésien», que ce qui est en jeu, c'est bien la question ontologique de l'être même du sujet et des transformations qu'il est capable d'apporter à son propre être[48]. Mais chez Foucault, le souci de soi n'est jamais mieux repérable que dans les pratiques et les techniques du soi, ce qu'on peut difficilement dire du *Dasein* heideggérien, qui n'existe comme un soi que grâce au souci.

Par ailleurs, Foucault lui-même souligne que l'avènement du *cogito*, qu'il présente comme une cassure, ne signifie en aucun cas que les liens avec la problématique ancienne aient été «brusquement rompus comme par un coup de couteau»[49]. Il n'est même pas sûr que l'occultation du lien entre philosophie et spiritualité soit le seul fait du geste cartésien. De même qu'un train peut en cacher un autre, la coupure bien visible que marque la règle cartésienne de l'évidence et l'avènement du *cogito* en

---

[48] FOUCAULT, M. (2001), p. 27.
[49] FOUCAULT, M. (2001), p. 27.

cache une autre, bien moins apparente. Paradoxalement, Foucault attribue la première déconnexion entre le sujet connaissant et le travail du sujet sur lui-même à la théologie, ou, pour être plus précis, à la théologie sco-lastique, instruite par Aristote qui est, dans l'interprétation de Foucault, le moins «spirituel» des penseurs de l'Antiquité.

Cela le conduit à avancer une hypothèse qui exigerait bien des dis-cussions et des précisions: pendant douze siècles, depuis la fin du 5ᵉ jusqu'au 17ᵉ, le conflit majeur aurait été celui qui opposait, non la science et la spiritualité, mais la «pensée théologique» et l'«exigence de spiri-tualité»[50]. C'est contre les théologiens universitaires que les spirituels de tout acabit auraient maintenu vaille que vaille la conviction «qu'il ne peut pas y avoir de savoir sans une modification profonde dans l'être du sujet»[51].

En quoi ces thèses intéressent-elles l'herméneutique? Elles nous invitent indirectement à dépasser l'alternative gadamérienne de la *vérité* et de la *méthode*. Rien ne laisse supposer que les *Regulae ad directionem ingenii* (qui sont le vrai «discours de la méthode» de Descartes) repré-sentent une menace pour la question proprement spirituelle des transfor-mations que le sujet subit sous le choc de certaines vérités sur lui-même. Foucault a raison, je crois, de rappeler que les neuf premiers paragraphes du traité spinoziste sur la Réforme de l'entendement posent un problème qui relève directement de la «spiritualité»: «en quoi et comment dois-je transformer mon être de sujet? Quelles conditions est-ce que je dois lui imposer pour pouvoir avoir accès à la vérité, et dans quelle mesure cet accès à la vérité me donnera-t-il ce que je cherche, c'est-à-dire le bien souverain, le souverain bien?»[52]

A partir de là, l'hypothèse de la rupture s'inverse, donnant naissance à une question qui me semble relever de plein droit d'une enquête her-méneutique. A supposer que «les structures de la spiritualité n'ont pas dis-paru, ni de la réflexion philosophique, ni peut-être même du savoir»[53], comment se présentent-elles non seulement chez les philosophes qu'invoque Foucault (Hegel, Schelling, Schopenhauer, Nietzsche, Hus-serl, Heidegger), mais dans le champ du savoir lui-même? En quel sens peut-on dire que ces penseurs (auxquels on peut ajouter bien d'autres, notamment Fichte et Kierkegaard) qui ont chacun éprouvé la nécessité d'affronter le «moment cartésien», non seulement continuent à se poser

---

[50] FOUCAULT, M. (2001), p. 29.
[51] FOUCAULT, M. (2001), p. 28.
[52] FOUCAULT, M. (2001), p. 29.
[53] FOUCAULT, M. (2001), p. 29.

«la très vieille question de la spiritualité», mais retrouvent «sans le dire le souci du souci de soi»[54]?

Le champ d'interrogation s'élargit encore si nous quittons la scène philosophique proprement dite, pour déceler dans le champ du savoir les effets d'une «pression», d'une «résurgence», voire d'une «réapparition» des structures de spiritualité. Foucault prend soin de démarquer son inter-rogation des phénomènes de «gnose scientifique» dans le style de la «Gnose de Princeton». Le problème n'est pas pour lui de savoir si, pour accéder à la science il faut payer le prix d'une conversion préalable dont la récompense serait une sorte d'illumination. C'est plutôt celui que posent des formes de savoir qui ne sont justement pas des sciences, telles que le marxisme et la psychanalyse.

J'imagine facilement que certains auditeurs de Foucault aient été tout aussi interloqués que moi-même devant cette apparition subite des deux grands maîtres du soupçon, que sont Marx et Freud, dans un contexte où il est question de «spiritualité». Aux yeux de Foucault, il ne semble pas y avoir de doute que, non seulement l'un et l'autre soulèvent «des questions absolument caractéristiques de la spiritualité»[55], mais qu'ils peuvent être regroupés à la faveur de l'hypothèse d'après laquelle le problème central du marxisme comme de la psychanalyse est de savoir «ce qu'il en est de l'être du sujet» ou plutôt: «de ce que doit être l'être du sujet pour qu'il ait accès à la vérité»[56]. S'agissant du savoir psych-analytique, Lacan est «le seul, depuis Freud» qui ait cherché à recentrer la question de la psychanalyse précisément sur celle des rapports entre sujet et vérité, ce qui l'oblige à traiter la question «qui est historique-ment, spirituelle», «du prix que le sujet a à payer pour dire le vrai», tout comme celle «de l'effet sur le sujet du fait qu'il a dit, qu'il peut dire et qu'il a dit le vrai sur lui-même»[57].

IV. Instruire, former, corriger: pour une herméneutique du «sujet de l'éducation»

L'enquête de Foucault s'ouvre de manière délibérée sur une inter-prétation de l'*Alcibiade* de Platon, qu'il propose de lire comme le seul texte platonicien dans lequel on trouve une «théorie globale du souci de

---

[54] FOUCAULT, M. (2001), p. 30.
[55] FOUCAULT, M. (2001), p. 30.
[56] FOUCAULT, M. (2001), p. 30.
[57] FOUCAULT, M. (2001), p. 31.

soi»[58], une tentative systématique de répondre à la question: que veut dire s'occuper de soi?, quel est le soi dont il faut s'occuper? Ce point de départ ne se justifie pas seulement par la connexion étroite que ce dialogue établit entre le thème du souci de soi et le précepte delphique de la connaissance de soi (ce qu'ont souligné tous les néo-platoniciens); il a une portée bien plus générale. Il assure la connexion forte entre le souci de soi et l'activité politique. C'est en affrontant d'emblée le cercle allant «du soi comme objet de souci au savoir du gouvernement des autres», impliqué dans la question «quel est ce soi dont je dois m'occuper pour pouvoir m'occuper comme il faut des autres?»[59], qu'on évite le danger de constituer un soi coupé de toute expérience d'altérité. Nous voyons ici un premier intérêt d'une herméneutique qui se focalise sur le souci de soi: mieux que la fixation exclusive sur la connaissance de soi, elle maintient le lien entre l'ipséité et l'altérité, en refusant de séparer le cathartique et le politique[60].

Foucault n'ignore évidemment pas que cette réflexion, tout comme la réflexion sur l'*hermeneia* dans le *Ion*, a pour toile de fond un nombre considérable de «technologies de soi», tels que les rites de purification, les techniques de concentration de l'âme, la technique de la retraite, la pratique de l'endurance, censées fournir à un sujet les moyens d'accéder à un certain type de vérité. Il n'empêche qu'une réflexion explicite sur le «souci de soi» marque un saut qualitatif important qui laisse des traces considérables dans la culture, au point de susciter une véritable «culture de soi».

Dans son cours sur les *Problèmes fondamentaux de la phénoménologie*, de 1919/20, Heidegger, emboîtant le pas de Dilthey, affirme que «le monde propre» (*Selbstwelt*) n'a reçu son relief particulier que sous l'influence historiquement décisive du christianisme[61]. La manière dont Foucault interprète l'équation platonicienne entre le souci de soi et le souci de l'âme exige la révision critique de cette thèse. L'âme qui est objet de souci et de préoccupation, «n'est absolument pas l'âme substance», mais «l'âme-sujet»[62]. C'est précisément pour cette raison que le souci de soi, entendu au sens philosophique, ne se confond ni avec l'art du médecin, ni avec celui du maître de maison, ni avec celui

---

[58] FOUCAULT, M. (2001), p. 46.

[59] FOUCAULT, M. (2001), p. 40.

[60] FOUCAULT, M. (2001), p. 169.

[61] HEIDEGGER, M., *Grundprobleme der Phänomenologie* (1919/20), H.-H. GANDER, éd., *Gesamtausgabe*, tome 58, Francfort, 1993, p. 61.

[62] FOUCAULT, M. (2001), p. 56.

de l'amoureux. C'est ce que montre l'attitude de Socrate envers Alcibiade: ce dont il se soucie, c'est «de la manière dont Alcibiade va se soucier de lui-même»[63]. Et c'est en ce sens que Socrate peut être dit «maître du souci». Sa maîtrise ne relève pas du savoir et du type de compétence que nous procure le savoir: «ce dont il se soucie, c'est du souci que celui qu'il guide peut avoir de lui-même»[64]. De toute évidence, cette formule convient aussi bien au philosophe qu'au maître spirituel. «Le maître, c'est celui qui se soucie du souci que le sujet a de lui-même, et qui trouve, dans l'amour qu'il a pour le disciple, la possibilité de se soucier du souci que le disciple a de lui-même.»[65]

L'*Alcibiade* représente un épisode essentiel dans la longue histoire du souci de soi en raison du lien fort que Platon établit entre la connaissance de soi et le souci de soi. Foucault parle à ce sujet d'un véritable «coup de force du *gnôthi seauton* dans l'espace ouvert par le souci de soi»[66]. Un des effets les plus spectaculaires (c'est le cas de le dire) de ce coup de force est l'apparition de l'âme comme miroir de la divinité, la connaissance du divin devenant la condition première de toute connaissance de soi: «se connaître, connaître le divin, reconnaître le divin en soi-même»[67] deviennent des termes qui tendent de plus en plus à se rapprocher. Mais ce n'est pas cette conséquence, qui fera long feu dans les relectures néoplatoniciennes et chrétiennes de l'*Alcibiade*, qui retient l'attention de Foucault, c'est plutôt l'équivalence qu'établit l'avant-dernière réplique du dialogue, entre «s'occuper de soi» et s'occuper de la justice: «s'occuper de soi-même ou s'occuper de la justice revient au même»[68]! Dans l'optique platonicienne, le souci de soi trouve sa récompense et sa garantie dans le salut de la cité: «On se sauve soi-même dans la mesure où la cité se sauve, et dans la mesure où on a permis à la cité de se sauver en s'occupant de soi-même»[69]. C'est cette thèse qui permet de rattacher l'éthique du souci de soi à l'éthique de l'estime du soi de Ricœur, qui se déploie dans la «visée de la vie bonne avec et pour autrui dans des institutions justes», et dont les textes réunis sous le titre: *Le Juste 2*, fournissent une nouvelle illustration.

Une dernière conséquence de la lecture foucauldienne de l'*Alcibiade*, qui me paraît avoir des enjeux considérables pour une herméneutique du

---

[63] FOUCAULT, M. (2001), p. 58.
[64] FOUCAULT, M. (2001), p. 58.
[65] FOUCAULT, M. (2001), p. 58.
[66] FOUCAULT, M. (2001), p. 67.
[67] FOUCAULT, M. (2001), p. 75.
[68] FOUCAULT, M. (2001), p. 70.
[69] FOUCAULT, M. (2001), p. 169.

soi qui s'intéresse aux expressions les plus contemporaines de la «culture du soi» concerne le rapport conflictuel à la pédagogie. Tout se passe comme si le «sujet de l'éducation» dont on parle si souvent aujourd'hui, et le «soi» du «souci de soi» formaient une relation antinomique: «il faut s'occuper de soi», affirme Foucault dans une déclaration abrupte, dont il importe de bien mesurer les enjeux, «parce que toute pédagogie, quelle qu'elle soit, est incapable d'assurer cela»[70]. N'est-ce pas une conviction semblable qui anime bien des projets de «formation permanente» aujourd'hui?

V. «Sauve qui peut»: les apories de l'universalisation du souci de soi

La suite du cours décrit l'évolution du thème du souci de soi de l'*Alcibiade* jusqu'aux deux premiers siècles de notre ère, qui paraissent être «un véritable âge d'or dans l'histoire du souci de soi», entendu «aussi bien comme notion que comme pratique et comme institution»[71]. Foucault ne serait pas Foucault s'il se contentait d'une simple *Begriffs-geschichte* des transformations successives de la notion même de souci de soi. Ce qui l'intéresse plutôt, c'est la manière dont ce motif qui, à l'origine, semblait plutôt marquer le passage à la vie adulte, s'étend progressivement à tous les âges de la vie, avec une préférence notable accordée au «troisième âge», celui de la vieillesse.

A partir du moment où le souci de soi devient «un principe général et inconditionnel»[72], on peut parler d'une «auto-finalisation du souci de soi»: «le but de la pratique de soi, c'est le soi»[73]. Entendue en ce sens, cette pratique «ne se détermine plus manifestement dans la seule forme de la connaissance de soi»[74], comme le montrent les différentes familles d'expression qui se rapportent au souci de soi.

Aux yeux de Foucault, «l'explosion du souci de soi»[75], le rend de plus en plus coextensif à l'art de vivre. Désormais, le souci de soi n'a plus de saison privilégiée, de *kairos*; il s'agit au contraire d'une «obligation permanente qui doit durer toute la vie»[76]. Une des conséquences

[70] FOUCAULT, M. (2001), p. 74.
[71] FOUCAULT, M. (2001), p. 79.
[72] FOUCAULT, M. (2001), p. 80.
[73] FOUCAULT, M. (2001), p. 122.
[74] FOUCAULT, M. (2001), p. 81.
[75] FOUCAULT, M. (2001), p. 83.
[76] FOUCAULT, M. (2001), p. 85.

importantes de ce déplacement est un renforcement de la fonction critique et libératrice face à la fonction formatrice et éducative. Que la fonction critique se serve volontiers des analogies médicales n'est pas un hasard, tout se passant comme si l'exercice de la philosophie s'apparentait de plus en plus à celui de la médecine, et ressemblait de moins en moins à celui de l'éducateur.

Foucault s'intéresse plus particulièrement au groupe des Thérapeutes d'Alexandrie, qu'évoque Philon d'Alexandrie dans le *De vita contemplativa*. C'est une communauté qui se spécialise dans les soins de l'âme, en pratiquant le culte de l'Etre (*therapeuousi to on*). C'est un exemple parmi d'autres d'une école de philosophie qui fonctionne comme un «dispensaire de l'âme»[77]. Ici encore, on peut se demander si une réflexion sur les réseaux sociaux qui servent de support institutionnel au souci de soi dans la philosophie hellénistique ne nous permet pas de mieux comprendre quelques-unes des transformations que connaît le «métier» du philosophe dans nos sociétés actuelles.

A cela on peut ajouter «la valeur nouvelle prise par la vieillesse»[78]. La vieillesse constitue l'ultime épreuve du souci de soi, mais en même temps, elle en est le «moment d'accomplissement»[79], c'est-à-dire un but positif de l'existence vers lequel il faut commencer à tendre très tôt. «Vivre pour être vieux» est la maxime qui illustre bien ce qu'on pourrait appeler un peu méchamment le «fantasme du petit vieux»: «Il faut vivre pour être vieux, car c'est là qu'on va trouver la tranquillité, que l'on va trouver l'abri, que l'on va trouver la jouissance de soi»[80], ou encore: «Pour être sujet, il faut être vieux»[81]. Ici aussi, on peut se demander si «cette éthique nouvelle de la vieillesse»[82] ne jette pas une lumière significative sur les problèmes qu'affronte notre société dans laquelle on vit de plus en plus vieux.

La généralisation du souci de soi a pour conséquence qu'il se charge de plus en plus de connotations «sotériologiques»: dans le souci de soi, il y va du salut de l'âme et du corps. Mais cela entraîne un redoutable paradoxe, qui concerne aussi bien les expressions éthiques que les expressions religieuses du «souci de soi»: l'appel s'adresse à tous, mais très peu sont capables de l'entendre et de le mettre en pratique. Aux

---

[77] FOUCAULT, M. (2001), p. 96.
[78] FOUCAULT, M. (2001), p. 105.
[79] FOUCAULT, M. (2001), p. 105.
[80] FOUCAULT, M. (2001), p. 107.
[81] FOUCAULT, M. (2001), p. 122.
[82] FOUCAULT, M. (2001), p. 107.

yeux de Foucault, «le rapport à soi, le travail de soi sur soi, la découverte de soi par soi, ont été en Occident conçus et déployés comme la
voie, la seule voie possible qui mène de l'universalité d'un appel qui ne
peut être, de fait, entendu que par quelques-uns, à la rareté du salut dont
nul pourtant n'était originairement exclu»[83].

VI. Ipséité et altérité: la maîtrise de subjectivation

Le «salut» est une «forme vide»[84] que la religion, tout comme la
philosophie, peuvent remplir de contenu. Or, l'intrication de plus en plus
forte de la pratique de soi et de l'art de vivre, qui privilégie la fonction
critique de la philosophie par rapport à sa fonction éducative, et grâce à
laquelle «la pratique de soi fait corps avec la vie ou s'incorpore à la vie
même»[85], nous conduit directement à la question de savoir si, pour se
sauver, le soi a besoin de la médiation d'autrui. La réponse de principe
ne fait pas l'ombre d'un doute: «Pour que la pratique de soi arrive à ce
soi qu'elle vise, l'autre est indispensable.»[86] La vraie question est plutôt
de savoir quel type d'altérité est requis par la pratique de soi. A ce sujet,
Foucault distingue trois types de relation à autrui, qui correspondent à
autant de formes de maîtrise: la «maîtrise d'exemple», où autrui fournit
au soi un modèle de comportement; la «maîtrise de compétence» qui lui
fournit le savoir et le savoir-faire dont il est dépourvu; la «maîtrise socratique», qui est «la maîtrise de l'embarras et de la découverte, et qui
s'exerce à travers le dialogue»[87].

Même si ces trois formes de maîtrise s'impliquent réciproquement,
la plus décisive, dans l'optique des pratiques de soi, est la troisième. Le
dialogue seul permet au sujet de prendre conscience qu'il n'est pas
encore ce qu'il doit être: un «soi-même». Entendu en ce sens, «le
maître est un opérateur dans la réforme de l'individu et dans la formation de l'individu comme sujet», «le médiateur dans le rapport de l'individu à sa constitution de sujet»[88]. Lui seul a la capacité de délivrer l'individu de sa *stultitia*, qui ne se confond nullement avec l'ignorance. On
peut être polytechnicien et ne rien comprendre à l'art de vivre, qui

---

[83] FOUCAULT, M. (2001), p. 116.
[84] FOUCAULT, M. (2001), p. 123.
[85] FOUCAULT, M. (2001), p. 122.
[86] FOUCAULT, M. (2001), p. 123.
[87] FOUCAULT, M. (2001), p. 124.
[88] FOUCAULT, M. (2001), p. 125.

est aussi l'art de maîtriser le temps. Le *stultus* est justement «celui qui ne pense pas à la vieillesse, qui ne pense pas à la temporalité de sa vie telle qu'elle doit être polarisée dans l'achèvement de soi à la vieillesse.»[89]

Un maître du souci est requis pour faire passer l'individu de la *stultitia* à la *sapientia*. Personne ne devient «sage» tout seul; on a besoin d'un «éducateur» au sens étymologique du terme, qui n'a rien à voir avec un instructeur. L'éducateur est celui qui tend la main au sujet empêtré dans ses embarras pour l'aider à s'en sortir. Ce qu'on voit émerger ici, c'est la figure du philosophe directeur d'âme, l'homme de bon conseil qu'on vient consulter pour résoudre des problèmes existentiels, touchant à l'être même du sujet, en lui parlant en toute franchise (*parrhêsia*). C'est celui auprès de qui on peut faire un stage plus ou moins prolongé, comme c'est le cas d'Epictète, ou celui qu'on engage comme «conseiller d'existence», comme on le fait à Rome.

Cela entraîne un nouveau paradoxe qui, lui aussi, peut nous aider à mieux comprendre certaines évolutions contemporaines: «La pratique vient s'intriquer avec les problèmes essentiels qui se posent aux individus, de sorte que la profession de philosophe se dé-professionnalise à mesure qu'elle devient plus importante»[90]. Cela ne va pas sans risques: à partir du moment où «le soi est le but unique et définitif du souci de soi»[91], il risque d'occulter le «souci des autres», y compris de la question «politique» du juste et de l'injuste.

Quoi qu'il en soit, il demeure que c'est une véritable «culture de soi» qui s'est développée à partir de la période hellénistique qu'une réflexion sur les rapports entre le sujet et la vérité ne saurait passer sous silence — aujourd'hui moins que jamais.

VII. Salut et conversion: les trois visages de la *metanoia*

On n'oubliera pas non plus que l'idée de «salut» est une idée maîtresse de cette culture de soi, à tel point qu'il y «apparaît comme un objectif même de la pratique et de la vie philosophiques»: «Se sauver est une activité qui se déroule tout au long de la vie, dont le seul opérateur est le sujet lui-même»[92]. Si «on se sauve pour soi, on se sauve par soi,

---

[89] FOUCAULT, M. (2001), p. 127.
[90] FOUCAULT, M. (2001), p. 138.
[91] FOUCAULT, M. (2001), p. 170.
[92] FOUCAULT, M. (2001), p. 177.

on se sauve pour n'aboutir à rien d'autre que soi-même»[93], la question cruciale est de savoir quel genre de «conversion» est requise pour atteindre ce salut.

Au terme d'une belle analyse des différentes métaphores de l'auto-finalisation de soi qui, à elle seule, mériterait un long commentaire[94], Foucault distingue trois modèles de la conversion qui correspondent à autant de représentations différentes du sujet et de son rapport à la vérité.

La première forme de constitution de la vérité du sujet est la conversion platonicienne, que Foucault définit par les trois traits suivants: l'impératif du souci de soi a sa source dans la découverte de l'ignorance; celle-ci est surmontée par la connaissance de soi; ce qui garantit leur jonction, c'est la réminiscence. Dans ce modèle platonicien «se trouvent, réunis et bloqués en un seul mouvement de l'âme, connaissance de soi et connaissance du vrai, souci de soi et retour à l'être»[95].

A partir du 3e- 4e siècle de notre ère, ce modèle se trouve supplanté par le modèle «ascético-mystique» chrétien, qui repose sur une relation circulaire entre la connaissance de la vérité médiatisée par un Texte qui fonctionne comme Livre et miroir en même temps, et la Révélation, texte auquel on ne peut accéder que si on a purifié son cœur, ce qui, à son tour, exige un renoncement à soi. Le propre de ce type de conversion et de connaissance de soi est que la «connaissance purificatrice de soi-même par soi-même» dépend du contact avec la Vérité transcendante de la Parole de Dieu. Comme Heidegger l'a montré dans sa lecture du Livre X des *Confessions*, cela requiert une «exégèse de soi»[96], capable de débusquer les tentations auxquelles le soi est exposé tout au long de sa vie. C'est en ce sens que Foucault oppose au modèle platonicien de la *réminiscence* le modèle chrétien de l'*exégèse*.

Dans la lecture que nous propose Foucault, le conflit entre la spiritualité gnostique et la spiritualité chrétienne n'a pas sa source dans la question de l'incarnation, mais dans le fait que «les mouvements gnostiques sont tous, plus ou moins, des mouvements platoniciens»[97] au sens qu'ils remplacent «la fonction exégétique de détecter la nature et l'origine des

---

[93] FOUCAULT, M. (2001), p. 178.
[94] On y trouve en particulier la thèse que la «subjectivité révolutionnaire» du 19e siècle, commandée par l'idée de conversion à une cause révolutionnaire, transformant tout l'être du sujet, a laissé la place à l'adhésion à un parti. Rien d'étonnant dans ce cas que «les grands convertis d'aujourd'hui» soient «ceux qui ne croient plus à la révolution»! FOUCAULT, M. (2001), p. 200.
[95] FOUCAULT, M. (2001), p. 244.
[96] FOUCAULT, M. (2001), p. 245.
[97] FOUCAULT, M. (2001), p. 246.

mouvements intérieurs qui se produisent dans l'âme» par «la fonction mémoriale de retrouver l'être du sujet»[98].

Quoi qu'on pense de cette présentation, l'important réside dans la thèse que la tradition hellénistique du souci de soi ne se réduit ni au modèle de la réminiscence, ni à celui de l'exégèse. A la différence du modèle platonicien, «il n'identifie pas souci de soi et connaissance de soi, ni n'absorbe le souci de soi dans la connaissance du soi»[99]. A la différence du modèle chrétien, il «ne tend pas du tout à l'exégèse de soi ni à la renonciation à soi, mais il tend au contraire à constituer le soi comme objectif à atteindre»[100]. Aux yeux de Foucault, «rien, dans ces pratiques de soi, et dans la manière dont elles s'articulent sur la connaissance de la nature et des choses, ne peut apparaître comme préliminaire ou esquisse de ce qui sera plus tard le déchiffrement de la conscience par elle-même et l'auto-exégèse du sujet»[101].

Nous sommes ici au cœur de la question qui commandait ma relecture «herméneutique» de «l'herméneutique du sujet» de Foucault. Pour lui, il s'agit de prolonger la «question critique»: «à quelles conditions générales peut-il y avoir de la vérité pour le sujet?» par une question «généalogique»: «à quelles transformations particulières et historiquement définissables le sujet a-t-il dû se soumettre lui-même pour qu'il y ait injonction à dire vrai sur le sujet?»[102]. Mais on peut se demander si le terme «herméneutique du sujet» ne convient pas davantage au «modèle chrétien» qu'aux autres modèles, comme le soupçonnait d'ailleurs Heidegger dans le texte mentionné ci-dessus.

Quoi qu'il en soit de ces scrupules «terminologiques», il n'y a pas de doute que Foucault nous a laissé un immense chantier qu'une «herméneutique du soi» devra investir.

La problématique autour de laquelle gravitent ses derniers enseignements au Collège de France est sous-tendue par un certain nombre de convictions fortes. Pour finir, j'en mentionnerai simplement deux qui me semblent directement concerner les tâches contemporaines de l'herméneutique.

La première est la constatation désabusée qu'il n'y a pas lieu d'être bien fier des thèmes rebattus du retour à soi, de la libération du soi, du désir d'authenticité qui imprègnent en profondeur la mentalité contem-

---

[98] FOUCAULT, M. (2001), p. 246.
[99] FOUCAULT, M. (2001), p. 247.
[100] FOUCAULT, M. (2001), p. 247.
[101] FOUCAULT, M. (2001), p. 233.
[102] FOUCAULT, M. (2001), p. 243.

poraine. Même si, aux yeux de Foucault, ils attestent plutôt l'impossibilité de constituer une éthique du soi que son contraire, ils confirment, *a contrario*, qu'il s'agit d'une «tâche urgente, fondamentale, politiquement indispensable»[103].

La seconde s'exprime, presque à la manière d'un testament philosophique, dans les dernières paroles du cours, qui font écho à une méditation sur le lien entre la vie comme épreuve, le souci de soi et la méditation de la mort. Foucault y évoque «le défi de la pensée occidentale à la philosophie comme discours et comme tradition», défi qu'il formule dans les termes suivants:

> «comment ce qui se donne comme objet de savoir articulé sur la maîtrise de la *tekhnê*, comment cela peut-il être en même temps le lieu où se manifeste, où s'éprouve et difficilement s'accomplit la vérité du sujet que nous sommes? Comment le monde, qui se donne comme objet de connaissance à partir de la maîtrise de la *tekhnê*, peut-il être en même temps le lieu où se manifeste et où s'éprouve le "soi-même" comme sujet éthique de la vérité?»[104]

Je suis bien moins sûr que Foucault que la *Phénoménologie de l'Esprit* de Hegel doive être considérée comme «le sommet de cette philosophie». Ce dont je suis sûr en revanche, c'est du fait que c'est bien à ce défi là que la philosophie en général, et l'herméneutique philosophique en particulier se trouve confrontée aujourd'hui.

Jean Greisch
Institut Catholique de Paris

---

[103] Foucault, M. (2001), p. 241.
[104] Foucault, M. (2001), p. 467.

BIBLIOGRAPHIE

I. Sources:

FOUCAULT, M., *Les Mots et les choses. Une archéologie des sciences humaines*, Paris, 1966.
FOUCAULT, M., *L'archéologie du savoir*, Paris, 1969.
FOUCAULT, M., *L'ordre du discours*, Paris, 1971.
FOUCAULT, M., «Nietzsche, la généalogie, l'histoire», dans: *Hommage à Jean Hippolyte*, Paris, 1971, pp. 145-171.
FOUCAULT, M., *L'herméneutique du sujet*, Paris, 2001.
HEIDEGGER, M., *Grundprobleme der Phänomenologie* (1919/20), H.-H. GANDER, éd., *Gesamtausgabe*, tome 58, Francfort, 1993.
HEIDEGGER, M., *Einführung in die phänomenologische Forschung*, F.-W. V. HERRMANN, éd., *Gesamtausgabe*, tome 17, Francfort, 1994.
RICŒUR, P., *Le Juste 2*, Paris, 2001.

II. Etudes:

ADRIAANSE, H.J., et ENSKAT R., éds. (1999), *Fremdheit und Vertrautheit. Hermeneutik im europäischen Kontext*, Leuven.
DEFRADAS, J. (1954), *Les Thèmes de la propagande delphique*, Paris.
GREISCH, J. (2000), *L'Arbre de vie et l'arbre du savoir. L'herméneutique de la phénoménologie heideggérienne*, Paris.
GREISCH, J. (2001), *Le Cogito herméneutique. L'herméneutique philosophique et l'héritage cartésien*, Paris.
GREISCH, J. (2001), *L'itinérance du Sens: la phénoménologie herméneutique de Paul Ricœur*, Grenoble.
NESCHKE, A., et LAKS, A., éds. (1990), *La Naissance du paradigme herméneutique*, Lille.
TAYLOR, CH. (1989), *Sources of the Self. The Making of Modern Identity*, Harvard (trad. fr. CH. MELANÇON (1998), *Les Sources du moi. La formation de l'identité moderne*, Paris).

HERMÉNEUTIQUE PHILOSOPHIQUE:
Critique

HERMENEUTIK OHNE ONTOLOGISCHE FUNDIERUNG*

Betrachtet man die Geschichte der Hermeneutik, so lassen sich seit dem Beginn des 19. Jhdts. schematisch drei wichtige Entwicklungen feststellen, die mit den Werken von Schleiermacher, Dilthey und Gadamer verbunden sind. Schleiermachers Beitrag zur Hermeneutik besteht u.a. darin, dass er — nach Anfängen bei Semler und Meier[1] — die theologische und die philologische Hermeneutik zu einer allgemeinen Hermeneutik[2] zusammengefügt hat. W. Dilthey hat im Rahmen seiner Grundlegung der Geisteswissenschaften[3] alle Geisteswissenschaften als verstehende Wissenschaften ausgezeichnet und deshalb die erkenntnistheoretisch-logische Begründung der Geisteswissenschaften — seine Kritik der historischen Vernunft — auf Erleben und Verstehen bezogen. Auf diese Weise wird die Hermeneutik für alle Geisteswissenschaften[4] bedeutsam. H.-G. Gadamer schließlich hat im Anschluss an das Werk von M. Heidegger die sogenannte ontologische Wende der Hermeneutik vollzogen.

Wenn wir nun im Titel von einer Hermeneutik ohne ontologische Fundierung sprechen, so besteht unsere Aufgabe darin, diese ontologische Wende kritisch zu betrachten. Wir wollen zeigen, welche Schwierigkeiten mit der ontologischen Wendung verbunden sind und in einem zweiten Schritt eine Alternative andeuten. Sie gehen nicht fehl in der Annahme, dass es sich bei der Alternative um die von mir so bezeichnete analytische Hermeneutik[5] handelt.

---

* Eine frühere Fassung des Textes wurde an der P U C R S in Porto Alegre, Brasilien, Ende Oktober 2001 vorgetragen.

[1] Vgl. Dilthey, W., «Die Entstehung der Hermeneutik», *Gesammelte Schriften*, Bd. V, G. Misch, Hg., Leipzig/Berlin/Stuttgart, 1964, pp. 317-338. SCHOLZ, O. (1999), *Verstehen und Rationalität. Untersuchungen zu den Grundlagen von Hermeneutik und Sprachphilosophie*, Teil 1, Frankfurt am Main.

[2] SCHLEIERMACHER, F.D.E., *Hermeneutik und Kritik* (Mit einem Anhang sprachphilosophischer Texte Schleiermachers), hrsg. und eingel. von M. FRANK, Frankfurt am Main, 1977.

[3] Vgl. DILTHEY, W., *Gesammelte Schriften* I: *Einleitung in die Geisteswissenschaften*, B. GROETHUYSEN, Hg., in: *Gesammelte Schriften*, 19 Bde., Leipzig/Berlin, 1914ff. Stuttgart/Göttingen 1957ff., Göttingen 1970ff.

[4] Vgl. INEICHEN, H. (2003), «"Die Entstehung der Hermeneutik" im Zusammenhang mit dem Spätwerk W. Diltheys», *Revue Internationale de Philosophie*, 4/2003, pp. 455-466.

[5] Vgl. INEICHEN, H. (2001), «Analytische Hermeneutik», in: J. KULENKAMPFF u. TH. SPITZLEY, Hg., *Von der Antike bis zur Gegenwart. Erlanger Streifzüge durch die Geschichte der Philosophie*, Erlangen/Jena, pp. 185-206; der vorliegende Text schließt sich an diesen Aufsatz an.

Damit ist auch der Plan meiner Ausführungen vorgegeben. Zunächst soll bestimmt werden, was man unter der ontologischen Wendung der Hermeneutik versteht; insbesondere muss erläutert werden, was eigentlich mit einer ontologischen Fundierung der Hermeneutik bezeichnet wird. Der nächste Schritt besteht darin, die Schwierigkeiten der ontologischen Fundierung darzustellen. Und schließlich will ich nochmals kurz das Programm der analytischen Hermeneutik als Vorschlag zur Überwindung der genannten Schwierigkeiten heranziehen, um deutlich zu machen, dass die analytische Hermeneutik eine würdige Nachfolgerin der ontologischen Hermeneutik darstellt.

I. Die ontologische Wendung der Hermeneutik als Fundierung der Hermeneutik

«Hermeneutik» bezeichnet im Folgenden die Lehre vom Verstehen und Auslegen von Texten, von Handlungen und Gegenständen. Sprachgebilde, Handlungen und Kulturgebilde haben alle Sinn/Bedeutung (wir gebrauchen hier diese beiden Ausdrücke als Synonyma). Verstehen und Auslegen haben die Aufgabe, den Sinn zu erfassen und auszulegen. Der Sinn eines Textes zeigt sich in seinem Inhalt, also darin, was damit gesagt werden soll. Nun haben Texte einen Verfasser und wir können deshalb auch sagen, dass der Sinn eines Textes im Wesentlichen darin besteht, was der Autor damit hat sagen wollen. Der Sinn ist durch die Wortwahl, die Redeweisen und Wendungen vorgegeben. Entscheidend für uns ist die These, dass der Sinn eines sprachlichen Ausdrucks, einer Handlung, eines Kunstwerkes nicht neben, hinter oder über dem Kunstwerk oder jenseits eines Textes liegt, sondern im Kunstwerk selbst verkörpert oder mit dem Text ausgedrückt wird. Diese Behauptung wirkt noch überzeugender, wenn wir an Kunstwerke denken, z.B. an Picassos «Guernica». Schon durch den Titel des Werkes wird angedeutet, was Picasso mit diesem Bild hat zum Ausdruck bringen wollen: die Schrecken des spanischen Bürgerkrieges, die furchtbaren Leiden der Menschen im Jahre 1937 während der Bombardierung der kleinen Stadt durch die Anhänger von General Franco. Wenn Sie fragen, wie wir das wissen können, so kann ich auf Bücher verweisen, welche von Picasso-Kennern geschrieben worden sind; in diesen Werken können wir historische Informationen zur Entstehung des Bildes, zu seiner Einordnung in das Gesamtwerk usw. finden. Diese Informationen helfen uns, den Sinn des Bildes zu erfassen, d.h. deutend zu verstehen, der in und mit dem Bild ausgedrückt wird. Die Berufung auf eine platonische Hinterwelt ist damit überflüssig.

Wenn wir von einer «Kunstlehre» sprechen, so deshalb, weil wir uns im Alltag mehr oder weniger problemlos verstehen und verständigen können; d.h. wir können erfassen, was jemand meint und uns sagen will. Die Hermeneutik als Kunstlehre versucht nichts anderes als diese Alltagsformen des Verstehens und Auslegens zu systematisieren und auf ihre Reichweite hin zu prüfen. Hermeneutik als Kunstlehre stellt eigentlich immer den zweiten Schritt in diesem Vorgang dar, dessen erster Schritt schon spontan vollzogen worden ist: wir verstehen meistens unmittelbar eine Äußerung; hermeneutische Überlegungen kommen erst bei Schwierigkeiten ins Spiel. Hermeneutik ist deshalb auch, historisch betrachtet, aus der Sorge um eine angemessene Auslegung von Texten[6] entstanden. «Angemessene Auslegung» meint hier nicht mehr, als dass die Auslegung der Beliebigkeit und subjektiven Willkür der Interpreten entzogen wird.

F.D.E. Schleiermacher[7] hat in seiner allgemeinen Hermeneutik eine Reihe von Grundsätzen für eine Auslegungslehre formuliert, welche dem Interpreten helfen sollen, sein Tun nicht nur zu verbessern, sondern den Vorgang der Auslegung selbst durchsichtiger und verständlicher zu machen. Wie die Geschichte der Hermeneutik im 19. Jhdt. zeigt, hat sein Beispiel Schule gemacht. Sowohl Altphilologen wie Boeckh etwa, aber auch Historiker wie Droysen haben jeweils für Philologie und Geschichtsschreibung ein entsprechendes Unternehmen ausgeführt; aber erst Dilthey hat Verstehen und Auslegen zur Grundlage aller Geisteswissenschaften erhoben. Da er Verstehen sogar als Nacherleben gedeutet, Erleben aber als Innewerden[8] verstanden hat, kann man zu Recht behaupten, dass Diltheys unvollendet gebliebene «Einleitung in die Geisteswissenschaften» in dieselbe Richtung weist wie sein später Versuch, die Hermeneutik — die Trias von Erlebnis, Ausdruck und Verstehen — als Grundlage aller Geisteswissenschaften zu behandeln.

Es ist wichtig festzuhalten, dass die Hermeneutik sowohl bei Schleiermacher und besonders auch bei Dilthey als eine Art Methoden- und Erkenntnislehre abgehandelt wird. Dies ändert sich erst mit dem Werk von Gadamer, der im Anschluss an die Abhandlungen von Heidegger

---

[6] Vgl. DILTHEY, W. (1964).

[7] Vgl. SCHLEIERMACHER, F.D.E. (1977).

[8] Vgl. INEICHEN, H. (1975), *Erkenntnistheorie und geschichtlich-gesellschaftliche Welt. Diltheys Logik der Geisteswissenschaften*, Frankfurt am Main.

«die ontologische Wendung der Hermeneutik»[9] vollzogen hat. In einer
ersten Annäherung lässt sich dieser Schritt dadurch verständlich machen,
dass man auf das Verstehen zurückgeht, wie wir es als Sinnverstehen von
sprachlichen Gebilden, von Kunstwerken und Handlungen kennen gelernt
haben. Das Wort «Verstehen» selbst ist ein Verb, genauer ein Dispositionsverb und Verstehen ist eine psychologische Fähigkeit, also eine Disposition; wie andere Dispositionen kann es sich auf verschiedenste Weise
manifestieren. Ob wir einen Befehlssatz verstanden haben, zeigt sich im
einfachsten Falle zum Beispiel daran, dass wir den Befehl ausführen. Das
Verständnis kann sich aber auch darin äußern, dass wir den Befehl
zurückweisen und uns weigern, ihm nachzukommen[10]; wir können aber
einfach mit dem Kopf nicken, um kund zu tun, dass wir verstanden haben.
«Verstehen» als Dispositionsverb erhält bei Gadamer und früher schon
bei Heidegger eine ganz andere Funktion und Dignität. Es wird von Heidegger ontologisch überhöht und zu einem Existenzial umgedeutet. Diesen Schritt müssen wir etwas genauer betrachten.

Heidegger unternimmt bekanntlich in *Sein und Zeit*[11] den Versuch,
die Seinsfrage erneut zu stellen, genauer, die Frage nach dem Sinn von
Sein[12]. Diese Fragestellung ist höchst abstrakt und undurchsichtig. Denn
in unserem Alltagsverständnis bildet «sein» ein Verb, das insbesondere
zur Bildung zusammengesetzter Zeitformen benutzt wird. Heideggers
Frage zielt offenbar auf etwas anderes ab, etwas, das sich durch folgende
Gedankenreihe verdeutlichen lässt. Wenn wir um uns blicken, sehen wir
meistens eine Reihe von Einzeldingen: Blumen, Bäume, Bücher und
Schreibzeug. Wir nehmen Einzeldinge wahr, wenn wir etwas sehen. In
der philosophischen Tradition hat sich seit den griechischen Anfängen
für das Wort «etwas» auch der Ausdruck «Seiendes» eingebürgert, ein
Partizip des Verbs «sein». Im Griechischen spricht man von «onta» und
«einai», im Lateinischen von «ens» und «esse». Das legt zwei Gedan-
ken nahe. Die Redeweise von Sein/Seiendem ist nicht sehr konkret, sondern höchst abstrakt und allgemein. Die Frage, wie wir Zugang zu dieser abstrakten Ebene haben, ist nicht ganz einfach zu beantworten und

---

[9] Vgl. GADAMER, H.-G., *Wahrheit und Methode, Grundzüge einer philosophischen Hermeneutik*, Tübingen, ²1964.

[10] Wir sind uns der Schwierigkeiten und Begrenztheit eines behaviouristischen Ansatzes bewusst und verweisen auf die Möglichkeit, Sinn/Bedeutung von Wörtern durch eine Art von Theorie zu erklären, wie es P. Churchland vorgeschlagen hat; vgl. dazu INEICHEN, H. (1991), *Philosophische Hermeneutik*, Freiburg/München, pp. 84ff.

[11] Vgl. HEIDEGGER, M., *Sein und Zeit*, Tübingen, ¹⁰1963.

[12] Vgl. HEIDEGGER, M. (¹⁰1963), p. 2. Man beachte die schon oft angemerkte Zwei-
deutigkeit der Frage: ist die Frage objektsprachlich oder metasprachlich gemeint?

noch weniger die Frage, wie diese Ebene zu beschreiben und erfassen ist; und vor allem ob sie in ihrer Allgemeinheit noch einen bestimmbaren Gehalt hat.

Für eine Antwort wendet sich Heidegger selbst zunächst der Analyse des Daseins zu, also einem besonderen Seienden, dem Menschen nämlich; Menschen sind Lebewesen, welchen nach Heideggers Auffassung ein Seinsverständnis zukommt; irgendwie wissen wir, was mit «Sein» gemeint ist; wir haben im Alltag eine Vorstellung davon, wie unser Leben verlaufen und gestaltet werden soll. Wir haben eine Vorstellung von unserer Lebensweise, von unserer Seinsweise, also davon, was wir (letztlich) sein wollen. Nun liegt die Frage nahe, warum wir unser Unternehmen nicht schlicht als anthropologische Untersuchung bezeichnen, befasst sich doch die Anthropologie mit dieser Frage[13]. Dieser Hinweis auf die Anthropologie wird aber schon von Heidegger selbst als irreführend abgetan[14], denn die Seinsfrage habe einen Vorrang vor den Fragestellungen der einzelnen Wissenschaften. Wir können damit nicht auf die Wissenschaften hoffen, wenn wir nach einer Antwort suchen, was denn mit «Sein»/«Seiendem» gemeint sei.

Heidegger selbst löst diesen Knoten durch die Forderung nach einer Fundamentalanalyse des Daseins. Sie soll die Fundamentalstruktur des Daseins freilegen[15]. Das Ergebnis dieser Fundamentalanalyse beschreibt Heidegger wie folgt:

«*Gefunden* haben wir die Grundverfassung des thematischen Seienden, das In-der-Welt-sein, dessen wesenhafte Strukturen in der Erschlossenheit zentrieren. Die Ganzheit dieses Strukturganzen enthüllte sich als Sorge.»[16]

Mit dem Begriff des In-der-Welt-seins versucht Heidegger kenntlich zu machen, dass der Mensch — das Dasein also — ursprünglich immer bei den Dingen ist und mit ihnen praktisch umgeht in der Weise des Besorgens.

Heidegger weist darauf hin, dass wir Menschen immer auf eine bestimmte Art und Weise leben, dass wir das Leben in einer bestimmten Stimmung erleben. Er deutet diese Stimmung aber ontologisch: sie ist

---

[13] Vgl. GEHLEN, A. (1950), *Der Mensch. Seine Natur und seine Stellung in der Welt*, Bonn (AK Frankfurt am Main, 1993); PLESSNER, H. (1937), «Die Aufgabe der Philosophischen Anthropologie», Antrittsvorlesung an der Universität Groningen gehalten am 30. Januar 1936, *Philosophia*, 2, pp. 95-111.

[14] Vgl. HEIDEGGER, M., *Kant und das Problem der Metaphysik*, Frankfurt am Main, ²1951.

[15] Vgl. HEIDEGGER, M. (¹⁰1963), §§9ff.

[16] HEIDEGGER, M. (¹⁰1963), §45, p. 231.

eine Art und Weise, wie Sein für uns da und erschlossen ist. Neben der Stimmung ist Verstehen eine andere Weise, wie für uns Sein auch da ist. Insbesondere sind im Verstehen die Möglichkeiten erschlossen, wie wir unser Leben gestalten können. Anders als noch bei Schleiermacher oder Dilthey wird Verstehen zu einer Grundbestimmung des Menschen — des Daseins also — erhoben.

Man könnte die bisherigen Überlegungen so zusammenfassen: «Die ontologische Wende der Hermeneutik zeigt sich darin, dass in der Fundamentalanalyse des Daseins u.a. Verstehen und Befindlichkeit als Existenzialien ausgezeichnet werden, als Grundbestimmungen des Menschen also»[17]. Mit ihnen wird, oder genauer, ist auf der ontologischen Ebene das Sein des Menschen erschlossen.

Zwei Begriffe sind im Hinblick auf die ontologische Wendung der Hermeneutik von besonderem Interesse: der Wahrheitsbegriff und der Begriff der Geschichtlichkeit. Heidegger versucht nämlich zu zeigen, dass dem prädikativen Wahrheitsbegriff ein ontologischer zugrunde liegt: Wahrheit als Offenheit, als Unverborgenheit. Allerdings geht dem ontologischen Wahrheitsbegriff die kritische Dimension verloren, wenn Heidegger vom Entdeckend-sein der Aussagen spricht. Denn sowohl wahre wie falsche Aussagen sind entdeckend; dabei geht, wie Tugendhat[18] nachgewiesen hat, das entscheidende Moment der Adäquationstheorie der Wahrheit unter, wonach sich das mit dem Subjektausdruck bezeichnete Seiende durch das Prädikat zeigt *so wie es an ihm selbst ist*. Damit entfällt auch der kritische Maßstab des Wahrheitsbegriffs: wahre wie falsche Aussagen sind entdeckend, aber nur in den wahren Aussagen zeigt sich das Seiende so, wie es an ihm selbst ist. Wir werden sehen, dass hier eine unverkennbare Schwäche der ontologisch fundierten Hermeneutik liegt, welche letztlich zur Isolation der Hermeneutik von den einzelnen Geisteswissenschaften führt; dies trifft für die Geisteswissenschaften dann zu, wenn sie als empirische Wissenschaften wissenschaftliche (Forschungs-) Methoden anwenden.

Auch am Begriff der Geschichtlichkeit lässt sich aufweisen, was ontologische Fundierung besagt. Menschen — das Dasein, wie Heidegger sagt — sind geschichtliche Wesen. Wenn wir etwas tun, z.B. uns für eine Reise nach Brasilien entscheiden, dann schließt das andere Möglichkeiten aus; z.B. zur selben Zeit an den Südpol zu fahren. Wenn wir aber etwas tun,

---

[17] Vgl. INEICHEN, H. (1991), pp. 166ff.
[18] Vgl. INEICHEN, H. (1991), pp. 168ff., mit den genauen Hinweisen auf das Werk von Tugendhat.

müssen wir aus den vorgegebenen Handlungsmöglichkeiten eine aus-
wählen und alle anderen fallen lassen. Und wenn wir eine bestimmte ausgewählt haben, dann schaffen wir damit Tatsachen für die Zukunft. Wenn
wir also nach Brasilien reisen und nicht an den Südpol, dann entfällt die
Möglichkeit, jetzt gleich eine Schlittenfahrt auf der Eiskappe des Südpols
zu unternehmen und dort Eisbären und Pinguine zu beobachten. Geschichtlichkeit meint diese zeitliche Verfasstheit des Menschen: was wir jetzt sein
können, ist in seinen Möglichkeiten durch das begrenzt, was wir bisher
getan haben und schränkt aber auch das ein, was wir in Zukunft tun oder
sein können. Heidegger nennt diese zeitliche Struktur des Menschen seine
Geschichtlichkeit. Wir können dieses abstrakte Nomen einfach so erklären,
dass wir sagen, Menschen seien geschichtliche Wesen, ohne diese Bestimmung zu hypostasieren. Wir werden darauf zurückkommen im Zusammenhang mit dem Werk von Gadamer.

Fassen wir zunächst die bisherigen Überlegungen zur Heidegger'schen
Fundamentalanalyse des Daseins zusammen: die Fundamentalanalyse
bringt den Rückgang auf eine abstrakte Betrachtungsebene mit sich, auf
welcher möglichst allgemeine Bestimmungen des Menschen, des Daseins,
festgehalten werden. Es ist diese Allgemeinheit, welche ihre ontologische
Dignität ausmacht. Bezeichnend ist dabei, dass es sich, sprachlich betrachtet, bei diesen Bestimmungen um Nominalisierungen von Prädikaten handelt. So wird das Prädikat «ist geschichtlich» zum Wort «Geschichtlichkeit» nominalisiert und damit hypostasiert. Man kann die Reihe der
Hypostasierungen beliebig fortsetzen: von Zeitlichkeit, Endlichkeit, Eigent-
lichkeit usw. bis zur Geworfenheit. Wir müssen schon an dieser Stelle fragen, welchen Erkenntnisfortschritt eine solche Hypostasierung, hier unter
dem Titel der ontologischen Wendung der Hermeneutik, für die Lehre vom
Verstehen und Auslegen von Sinngebilden eigentlich mit sich bringt. Doch
wenden wir uns nun der Gadamer'schen Hermeneutik zu.

II. Gadamers ontologische Wendung der Hermeneutik

Verstehen, so stellt Gadamer in *Wahrheit und Methode* fest, ist nach
Heideggers Existenzialanalyse des Daseins, die ursprüngliche Vollzugsform des Daseins, als In-der-Welt-sein verstanden, und er fügt hinzu:
«Der Herausarbeitung dieses neuen Aspekts des hermeneutischen Problems ist die vorliegende Arbeit gewidmet»[19]. Gadamer schließt seine

---

[19] GADAMER, H.-G. (²1964), p. 245.

«philosophische Hermeneutik» an die Daseinsanalyse Heideggers an. Ihre ontologische Dignität verdankt die philosophische Hermeneutik der Daseinsanalyse. Diese selbst aber haben wir als platonisierende Hypostasierung von Prädikatsausdrücken charakterisiert. Ob es sich nun um den Begriff der Geschichtlichkeit, der Zeitlichkeit oder des In-der-Welt-seins handelt, die Begriffe erhalten ihre ontologische Würde durch die Nominalisierung von Verben, Adjektiven, Nominalisierungen also, die sich als phänomenologische Deskriptionen ausgeben.

Gadamer vollzieht die ontologische Wendung der Hermeneutik am Leitfaden der Sprache. Diesem Gedankengang müssen wir nachgehen, wenn wir näher bestimmen wollen, was ontologische Fundierung der Hermeneutik nach Gadamers Auffassung eigentlich besagt. An der Gadamer'schen Auffassung von Sprache lassen sich der Sinn, aber auch die Schwierigkeiten der ontologischen Wendung der Hermeneutik besonders gut verdeutlichen. Zudem gewinnen wir eine Möglichkeit, eine Alternative zur ontologisch fundierten Hermeneutik zu skizzieren, die aber offen bleibt für die Einsichten einer ontologischen Fundierung. Für Gadamer sind drei Thesen entscheidend, wenn wir die ontologische Wendung verdeutlichen wollen: einmal ist Sprache, so Gadamer, das Medium der hermeneutischen Erfahrung; zum anderen ist Sprache der Horizont der hermeneutischen Erfahrung und schließlich ist Sprache auch der Horizont der hermeneutischen Ontologie selbst.

Es kann nach dem bisher Gesagten nicht verwundern, wenn Gadamer in daseinsanalytischer Manier nach dem Sein der Sprache fragt und nicht etwa, wie wir es von der Linguistik und der sprachanalytischen Philosophie her gewohnt sind, nach dem Regelwerk, das unserem Sprechen zugrunde liegt; nach dem Regelwerk also, welches die traditionelle Grammatik zu formulieren versucht hat und das man, in Anschluss an Freges *Begriffsschrift*[20] als Syntax und Semantik von Sprachen entwickelt hat. Vielmehr geht Gadamer davon aus, dass Verstehen und Auslegen von Sinngebilden — um unsere Terminologie zu gebrauchen — auf Sprache bezogen und somit sprachlich verfasst sind. Im Falle der Textauslegung, wenn wir uns also um das Verständnis von Texten bemühen, ist diese Beziehung auf Sprache offenkundig. Denn Texte sind Sprachgebilde, oder wie Gadamer sagt, sind sprachlich, d.h. auf Sprache bezogen. Aber auch Kunstwerke, so Gadamer, sofern man ihren Gehalt oder Sinn verstehen

---

[20] Vgl. FREGE, G., *Begriffsschrift und andere Aufsätze*, I. ANGELELLI, Hg., Hildesheim, 1964; zum Werk von Frege vgl. die Arbeiten von M. Dummett; vgl. INEICHEN, H. (1987), *Einstellungssätze. Sprachanalytische Untersuchungen zur Erkenntnis, Wahrheit und Bedeutung*, München.

und interpretieren kann, sind auf Sprache bezogen. Im Falle von literarischen Kunstwerken ist diese Behauptung leicht verständlich, im Falle aber von Malerei und Skulptur oder von Musik, wenn es sich nicht gerade um Vokalmusik handelt, ist diese Behauptung weniger einleuchtend. Vielleicht kann die Rede von der Sprache der Musik uns die These plausibler machen, wobei wir daran denken, dass mit Tönen und Tonfolgen z.B. Gefühle und Stimmungen ausgedrückt werden können.

Im Falle der bildenden Künste kann man zugunsten der Gadamer'schen These vielleicht anführen, dass sich Kunstwerke uns erst erschließen, wenn wir über sie sinnvoll sprechen können. Und eine ähnliche Bemerkung gilt von unserem Handlungsverständnis. Nur dann können wir normalerweise von Handlungsverständnis sprechen, wenn in den Handlungen Sinn, sinnvolle Zusammenhänge nachweisbar sind. Das gilt selbst für den Fall des Bereichs der unbewussten Handlungen — besser — der unbewussten Bewegungsabläufe, die man dadurch zu erfassen sucht, dass man sie auf undurchschaute Handlungsmuster zurückführt.

Sprache bildet aber auch, nach Gadamer, den Horizont der hermeneutischen Erfahrung als der Erfahrung, die in und mit dem Verstehen von Sinngebilden verbunden ist. Der Horizontbegriff stammt aus der Phänomenologie und kann im Falle der Wahrnehmung besonders anschaulich gemacht werden. Wir blicken aus dem Fenster und bewundern eine hügelige Landschaft. Der Horizont bildet für uns die äußerste Grenze dessen, was wir von unserem jeweiligen Standpunkt aus erblicken können. Verändern wir unseren Standpunkt oder Standort, so verändert und verschiebt sich auch unser Horizont; wir erblicken andere Dinge in einem anderen Landschaftsausschnitt, aber immer innerhalb eines Horizontes. Wenn Gadamer die Horizontmetapher auf die Hermeneutik überträgt, so offenbar deshalb, um deutlich zu machen, dass Auslegen und Verstehen von Sinngebilden jeweils vom eigenen Standpunkt ausgehen und den eigenen Standpunkt ins Spiel bringen, so aber, dass sie offen sind für die Erweiterung des eigenen Standpunktes, wie es im Verstehen von Sinngebilden geschieht. So erscheint Sprache als Horizont der hermeneutischen Erfahrung selbst. Hermeneutik reicht nach Gadamer soweit wie Sprache reicht. In diesem Sinne ist Hermeneutik umfassend, universal. Damit erreichen wir nach Gadamer die ontologische Ebene der Hermeneutik; Gadamer schreibt dazu:

«Ebenso war, was unserer geschichtlichen Erkenntnis aus der Überlieferung oder als Überlieferung — historisch oder philologisch — entgegentritt, die Bedeutung eines Ereignisses oder der Sinn eines Textes, kein fester an sich seiender Gegenstand, den es nur festzustellen gilt:

auch das historische Bewusstsein schloss in Wahrheit die Vermittlung
von Vergangenheit und Gegenwart ein. Indem wir nun als das universale Medium solcher Vermittlung die *Sprachlichkeit* erkannten, wei-
tete sich unsere Fragestellung von ihren konkreten Ausgangspunkten,
der Kritik am ästhetischen und historischen Bewusstsein und der an
ihre Stelle zu setzenden Hermeneutik, zu einer *universalen* Fragerich-
tung aus. Denn sprachlich und damit verständlich ist das menschliche
Weltverhältnis schlechthin und von Grund aus.»[21]

Die Universalität der Hermeneutik, so hält Gadamer fest, zeigt sich
an der geschichtlichen Erkenntnis, am historischen Bewusstsein, das Vermittlung von Vergangenheit und Gegenwart ist. Geschichtliche Erkenntnis ist Erkenntnis der Bedeutung, des Sinnes von Ereignissen. Gadamer
hütet sich zu Recht, diesen Sinn, ob nun den eines Ereignisses oder eines
Textes als Gegenstand, als Ding unter Dingen aufzufassen. Vielmehr ist
dieser Sinn durch Sprache vermittelt, also sprachlich. Gadamer geht noch
einen Schritt weiter und spricht davon, dass überhaupt unser Verhältnis
zur Wirklichkeit sprachbestimmt sei. Sprache ist deshalb Horizont der
hermeneutischen Ontologie.

Diese Ontologie soll in Heidegger'scher Manier die Frage nach dem
Sein der Überlieferung, der Kunst, aber auch des Verstehens und der
Sprache beantworten. Gadamer orientiert sich dabei an Heideggers Spät-
werk. Überlieferung wird deshalb zu einem Überlieferungsgeschehen und
Verstehen selbst zu einem Geschehen, so wie schon Heidegger von einem
Seinsgeschehen spricht. Verstehen und Auslegen von Sinngebilden, die
Interpreten und die Überlieferung werden von diesem Überlieferungsgeschehen umfasst. Nicht mehr der aktive Aspekt des Verstehens und Auslegens von Sinngebilden wird hervorgehoben, sondern der passive, das
Geschehen, dem wir ausgeliefert sind. Gadamer spricht diesem Überlieferungsgeschehen aber auch Autorität zu; man könnte überspitzt formulieren, dass dieses Überlieferungsgeschehen als Autorität kritisches Beur-
teilen der Überlieferung auszuschließen droht.

So ist es denn nicht erstaunlich, wenn auch der prädikative Wahrheitsbegriff in dieses Geschehen hineingezogen wird und nun als Wahr-
heitsgeschehen thematisiert wird. Die ontologische Fundierung der Hermeneutik besagt deshalb, dass das Auslegen von Sinngebilden in ein
anonymes Seinsgeschehen hineingehört, das sich offenbar weitgehend der
kritischen begrifflichen Analyse entzieht. Die merkwürdig verdrehte
Sprechweise in Heideggers Spätwerk ist vielleicht das deutlichste Symptom für die rational nur schwer nachvollziehbare Seinsanalyse, welche

---

[21] GADAMER, H.-G. (²1964), p. 451, im Original nicht hervorgehoben.

nun auch als Fundierung der Hermeneutik als Lehre vom Verstehen und Auslegen von Sinngebilden dienen soll. Wir kommen damit zur Kritik der ontologischen Wendung der Hermeneutik, wie sie Gadamer vollzogen hat.

III. Kritik der ontologischen Wendung der Hermeneutik

Wenn wir danach fragen, was eigentlich der Erkenntnisbeitrag der Ontologie und Metaphysik sein soll, so könnte eine Antwort lauten: Einsicht in die allgemeinste Struktur der Wirklichkeit, der Welt und der Dinge. Von der Seite der verwendeten Begriffe her betrachtet, handelt es sich um Begriffe mit sehr großem Umfang. Die Begriffe sind so umfassend, dass ihr Inhalt zu verschwinden droht.

Durch den Rückgriff auf die Daseinsanalyse Heideggers erbt Gadamers Hermeneutik, genauer die ontologisch fundierte Hermeneutik, wie ich meine, auch die Schwächen der Heidegger'schen Analysen: die rational kaum nachvollziehbare Redeweise vom Seinsgeschehen. Heidegger selbst gelangt an die Grenzen unserer Sprache, wenn er das Sein selbst denken will. Gadamers Position ist mit einem ähnlichen Problem belastet, wenn er, in Anlehnung an Heideggers Analysen, vom Verstehen als Geschehen spricht, zumal dieses Geschehen ein anonymes Geschehen sein soll, welches den Interpreten und die Überlieferung umschließt und umfasst. Betrachten wir nochmals, auf welche Weise Sprache in der ontologischen Betrachtungsweise in den Blick kommt. Dazu müssen wir etwas weiter ausholen. Im ersten Teil von *Wahrheit und Methode*[22] arbeitet Gadamer die Bedeutung der nicht durch Methoden vermittelten Erfahrung in Kunst und Geschichte heraus. Es kann nun nicht in Abrede gestellt werden, dass es einen solchen vormethodischen Bereich gibt, auch wenn es äußerst schwierig sein dürfte, ihn zu thematisieren. Der Grund für diese Schwierigkeiten liegt nicht zuletzt darin, dass auch unsere Alltagserfahrung, unser Alltagswissen von methodisch bestimmten Erkenntnissen aus Wissenschaft und Technik erfüllt ist. Diese Kenntnisse sind in unseren Handlungsweisen erhalten, etwa in der Art eines Wissen-wie, eines Know-how und werden kaum beachtet.

Husserl[23] hat im Rahmen der Phänomenologie auf diesen vormethodischen Bereich mit seiner Rede von der Lebenswelt hingewiesen. Sie

---

[22] Vgl. GADAMER, H.-G. (²1964), pp. 97ff.
[23] Vgl. HUSSERL, E., *Die Krisis der Europäischen Wissenschaften und die Phänomenologie*, W. BIEMEL, Hg., *Husserliana: Gesammelte Werke*, Bd. VI, Den Haag, ²1962.

ist der Bereich, in dem Wissenschaft und Philosophie ihre Grundlage haben. Das Europäische Denken, so Husserls These, übersieht aber gerade diese Grundlage, die Lebenswelt, weil das Erkenntnisideal der exakten Wissenschaften, der Mathematik und Physik zur Vorherrschaft gelangt ist. Damit geht nach Husserl auch die Einsicht in die subjektive Seite des menschlichen Handelns und Tuns verloren; der Gegenstandspol, die objektive Seite, kommt allein zur Geltung. Als Folge davon werden die subjektiven Leistungen der Erkenntnissubjekte übersehen und vergessen und damit auch die Einsicht in den Sinn und die Ausrichtung von Wissenschaften überhaupt. Diese sind in einem Lebenszusammenhang entstanden und erhalten ihre Sinnbestimmung letztlich nur in und aus diesem Zusammenhang.

Allerdings trifft Husserl selbst methodische Vorkehrungen, um die Lebenswelt zu thematisieren; die phänomenologische Methode mit ihren Reduktionsschritten soll der Thematisierung der Lebenswelt dienen. Und Husserl fordert eine Wissenschaft von der Lebenswelt, und dies selbst dann noch, nachdem er auf den Begriff der objektiven Wissenschaft verzichtet hat. Denn diese Lebenswelt weist eine apriorische Strukturtypik auf, welche durch eine eidetische Wissenschaft — eine Ontologie der Lebenswelt — aufgewiesen werden soll. Die objektiven Wissenschaften erschöpfen nach Husserls Auffassung also keineswegs den Sinn von Wissenschaft, weil sie von den Leistungen der Subjektivität absehen. Diesen verdeckten und vergessenen Bereich soll die Wissenschaft von der Lebenswelt thematisieren.

Mit diesen Überlegungen soll nicht behauptet werden, dass Gadamers Forderung nach einer Analyse des vormethodischen Bereichs unseres Wissens damit einfach die Husserl'sche Forderung nach einer Wissenschaft von der Lebenswelt, einer Ontologie der Lebenswelt aufnimmt und wiederbelebt. Denn schon Husserls unmittelbare Nachfolger, insbesondere A. Schütz[24] haben sich von der phänomenologischen Methode abgewandt und versucht, die Lebenswelt, insbesondere die soziale Welt mit soziologischen Methoden zu analysieren. Aber in der Gadamer'schen Analyse der vormethodischen Erfahrung, im Gewande der nicht methodisch vermittelten Erkenntnisse also, zeigen sich ähnliche Schwierigkeiten wie in Husserls Analyse, verstanden als eine Wesensdeskription. Die von uns erwähnten sprachlichen Nominalisierungen, insbesondere die Rede von der Sprachlichkeit, sind Restbestände einer phänomenologischen Wesensanalyse, die

---

[24] Vgl. dazu: INEICHEN, H., «Lebenswelt und soziale Welt. Toleranz in einer pluralistischen Gesellschaft», *Studia Hermeneutica*, im Erscheinen.

aber dem Heidegger'schen Spätwerk ihren Tribut zollt. Die Gadamer'sche Rede von einem vormethodischen Bereich der Erfahrung, des Wissens speist sich irgendwie aus den Husserl'schen Forderungen nach einer Wissenschaft von der Lebenswelt. Und wie Husserl verlangt Gadamer als Abschluss seiner philosophischen Hermeneutik nun nicht eine Ontologie der Lebenswelt, sondern eine ontologische Hermeneutik.

Gadamer selbst wählt für diesen vormethodischen Bereich der Erfahrung das Spiel als Leitfaden der Explikation. Durch den Spielbegriff soll die ontologische Explikation der Kunst auf den Weg gebracht werden. Eine der Besonderheiten des Spielbegriffs liegt darin, dass nicht die Spieler im Zentrum des Interesses liegen; das Subjekt des Spieles sind nicht die Spieler; vielmehr kommt durch die Spieler das Spiel nur zur Darstellung. So schreibt Gadamer: «Für die Sprache ist das eigentliche Subjekt des Spieles offenbar nicht die Subjektivität dessen, der unter anderen Betätigungen auch spielt, sondern das Spiel selbst»[25].

Die Rede vom Spiel dient dazu, den Blick weg vom Spieler auf ein Geschehen selbst, das Spielgeschehen zu lenken. Gadamer hebt besonders auf den Charakter der Zeitlichkeit dieses Geschehens ab. Im Spielgeschehen als Darstellung wird das Kunstwerk gleichzeitig; es gewinnt in der Gleichzeitigkeit volle Gegenwart. Wir haben damit die Ebene der Kunstwissenschaften, der Kunstgeschichte etwa, hinter uns gelassen; sie sind nämlich noch methodisch vermittelt; die Erfahrung der Kunst, die hier von Gadamer angesprochen wird, liegt im vormethodischen Bereich. Wenn wir aber den Bereich der Geisteswissenschaften verlassen haben, so müssen wir fragen, ob wir denn nicht gerade das Paradigma der vormethodischen Erfahrung zu unrecht auf die methodischen Geisteswissenschaften übertragen; die moderne Linguistik etwa, wie sie seit De Saussure entwickelt worden ist und in den verschiedenen linguistischen Schulen[26] ihre Ausprägung erhalten hat, wird durch das Paradigma der vormethodischen Erfahrung von der hermeneutischen Betrachtung ausgeschlossen; und ebenso werden auch die anderen Geisteswissenschaften ausgeschlossen, insofern als sie empirische Forschung betreiben und nach theoretischer Erfassung ihres Forschungsgegenstandes streben.

Diese Tendenz, die vormethodische Erfahrung zum Paradigma der Geisteswissenschaften überhaupt zu erheben, zeigt sich noch deutlicher darin, dass auf der ontologischen Ebene, wenn also das Sein der Sprache

---

[25] GADAMER, H.-G. (²1964), p. 99.
[26] Vgl. dazu INEICHEN, H. (1996), Eintrag «Sprachwissenschaft», in: E. FAHLBUSCH, J.M. LOCHMANN, J. MBITI, J. PELIKAN, u. L. VISCHER, Hg., *Evangelisches Kirchenlexikon*, Göttingen, pp. 434-438.

thematisiert wird, die Grammatik einer Sprache überhaupt keine Rolle mehr spielt. Vielmehr kommt nur noch ein diffuses Sprachgeschehen in den Blick, die Verbindung von Sprache und Sprachinhalt. Gadamer beachtet kaum, dass wir schon in der Umgangssprache über Wörter und Sätze selbst sprechen und damit eine Unterscheidung treffen zwischen Objekt und Metasprachen. Was aber schließlich eine Sprachauffassung für einen Erkenntnisgewinn darstellt, wenn sie die Ebene der Grammatik ausblendet, ist nicht einsichtig. Natürlich könnte man darauf hinweisen, dass es sich hierbei um eine ontologische Auffassung der Sprache handeln soll. Das mag richtig sein, aber wir haben schon darauf hingewiesen, dass es sich bei dieser ontologischen Sprachbetrachtung um Hypostasierungen handelt; dabei werden Prädikatsausdrücke nominalisiert und erhalten auf diese Weise eine ontologische Dignität. Wir sprechen dann nicht mehr davon, dass Texte Sprachgebilde sind, also auf Sprache bezogen und damit sprachlich sind, sondern wir sprechen von der Sprachlichkeit von Texten oder Kunstwerken. Es ist aber nicht einsichtig, welchen Fortschritt in unserem Zusammenhang diese ontologische Betrachtungsweise eigentlich bringt.

In einem phänomenologischen Kontext, wie wir ihn oben bei der Husserl'schen Thematisierung der Lebenswelt kennen gelernt haben, ist dieser Gebrauch von abstrakten Nomina wie «Geschichtlichkeit», «Sprachlichkeit» usw. eine sichtbare Folge der phänomenologischen Wesenserfassung oder Wesensschau, die Husserl direkt als Leistung der Wesensdeskription von der Phänomenologie fordert; im Werk von Gadamer wirkt diese Wesensdeskription nur mehr implizit nach.

Man könnte an dieser Stelle auch kritisch auf die Schwierigkeiten einer solchen Wesensanalyse hinweisen; ob sie nämlich durchgeführt werden kann, ist alles andere als selbstverständlich. Der verhüllte Platonismus scheint aber den Kern der ontologischen Wendung der Hermeneutik bei Gadamer auszumachen. Doch trägt dieser Platonismus Heidegger'sche Züge: Sein selbst kommt nicht mehr, wie bei Platon, als etwas Überzeitliches in den Blick, sondern ist durch Zeit bestimmt; so wird denn in der Daseinsanalyse die Zeitlichkeit als Grundstruktur des Daseins ausgezeichnet.

Fassen wir zunächst zusammen: die ontologische Wendung der Hermeneutik stellt den Versuch dar, Verstehen und Auslegen von Texten, von Kunstwerken und von Handlungen von möglichst allgemeinen Bestimmungen der Welt, der Wirklichkeit und der Dinge her zu denken. Sie kann nur dann überzeugen, wenn man bereit ist, den impliziten Platonismus zu akzeptieren. Dieser aber stellt eigentlich nur eine Verdoppelung der Welt auf einer abstrakten Ebene dar, eine Verdoppelung, deren Vehikel Nominalisierungen von Prädikatsausdrücken bilden, auch wenn sie im Gewande von phänomenologischen Beschreibungen daherkommen. Um die besagten Mängel zu beheben oder zu vermeiden, wollen wir nun nach einer Alternative Ausschau halten.

IV Hermeneutik ohne ontologische Fundierung?

Wenn wir nach dem Sinn einer Hermeneutik ohne ontologische Fundierung fragen, können wir zunächst an die vorheideggersche Hermeneutik verweisen, die seit Schleiermacher und Dilthey versucht hat, Hermeneutik als Lehre vom Verstehen und Auslegen von Sinngebilden zu entwickeln. Es handelt sich dabei um eine Hermeneutik, welche nicht von der Heidegger'schen Fundamentalanalyse des Daseins ausgeht. Es handelt sich um eine Hermeneutik, welche deshalb nicht einer Hypostasierung von Begriffen verfällt. Bevor wir nachweisen, dass die sprachanalytische Hermeneutik der Forderung nach einer Hermeneutik ohne ontologische Fundierung nachkommt, wollen wir zeigen, dass uns auch Alternativen offen stehen, nämlich eine Hermeneutik, welche sich auf eine andere Art Ontologie stützt, eine Ontologie, welche nicht den Fallstricken des Gadamer'schen Platonismus verfällt.

P.F. Strawson hat eine deskriptive Metaphysik entworfen, welche eine Alternative[27] bilden kann. Anders als Gadamer oder Heidegger steht Strawson in der sprachanalytischen Tradition; ihr Ausgangspunkt ist nicht mehr der Begriff des Bewusstseins, wie das für die ganze hermeneutische Tradition von Schleiermacher, Dilthey, aber auch Husserl, Heidegger und Gadamer — zumindest teilweise — der Fall war. Für Strawson bildet der Sprachgebrauch, die gegenseitige Verständigung den Ausgangspunkt seiner deskriptiven Metaphysik[28]. Wir bewegen uns damit schon vom Ansatzpunkt der Überlegungen her auf der intersubjektiven Ebene der sprachlichen Verständigung. Nun heißt aber, sich gegenseitig verständigen können, über eine Sprache verfügen und sie im Gespräch mit den Mitmenschen verwenden können. Es heißt aber auch, dass wir als Sprecher jeweils über ein mehr oder weniger explizites Sprachverständnis verfügen, welches

---

[27] Vgl. INEICHEN, H. (1999), «Warum sind Zeitlichkeit und Geschichtlichkeit ontologische Kategorien», *Studia Hermeneutica*, 5, pp. 83-99.
[28] Vgl. STRAWSON, P.F. (1959), *Individuals. An Essay in Descriptive Metaphysics*, London; STRAWSON, P.F. (1992), *Analysis and Metaphysics. An Introduction to Philosophy*, Oxford.

Linguistik und Sprachphilosophie thematisieren und mit ihren Theorien theoretisch zu durchdringen suchen.

Strawson weist darauf hin, dass mit dem Sprachverständnis immer eine bestimmte Deutung der Welt, die uns umgibt, eingeschlossen ist. Dieses Sprach- und Weltverständnis macht Strawson zum Ausgangspunkt seiner deskriptiven Metaphysik. Er sucht nach grundlegenden Begriffen — Begriffen also, welche nicht weiter auf andere Begriffe zurückgeführt werden können; sie bilden ein Begriffsnetz. Strawson vermeidet dabei einen empiristischen Reduktionismus, versucht also nicht, diese Begriffe z.B. auf Empfindungen zu reduzieren.

Die grundlegenden Begriffe haben einen notwendigen Charakter; wenn wir nämlich gewisse andere Dinge, Gegenstände oder Ereignisse denken wollen, müssen wir sie zu Hilfe nehmen. Zu diesen grundlegenden Begriffen — wir sagen Termini — gehören «Einzelding», «Körper» und «Person», aber auch Termini wie «Identifikation» und «Re-identifikation» als Elemente der gegenseitigen Verständigung. Wir können auch die Rede von Zeit und Zeiterfahrung einbeziehen[29] und damit das Prädikat «ist geschichtlich» verwenden, wie es natürlich in unserem Entwurf der analytischen Hermeneutik benötigt wird. Was wir aber vermeiden müssen, insbesondere wenn wir nicht auf eine ontologische Fundierung der Hermeneutik verzichten wollen, ist ein undurchschauter Platonismus, wie er bisher insbesondere im Werk von Gadamer mit der ontologischen Wende der Hermeneutik verbunden war.

Damit komme ich zum letzten Punkt meiner Ausführungen, dem Nachweis, dass die von mir geforderte analytische Hermeneutik die Schwächen der Gadamer'schen philosophischen Hermeneutik vermeidet. Sie beschränkt sich nicht auf den Bereich der vorwissenschaftlichen Erfahrung, insbesondere von Kunst und Geschichte, sondern bezieht die methodischen Geisteswissenschaften, insbesondere die Linguistik, aber auch die analytische Sprachphilosophie selbstverständlich in die Überlegungen mit ein. Denn anders als in der Gadamer'schen Hermeneutik bildet eine Sprachauffassung, welche Gadamer als instrumentalistisch bezeichnet und zugunsten einer phänomenologischen Sprachauffassung[30] verwirft, ein durchaus respektables Unternehmen. Denn schon in der Umgangssprache sprechen wir über Wörter, Sätze und über ihre Grammatik. Dabei brauchen wir auch nicht zu bestreiten, dass wir uns mit sprachlichen Mitteln auf die Wirklichkeit beziehen, ist es doch gerade

---

[29] Vgl. INEICHEN, H. (1999), p. 90 und pp. 96ff.
[30] Vgl. INEICHEN, H. (1991), pp. 52ff.

das Bemühen der semantischen Theorien, diese Beziehung aufzuklären.

Wir versuchen den Platonismus insofern zu vermeiden, als wir Prädikate wie «ist geschichtlich», «ist zeitlich» verwenden, ohne aber irgendwie darüber hinaus einen eigenen Gegenstand für sie zu postulieren. Die analytische Hermeneutik lässt so auch Raum für ontologische Überlegungen, wie wir dies im Rückgriff auf die Konzeption von Strawson angedeutet haben. Allerdings liefert sie nicht mehr als ein Begriffsnetz von grundlegenden Termini, welche in unserer Rede über die Welt der Dinge und Menschen, in gegenseitiger Verständigung wie in den Wissenschaften zu Anwendung kommen. Wir können also weiterhin über die Röte, die Schönheit und Farbigkeit von Bildern und Landschaften sprechen, wenn wir dabei nicht vergessen, dass diesen abstrakten Nomina keine eigenen Gegenstände entsprechen müssen, sondern wir zu ihrem Verständnis auf den Gebrauch der entsprechenden Prädikatsausdrücke zurückgehen müssen.

HANS INEICHEN
Universität Erlangen

BIBLIOGRAPHIE

Quellen:

DILTHEY, W., *Gesammelte Schriften* I: *Einleitung in die Geisteswissenschaften*, B. GROETHUYSEN, Hg., in: *Gesammelte Schriften*, 19 Bde., Leipzig/Berlin, 1914ff. Stuttgart/Göttingen 1957ff., Göttingen 1970ff.

DILTHEY, W., «Die Entstehung der Hermeneutik», in: *Gesammelte Schriften*, Bd. V, G. MISCH, Hg., Leipzig/Berlin/Stuttgart, 1964, pp. 317-338.

FREGE, G., *Begriffsschrift und andere Aufsätze*, I. ANGELELLI, Hg., Hildesheim, 1964.

GADAMER, H.-G., *Wahrheit und Methode, Grundzüge einer philosophischen Hermeneutik*, Tübingen, ^{2}1964.

HEIDEGGER, M., *Kant und das Problem der Metaphysik*, Frankfurt am Main ^{2}1951.

HEIDEGGER, M., *Sein und Zeit*, Tübingen, ^{10}1963.

HUSSERL, E., *Die Krisis der Europäischen Wissenschaften und die Phänomenologie*, W. BIEMEL, Hg., *Husserliana*: *Gesammelte Werke*, Bd. VI, Den Haag, ^{2}1962.

SCHLEIERMACHER, F.D.E., *Hermeneutik und Kritik* (mit einem Anhang sprachphilosophischer Texte Schleiermachers), hrsg. und eingel. von M. FRANK, Frankfurt am Main, 1977.

Studien:

GEHLEN, A. (1950), *Der Mensch. Seine Natur und seine Stellung in der Welt*, Bonn.

INEICHEN, H. (1975), *Erkenntnistheorie und geschichtlich-gesellschaftliche Welt. Diltheys Logik der Geisteswissenschaften*, Frankfurt am Main.

INEICHEN, H. (1987), *Einstellungssätze. Sprachanalytische Untersuchungen zur Erkenntnis, Wahrheit und Bedeutung*, München.

INEICHEN, H. (1991), *Philosophische Hermeneutik*, Freiburg/München.

INEICHEN, H., Hg. (1996), Eintrag «Sprachwissenschaft», in: E. FAHLBUSCH, J.M. LOCHMANN, J. MBITI, J. PELIKAN, u. L. VISCHER, Hg., *Evangelisches Kirchenlexikon*, Göttingen, pp. 434-438.

INEICHEN, H. (1999), «Warum sind Zeitlichkeit und Geschichtlichkeit ontologische Kategorien», *Studia Hermeneutica*, 5, pp. 83-99.

INEICHEN, H. (2001), «Analytische Hermeneutik», in: J. KULENKAMPFF u. TH. SPITZLEY, Hg., *Von der Antike bis zur Gegenwart. Erlanger Streifzüge durch die Geschichte der Philosophie*, Erlangen/Jena, pp. 185-206.

INEICHEN, H. (2003), «"Die Entstehung der Hermeneutik" im Zusammenhang mit dem Spätwerk W. Diltheys», *Revue Internationale de Philosophie*, 4/2003, pp. 455-466.

INEICHEN, H., «Lebenswelt und soziale Welt. Toleranz in einer pluralistischen Gesellschaft», *Studia Hermeneutica*. Im Erscheinen.

PLESSNER, H. (1937), «Die Aufgabe der Philosophischen Anthropologie», Antrittsvorlesung an der Universität Groningen gehalten am 30. Januar 1936, *Philosophia*, 2, pp. 95-111.

SCHOLZ, O. (1999), *Verstehen und Rationalität. Untersuchungen zu den Grundlagen von Hermeneutik und Sprachphilosophie*, Frankfurt am Main.

STRAWSON, P.F. (1959), *Individuals. An Essay in Descriptive Metaphysics*, London.

STRAWSON, P.F. (1992), *Analysis and Metaphysics. An Introduction to Philosophy*, Oxford.

DER BEGRIFF DER HERMENEUTISCHEN ERFAHRUNG
ALTERNATIVEN ZU GADAMER*

I

Der Begriff der hermeneutischen Erfahrung ist analog zu denen der ästhetischen oder religiösen Erfahrung konzipiert. Die Differenz zwischen *hermeneutischer* Erfahrung, die durch eine bestimmte Technik kontrolliert ist, und der Erfahrung des blossen Verstehens, sei hier zunächst vernachlässigt. Das Wesen der hermeneutischen Erfahrung ist das Verstehen des Sinns menschlicher Zeichen oder Zeichensysteme, etwa von Sprache, Kunst, Literatur, Gesetzen, Institutionen, Handlungen und dergleichen. Man kann fragen, inwieweit hermeneutische Erfahrung, die sekundär gegenüber der in Zeichen ausgedrückten Primärerfahrung ist, eine Erfahrung aus zweiter Hand oder, gemäss einer bekannten Formulierung von Boeckh, eine «Erkenntnis des (schon) Erkannten» ist.

Der folgende Vortrag wird sich mit hermeneutischer *Erfahrung* und nicht mit dem *Verstehen* von Zeichen beschäftigen, vor allem nicht bezüglich des überflüssigen Streits über Verstehen, Erklären und Beschreiben. Das würde Sache eines anderen Themas sein.

Zur Einführung skizziere ich eine *Bedeutungstheorie*: Normalerweise rekonstruiert der Interpret die in Zeichen ausgedrückte Bedeutung. Je beschränkter und vieldeutiger die einschlägigen Zeichen sind, desto schwieriger ist es, die richtige Bedeutung herauszufinden, etwa in der Geschichte aus zufälligen und selektiven Überbleibseln, die als Zeichen für eine verlorene Vergangenheit dienen. Versuche, die Bedeutungen zu rekonstruieren, sind Hypothesen, die nach Wahrheitskriterien wie Kohärenz oder Konsens approximativ korrigiert und verbessert werden können. Sonst können wir nicht die richtigen Bedeutungen gewinnen, etwa in der Geschichte, im Unterschied zur historischen Poesie, Unterhaltung oder Ideologie. Auch der wissenschaftliche Interpret kann irren oder ist gehalten, Zeichensysteme zu ergänzen, durch evidente Voraussetzungen

---

* Der vorliegende Text wurde zuerst am 22.9.2000 an der Universität Notre Dame/Indiana /USA und danach am 27.10.2000 an der Polnischen Akademie der Wissenschaften in Warschau vorgetragen.

oder durch Ausfüllen von sogenannten leeren oder variablen Stellen oder durch Sekundäranalysen oder Tiefendeutungen. Aber da wir über die Beziehungen zwischen Zeichen und Bedeutungen schon eine Menge gelernt haben, ist es wohl eine Übertreibung, von einer radikalen Interpretation als dem Normalfall zu sprechen. (In diesem Punkt folge ich der jüngst publizierten Kritik von Tyler Burge an Davidson[1].)

Was die *Erfahrung* angeht, so ist sie definierbar als eine aposteriorische Erweiterung des Bewusstseins, vor allem des Wissens, aber auch in subkognitiven Formen. Sie wird oft durch Lernprozesse herbeigeführt, zuweilen aber auch durch einzelne Schlüsselereignisse mit weitreichenden Folgen. Erfahrung ist daher mehr oder weniger wiederholbar.

Der Begriff der *hermeneutischen* Erfahrung ist nun von Gadamer in «Wahrheit und Methode»[2] geprägt worden. Er erscheint dort von vornherein mit einer bestimmten Tendenz verbunden, nämlich gegen Hegels Erfahrung des Absoluten gerichtet und auf die Endlichkeit und Geschichtlichkeit im Sinne von Heidegger zugeschnitten. Alle Erfahrung ist zuletzt Erfahrung der Endlichkeit, und das Wesen der *hermeneutischen* Erfahrung ist überdies die Erfahrung der Einzigartigkeit und Unwiederbringlichkeit aller Dinge. Das hat weitreichende Konsequenzen: Nach Gadamer ist es nicht möglich, hermeneutische Erfahrung zu allgemeinen Begriffen zu generalisieren, etwa durch Induktion, Vergleich oder Analogie. Hermeneutische Erfahrung ist vielmehr an individuelle und okkasionelle Emergenzen gebunden; und sie bleibt daher nur «offen für neue Erfahrung, ohne sich je zum Wissen zu schliessen». Gadamer verbindet hier die Vorstellung genereller Begriffe mit der pejorativ verstandenen Idee der Methode, d.h. im Sinne der Naturwissenschaften, die nicht auf die Geisteswissenschaft zu übertragen sei. Darin folgt Gadamer der Dualität von Natur- und Geisteswissenschaften, wie sie bei Windelband und Rickert entwickelt worden war, und zwar mit der Reservierung der idiographischen Betrachtungsweise für die Geisteswissenschaften. Doch in einem zweiten Schritt sucht er auch den Historismus des 19. Jahrhunderts zu überwinden: die individuellen Phänomene unserer Tradition werden nicht isoliert gesehen, sondern sie werden in unseren *eigenen* Horizont integriert, *und zwar durch das blosse Faktum des Verstehens.* Hermeneutische Erfahrung endet daher nicht in einem Objektivismus vergangener

---

[1] BURGE, T. (1999), «Comprehension and Interpretation», in: L.E. HAHN, Hg., *The Library of Living Philosophers*, Vol. XXVII: *The Philosophy of Donald Davidson*, Chicago/La Salle, pp. 229-250.

[2] GADAMER, H.-G., *Wahrheit und Methode. Grundzüge einer philosophischen Hermeneutik*, Tübingen, ⁶1990 (Taschenbuchausgabe 1999). Erste Ausgabe 1960

Ereignisse, sondern ist auch eine Art von Selbsterfahrung. Wenn wir unsere Tradition wirklich verstehen, dann ist sie uns «zugehörig» und ein Teil der Gegenwart. Gadamers letztes Ziel ist die Rettung der Tradition gegenüber der Indifferenz des Historismus. Er legt eine *Reihe von Argumenten* vor um zu zeigen, dass Verstehen notwendig Gegenwärtigkeit einschliesst und dass daher hermeneutische Erfahrung singulär sowohl an sich selber als auch für uns selbst ist. (Darin unterscheidet sich Gadamer beispielsweise von der Paradigmentheorie Thomas Kuhns[3], die in der Nachfolge des Historismus bleibt.):

Zuerst erweitert Gadamer den Begriff des *Verstehens*, indem er ein Moment der Anwendung auf die jeweilige Situation hinzufügt. Wir können nichts verstehen, ohne es in Beziehung zu uns selbst zu setzen und es dadurch in seinem Sinn zu verändern. Verstehen ist daher nicht so sehr ein regressives und reproduktives Verfahren als ein progressives und produktives. Auf diese Weise erhält die Geschichtswissenschaft Gadamer zufolge einen ähnlichen Rang wie die systematischen Disziplinen von Natur, Mensch und Gesellschaft.

Die Grundlage für diese Einschätzung historisch-hermeneutischer Erfahrung ist *zweitens* ein epistemologischer Antirealismus und Perspektivismus. Man kann etwas nur durch das Vorverständnis eines bestimmten Standpunktes erfassen, dem eine Vieldeutigkeit aller Zeichensysteme entspricht. Ausser den vielen hermeneutischen Wahrheiten gibt es keine Wahrheit im allgemeinen, für jedermann und für alle Zeiten. Erfahrung von Sinn ist keine Entdeckung eines gegebenen Sinnes, sondern die *Hervorbringung* oder besser das *Geschehen* von Sinn und Wahrheit in einer jeweils neuen und einzigartigen Weise.

Drittens: für die Gegenwärtigkeit einer entfernteren Vergangenheit schafft Gadamer den Begriff einer *Wirkungsgeschichte*, d.h. der Abfolge kleiner Schritte in der Interpretation des Sinnes, die alle in unserer Gegenwartsperspektive erhalten bleiben. Die Wirkungsgeschichte überbrückt die Kluft zwischen Vergangenheit und Gegenwart, und gleichzeitig durchkreuzt sie alle Versuche, die Geschichte in der Art des Historismus zu objektiveren. Gadamer sieht den Historismus als eine Art von Cartesianismus an, der um jeden Preis überwunden werden muss. Seine Gegenposition beansprucht einen apriorischen Status, gleich dem der Theorien von Husserl und Heidegger: wir *sind* immer schon in der Geschichte, gerade wie wir in der Welt sind, und die Geschichte ist immer schon in

---

[3] KUHN, T.S (1962), *The Structure of Scientific Revolutions*, Berkeley (dt. Übers.: K. SIMON u. H. VETTER (²1976), *Die Struktur wissenschaftlicher Revolutionen*, Frankfurt).

unserer Gegenwart präsent! Der Verlust der Geschichte ist kein wirkliches Problem, da die Vergangenheit intrinsisch in die Gegenwart eingelassen ist, und das Geschehen der Anpassung von Sinn an die Gegenwart ist unvermeidlich.

Zu Gadamers epistemologischem Internalismus gehört einer seiner dunkelsten Begriffe, nämlich die *Horizontverschmelzung*. Die Horizonte von Vergangenheit und Gegenwart sind zuletzt nicht mehr unterscheidbar, sondern verschwinden in einem Einheitshorizont, der von der Gegenwart beherrscht wird[4]. Gadamer eliminiert damit die Individualitäten des Historismus und ersetzt sie durch die Individualität der Gegenwart, und die Logik der Analogie wird durch eine Logik der Substitution ersetzt. Der Kritiker hat jedoch den Eindruck, dass die Probleme des Historismus auf diese Weise nicht so sehr gelöst als umgangen sind.

Für Gadamer ist die historische Erfahrung der wichtigste Teil hermeneutischer Erfahrung, sowohl als Ausgangspunkt seiner eigenen Theorienbildung wie auch als methodisches Modell. Die Vergangenheit gegenwärtig zu halten oder sie wiederzugewinnen ist nämlich schwieriger als den Sinn des Gegenwärtigen zu verstehen. Ausserdem ist Geschichtlichkeit der Paradefall für die Vieldeutigkeit von Zeichensystemen und für einen Pluralismus der Interpretationen und Perspektiven.

II

Allerdings gibt es Zweifel, ob hermeneutische und speziell historische Erfahrung wirklich so monolithisch sind wie Gadamer annimmt. So ist der Begriff der Perspektivität selber mehrdeutig: Betreffen Perspektiven nur *Aspekte* ein und derselben Sache oder sind sie Interpretationen? Ist es ferner überhaupt möglich, eine Perspektive als solche zu erkennen, ohne sie zu überschreiten? Und in weiterer Konsequenz: Koexistieren Perspektiven zuweilen in einem System von mehreren Perspektiven, innerhalb einer gemeinsamen Generalperspektive? Wie können wir ferner wissen, dass wir nur Aspekte und nicht das Ganze haben, und dass wir ohne das Ganze die Aspekte nicht realistisch erkennen können (eine Schlussfolgerung, die ich für falsch halte)? Wie wissen wir, dass wir *kein* wahres Bild des Ganzen gewinnen können, wenn wir die Teile ergänzen? (Ich erinnere an Husserls Beispiel vom Herumgehen um einen

---

[4] Vorläufer der Horizontverschmelzung ist der «hermeneutische Zirkel» in der Fassung von Heidegger (HEIDEGGER, M., *Sein und Zeit*, Tübingen, 1977, §32, p. 153).

Tisch: Niemals hat jemand einen Tisch als ganzes gesehen und trotzdem sind wir überzeugt, ein wahres Bild vom Tisch zu haben.) Weiter: sind alle Perspektiven gleichwertig oder nur dann, wenn wir nicht einige als falsch ausschliessen und andere als geringerwertig einstufen können? Schliesslich: sind Differenzen des Standorts überhaupt relevant für unser einschlägiges Problem, und zwar in einer spezifischen Weise und in welchem Umfang? Und *sollten* sie relevant sein, fördern oder hemmen sie das Verständnis?

Damit verbunden ist eine Mehrdeutigkeit der *Geschichtlichkeit*. Geschichtlichkeit kommt wie Zeitlichkeit nicht nur linear vor, sondern ist *unbestimmt* in Bezug auf Richtung, Kombination und Tempo von Geschichtsprozessen. Wir sind gehalten, zwischen linearen, zyklischen, spiraligen, rückläufigen und zusätzlichen komplexen Formen zu unterscheiden, eingeschlossen beispielsweise teleologische Prozesse der Approximation oder gar der Emergenz. Bestimmte geschichtliche Bedingungen fördern Wissen, während andere es verhindern, etwa im Fall von Renaissancen und *Gegenrenaissancen* — eine Erscheinung, die Gadamer nicht erklären kann, die aber Heidegger grundsätzlich gesehen hat (nämlich mit der Unterscheidung zwischen *Ereignis* und *Enteignis*). Dies schwächt nicht nur das Monopol der Linearität, sondern auch Gadamers Konzept der Wirkungsgeschichte, das darauf aufbaut. Wenn es solche Fälle von Emergenz gibt, dürfen wir vermuten, dass es auch direkte *Rückgänge* zur Vergangenheit gibt, ohne dem faktischen Verlauf der Geschichte schrittweise zu folgen, wie Gadamer mit Hegel annimmt. Unter bestimmten Bedingungen oder — mit Walter Benjamin — Konstellationen können wir in vergangene Perioden der Geschichte mehr oder weniger direkt zurückspringen. (Ich denke, jeder von uns hat Erfahrungen dieser Art, in der Begegnung mit grossen Werken der Tradition.)

Es gibt aber noch andere Vorzugsordnungen im Verhältnis zur Geschichte, die die lineare Stilisierung endgültig durchbrechen. Die Wissenschaften, aber auch vorwissenschaftliche Rezipienten, folgen nicht dem Diktat der Wirkungsgeschichte, sondern dem weitgehend quer zur Geschichte stehenden Sachinteresse, etwa der Autonomie von Bereichen, die in der näheren Vergangenheit gar nicht vertreten sind. Die Verwandtschaftsverhältnisse innerhalb der Geschichte werden sozusagen «systemisch» gesehen und rezipiert, analog zu den intersystemischen Relationen in der Gegenwart. Man spricht dann zutreffender von Wirkungs*zusammenhängen* als von Wirkungs*geschichte*. Es gibt auch statuarische Zustandsformen, die sich zur geschichtlichen Entwicklung indifferent verhalten, weil Typaffinität in der Sache bei der Rezeption überwiegt. Die Konstellationen verweisen auf solche Relationssysteme, die die Geschichte massgebend durchziehen. Gadamers Verabsolutierung der Geschichte hingegen übersieht deren innere Systemizität und den Umstand, dass Geschichte nur *eine* Ordnungsform unter anderen ist. Insofern gibt es in der Geschichte zu einer jeweils gegebenen Gegenwart eine Zone produktiver Affinität, ein produktives Affinitätsfeld, das kraft Typenverwandtschaft in einer besonderen Beziehung zur Gegenwart steht, und zwar ohne Ansehen seiner Stellung im geschichtlichen Ablauf. In besonderem Masse gilt dies natürlich für Parallelsysteme zeitgenössischer Kulturen.

Die These, hermeneutische Erfahrung sei notwendigerweise antirealistisch, wird weiterhin gemindert durch den Umstand, dass die Differenzen der Standorte und die Differenzen der Interpretationen sich nicht immer decken. Oft stellt sich die Konvergenz von Interpretationen von ganz verschiedenen Standorten heraus, und umgekehrt eine Pluralität von Interpretationen von ein und demselben Standort aus (etwa in der dissémination von Derrida, die auch Gadamer beiläufig registriert hat, doch ohne die Implikationen zu bedenken). Auf Grund solcher Asymmetrien verliert der Perspektivismus der Standorte immerhin einiges Gewicht und transformiert sich in ein *Kontinuum* von Mehr oder Weniger an Interpretation, das in Grenzfällen den Nullgrad erreichen mag.

Generell ist es nicht möglich, den Antirealismus zu *beweisen*, ohne wenigstens einige realistische Voraussetzungen zu machen. Beispielsweise kann man nicht überzeugend von einem Pluralismus von Standorten aus argumentieren, wenn es einen solchen Pluralismus nicht wirklich gibt. (Das Umgekehrte gilt nicht für den Realismus.) Doch einmal abgesehen von den langdiskutierten Problemen von Realismus und Antirealismus: Der hermeneutische Antirealismus ist keine apriorische Wahrheit etwa im Blick auf die Mathematik. Und der Versuch, ihn zu beweisen, führt in ein *Dilemma*: Wir müssen uns entweder des Urteils enthalten *oder* Interpretament und Interpretandum miteinander vergleichen und so das *Interpretandum* selber kennen, was für den Antirealismus selbstzerstörend wäre. Das gleiche würde notwendig, wenn bei einer Pluralität von Gesichtspunkten die Fälle realistischer *Aspekte* oder verschiedener Formen des *Fallibilismus* auszuschliessen wären. Beides ist nur möglich, wenn jeweils zum Interpretandum zurückgegangen wird. Doch bei der Urteilsenthaltung wissen wir offenkundig zu wenig, beim Vergleich hingegen wissen wir bereits zu viel für einen entscheidenden Beweis zugunsten des hermeneutischen Antirealismus. Die Differenz zwischen Interpretament und Interpretandum muss jedenfalls explizierbar

sein, wenn man den Absturz in den blossen Realismus oder den Idealis-
mus vermeiden will, und zwar nicht nur bezüglich der Unterscheidung,
sondern auch der Abweichung. Wenn wir aber den Antirealismus nicht
streng beweisen können, bleibt er eine Annahme unter anderen und ist
nicht verbindlich zu machen. Es scheint daher insgesamt besser, sich des
Urteils zu enthalten und, statt in einen negativen Dogmatismus zu ver-
fallen, sich mit einem skeptischen «Magsein» zu bescheiden.

Die Parallelen *bewusster* Applikation, die Gadamer aufbietet, zum
Beispiel im Recht, in der Praxis, Kunst oder Allegorie, beweisen natür-
lich nichts für die *un*bewusste Applikation, die in das eben skizzierte
Dilemma gerät.

Der Begriff der hermeneutischen Erfahrung kann also nicht auf einen
epistemologischen Antirealismus fixiert werden. Sie ist im Prinzip zwischen Realismus und Antirealismus unentscheidbar zu halten.

Was das Problem der *Selbstanwendung* angeht, so entscheidet sich
Gadamer zugunsten des typentheoretischen Selbstausschlusses der eigenen Theorie. Nimmt man dies mit der entgegengesetzten Position anderer Interpretationsphilosophen zusammen, die für Selbst*einschluss* entscheiden, dann würde das zu einem zweiten Dilemma führen. Da jedoch
Gadamer solche formalen Argumente in der Nachfolge Husserls zurück-
weist, möchte ich darauf nicht insistieren.

Gadamer widerspricht dem Historismus und seinem schwachen
Begriff des Verstehens und weist daher konsequent alle anderen Erklärungen des Historismus zurück, die der seinen widerstreiten. So ist für ihn
der Traditionsbruch, der vor 200 Jahren durch Aufklärung und moderne
Industriegesellschaft bewirkt und durch die Geschichts- und Geisteswissenschaften kompensiert worden war, lediglich vordergründig und wird
durch eine kontinuierliche Wirkungsgeschichte überspielt. Doch wenn
dies zutrifft, dann ist der Historismus selbst eine Wirkung und ein Teil
der Wirkungsgeschichte und kann nicht durch eine Reflexion auf sie überwunden werden.

Wenn ferner das In-einer-Tradition-Stehen ein wesentliches Merkmal des Menschen ist, dann folgt daraus nicht das Überleben bestimmter
Traditionen, und zwar weder qualitativ noch quantitativ. Es genügt, wenn
ein blosses *Minimum* an Tradition sich durchhält, und das gewiss nicht
immer auf der höchsten Stufe der Kultur, wie Gadamer annimmt.

Der Versuch, durch einen theoretischen Handstreich die Tradition
ohne bemerkenswerte Verluste zu konservieren, scheint daher nicht
erfolgversprechend. Gadamer unterschätzt die Risiken und die Kontin-
genzen unserer Tradition. Wir sollten ein flexiblere und mehr der Praxis

zugewandte hermeneutische Theorie entwickeln. Wir sollten die Fragestellung, was Tradition für uns heute bedeutet, festhalten, aber wir müssen unterscheiden zwischen Fragen des Verstehens und weitergehenden
Schritten der Neuinterpretation und Auswertung der Ergebnisse des Verstehens. Wir müssen mit anderen Worten anerkennen, dass hermeneutische Erfahrung mehrdeutig ist und ganz Verschiedenes bedeutet.

III

Gadamers Begriff des Verstehens ist zu Recht von Anhängern der
herkömmlichen realistischen Hermeneutik kritisiert worden, z.B. von
Hirsch, Gendlin oder Shusterman. Hirsch unterscheidet zwischen der
Bedeutung von Zeichensystemen, die allein Gegenstand der Hermeneutik sei, und ihrer *Bedeutsamkeit* für uns. Gendlin meint, dass wir *beides*
verstehen: die Intention des Autors, aber diese *zugleich* in einer abwei-
chenden, progressiven Weise. Damit kombiniert er alte und neue Hermeneutik. Shusterman sieht eine Differenz zum wenigsten zwischen ori-
ginärer Überzeugung und späterer kritischer Reflexion. Beide konzedieren
Gadamer, dass die Realität selbst im Fluss ist (was ich allerdings für
unbeweisbar halte). Ich würde lieber vier Hauptphasen der Interpretation
unterscheiden: Versuchsweise Interpretation — ursprüngliches Verstehen, einerlei, ob wahr oder falsch — kritische Prüfung und Korrektur —
Neuinterpretation, Abschätzung und Auswertung der Resultate in einem
neuen Kontext. Das letztere kann in unbegrenzter Folge fortgesetzt werden. Die Unterscheidung zwischen der dritten und der vierten Stufe ist die
wichtigste. Wir müssen zwei verschiedene Instanzen anerkennen, eine, die
auf dem Weg der Interpretation herausfindet, was gemeint war oder in
Bedeutungen impliziert ist, und eine andere, um über die Geltung und
Relevanz vom Standpunkt unseres gegenwärtigen Wissens zu entscheiden. Auf der Ebene der Wissenschaft entspricht dem die Unterscheidung
zwischen hermeneutisch-historischen Disziplinen *und* systematischen Disziplinen und Methoden. Die Aufgabe der systematischen Disziplinen ist
es, das Verstandene auf unseren eigenen Horizont anzuwenden. Dies
bedeutet nicht, dass beispielsweise die Geschichtswissenschaft ihre For-
schungsresultate nicht bewusst oder unbewusst auf die Gegenwart anwendet — wenigstens für heuristische Zwecke der historischen Forschung — ,
aber im allgemeinen ist sie von der Aufgabe *entlastet*, darüber zu entscheiden, was wahr oder für uns relevant ist und in welchem Grade. Doch
gerade durch ihr neutrales, nur regressives Verstehen ist sie in die

Lage versetzt, Informationen zu vermitteln an *verschiedene* systematische Disziplinen, an ihre verschiedenen Schulen und an verschiedene Phasen ihrer Entwicklung.

Ein Beispiel: Sir David Ross erwiderte einmal auf die Frage einer Studentin, ob Aristoteles' Aussagen zu einem bestimmten Thema wahr seien, dass es über seine Aufgabe und Kompetenz gehe, diese Frage zu beantworten. Ein Gadamerschüler[5] hat Ross dafür kritisiert, indem er darauf insistierte, dass Ross eine solche Kompetenz haben *müsse*. Nach meiner Ansicht war der Bescheid von Ross korrekt. Von einem historisch-hermeneutischen Standpunkt aus ist Aristoteles sehr wohl verstanden und erklärt, wenn wir mit Collingwood die Frage kennen, auf die die aristotelische Philosophie die Antwort ist, und damit seine Stellung im Kontext seiner Zeit. Seinen Wahrheitsanspruch gemäss den Standards *unserer* und *jeder* Zeit einzuschätzen, ist ein ganz anderes Thema.

Wir sehen also, dass ein essentieller Antirealismus der Hermeneutik nicht nur *unbeweisbar* ist, sondern dass er auch *nicht notwendig* ist, um der hermeneutischen Erfahrung in der Gegenwart Geltung zu verschaffen. Er wäre im übrigen dafür auch *nicht zureichend* : Nach Gadamer selbst gibt es immer nur *einige* Beziehungen zwischen unserer Situation und unserem Verstehen. Sie sollten ferner nicht künstlich aktualisiert werden[6]. Dies ist jedoch *zu wenig*, sowohl für ein volles Verständnis der Vergangenheit wie auch für ihre Ausschöpfung in der Gegenwart. Wie sehr auch die beiden Instanzen einander überschneiden mögen, das Schwergewicht ist so verschieden, dass es falsch wäre, sie in einer einzigen unübersichtlichen Instanz zu verschmelzen.

Auf der anderen Seite kann hermeneutische Erfahrung nicht auf historische Hermeneutik beschränkt sein. Natürlich verfügen solche Disziplinen auf ihrem Gebiet über originäre Erfahrungen. Aber die wirklichen Adressaten hermeneutischer Erfahrung sind generell die *systematischen Disziplinen*, die sie aufnehmen und umbilden, indem sie sie mit Erfahrungen erster Hand aus anderen, beispielsweise empirischen Quellen verbinden. Die systematischen Disziplinen nehmen hermeneutische Erfahrungen, d.h. Erfahrung aus zweiter Hand auf und verarbeiten sie weiter. Ausnahmen von dieser Zwei-Instanzen-Relation sind die Sozialwissenschaften und die Applikationen in Theologie und Jurisprudenz, wo

---

[5] KÜNNE, W. (1990), «Prinzipien der wohlwollenden Interpretation» in: Forum für Philosophie Bad Homburg, Hg., *Intentionalität und Verstehen*, ("stw 856"), Frankfurt am Main, p. 212.
[6] Z.B. GADAMER, H.-G. ([6]1990), p. 284 unten.

Interpretation jeweils Zweck in sich selbst ist. Auf Grund des interdiszi-
plinären Zusammenhangs zwischen den systematischen Fächern kann
diese Erfahrung mehrere Instanzen durchlaufen (wobei sie natürlich nicht
immer als *hermeneutische* Erfahrung erkennbar ist.) Es kann sich dabei
eine Fortwirkung solcher Erfahrung über eine Reihe von Instanzen und
Stufen der Wissenschaft hin ergeben, die von der Wissenschaftstheorie zu
analysieren sind. Im Gegensatz zu Gadamers Wirkungsgeschichte ist
diese Fortwirkung jedoch von *bewusstem* Charakter. Im übrigen interpretieren die systematischen Fächer die überkommenen Erfahrungen neu,
indem sie sie im Lichte ihrer eigenen Perspektiven und Zwecke aufbe-
reiten und ausarbeiten. Auch dieses Verfahren führt zu einer Art von *hermeneutischer Erfahrung*, wenn und soweit die Interpretanda Zeichensysteme sind. Sonst würde es besser sein, nicht von Hermeneutik, sondern
allgemeiner von Interpretation zu sprechen, und demgemäss von interpretativer Erfahrung. Jedenfalls ist das einer der Gründe, weshalb hermeneutische Erfahrung ein mehrdeutiges Wort ist.

Typen der Neuinterpretation und Auswertung hermeneutischer
Erfahrung durch systematische Fächer sind beispielsweise, diese Erfahrung in einen neuen *Kontext* zu stellen, was sich oft allein durch den Zei-
tenabstand einstellt, der mit einem Mehr an Sinn auch ein besseres Verstehen ermöglicht, oder sich eine Art von *Induktion* zu bedienen, wenn
die Ergebnisse historischer Interpretation miteinander und mit den Resul-
taten zeitgenössischer Forschung verglichen werden. Eine andere Möglichkeit besteht darin, *Analogien* auszuziehen, indem man hermeneutisch
erschlossene Phänomene als heuristische Modelle für analoge oder iso-
morphe Konzeptionen benutzt. Im übrigen sind auch Gegensätze und
Negationen oder auch blosse Fehlanzeigen relevant. Auf der Ebene der
Wissenschaft finden wir alle Typen von Erfahrung wieder, als da sind
Falsifikation, Konfirmation oder Korroboration, heuristische Überwindung theoretischer Engpässe, Entlastung, Verallgemeinerung, aber auch
die spezifischeren Leistungen wie das Aufdecken von Trends oder den
Vergleich aller vergangenen und gegenwärtigen Positionen, Auffassungen
und Argumentationen.

IV

Vornehmlich für heuristische Verhältnisse ist die *Analogie* einer
der wichtigsten Begriffe. Hermeneutik, beispielsweise in der Geschichtswissenschaft, schreitet oft nach versuchsweisen Analogien fort, mit dem

eigenen Standort als Bezugspunkt und nachfolgender rückwärtsschreitender Interpretation. Umgekehrt benutzen die systematischen Fächer hermeneutische Erfahrungen als Modelle für die Auffindung analoger oder isomorpher Konzepte in vorwärtsschreitender Auslegung. Doch nicht nur ein innovativer Gebrauch hermeneutischer Erfahrung beruht auf Analogie, sondern auch ihr kritischer und bestätigender Gebrauch setzen einen bestimmten analogen Rahmen voraus (unter Einschluss von Gegensätzen und Negationen). Selbst der Bedeutungswandel der Sprache und anderer Zeichensysteme, der für die Hermeneutik erster bis n.ter Ordnung grundlegend ist, hat mit der Analogie zu tun, beispielsweise in der Bildung von Metaphern. Auch Gadamers Applikation ist, unter logischem Gesichtspunkt betrachtet, eine Art von Analogisieren. Aber die Analogie kann auch Gadamers Wirkungsgeschichte ersetzen, insofern sie die Kluft zwischen Gegenwart und Vergangenheit überbrückt, und zwar in einer rationalen und oft auch kalkulablen Weise.

Gadamer vermeidet jedoch den Begriff der Analogie durchweg, wie alle andern strukturellen Konzepte. Wie wir schon gesehen haben, verweigert seine selektive, humanistisch und optimistisch akzentuierte Theorie hermeneutischer Erfahrung darüber hinaus alle generischen und universalen Begriffe und sie entbehrt der Erfahrung von Gegensätzen und Negationen und damit vieles von der kritischen Funktion der Erfahrung. Indem er hermeneutische Erfahrung auf singuläre Ereignisse von wechselnden Interpretationen reduziert, die nur immer wieder neue Ereignisse erschliessen, eliminiert er die wiederholenden, bestätigenden und stabilisierenden Aspekte der Erfahrung. Es ist ein reduzierter Begriff von Erfahrung, der durch das *Machen*, nicht durch das *Haben* von Erfahrung definiert ist. Gewiss ist das Machen von Erfahrungen fundamentaler als sie zu haben und zu gebrauchen; aber ohne den zweiten Aspekt würde Erfahrung ganz und gar nutzlos. In gewissem Sinne ist man an die Debatten über revolutionäre und normale Wissenschaft erinnert. In der Tat ist Gadamers Begriff der Erfahrung *unspezifisch* für die Hermeneutik, weil man durch ähnliche Abstraktionen eine solche restriktive Erfahrung auch anderswo finden kann, sei es nun in der Wissenschaft oder im Alltag. Natürlich ist auch Gadamers Deutung der hermeneutischen Erfahrung als einer Erfahrung der Endlichkeit, Geschichtlichkeit und Singularität nicht die originale, sondern eine abgeleitete und reflektive Erfahrung. Im übrigen ist Gadamers Begriff hermeneutischer Erfahrung im Blick auf unsere *eigene* Tradition geprägt — im Gegensatz zum Historismus, der auch alle anderen Kulturen miteinschloss. Spätere Integrationsversuche überzeugen nicht. Auch wenn man voraussetzt, dass jede Kultur ihre eigene Hermeneutik hat, bleibt das Problem ungelöst.

V

Wir haben von der hermeneutischen Erfahrung als einer sekundären Erfahrung gesprochen. Dies bedarf einer näheren Erörterung. Es gibt heute einen Streit zwischen Intentionalisten und Nicht-Intentionalisten in der Hermeneutik. Für Intentionalisten ist das Kriterium für die richtige Interpretation die Intention des Autors eines Textes, des Künstlers für ein Werk usw. Man sollte besser sagen: die Intention des Autors zu kennen ist das Ziel der Interpretation; Kriterien, sie herauszufinden, sind Kohärenz, Konsens und andere Wahrheitskriterien. Gadamer versucht nun, die Hermeneutik hinsichtlich des Autors zu depsychologisieren zugunsten einer konstitutiven Mehrdeutigkeit von Zeichensystemen. Es trifft zu, dass der Bereich des Verstehens und der Hermeneutik auch das Unbewusste, die Bedingungen und den Kontext eines Autors einschliesst, ebenso wie autonome Bedeutungen und Strukturen eines Werkes oder anderer Zeichensysteme. Dies ist von Belang nicht nur in künstlerischer oder literarischer Kritik und den Geisteswissenschaften, sondern auch in den Sozialwissenschaften oder in der Rechtsauslegung. Trotzdem scheint die Autorenintention in vielen Fällen unentbehrlich zu sein. Sicherlich ist sie nicht so wichtig im Falle von Werken der Kunst und Literatur oder von Gesetzestexten, die mehrere wenn nicht viele Bedeutungen haben mögen. Hier sollten wir tatsächlich eine spezifische Mehrdeutigkeit eminenter Zeichensysteme anerkennen, die den Autorenintentionen gegenüber autonom sind. Dieser Bereich war das Modell für Gadamers antirealistische hermeneutische Theorie, die unkritisch auf alle übrigen Bereiche der Hermeneutik ausgedehnt worden ist. Aber selbst auf diesem Feld gibt es nur eine gewisse Wahrscheinlichkeit für den Antirealismus, wenn man sie vor dem Hintergrund der prinzipiellen Unbestimmtheit in Sachen Realismus und Antirealismus betrachtet, die ich vorhin skizziert habe.

Auf der anderen Seite jedoch müssen alle Zeichensysteme, die den Adressaten *informieren* sollen und zu diesem Zweck nur einen instrumentellen Charakter haben, in einem genau spezifischen Sinn verstanden werden, wenn sie ihre Funktion erfolgreich erfüllen sollen. Leider leugnet Gadamer die instrumentelle Funktion der Sprache und schliesst so informierende Typen von der Kommunikation und Hermeneutik aus. Natürlich lässt sich keine strenge Grenzlinie zwischen beiden Zeichentypen ziehen; sie haben nur einen idealen Status. Doch wäre man hinsichtlich des informierenden Typs schlecht beraten, wenn man in der Nachfolge Gadamers die Autorenintention eliminieren oder verdrängen wollte, um so auch informierenden Systemen den Weg für die Mehrdeutigkeit zu öffnen. Für die Historie der Theorie, etwa der Wissenschaft oder Philosophie, ist es richtiger, an Boeckhs Formel von der «Erkenntnis des Erkannten» festzuhalten oder — in etwas modifizierter Perspektive — an Collingwoods Logik von Frage und Antwort, wonach wir einen Text dann verstehen, wenn wir die Frage verstehen, auf die er die Antwort ist. Gadamer kehrte dies um, indem er die Figur durch die Frage des Interpreten und die «Antwort» des Textes als eines Artefakts ersetzte, was tatsächlich nur eine Spezialisierung des trial-and-error-Verfahrens ist. Um hermeneutische Erfahrung in ihrer vollen Ausdehnung zu erreichen, dürfte es nötig sein, in konzentrischer Weise voranzuschreiten von der Autorenintention informierender Zeichensysteme, über die bewussten und unbewussten Bedingungen des Autors, bis man zu vieldeutigen Systemen gelangt, und zuletzt zu den Strukturen der poésie pure, wo sich nicht einmal ein Sinn oder eine Referenz ausfindig machen lässt. *Die Autorenintention prinzipiell abzuschreiben, hiesse auf mögliche Einsichten in wichtige Argumente und Verbindungen zwischen Text und Kontext verzichten.* In solchen Fällen würde etwas von der originalen hermeneutischen Erfahrung aus der Hand gegeben zugunsten späterer Erfahrungen der Neuinterpretation, die zu Recht vielfältig sind, aber nicht mit den originalen konfundiert werden sollten. Auf der anderen Seite ist die Bestimmung der hermeneutischen Erfahrung als einer Erfahrung aus zweiter Hand zu modifizieren. Beispielsweise sind die unbewussten Bedingungen eines Autors und überhaupt jeder historischen Person noch nicht Gegenstand von Erfahrung gewesen. Sie werden erst dann zu Erfahrungen, wenn sie durch hermeneutische Interpretation erschlossen sind.

Ein gutes Feld, um die Risiken der neuen Hermeneutik zu demonstrieren, bietet die *Geschichte der Philosophie*. Die Voraussetzung einer unbewussten, aber unvermeidlichen Applikation beim Textverstehen führt nämlich hier besonders deutlich zur Vernachlässigung auch der kontrollierbaren und bewussten Aspekte der Interpretation. Auf diesem Wege dringt die Philosophische Hermeneutik, die eine Art von Erkenntnistheorie ist, kompetenzüberschreitend in den Raum der technischen Hermeneutik ein. Generell kommt es zu einer Verstärkung der Position des Interpreten, während die kritischen und innovativen Funktionen hermeneutischer Erfahrung geschwächt werden. Andererseits zeichnet sich ein Originalitätsverlust des Interpreten und seiner zeitgenössischen Autoritäten insofern ab, als ihre Position durch «hermeneutische», d.h. angleichend gelesene klassische Texte, antizipiert zu sein scheint. Da ferner Philosophie mit der Interpretation der Tradition gleichgesetzt wird, fühlt sich der Philosophiehistoriker zum systematischen Forscher aufgewertet.

Indem er fremde Meinungen erforscht, eruiert er auch zureichend die einschlägigen Sachen! Zugleich soll er mit den interpretierten Texten in der Sache übereinstimmen. Die durchgängige Verabschiedung der Autorenintention und die Isolierung der Texte vom jeweiligen Kontext machen dies möglich. Eine quer zur Geschichte stehende, bewusst vertretene Eigenposition ist nicht vorgesehen! Die Folgen für die Philosophiehistorie liegen auf der Hand: sie ist weder taxierbar noch auswertbar, sondern repräsentiert alternativenlos den aktuellen Stand philosophiegeschichtlichen Geschehens. Dies scheinen mir Simplifikationen zu sein, die zu teilen wir nicht verpflichtet sind.

VI

Die *Sprache* ist ein zentraler Begriff der Hermeneutik wie der Analytischen Philosophie. Von der Sprache lässt sich das gleiche wie von der Perspektivität sagen: Es ist eine offene Frage, ob und inwieweit die Sprachen reale Aspekte der Welt repräsentieren oder Interpretationen der Welt sind. Dies bedeutet, dass Sprache prinzipiell gegenüber Realismus und Antirealismus neutral ist. Eine dogmatische antirealistische Theorie der Sprache würde in die schon behandelten Dilemmata des Beweises und der Selbstanwendung geraten.

Das heute hier aktuelle Problem ist jedoch der *Universalitätsanspruch* der Hermeneutik, der ihr den Status einer neuen Erkenntnistheorie und insgesamt den einer Fundamentaldisziplin der Philosophie einbrächte. Dafür hat man allerdings die Wort-Sprache in das Feld der Zeichen hinein zu erweitern, auch wenn die Wort-Sprache im Vergleich mit anderen Zeichentypen eine beherrschende Rolle spielt. Bei Gadamer vermisst man jedoch eine umfassende Zeichentheorie und überhaupt eine generelle Semiotik.

Grundsätzlich gilt: Indexikalische, natürliche Zeichen fallen nicht in die Kompetenz der Hermeneutik, und Semiotik als ganze deckt sich nicht mit Hermeneutik. Ausserdem hält die Debatte darüber an, ob und in welchem Grade die *Wahrnehmung* sprachabhängig ist oder nicht, und Ähnliches gilt für einige andere psychologische oder mystische Erfahrungen. (Um solche Erfahrungen mitzuteilen, brauchen wir natürlich Sprache, aber vermutlich nicht, um sie zu machen.) Es scheint daher Grenzen der Hermeneutik zu geben, zum wenigsten auf einer bestimmten Stufe der Erkenntnis. Das bedeutet jedoch nicht, dass diese Grenzen auch Grenzen der Interpretation sind. Auch Wahrnehmung wird von

Interpretationsphilosophen als Art der Interpretation erklärt, und dies unabhängig von Sprache oder Zeichen, auf einer elementareren Stufe als sie Hermeneutik erreichen könnte. Das ist wichtig für die Wahrnehmung von Zeichen selbst, die nicht ihrerseits mit Hilfe von Zeichen bewerkstelligt werden kann (und so ad infinitum)!

Nichtsdestoweniger ist für Hermeneutik und hermeneutische Erfahrung der Begriff des *Zeichens* fundamental. Es gibt semiotische Theorien — klassische und zeitgenössische — in denen Zeichen nichts denotieren, sondern sich lediglich aufeinander beziehen, oder andere, in denen Zeichen und Bedeutung nicht zu trennen sind. Indessen scheint es für die Zwecke einer erfolgreich arbeitenden Hermeneutik notwendig zu sein, zwischen Zeichen und Sinn zu unterscheiden und überdies zwischen verschiedenen Bezugstypen unter ihnen zu trennen. Die wichtigsten Konstellationen sind die äquivoke und die nichtäquivoke Relation, beide in einer oder zwei Richtungen, d.h. hinsichtlich des Zeichens oder des Sinnes oder beider (entweder hat ein Zeichen viele Sinne, oder viele Zeichen haben denselben Sinn, oder ein Zeichen hat einen Sinn, oder mehrere Zeichen haben mehrere Sinne in einer diffusen Relation). Die traditionelle Hermeneutik konzentriert sich auf die nichtäquivoke Relation, die neue Hermeneutik speziell von Gadamer zieht die äquivoke Relation vor (ein Zeichensystem — viele Sinne). Für eine ausgearbeitete Hermeneutik ist dies ungenügend. Eine solche Hermeneutik muss *alle* vier Relationstypen umfassen. Nur dann würde es möglich sein, die entsprechenden Typen hermeneutischer Erfahrung genauer auseinanderzuhalten.

Daraus müssen wir Schlüsse ziehen für die Reichweite hermeneutischer Erfahrung. Es empfiehlt sich, zu unterscheiden zwischen einer *speziellen* Hermeneutik für alle diejenigen Fälle, in denen künstliche Zeichen oder Zeichensysteme als solche und nach Regeln interpretiert werden — und einer *weiteren* Hermeneutik für die Fälle, in denen wir beim Gebrauch von Sprache oder anderer Zeichen in Wissenschaft oder Alltag diese akzidentiellerweise interpretieren. Hermeneutische Erfahrung im eigentlichen Sinne konzentriert sich auf den *ersten Typ* von Hermeneutik, wie er in den Geisteswissenschaften, in der Historie, Philologie, Theologie, Jurisprudenz, Psychoanalyse und den Sozialwissenschaften gepflegt wird, aber auch auf Interpretationen zweiter und dritter Ordnung (etwa systematischer Disziplinen). Im Gegensatz dazu ist der *zweite Typ* auch in den Naturwissenschaften und in allen Formen der Kommunikation und sozialer Kontakte zu finden. Entwicklungsgeschichtlich gesehen: Im Alltagsbereich wird Verstehen zum Problem, wenn Widerstände und Missverständnisse auftreten; aber erst später haben berufsmässige und spezialisierte hermeneutische

Disziplinen regelgeleitete Techniken entwickelt, die Zeichensysteme in
ihrer vollen Ausdehnung und durchgängig interpretieren, unabhängig
davon, ob sie auf einer ersten Stufe bereits verstanden sind oder nicht. Wir
beobachten hier, dass der Universalitätsanspruch der Hermeneutik zum
wenigsten so weit abgestuft werden muss, als wir uns auf hermeneutische
Erfahrung in einem stärkeren oder schwächeren Sinne beziehen.

*Um nun die verschiedenen Bedeutungen hermeneutischer Erfahrung
zusammenzufassen:* Primär ist hermeneutische Erfahrung zu verstehen als
ein Sinn, der durch künstliche Zeichen oder Zeichensysteme vermittelt und
durch originale oder sekundäre Interpretationen erschlossen wird. Wir können diese Definition abwandeln, indem wir zwischen blossem Verstehen
und hermeneutischer Erfahrung in einem emphatischen Sinn unterscheiden,
das heisst einer Erfahrung, die durch Hermeneutik als technischer Disziplin mit einem Regelsatz zur Interpretation erschlossen ist. Damit verbunden ist die gerade getroffene inhaltliche Unterscheidung zwischen einem
stärkeren und schwächeren Sinn solcher Erfahrungen. Im allgemeinen ist
der stärkere Sinn mit der *technischen* Hermeneutik verbunden, was beim
schwächeren Sinn nur gelegentlich geschieht. — Eine zweite Bedeutung
hermeneutischer Erfahrung ist sodann ein Produkt des Selbstbezuges der
Interpretation, nämlich die Erfahrung, die wir interpretierend mit der Interpretation selber machen und die Folgen für die Korrektur unserer hermeneutischen Regeln und Voraussetzungen haben mag. — Eine weitere
Bedeutung betrifft Begleiterfahrungen der Interpretation, die die Hermeneutik überschreiten und sich mit anderen Feldern der Wissenschaft oder
Philosophie überkreuzen, etwa der Logik, Anthropologie, Ontologie oder
Metaphysik. Wir sind auf ein Beispiel dafür gestossen in Gadamers hermeneutischer Erfahrung der Endlichkeit des Menschen.

Hermeneutische Erfahrung selbst ist zu unterscheiden von ihrer
Rezeption und von ihrer *Integration*. Rezeption setzt Selektion voraus,
Integration dagegen (bewusste) Angleichung. Dies gilt für historische wie
für systematische Instanzen.

VII

Hermeneutische Erfahrung darf nicht auf die empirische Seite der
Erfahrung reduziert werden. Das Konzept einer Einheitswissenschaft, die
gewöhnlich an den Naturwissenschaften, zumal der Physik, orientiert ist,
behindert die Beschreibung und Erklärung der spezifischen Züge hermeneutischer Erfahrung. Es ist daher gerechtfertigt, an der Philosophischen

Hermeneutik als einer speziellen philosophischen Disziplin für die Analyse hermeneutischer Erfahrung und ihrer Voraussetzungen festzuhalten. Sie ist *mehr* als eine Theorie der Geisteswissenschaften, der Geschichtswissenschaft und Philologie oder der Theologie, Jurisprudenz, Psychoanalyse und Sozialwissenschaft, da sie auch andere Felder von Verstehen und Interpretieren in Wissenschaft und Alltag umfasst. Da sie für den Alltag zuständig ist, ist sie auch mehr als ein spezieller Zweig der allgemeinen Wissenschaftstheorie. Sie würde besser situiert sein als eine spezielle Theorie der Erkenntnis und Erfahrung in bezug auf Zeichen. Doch selbst das würde ungenügend sein, da sie auch eine allgemeine Methodologie mit normativen Implikationen einschliesst. Sie ist daher auch *mehr* als ein Teil der Theoretischen Philosophie oder eine Art von pragmatischer Semiotik.

Eine andere Aufgabe Philosophischer Hermeneutik ist der Vergleich der Spezialhermeneutiken verschiedener Wissenschaften, da dies die Kompetenz jeder einzelnen Wissenschaft übersteigt. Für das Thema meines Vortrags bedeutet dies zu zeigen, welche und wie viele Typen hermeneutischer Erfahrung sich innerhalb eines Faches oder auch innerhalb einer Gruppe verwandter Fächer ausfindig machen lassen. In der Tat gibt es im allgemeinen *mehrere* hermeneutische Methoden innerhalb einer Einzeldisziplin, und jeweils mit einer besonderen Art von Erfahrung. Beispielsweise versucht innerhalb der Theologie die historische Theologie die Tradition zu *objektivieren*, während die systematische Theologie sie *aneignet* und die praktische Theologie sie *anwendet*. In den Sozialwissenschaften gibt es ausser empirischen Methoden auch hermeneutische Methoden für die intentionalen Akte von Personen einerseits und für Institutionen und objektive Strukturen andererseits. In der Rechtswissenschaft objektiviert die Rechtsgeschichte, der Richter und der Anwalt wenden Gesetze an, während der Gesetzgeber kein Hermeneutiker zu sein scheint und allenfalls als Interpret einer Rechtsidee in einer gegebenen Gesellschaft gesehen werden kann, doch verarbeiten Rechts- und Sozialwissenschaft als systematische Disziplinen auch historische Erfahrungen aus Gesetz, Gesellschaft und Wirtschaft und verfügen so über eine weitere Quelle hermeneutischer oder interpretativer Erfahrung. Schliesslich kombiniert die moderne Psychoanalyse die hermeneutische Rekonstruktion einer Biographie mit der massgeblichen Konstruktion der Bedeutung eines Lebens, die den normativen Instanzen in anderen Bereichen entspricht.

HANS KRÄMER
Universität Tübingen

BIBLIOGRAPHIE

I. Quellen:

GADAMER, H.-G., *Wahrheit und Methode. Grundzüge einer philosophischen Hermeneutik*, Tübingen, [6]1990.
HEIDEGGER, M., *Sein und Zeit*, Tübingen, [14]1977.

II. Studien:

BURGE, T. (1999), «Comprehension and Interpretation», in: L.E. HAHN, Hg., *The Library of Living Philosophers*, Vol. XXVII: *The Philosophy of Donald Davidson*, Chicago/La Salle, pp. 229-250.
GENDLIN, E.T. (1997), «The Responsive Order: A New Empiricism», *Man and World*, 30, pp. 383-411.
HIRSCH, E.D. (1967), *Validity in Interpretation*, New Haven.
KUHN, T.S. (1962), *The Structure of Scientific Revolutions*, Berkeley (dt. Übers.: K. SIMON u. H. VETTER ([2]1976), *Die Struktur wissenschaftlicher Revolutionen*, Frankfurt am Main).
KÜNNE, W. (1990), «Prinzipien der wohlwollenden Interpretation», in: Forum für Philosophie Bad Homburg, Hg., *Intentionalität und Verstehen*, ("stw 856"), Frankfurt am Main.
SHUSTERMAN, R.M. (1989), «The Gadamer-Derrida Encounter: A Pragmatist Perspective», in: D. MICHELFELDER u. R. PALMER, Hg., *Dialogue and Deconstruction: The Gadamer-Derrida Encounter*, Albany, pp. 215-221.

DIE IDEE EINER ALLGEMEINEN HERMENEUTIK —
VERGANGENHEIT UND ZUKUNFT

I. Zur Lage

Begriff und Sache der Hermeneutik sind heute in einer Weise umstritten und umkämpft, dass nach historischen Erklärungen verlangt wird, die in letzter Analyse weit über den Kreis der Ideengeschichte hinausführen müssten. Bei dieser Gelegenheit beschränke ich mich, schon weil die dazu erforderlichen Forschungen längst nicht abgeschlossen sind, auf vorläufige Hinweise, die zugleich meine systematischen Thesen vorbereiten.

Blicken wir zunächst zurück! Zwar gab es auch im 17. und 18. Jahrhundert, als das Projekt einer allgemeinen Hermeneutik eine greifbare Gestalt[1] annahm, eine Reihe von Streitpunkten. Sie betrafen u.a. den präzisen systematischen Ort der *Hermeneutica generalis* und den Grad der Gewissheit der in ihr zu erreichenden Erkenntnisse: Ist sie ein genuiner Teil der Logik, wie viele Gelehrte meinten, ist sie ein Anhang zur Logik oder ist sie gar eine eigenständige philosophische Disziplin? Ermöglicht sie «notwendige», «gewisse» und «infallible» Erkenntnisse oder müssen wir

---

[1] Vgl. JAEGER, H.-E. H. (1974), «Studien zur Frühgeschichte der Hermeneutik», *Archiv für Begriffsgeschichte*, 18, pp. 35-84; BÜHLER, A., Hg. (1994), *Unzeitgemäße Hermeneutik. Verstehen und Interpretation im Denken der Aufklärung*, Frankfurt am Main; SDZUJ, R. (1997), *Historische Studien zur Interpretationsmethodologie der frühen Neuzeit*, Würzburg, pp. 83-174; DANNEBERG, L. (1997), «Die Auslegungslehre des Christian Thomasius in der Tradition von Logik und Hermeneutik», in: F. VOLLHARDT, Hg., *Christian Thomasius (1655-1728). Neue Forschungen im Kontext der Frühaufklärung*, Tübingen, pp. 253-316; DANNEBERG, L. (2001), «Logik und Hermeneutik im 17. Jahrhundert», in: J. SCHRÖDER, Hg., *Theorie der Interpretation vom Humanismus bis zur Romantik — Rechtswissenschaft, Philosophie und Theologie*, Frankfurt am Main, pp. 75-131; SCHOLZ, O.R. (1992), «Hermeneutische Billigkeit — Zur philosophischen Auslegungskunst der Aufklärung», in: B. NIEMEYER u. D. SCHÜTZE, Hg., *Philosophie der Endlichkeit* (Festschrift für Erich-Christian Schröder), Würzburg, pp. 286-309; SCHOLZ, O.R. (1994), «Der Niederschlag der allgemeinen Hermeneutik in Nachschlagewerken des 17. und 18. Jahrhunderts», *Aufklärung*, 8, pp. 53-70; SCHOLZ, O.R. (1999a), *Verstehen und Rationalität. Untersuchungen zu den Grundlagen von Hermeneutik und Sprachphilosophie*, Frankfurt am Main, pp. 35-67; sowie KESSLER, E. (2002), «Logica Universalis und Hermeneutica Universalis», in: G. PIAIA, Hg., *La Presenza dell'Aristotelismo Padovano nella Filosofia della Prima Modernità*, Rom/Padua, pp. 133-171.

uns in ihrem Feld mit mehr oder weniger wahrscheinlichen Mutmaßungen zufrieden geben? Dies sind zweifellos grundlegende Streitfragen, deren je unterschiedliche Beantwortung weitreichende Folgen haben kann. Aber angesichts dieser Debatten darf eines nicht vergessen werden: Über die prinzipielle Berechtigung und den großen Wert einer allgemeinen hermeneutischen Kunst und Wissenschaft gab es einen breiten Konsens über die Grenzen der philosophischen Schulen hinweg; und so arbeiteten Aristoteliker, Ramisten und Cartesianer mit ebenso großer Selbstverständlichkeit an allgemeinen Hermeneutiken wie später die Thomasius-Schule, die Rüdiger-Schule und die Wolffianer.

Im 19. und 20. Jahrhundert entwickelte sich die Diskussion um Eigenart und Stellenwert der Hermeneutik zu einem Grundsatzstreit, der in zunehmendem Maße für die Austragung weltanschaulicher Kämpfe instrumentalisiert werden konnte. Prägend für das spätere Hermeneutikverständnis war zunächst der Neuansatz des protestantischen Theologen Friedrich Daniel Ernst Schleiermacher, dem von Wilhelm Dilthey und Joachim Wach in ihren Arbeiten zur Geschichte der Hermeneutik eine Schlüsselrolle zugedacht wurde[2].

In den zwanziger Jahren des 20. Jahrhunderts brachte Martin Heidegger dann eine ganz andersartige Verwendung des Terminus «Hermeneutik» auf, die mit einer existenzialontologischen Kritik der Phänomenologie Edmund Husserls einherging. Mit der überkommenen Wissenschaft oder Kunstlehre der Interpretation sollte diese «Hermeneutik der Faktizität», wie Heidegger betonte, nichts zu tun haben[3].

Hans-Georg Gadamers sogenannte «philosophische Hermeneutik», deren Grundzüge in «Wahrheit und Methode» (1960) vorgestellt wurden, schloss einerseits eng an Heideggers Projekt an, übertrug dieses aber

---

[2] Zur Einordnung von Schleiermachers Beitrag zur Hermeneutik vgl. HÜBENER, W. (1985), «Schleiermacher und die hermeneutische Tradition», in: K.-V. SELGE, Hg., *Internationaler Schleiermacher-Kongress Berlin 1984*, Berlin/New York, pp. 561-574; DANNEBERG, L. (1998), «Schleiermachers Hermeneutik im historischen Kontext — mit einem Blick auf ihre Rezeption», in: B. BURDORF u. R. SCHMÜCKER, Hg., *Dialogische Wissenschaft: Perspektirender Philosophie Schleiermachers*, Paderborn, pp. 81-105; sowie SCHOLZ O.R. (1999a), pp. 68-74; und ausführlicher SCHOLZ, O.R. (2001a), «Jenseits der Legende — Auf der Suche nach den genuinen Leistungen Schleiermachers für die allgemeine Hermeneutik», in: J. SCHRÖDER, Hg., *Theorie der Interpretation vom Humanismus bis zur Romantik — Rechtswissenschaft, Philosophie und Theologie*, Frankfurt am Main, pp. 265-285.

[3] Zur Einordnung von Heideggers sog. «Hermeneutik» vgl. ALBERT, H. (1994), *Kritik der reinen Hermeneutik: Der Antirealismus und das Problem des Verstehens*, Tübingen, I. Kapitel; SCHOLZ, O.R. (1999a), pp. 134-137; und SCHOLZ, O.R. (i. Dr. b), «Die Vorstruktur des Verstehens», in: F. VOLLARDT u. J. SCHÖNERT, Hg., *Geschichte der Hermeneutik und die Methodik der textinterpretierenden Disziplinen*, Tübingen.

auf Fragestellungen, die doch wieder mit Problemen der (sog. traditionellen) Hermeneutik und mit dem Status der Geisteswissenschaften zu tun hatten[4]. So entstand ein spannungsreiches Aggregat, das sich einerseits als Bruch mit der «traditionellen» Hermeneutik stilisierte, andererseits aber auch als «Vertiefung» und «Überbietung» dieses Unternehmens empfehlen wollte.

Trotz dieser nicht unbeträchtlichen Spannungen avancierte Gadamers Werk in den letzten Jahrzehnten zum neuen Paradigma der Hermeneutik; ja, in den meisten Kreisen gilt es als der Inbegriff der Hermeneutik, auf den man denn auch die frühere Geschichte wie auf ihren Zielpunkt zulaufen lässt[5]. Gadamer selbst ging mehr und mehr dazu über, alles, was er dachte, vortrug und schrieb, worüber es auch sei, unter den erfolgreichen Titel «Hermeneutik» zu stellen. Erstaunlicherweise haben viele diesen Sprachgebrauch toleriert, ja sich ihm angeschlossen; und so haben wir heute die bemerkenswerte Situation, dass die meisten als erstes, wenn nicht als einziges, an die Philosophie Gadamers denken, wenn von Hermeneutik die Rede ist[6].

An der — durch die angedeuteten Entwicklungen ins Zwielicht geratenen — Hermeneutik scheiden sich seitdem die Geister. Das heutige Spektrum von Haltungen kann am sinnfälligsten durch die pointierte Beschreibung der äußersten Pole konturiert werden.

An dem einen Ende wird die Hermeneutik als rettendes Bollwerk gegen die bösen Mächte des Positivismus, Szientismus und Naturalismus verehrt. Die Hermeneutik wird in diesen Kreisen nostalgisch als trostvolle Zuflucht in einer naturwissenschaftlich und technisch dominierten Zivilisation und Wissenschaftslandschaft beschworen. Eine Schlüsselrolle spielt dabei nach wie vor Gadamers «Wahrheit und Methode». Dieses Werk schien zunächst bestimmt, die mäßig interessante Rolle eines Trostbüchleins für Geisteswissenschaftler zu spielen, die unter einem unverarbeiteten methodologischen Minderwertigkeitskomplex leiden. Dabei hätte es eigentlich bleiben können; aber, wie geschildert, kam es ganz anders. Dass «die Hermeneutik», die ehedem ein bescheidenes, aber redliches Dasein als Teil der Erkenntnistheorie gefristet hatte, von Gadamer

---

[4] Zur Einordnung von Gadamers sog. «philosophischer Hermeneutik» vgl. ALBERT, H. (1994), II. Kapitel; SCHOLZ O.R. (1999a), pp. 134-141; und ausführlicher SCHOLZ, O.R. (i. Dr. b).

[5] So etwa in GRONDIN, J. (1991), *Einführung in die philosophische Hermeneutik*, Darmstadt; oder VEDDER, B. (2000), *Einführung in die Hermeneutik*, Stuttgart.

[6] In der französischsprachigen Welt tritt allenfalls noch die Philosophie Paul Ricœurs hinzu. Von dieser sehe ich hier ab, zumal sie in anderen Beiträgen in diesem Band behandelt wird.

und später von Richard Rorty[7] mit hehren und universalen Zielen vor und jenseits aller Erkenntnistheorie belastet wurde, musste ihr Selbstbewusstsein stärken, konnte sie aber auch zum Hochmut verleiten. Als die stolzer gewordene Dame Hermeneutik zu ihrer eigenen Überraschung zu bemerken begann, dass sie bei einem gewissen Schlag von Theologen und Juristen, dann auch bei Literaturwissenschaftlern und Pädagogen, schließlich sogar bei manchen Philosophen Anklang und Zuspruch, ja begeisterte Aufnahme fand, warf sie die letzten hinderlichen Reste der Bescheidenheit ab, erklärte sich zur Leitfigur einer «hermeneutischen Wende» und ging tollkühn zum Gegenangriff über. Seither wird der Terminus «Hermeneutik» kaum noch — wie seit dem frühen 17. Jahrhundert üblich — als Titel für eine klar umrissene wissenschaftliche Disziplin, sondern als diffuse Sammelbezeichnung für eine Hauptströmung der Gegenwartsphilosophie verwendet, bei der deutlicher ist, wogegen sie polemisiert, als, wofür sie eintritt und was sie dabei geltend macht.

Am anderen Ende des Spektrums der Haltungen zur Hermeneutik steht ihre offene Ablehnung als eine unverantwortliche Form von Irrationalismus. In manchen Kreisen gilt die Hermeneutik geradezu als Inbegriff höheren Unsinns und ihre inzwischen weltweite Beliebtheit als Symptom für den rapiden Verfall wissenschaftlicher Sitten. Als der Physiker Alan D. Sokal an einem Titel für den parodistischen Aufsatz bastelte, mit dem er — m. E. sehr erfolgreich — ein führendes Organ der Sozial- und Kulturwissenschaften und damit zugleich die in diesem gepflegten intellektuellen Moden blamierte, fehlte denn auch das Reizwort «Hermeneutik» nicht; der schwindelerregende Titel lautete: «Transgressing the boundaries: Toward a transformative hermeneutics of quantum gravity»[8].

Wer sich einen Eindruck von den bedeutenden Hermeneutik-Entwürfen von Dannhauer bis Dilthey verschafft hat, den kann dieses schändliche Vorkommnis des Wortes nur betrüben. Sokals Vorgehen ist, wie ich betonen möchte, dabei völlig legitim — treibt es doch nur in parodistischer Absicht den grassierenden Mißbrauch eines einstmals durchaus respektablen Terminus auf die Spitze, ein Mißbrauch, der — nota bene — erst durch die gewaltsamen Appropriationen und Umdeutungen im 20. Jahrhundert ermöglicht wurde.

Zu sagen, dass die durch diese beiden Extreme charakterisierte Lage unbefriedigend ist, wäre stark untertrieben. Manche ziehen aus dieser mißlichen Lage die praktische Konsequenz, den belasteten und

---

[7] RORTY, R. (1979), *Philosophy and the Mirror of Nature*, Princeton, Chapter VIII.
[8] Erschienen in: *Social Text* 46/47, pp. 217-252.

umkämpften Begriff «Hermeneutik» ganz zu vermeiden (oder eben nur noch in spöttischer Absicht zu verwenden). Das kann man natürlich tun; es genügt ja für die meisten Zwecke, von «Verstehen», von «Interpretation», von «Interpretationsregeln» et cetera zu reden. Ich finde dagegen, wir brauchen und sollten uns den Terminus «Hermeneutik» nicht zerstören zu lassen[9]; er hatte einen guten Sinn, bezeichnete ein sinnvolles Projekt und kann es auch heute noch bezeichnen. Im folgenden geht es darum, an diesen Sinn zu erinnern, die sich daraus ergebende Aufgabe zunächst in ihrem ganzen Umfang zu bestimmen, um vor diesem Hintergrund sinnvolle Teilprojekte für die Zukunft zu umreißen.

Unter «Hermeneutik» soll im folgenden jede systematische Reflexion über die Praxen des Verstehens und Interpretierens verstanden werden. Von «allgemeiner Hermeneutik» spreche ich, wenn diese Reflexion nicht auf ein spezielles Verstehens- und Interpretationsobjekt (z.B. die Heilige Schrift) oder auf eine eingegrenzte Klasse solcher Objekte (z.B. das Corpus Juris) eingeschränkt ist. Die allgemeine Hermeneutik wendet sich einer offenen Menge von heterogenen Interpretanda zu, wobei sie, wie auch die historischen Gestalten der *Hermeneutica generalis* zeigen, — je nach der Konzeption möglicher Verstehens- und Interpretationsobjekte (s. u.) — unterschiedlich umfassend ansetzen kann.

II. Verstehen, Interpretieren und Erklären

Zunächst galt «Interpretation» als Leitbegriff der Hermeneutik. Die seit dem 17. Jahrhundert gehäuft auftretenden Traktate und Kapitel zur allgemeinen Hermeneutik zielten auf die Regeln der adäquaten Interpretation aller Reden und Schriften; vereinzelt wurden nicht-sprachliche Zeichen einbezogen[10].

Seit dem 18. Jahrhundert trat der Begriff des Verstehens immer häufiger neben den der Interpretation; so unterschieden bereits Christian Wolff und seine Schule konsequent zwischen «*interpretari*» und «*intelligere*». Auch zusammengesetzte Begriffe wie Mißverstehen, Nichtverstehen oder Besserverstehen finden zunehmend Beachtung.

---

[9] Nur weil heute jeder Manager und Werbetexter von der «Philosophie» des Unternehmens spricht, das ihn bezahlt, würde man auch nicht den Terminus «Philosophie» fallen lassen.
[10] Vgl. dazu SCHOLZ, O.R. (i. Dr. a.), «Semiotik und Hermeneutik», in: R. POSNER, K. ROBERING u. TH.A. SEBEOK, Hg., *Semiotik. Ein Handbuch zu den zeichentheoretischen Grundlagen von Natur und Kultur*, Band 3, Berlin/New York.

Im Laufe des 19. Jahrhunderts gewann der Begriff des Verstehens in den methodologischen Diskussionen um die Grundlegung der Geschichts- und anderer Geisteswissenschaften weiter an Prominenz. Für Johann Gustav Droysen (1808-1884) lag das Wesen der historischen Methode darin, Geschehnisse der sittlichen, durch Freiheit und Verantwortlichkeit gekennzeichneten Welt «forschend zu verstehen»[11], was gleichermaßen von dem spekulativen Erkennen wie von dem physikalischen Erklären abzusetzen sei. «Das Verstehen» gilt ihm dabei als «das vollkommenste Erkennen, das uns menschlicherweise möglich ist»[12].

Noch einflußreicher wurde Wilhelm Diltheys formelhaftes Diktum: «Die Natur erklären wir, das Seelenleben verstehen wir»[13], das vor dem Hintergrund seiner psychologistischen Versuche zur Grundlegung der Geisteswissenschaften zu sehen ist. Seit Droysen und Dilthey hat man vielfach so geredet, als bezeichne «Verstehen» primär eine Methode, die in einem Oppositionsverhältnis zur Methode des Erklärens stünde. Wie wir weiter unten sehen werden, ist daran mehrererlei kritikwürdig.

II.1. Zum Begriff des Verstehens

Der Gebrauch des Verstehensbegriffs ist freilich nicht leicht zu überblicken, so daß die Gefahr verfehlter Bilder hier stets besonders groß war[14]. Sammelt man umgangs- und fachsprachliche Verwendungen des Wortes «verstehen», so stellt sich der Eindruck einer bunten Vielfalt ein. Wie kann man hier mehr Übersicht gewinnen?[15]

Zum einen können eine Reihe systematischer Mehrdeutigkeiten diagnostiziert werden. Und es kann genauer bestimmt werden, was für ein

[11] DROYSEN, J.G. (1958), *Historik. Vorlesungen über Enzyklopädie und Methodologie der Geschichte*, R. HÜBNER, Hg., München/Berlin, p. 22ff. Droysen hielt seine Vorlesungen immer wieder zwischen 1857 und 1883.

[12] DROYSEN, J.G. (1958), p. 26, dazu kritisch: ALBERT, H. (1994), pp. 80, 118ff.

[13] Dilthey 1894, zitiert nach DILTHEY, W. (1924), *Gesammelte Schriften*, Bd. V: *Die Geistige Welt. Einleitung in die Philosophie des Lebens*, G. MISCH, Hg., Leipzig/Berlin, p. 144. Zum Kontext vgl. SCHOLZ, O.R. (1999a), pp. 74-80.

[14] Verzerrungen der logischen Grammatik von «verstehen» haben etwa zu dem irreführenden Bild vom Verstehen als einem eigentümlichen, im Innern verborgenen (allenfalls introspektiv zugänglichen) Vorgang oder Akt verleitet.

[15] Zunächst kann man gewisse — für unseren Zusammenhang belanglose — Gebrauchsweisen ausklammern (z. B. «verstehen» im moralischen Sinne von «Verständnis haben für», «billigen»). Es bleibt ein reiches Spektrum von Verwendungsweisen übrig, das sich jedoch mithilfe mehrerer Methoden strukturieren läßt. Ausführlicher dazu SCHOLZ, O.R. (1999a); SCHOLZ, O.R. (1999b), «Verstehen», in: H.J. SANDKÜHLER, Hg., *Enzyklopädie Philosophie*, Hamburg, pp. 1698-1702; SCHOLZ, O.R. (1999d), «Was heißt: etwas in der Philosophie verstehen?», in: R. RAATZSCH, Hg., *Leipziger Schriften zur Philosophie 10: Philosophieren über Philosophie*, Leipzig, pp. 75-95.

Verb «verstehen» ist. Zum zweiten können aus dem Korpus verstehenszuschreibender Sätze schematische Normalformen abstrahiert werden.
Deren Analyse liefert ein Kategoriensystem zur Unterscheidung von Verstehensformen, -arten und -dimensionen sowie eine Heuristik zur Formulierung von Fragen bezüglich solcher Verstehensformen.

Zunächst sind kategoriale Unterscheidungen zu beachten. Verstehen
wird in einem *dispositionalen* und in einem *episodischen* Sinne verwendet. Häufig beziehen wir uns auf eine Potentialität, auf Dispositionen,
genauer: *Fähigkeiten und Fertigkeiten*, wenn von Verstehen die Rede ist.
So ist etwa das Verstehen einer Sprache eine komplexe Fertigkeit. Solche Verstehensdispositionen können sich auf vielerlei Weisen manifestieren. Das gilt auch, wenn von bereits spezifischeren Verstehensformen
(Bildverstehen, Sprachverstehen etc.) die Rede ist. Verstehensdispositionen sind generell heterogene oder mehrspurige Dispositionen[16].

Daneben beziehen wir uns aber auch auf *Verstehensepisoden*[17]. Eine
Verstehensepisode bringt eine kognitive Veränderung einer Person mit
sich. Bei Veränderungen lassen sich begrifflich drei Dinge auseinander-
halten: (a) der frühere oder (relative) Anfangszustand (in diesem Fall: der
Zustand des Noch-nicht-Verstehens), (b) der spätere oder (relative) End-
zustand und (c) der Übergang von dem einen zu dem anderen respective
der Verlauf zwischen dem einen und dem anderen[18].

«Verstehen» ist in seinem episodischen und in seinem dispositionalen Sinne ein Erfolgsverb. Ohne besonderen Zusatz bedeutet «verstehen» eo ipso «richtig verstehen» («richtig verstehen können» bzw.
«richtig verstanden haben»). Daß jemand etwas verstanden hat, heißt,
daß er es richtig verstanden hat. Wer etwas falsch oder inkorrekt verstanden hat, der hat es nicht verstanden. Nun kann Erfolg oder Gelingen
auf Glück oder Zufall beruhen. Nicht alle Erfolge beruhen auf oder sind
Leistungen. Nicht alle Erfolgswörter sind auch Leistungswörter. «Verstehen» ist jedoch beides: ein Erfolgsverb und ein Leistungsverb. Wer
etwas verstanden hat, hat etwas geleistet, im Sinne von «etwas richtig

---

[16] Im Sinne von RYLE, G. (1949), *The Concept of Mind*, London, Kapitel II und V.
[17] Ob es sinnvoll ist, von aktualen Verstehenszuständen zu sprechen, ist umstritten.
Vgl. BAKER, G.P. u. HACKER, P.M.S. (1980), *Wittgenstein: Meaning and Understanding*,
Oxford, pp. 598ff. (contra) und HUNTER, D. (1998), «Understanding and Belief», *Philosophy and Phenomenological Research*, 58/3, pp. 559-580 (pro).
[18] Diese dürre Beschreibung erlaubt es, eine Reihe weiterführender Fragen zu stellen: Welche Parameter sind für eine angemessene Charakterisierung der beiden Zustände
zu berücksichtigen? Und welche Aspekte sind dafür ohne Belang? Welcher Art können
die kognitiven Veränderungen bei der jeweiligen Verstehensform sein? Über welche Kriterien verfügen wir für die Beurteilung des gelungenen Übergangs?

gemacht». Verstehen ist in diesem Sinne eine Leistung oder Errungenschaft[19].

Dem Verb «verstehen» kann überdies das Hilfsverb «versuchen zu» beigestellt werden. Das deutet daraufhin, daß das Verstehen zumindest partiell — und womöglich indirekt — willentlicher Beeinflussung unterliegt. Man kann versuchen, etwas zu verstehen, sich bemühen, anstrengen, es zu verstehen, und doch scheitern; und man kann es versuchen, und der Versuch ist von Erfolg gekrönt: Man hat es geschafft, es zu verstehen.

Vor dem entfalteten Hintergrund können wir eine erste Aufgabe formulieren: In bezug auf jede Verstehensform ist zu untersuchen, welche Art von Leistungen und Teilleistungen für sie charakteristisch oder konstitutiv sind.

II.2. Einheit in der Vielfalt

Das Wort «verstehen» wird auf eine Reihe recht unterschiedlicher Phänomene und in recht unterschiedlichen Weisen angewandt. Die Arbeitshypothese der allgemeinen Hermeneutik ist: Der Ausdruck «verstehen» ist nicht einfach zufällig ambig, sondern es gibt systematische Beziehungen zwischen den Verwendungen. Drei besonders wichtige Verbindungen seien genannt:

(i) Es gibt eine Richtig/Falsch-Dimension: Bei allen Verstehensformen, die in den Bereich der allgemeinen Hermeneutik fallen, existiert ein intersubjektiver, sozial etablierter Unterschied zwischen Richtigverstehen und Falschverstehen. Vor allem gilt folgendes: Es gibt paradigmatische Beispiele für korrekte Interpretationen. Und es gibt auf der anderen Seite klare, d. h. hier: intersubjektiv unstrittige, Fälle falscher Interpretationen[20].

[19] i.S.v. «achievement», «accomplishment»; vgl. RYLE, G. (1949), Kapitel V; v. SAVIGNY, E. (1983), *Zum Begriff der Sprache: Konvention, Bedeutung, Zeichen*, Stuttgart, pp. 25ff. — Nicht als Leistungsverb verwendet wird «verstehen» in Wendungen wie «etwas als das-und-das verstehen», «etwas so-und-so verstehen», und zwar dann, wenn damit nicht der Inhalt des Verständnisses näher erläutert wird, sondern ausgedrückt werden soll, man glaube, etwas sei so-und-so gewesen oder man habe es so aufgefaßt, wie z.B. in: «Ich hatte das zunächst als Beleidigung verstanden, bevor mir klar wurde, daß es nur einer von seinen üblichen Späßen war». «Verstehen» im Sinne von «auffassen» u.ä. soll uns hier nicht beschäftigen; wir haben es nur mit dem Gebrauch von «verstehen» zu tun, bei dem es verwandt ist mit «erfassen», «erkennen», «wissen» und «können».

[20] Wo es den Unterschied zwischen Richtig und Falsch gibt, dort gibt es auch Regeln. Und daß es diesen Unterschied gibt, heißt nichts anderes, als daß wir einen solchen Unterschied machen.

(ii) Ein zweites verbindendes Kennzeichen ist die Stufenstruktur: Auch bei festgelegtem Verstehensobjekt kann von Verstehen immer noch auf mehrererlei Weise die Rede sein, d.h., es sind mehrere Stufen oder Ebenen des Verstehens auseinanderzuhalten, denen voneinander zu unterscheidende kognitive Leistungen entsprechen. Bei jeder Verstehensform, die durch einen Typ von Verstehensobjekt charakterisiert ist, kann man eine Reihe von Stufen des Verstehens angeben, die sich in eine Ordnung bringen lassen. Eine Stufenstruktur ist durchgängig zu finden, wobei sich die einzelnen Stufen freilich von Verstehensform zu Verstehensform mehr oder weniger unterscheiden; beim Artefaktverstehen gibt es naturgemäß andere Verstehensebenen als beim Bild- oder Sprachverstehen[21].

(iii) Besonders entscheidend ist ein dritter Verbindungspunkt: Es gibt übergreifende allgemeine Prinzipien der Interpretation. Da für diese Grundsätze die Unterstellung von gewissen Vollkommenheiten bzw. des Erfülltseins von gewissen normativen Standards kennzeichnend sind, spricht man gerne auch von Prinzipien der Billigkeit, der Nachsicht oder auch der wohlwollenden Interpretation. (Wir kommen darauf zurück.)

II.3. Verstehen und Interpretation

Verfehlte Modelle vom Verstehen werden leicht durch eine überzogene Assimilation der Begriffe Verstehen und Interpretation begünstigt. Vor allem darf nicht alles Verstehen nach dem Modell von Interpretation oder Deutung begriffen werden.

Interpretieren ist eine bewußte und zielgerichtete Tätigkeit, die der Überwindung von Verstehensschwierigkeiten dient, um so zu einem angemessenen Verstehen zu gelangen. Damit haben unsere vielfältigen Aktivitäten der Interpretation[22] viel mit Theorienbildung und -begründung gemeinsam, wenn sie nicht schlicht ein Fall davon sind. Man entwickelt und überprüft Hypothesen über Dinge, die man noch nicht verstanden hat, um sie kohärent in das einzupassen, was wir bereits verstehen.

---

[21] Zum Sprachverstehen: SCHOLZ, O.R. (1999a), Teil III; zum Bildverstehen: SCHOLZ, O.R. (1991), *Bild, Darstellung, Zeichen*, Freiburg/München, pp. 130-136, und SCHOLZ, O.R. (1998b), «Was heißt es, ein Bild zu verstehen?», in: K. SACHS-HOMBACH u. K. REHKÄMPER, Hg., *Bild — Bildwahrnehmung — Bildverarbeitung. Interdisziplinäre Beiträge zur Bildwissenschaft*, Wiesbaden, pp. 105-117; zum Artefaktverstehen: SCHOLZ, O.R. (2002), «Was heißt es, ein Artefakt zu verstehen», in: M. SIEBEL, Hg., *Kommunikatives Verstehen*, Leipzig, pp. 220-239.

[22] Die Produkte und Resultate von Interpretationshandlungen werden dann ebenfalls als «Interpretationen» bezeichnet.

Wenngleich in vielen Fällen Interpretation erforderlich ist, um zu einem adäquaten Verstehen zu gelangen, gibt es andererseits auch unmittelbares Verstehen, das sich «empraktisch» in einem angemessenen Anschlußhandeln (bzw. der Fähigkeit dazu) manifestiert[23].

II.4. Verstehen und Erklären

«Erklären» in seiner allgemeinsten Bedeutung beinhaltet «verständlichmachen», «ein Verstehen ermöglichen»[24]. Die unterschiedlichen Formen des Erklärens werden sichtbar, wenn man die abhängigen Fragesätze betrachtet, die mit dem Verb «erklären» verbunden werden können (z.B.: erklären, warum etwas geschehen ist; erklären, wie etwas funktioniert usw.)[25]. In der Wissenschaftstheorie hat man sich in der Regel auf das Erklären-warum konzentriert, genauer: auf Warum-Erklärungen von einzelnen Ereignissen und von Gesetzmäßigkeiten[26].

Wie verhalten sich nun Erklären und Verstehen zueinander? Wie oben ausgeführt, hatte man seit Droysen und Dilthey vielfach so geredet, als bezeichne «Verstehen» primär eine Methode, die in einem Oppositionsverhältnis zur Methode des Erklärens stünde. Dies gilt es nun zu prüfen: Trifft die Behauptung zu, dass Verstehen und Erklären einen *Gegensatz* bilden? Und trifft die Behauptung zu, dass sie gegensätzliche *Methoden* darstellen?

Beides ist zu verneinen. Erstens ist es schief, das Verstehen selbst als Methode zu bezeichnen. Richtig ist: In Fällen, in denen sich ein Verstehen nicht unmittelbar einstellt — wo also interpretiert werden muss —, können Methoden zur Anwendung kommen, die ein Verstehen ermöglichen sollen. Freilich gibt es dafür nicht eine einheitliche Methode, sondern ganz heterogene Verfahren, von denen keines mit der Verstehensleistung selbst verwechselt werden sollte. Zweitens bilden

---

[23] In dieser Hinsicht der Direktheit besteht eine Analogie zwischen Verstehen und einfacher Wahrnehmung. Vgl. McDOWELL, John (1981), «Anti-Realism and the Epistemology of Understanding», in: H. PARRET u. J. BOUVERESSE, Hg., *Meaning and Understanding*, Berlin/New York, pp. 225-248; FÖLLESDAL, D. (1981), «Understanding and Rationality», in: H. PARRET u. J. BOUVERESSE, Hg., *Meaning and Understanding*, Berlin/New York, pp. 154-168, bes. 157ff.

[24] Vgl. TUGENDHAT, E. (1976), *Vorlesungen zur Einführung in die sprachanalytische Philosophie*, Frankfurt am Main, p. 187; v. KUTSCHERA, F. (1981), *Grundfragen der Erkenntnistheorie*, Berlin/New York, p. 86.

[25] Vgl. v. KUTSCHERA, F. (1981), pp. 86ff.

[26] Vgl. die Dokumentation der Diskussion in SCHURZ, G., Hg. (1988), *Erklären und Verstehen in der Wissenschaft*, München; sowie die Erörterungen in BARTELBORTH, T. (1996), *Begründungsstrategien. Ein Weg durch die analytische Erkenntnistheorie*, Kapitel VIII-IX, Berlin.

Verstehen und Erklären keinen Gegensatz. Vielmehr liegt ein korrelatives Verhältnis vor: In allen typischen Fällen geht Verstehen mit der Fähigkeit einher, Erklärungen geben zu können; und Erklärungen führen, wenn sie erfolgreich sind, zu Verstehen[27].

Betrachten wir diese korrelativen Beziehungen etwas genauer: Wenn eine Person S einem Adressaten H etwas (=x) erklärt, dann tut S etwas mit dem Ziel, daß H x verstehen möge. D.h. Erklären soll typischerweise Verstehen herbeiführen, und zwar auf rationalem Wege. Wenn eine Erklärung erfolgreich gewesen ist, ihr Ziel erreicht hat, dann führt sie zu Verstehen. Außerdem gilt: Verstehen geht mit der Fähigkeit einher, Erklärungen geben zu können. Wenn jemand x verstanden hat, dann ist er bzw. sie (normalerweise) in der Lage, x anderen Personen zu erklären. Die Fähigkeit einer Person, entsprechende Erklärungen geben zu können, gehört darum zu den zentralen allgemeinen Kriterien dafür, daß sie x verstanden hat. Aufgrund der damit umschriebenen engen Korrelativität und Parallelität von Erklären und Verstehen entsprechen den verschiedenen Formen des Verstehens Formen des Erklärens[28].

III. Systematischer Ort: Die allgemeine Erkenntnistheorie und Methodologie

Die bisherigen Erläuterungen erlauben bereits eine Bestimmung des systematischen Orts der allgemeinen Hermeneutik: Sie ist Teil der allgemeinen Erkenntnistheorie.

Die Untersuchung von Verstehen und Interpretation gehört aus mindestens zwei Gründen in die Erkenntnistheorie. Der eine hat mit den epistemischen Quellen (d.h. den Quellen von Meinungen, Rechtfertigung und Wissen), der andere mit den epistemischen Desideraten und Zielen zu tun.

Erinnern wir uns zunächst an die epistemischen Quellen. Traditionell werden die äußere Wahrnehmung, das Selbstwissen, die Erinnerung, die Vernunft und die Induktion aufgezählt. Wie man sich leicht klar machen kann, geht sehr vieles von dem, was wir glauben und oft auch zu wissen beanspruchen, auf das zurück, was andere Personen gesagt, geschrieben oder mithilfe anderer Zeichen ausgedrückt haben, kurz: auf

---

[27] Vgl. SCHURZ, G., Hg. (1988), pp. 243ff., 256ff.; COOPER, N. (1994), «Understanding», *Proceedings of the Aristotelian Society*, Suppl. Vol. LXVIII, p. 20; sowie SCHOLZ, O.R. (1999a), pp. 8ff.

[28] Vgl. v. KUTSCHERA, F. (1981), p. 86, unter Rückgriff auf pp. 80-84.

das Zeugnis anderer[29]. Schon im 17. Jahrhundert treten Versuche auf, die Hermeneutik als «eine Art Erkenntnistheorie der durch Bücher vermittelten Erkenntnis»[30] neben den anderen Erkenntnisarten in den Logiken zu behandeln.

Von mindestens ebenso großer Bedeutung ist, dass Verstehen eines unserer wichtigsten epistemischen Ziele ist[31]. «Verstehen» bezeichnet, wie gesehen, teils erstrebenswerte kognitive Leistungen, teils die entsprechenden Fähigkeiten dazu; «Interpretieren» bezeichnet eine kognitive Tätigkeit, «Interpretation» deren Resultat. Verstehen und Interpretieren sind damit — neben «Wissen», «Erkennen» etc. — grundlegende Begriffe der allgemeinen Erkenntnistheorie. Auch von daher war es folgerichtig, dass sie seit der frühen Neuzeit in der *Hermeneutica generalis*, die als eigene Wissensform (*modus sciendi*) bzw. als Methodologie der Interpretation (*ars interpretandi*) von schriftlichen und mündlichen Texten konzipiert wurde, im größeren Rahmen einer erkenntnistheoretische und methodologische Untersuchungen einschließenden *Logik* thematisiert wurden. Da sich nach Kant ein engerer Begriff der (formalen) Logik durchgesetzt hat und zum anderen seit dem 19. Jahrhundert der Begriff der Erkenntnistheorie zur Verfügung steht, sollte die allgemeine Hermeneutik heute in der allgemeinen Erkenntnistheorie verortet werden.

IV. Die zentralen Aufgaben einer allgemeinen Hermeneutik

Um die Aufgaben einer allgemeinen Hermeneutik zu umreißen, müssen wir uns nochmals fragen, was den Allgemeinheitscharakter der

[29] Vgl. SCHOLZ, O.R. (2001b), «Das Zeugnis anderer. Prolegomena zu einer sozialen Erkenntnistheorie», in: TH. GRUNDMANN, Hg., *Erkenntnistheorie. Positionen zwischen Tradition und Gegenwart*, Paderborn, pp. 354-375 u. 391-394.

[30] GELDSETZER, L. (1969), «Einleitung», in: J.M. CHLADENIUS, *Einleitung zur richtigen Auslegung vernünftiger Reden und Schriften* (Leipzig 1742), ND Düsseldorf, p. IX; SCHOLZ O.R. (1999a), pp. 7, 35ff. Freilich gab es noch eine Reihe weiterer Begründungen für die Eingliederung der Hermeneutik in die Logik. (Einige davon untersucht Danneberg in seinen Arbeiten 1997 und 2001.)

[31] Vgl. GOODMAN, N. u. ELGIN, C.Z. (1988), *Reconceptions in Philosophy and Other Arts and Sciences*, London, pp. 161-165; COOPER, N. (1994); COOPER, N. (1995), «The Epistemology of Understanding», *Inquiry*, 38, pp. 1-26; FRANKLIN, R.L. (1995), *The Search for Understanding*, New York/Washington (D.C.)/San Francisco 1995; SCHOLZ, O.R. (1999a), pp. 1ff., 7ff.; sowie ZAGZEBSKI, L.T. (1996), *Virtues of the Mind: An Inquiry into the Nature of Virtue and the Ethical Foundations of Knowledge*, Cambridge, pp. 43-51; und ZAGZEBSKI, L.T. (2001), «Recovering Understanding», in: M. STEUP, Hg., *Knowledge, Truth, and Duty. Essays on Epistemic Justification, Responsibility and Virtue*, Oxford, pp. 235-251.

allgemeinen Hermeneutik ausmacht. Hier sind zwei Momente zu nennen: (a) die Vielfalt der Verstehensformen und (b) die allgemeinen Interpretationsprinzipien.

Betrachten wir dazu die wichtigsten Normalformen verstehenszuschreibender Sätze. Ein verstehenszuschreibender Satz hat zunächst die Form «Soundso versteht diesunddas». Was kann anstelle von «soundso» und «diesunddas» jeweils eingesetzt werden? Wie können aus den einzelnen Einsetzungsmöglichkeiten Schemasätze abstrahiert werden?

Die meisten verstehenszuschreibenden Sätze dürften sich einem der drei folgenden Schemata zuordnen lassen:

(i)   S versteht [Nominalphrase].
(ii)   S versteht [indirekter Fragesatz].
(iii) S versteht, daß p.

IV.1. Einteilung der Verstehensformen nach den Objekten des Verstehens

Konzentrieren wir uns auf (i) und (ii), da sie für die Entwicklung von Typologien für Verstehensformen von besonderem Interesse sind.

Beginnen wir mit dem ersten Schema. Wer oder was kann verstanden werden? Welche Entitäten sind Kandidaten für Verstehens- bzw. Interpretationsversuche (und welche nicht)? Zu den potentiellen Verstehensobjekten[32] gehören:

(I.a)   *einzelne Personen*[33];
(I.b)   Gruppen von Personen;
(II.a)   *intentionale Einstellungen* von Personen[34];
(II.b)   Systeme von solchen Einstellungen[35];
(III.a) (individuelle und kollektive) *Handlungen* von Personen[36];
(III.b) Systeme von solchen Handlungen[37];

---

[32] Die folgende Liste ist um Vollständigkeit bemüht. So ergänzt sie Aufstellungen, die Dilthey, Føllesdal und ich selbst anderenorts vorgeschlagen haben (vgl. FØLLESDAL, D. (1981), pp. 154ff.; SCHOLZ, O.R. (1999a), pp. 143, 316ff.; SCHOLZ, O.R. (1999b); SCHOLZ, O.R. (2002)).

[33] und evtl. andere intentionale Systeme i. S. v. DENNETT, D.C. (1978), *Brainstorms*, Cambridge, Mass.; DENNETT, D.C. (1987), *The Intentional Stance*, Cambridge, Mass.; dazu SCHOLZ, O.R. (1999a), pp. 127-133.

[34] Überzeugungen, Wünsche, Absichten, Entscheidungen sowie bestimmte Komplexe aus solchen Einstellungen, etwa Pläne.

[35] D.h.: Überzeugungssysteme, Wunschsysteme oder gesamte intentionale Profile.

[36] incl. Sprechakte und andere Zeichenhandlungen.

[37] Also etwa Handlungsreihen oder gesamte Biographien; Reden und Gespräche; etc.

(IV.a)   einzelne *Situationen*;

(IV.b)   die (Gesamt-)Situation;

(V.a)   *Regeln*[38];

(V.b)   Systeme von Regeln[39];

(VI.a)   gewisse *Produkte* (und andere Resultate) von (individuellen und kollektiven) Handlungen[40] sowie

(VI.b)   Systeme von solchen Produkten.

Während allgemein anerkannt wird, dass kulturelle Gebilde (wie Texte, Gemälde etc.) Objekte des Verstehens und der Interpretation sein können, ist umstritten, ob auch «natürliche» Phänomene — natürliche Ereignisse, Prozesse und Gesetzmäßigkeiten — Verstehensobjekte sein können. Orientiert man sich an dem Sprachgebrauch, dann läßt sich sicher nicht leugnen, dass wir auch im Zusammenhang mit

(VII.a) einzelnen natürlichen Ereignissen und Prozessen sowie

(VII.b) natürlichen Gesetzmäßigkeiten

von Verstehen und Nicht-Verstehen sprechen. Bekanntlich gibt es aber auch eine mächtige Tradition, die den Begriff des Verstehens für die Gegenstände der Geistes-, Geschichts- und Kulturwissenschaften reservieren, und im Zusammenhang mit natürlichen Phänomenen nur von «Erklären» sprechen wollte[41].

IV.2. Einteilung der Verstehensformen nach den indirekten Fragesätzen

Wenden wir uns nun dem Schema «S versteht [indirekter Fragesatz]» zu. Die Fragen, die an «verstehen» angehängt werden können, kann man schrittweise näher spezifizieren. Betrachten wir zunächst die wichtigsten Fragewörter, die zu «verstehen» passen: «S

---

[38] und regelkonstituierte Gebilde wie Institutionen, Bräuche, Rituale, Spiele etc.

[39] Sprachen und andere Zeichensystemen sind eher als Systeme von Regeln (der Verwendung von Zeichen) denn bloß als Systeme von Zeichenträgern (d.h. von Gegenständen) aufzufassen. Dementsprechend ist das Verstehen von Sprachen und anderen Zeichensystemen als Beherrschung von Regelsystemen zu analysieren.

[40] Dazu gehören Artefakte, Zeichen, Beweise, Theorien u.a. Zu dem theoretischen Rahmen vgl. SCHOLZ, O.R. (1999a). Das Personen- und Handlungsverstehen habe ich in SCHOLZ, O.R. (1999c), «Wie versteht man eine Person? — Zum Streit über die Form der Alltagspsychologie», *Analyse & Kritik. Zeitschrift für Sozialwissenschaften*, 21, 1/99, pp. 75-96, untersucht. Fallstudien zum Verstehen sprachlicher Äußerungen in SCHOLZ, O.R. (1999a), Teil III; zum Verstehen von Bildern in SCHOLZ, O.R. (1998b) und (i. Dr. a); zum Artefaktverstehen SCHOLZ, O.R. (2002).

[41] Dazu kritisch SCHOLZ, O.R. (1999a), pp. 4, 8ff., 74-80, 134-141; SCHOLZ, O.R. (1999b); SCHOLZ, O.R. (1999c), p. 78.

versteht, was», «S versteht, warum/weshalb», «S versteht, wozu», «S versteht, wie»[42].

Es wäre voreilig, auf eine solche Liste unmittelbar eine Typologie von Verstehensformen oder -arten gründen zu wollen (etwa: Verstehen-was, Verstehen-warum, Verstehen-wie usw.). Dafür scheinen zu viele Fragen durch Sätze mit einem anderen Fragewort paraphrasierbar. Statt «Warum trat das Ereignis E ein?» kann man beispielsweise auch fragen «Was war die Ursache für E?», «Welche Ursache hatte E?» etc. Vielleicht kann man aber Fragetypen zusammenfassen, wenn die indirekten Fragesätze weiter vervollständigt werden. Unter anderem können wir dafür unsere Liste der möglichen Verstehensobjekte heranziehen. Wir erhalten dann Aufzählungen wie: «S versteht, was F ist», «S versteht, was H getan hat», «S versteht, was H gesagt hat», «S versteht, warum das Ereignis eintrat», «S versteht, warum H das getan hat», «S versteht, wie das Gerät funktioniert», «S versteht, wie x entstanden ist», «S versteht, wie es möglich ist, daß p» etc. Auf diese Weise könnte man zu einer brauchbareren Typologie relevanter Fragearten gelangen, indem man beispielsweise zwischen Verstehen-wie-x-entstanden-ist, Verstehen-wie-x-funktioniert, Verstehen-wie-x-möglich-ist etc. unterscheidet und nicht pauschal von Verstehen-wie spricht[43].

Die — gemäß der in 4.1 und 4.2 gemachten Aufstellungen — zu unterscheidenden Verstehensarten sind zunächst je für sich im Detail zu untersuchen. In einem weiteren Schritt ist zu erkunden, ob, und wenn ja, wie die Verstehensformen untereinander zusammenhängen. Dies sind zentrale Aufgaben der allgemeinen Hermeneutik. Wenn man diese Aufgaben in ihrem gesamten Umfang betrachtet, wird deutlich, wie wenig

---

[42] «Verstehen, wann», «verstehen, wo» u.ä. kommen nur in besonderen Fällen vor.

[43] Bezüglich des Verhältnisses beider Konstruktionen zueinander ist zu untersuchen, ob die «S versteht [NP]»-Konstruktionen als Ellipsen von entsprechenden «S versteht [indirekter Fragesatz]»-Konstruktionen zu betrachten sind. Es fällt ja auf, daß einige der [NP]-Konstruktionen vieldeutig sind. Diese Mehrdeutigkeiten scheinen expliziert werden zu können, indem man die jeweiligen spezifischen W-Fragen formuliert. Verdeutlichen wir uns diese Verhältnisse anhand von Beispielen. (Ex 1) «S versteht die Handlung von S'» kann vielerlei bedeuten, u.a. (a) «S versteht, was S' getan hat, d.h., welche Art von Handlung S' ausgeführt hat», oder (b) «S versteht, warum S' so gehandelt hat» und vielleicht noch manches andere. Ein anderes Beispiel macht vielleicht noch deutlicher, wie unbestimmt und mißverständlich die [NP]-Konstruktionen sein können: (Ex 2) «S versteht die Äußerung u von S'»; diese Formulierung ist manchmal äquivalent mit «S versteht, was die Äußerung u bedeutet» (was seinerseits weiter analysiert werden kann). Es kann aber auch darum gehen, zu verstehen, welche Art von Äußerung, welche Art von illokutionärem und perlokutionärem Akt S' vollzogen hat, oder auch darum, zu begreifen, warum S' u geäußert hat.

bisher, systematisch gesehen, geleistet ist, und wieviel für die Zukunft
zu tun bleibt[44].

IV.3. Allgemeine Verstehens- und Interpretationsprinzipien: Status und Begründung

Wenden wir uns abschließend den allgemeinen Verstehens- und
Interpretationsprinzipien zu. In der Tradition der neuzeitlichen *Hermeneutica generalis*, in der Philosophischen Hermeneutik Gadamers und in
der Analytischen Philosophie der Sprache und des Geistes sind neben
speziellen immer wieder allgemeine Interpretationsprinzipien formuliert
und begründet worden, die unser Verstehen leiten und ermöglichen sollen. Während man früher von Grundsätzen der hermeneutischen Billigkeit u.ä. sprach, ist heutzutage zumeist von Nachsichtsprinzipien («prin-
ciple(s) of charity») die Rede. Besonders prominent sind dabei
vorgreifende Unterstellungen von Wahrheit, Kohärenz und von verschiedenen Formen theoretischer und praktischer Rationalität. Dazu habe
ich in meinem Buch *Verstehen und Rationalität*[45] zwei Thesen vertei-
digt:

(I) Die allgemeinen Interpretationsprinzipien sind Präsumtionsregeln
mit widerleglichen oder annullierbaren Präsumtionen, d.h. Präsumtionen,
an denen solange festgehalten wird, bis zureichende Gegengründe vorliegen.

(II) Die allgemeinen Interpretationsprinzipien sind zunächst (a)
unentbehrliche Mittel, um zum adäquaten Verstehen sprachlichen Äußerungen, Handlungen und Personen zu gelangen. Darüber hinaus sind sie
(b) konstitutiv für die Praxis der Verständigung mit Zeichen und für die
alltagspsychologische Beschreibung, Erklärung und Vorhersage von
Handlungen sowie (c) konstitutiv für die Anwendung der für diese Praxen zentralen Begriffe (insbesondere: «propositionale Einstellung»,
«Bedeutung», «Handlung», «Person»).

In diesem Rahmen kann ich nur die Hauptlinien der Argumentation
nachzeichnen[46]. Zunächst muss der Begriff der Präsumtion expliziert werden. Anschließend kann seine Anwendung in der allgemeinen Theorie
des Verstehens und der Interpretation beleuchtet werden. Dabei soll deutlich werden, dass die allgemeinen Interpretationsprinzipien, die unter

---

[44] Ich habe versucht, in SCHOLZ, O.R. (1999a) und daran anschließenden Arbeiten
einen theoretischen Rahmen für solche Untersuchungen bereitzustellen.

[45] SCHOLZ, O.R. (1999a).

[46] Die ausführlichen Untersuchungen finden sich in SCHOLZ, O.R. (1999a), Teil II.

Titeln wie «principle of charity» erörtert werden, als Präsumtionsregeln mit widerleglichen Präsumtionen zu kennzeichnen sind. Abschließend werden stärkere und schwächere Thesen zur Unverzichtbarkeit von Wahrheits-, Konsistenz-, Kohärenz- und Rationalitätspräsumtionen für das adäquate Verstehen unterschieden und kurz bewertet.

Der Begriff der Präsumtion war zunächst in der juristischen Beweislehre zuhause; seit Leibniz wird er auch für erkenntnistheoretische und methodologische Zusammenhänge fruchtbar gemacht. Vertraut ist die Präsumtion der Unschuld («Unschuldsvermutung»); ihr zufolge ist bis zum rechtlichen Nachweis der Schuld von der Unschuld des Angeklagten auszugehen. Diese Präsumtion ist besonders grundlegend; alle entwickelten Rechtssysteme enthalten freilich viele weitere Präsumtionen[47].

Entscheidend ist nun, daß Präsumtionen keineswegs nur im Bereich des Rechts, sondern in den verschiedenartigsten theoretischen und praktischen Räsonnements eine Rolle spielen. So gibt es Präsumtionen etwa auch in Moral und Politik. (Ein prominentes Beispiel ist die Präsumtion der Gleichheit.) Darüber hinaus spielen methodologische Präsumtionen in allen Wissenschaften und auch in der allgemeinen Erkenntnistheorie eine Rolle: Man denke nur an die Präsumtion der Gleichförmigkeit der Natur, an die Präsumtion der Beschreibbarkeit durch eine einfache Theorie, an Normalitätsunterstellungen und dergleichen. Alles in allem bildet der richtige Umgang mit Präsumtionen ein zentrales Moment praktischer und theoretischer Rationalität innerhalb und außerhalb der Wissenschaften.

Abstrahieren wir nun aus den bisher betrachteten Beispielen Gemeinsamkeiten, zunächst was die logisch-semantische Form angeht. Die schlichteste sprachliche Form von Präsumtionen läßt sich durch das folgende Schema darstellen:

(Pr) Es gibt eine Präsumtion, dass Q.

Auf diese Weise wird der Inhalt der Präsumtion angegeben[48]. In einer wichtigen Hinsicht wäre eine solche Formel noch unvollständig: Es fehlt

---

[47] Bekannt ist auch die Todesvermutung, der zufolge von einer Person, die eine gewisse Zeitspanne als vermißt gilt, zu präsumieren ist, daß sie nicht mehr am Leben ist. In einem anderen Rechtsgebiet gilt die Präsumtion, daß aufgrund des Besitzes das Eigentum vermutet wird.

[48] «Q» steht dabei für den präsumierten Sachverhalt, also etwa bei der Unschuldsvermutung: daß die beschuldigte Person unschuldig ist, oder bei der Todesvermutung: daß die vermißte Person verstorben ist.

eine Angabe über die Ausgangstatsache, die Tatsache, aufgrund deren die Präsumtion entsteht. Vollständiger lautet die Präsumtionsformel demnach:

(Pr-F) Aufgrund von P wird Q präsumiert.

«P» steht dabei für die präsumtionserzeugende Tatsache. Abgekürzt können wir die Präsumtionsformel folgendermaßen darstellen:

(Pr-F) Pr (P, Q)[49].

Den Präsumtionsformeln entsprechen Regelformulierungen:

(Pr-R) Gegeben p ist der Fall, verfahre so, als sei q der Fall, bis Du zureichende Gründe hast, zu glauben, dass q nicht der Fall ist.

Anhand dieser Formulierung können wir uns einige Züge von Präsumtionsregeln vergegenwärtigen. Das «verfahre so» unterstreicht den handlungs- und entscheidungsorientierten Charakter. Präsumtionsregeln kommen in Situationen zum Zuge, bei denen die entscheidungsrelevante Überlegung an der Frage hängt, ob ein bestimmter Sachverhalt q (oder ob nicht-q) vorliegt, bei denen keine zureichenden oder gar zwingenden Gründe für die eine oder die andere Annahme vorliegen, der Überlegungs- und Entscheidungsprozeß aber weiterlaufen muss. In einer solchen Lage instruiert eine Präsumtionsregel die Person, sie solle, gegeben p, q zu einer Prämisse in dem weiteren Überlegungsprozess machen.

Man unterscheidet seit jeher zwischen unwiderleglichen und widerleglichen oder annullierbaren Präsumtionen[50]. Bei der Präsumtion etwa, daß Kinder unter einem gewissen Alter keine kriminellen Beweggründe haben, handelt es sich um eine absolute Präsumtion; an ihr wird in jedem Falle festgehalten. Häufiger und interessanter sind die widerleglichen Präsumtionen. Das Charakteristikum der Anullierbarkeit wird durch entsprechende Klauseln zum Ausdruck gebracht. Traditionell lauteten sie: «donec probetur contrarium» (bis das Gegenteil erwiesen wird) bzw. «donec constet contrarium» (bis das Gegenteil feststeht). Leibniz definierte geradezu: «*Praesumtio est, quod pro vero habetur*

---

[49] Genaugenommen stehen «P» und «Q» für generische Sachverhalte. Die Präsumtionsformel trifft auf einen konkreten Fall zu, wenn der generische präsumtionserzeugende Sachverhalt in diesem Fall instantiiert ist. Zur Unterscheidung kann man dann kleingeschriebene Buchstaben verwenden, also z.B.: Pr (p, q).

[50] Früher hieß eine unwiderlegliche Präsumtion auch «praesumtio absoluta» oder «praesumtio iuris et de iure»; eine widerlegliche nannte man dagegen «praesumtio conditionalis» oder «praesumtio iuris».

donec contrarium probetur.»[51] (Eine Präsumtion ist, was für wahr gehalten wird, bis das Gegenteil erwiesen wird.) Wenn das Regelsubjekt zureichende Gründe zu der Annahme hat, daß q nicht der Fall ist, ist die Präsumtion widerlegt bzw. zurückgewiesen. Widerlegt ist in einem solchen Falle die Präsumtion-daß-q, nicht auch schon die Präsumtionsregel Pr-R (P, Q)[52].

Wenden wir uns nun der Rechtfertigung von Präsumtionen zu. Zwei Fragen müssen auseinandergehalten werden: (1) Warum sollte es in einem bestimmten Bereich überhaupt irgendwelche Präsumtionsregeln geben? (2) Wodurch sind gerade diese spezifischen Präsumtionen (im Unterschied etwa zu den gegenteiligen) gerechtfertigt?[53]

(1) Beginnen wir mit: Warum überhaupt Präsumtionsregeln? Angesichts dieser Rechtfertigungsaufgabe ist es erforderlich, sich nochmals die charakteristische Struktur der Situationen vor Augen zu führen, in denen sie eine Funktion erfüllen. Solche Situationen sind Entscheidungssituationen: Die beteiligten Personen müssen sich in einem begrenzten zeitlichen Rahmen entscheiden. Die optimale Wahl hinge davon ab, ob ein Sachverhalt q besteht. Die Personen, die sich entscheiden müssen, befinden sich in Unkenntnis oder im Zweifel in bezug auf die Frage, ob q besteht. Die Rahmenbedingungen sind so, daß die Personen nicht beliebig lange warten können, insbesondere nicht beliebig viel Zeit haben, Informationen zu beschaffen, ob q der Fall ist. Im Extremfall besteht nicht einmal die Aussicht, dies herauszubekommen. Die Personen können aber auch nicht einfach ihr Urteil und die darauf fußenden Handlungen suspendieren, sondern müssen in der einen oder anderen Weise entscheiden. Es handelt sich also um Raisonnements, die noch nicht «aufgelöst» sind, aber irgendwie umgesetzt werden müssen. Die Akteure benötigen ein Mittel, sich aus dieser Lage herauszuwinden. Sie brauchen Regeln, Strategien oder höherstufige Gründe, vor allem, wenn es sich um Situationen handelt, die häufig wiederkehren. Natürlich sind, strukturell gesehen, viele

---

[51] LEIBNIZ, G.W., *Sämtliche Schriften und Briefe* — VI. Reihe, Band 3: *Philosophische Schriften 1672-1676*, Leibniz-Forschungsstelle der Universität Münster, Hg., Berlin, 1980, p. 631. Was Leibniz hier definiert, war traditionell die «praesumtio iuris»; die absolute Präsumtion sollte nach Leibniz besser als juristische Fiktion aufgefaßt werden: «Praesumtio juris et de iure est fictio.» (ebd.)

[52] Präsumtionsregeln sind freilich ihrerseits revidierbar; etwa dann, wenn die durch solche Regeln geprägte Praxis nach allgemeiner Ansicht sozial unerwünschte Folgen zeitigt.

[53] Vgl. ULLMANN-MARGALIT, E. (1983), «On Presumption», *The Journal of Philosophy*, 80, p. 154.

Verfahren geeignet, die Alternativen auf wenige oder eine zu reduzieren. Nur ist nicht jedes solche Verfahren auch rational. Gefordert ist ein vernünftiges Verfahren.

Das bloße Bedürfnis nach einer Methode zur Auflösung von Entscheidungsproblemen genügt für sich genommen noch nicht, um die Institution einer Präsumtionsregel zu rechtfertigen. Eine Präsumtionsregel bietet eine Lösung an, indem systematisch im voraus eine der verfügbaren Alternativen bevorzugt wird, bis zureichende Gründe dagegen vorliegen. Damit ist zunächst nur das strukturelle Problem der Alternativenreduzierung gelöst. Ob die Einrichtung einer Im-Voraus-Lösungsstrategie gerechtfertigt ist, hängt entscheidend davon ab, ob und wie gut diese Art Lösung unabhängig zu rechtfertigen ist. Präsumtionsregeln setzen an die Stelle von willkürlichen Ad-hoc-Strategien vernünftige Vorgriffe. Die Vernünftigkeit bemisst sich dabei an mehrererlei: (a) in jedem Einzelfall muss die zu der Präsumtionsregel gehörige Präsumtion annullierbar sein, (b) der Vorgriff, den die Regel empfiehlt, muß unabhängig rechtfertigbar sein.

(2) Was die speziellere Rechtfertigungsaufgabe betrifft (warum diese Präsumtion und nicht eine andere?), so kommen eine ganze Reihe von Erwägungen in Betracht, die sich keineswegs auszuschließen brauchen.

(i) *Induktiv-probabilistische und andere empirische Begründungen*: Es liegt in vielen Fällen nahe, Präsumtionsregeln mithilfe induktiv-probabilistischer Erwägungen zu rechtfertigen. Diese haben mit der Wahrscheinlichkeit von Q, gegeben P, zu tun.

(ii) *Begründungen durch normative Erwägungen*: Induktiv-probabilistische Erwägungen vermögen alleine genommen nicht in jedem Falle die betreffende Präsumtion zu begründen[54]. Vor allem können normative oder wertorientierte Erwägungen größeres Gewicht haben als die induktiv-probabilistischen. Das heißt: Normative Rücksichten können zur Übernahme oder Aufrechterhaltung der Präsumtion, dass q, führen, obgleich non-q die Wahrscheinlichkeit für sich hat. In den wertbezogenen Rücksichten lassen sich zwei Stränge ausmachen: Zum einen betreffen sie die Frage, welche Art von Irrtümern oder Fehlern im Hinblick auf die unmittelbaren moralischen oder sozialen Folgen eher akzeptabel sind. Zum anderen haben sie damit zu tun, wie man die mittel- und langfristige regulative Wirkung der Institution und Wirksamkeit der Präsumtionsregel im Hinblick auf das

---

[54] Es ist sogar fraglich, ob von Präsumtionen im eigentlichen Sinne des Wortes die Rede sein kann, wenn im Grunde nur eine wahrscheinliche Hypothese im Spiel ist.

Verhalten der betroffenen Gruppe in moralischer oder sozialer Hinsicht einschätzt und bewertet[55].

(iii) *Begründungen durch Bestimmtheitserwägungen*: In einigen Konstellationen bleibt, sobald klar ist, dass überhaupt eine Präsumtionsregel vonnöten ist, wenig Auswahl, welche Präsumtion die geeignetste ist. Von den denkbaren Alternativen ist häufig eine klar ausgezeichnet insofern, als nur sie «bestimmt» ist, d.h., insofern als nur sie die Entscheidungsmöglichkeiten in der gewünschten Weise einschränkt[56].

(iv) *Begründungen durch prozedurale Erwägungen*: Solche prozeduralen Erwägungen, die im gerichtlichen Bereich, aber auch anderswo an der Tagesordnung sind, können den Anfang, das Ingangbringen, den zügigen Ablauf oder den gelungenen Abschluß betreffen[57].

(v) *Unverzichtbarkeits- oder Konstitutivitätserwägungen*: Man kann versuchen, die Präsumtionsregeln transzendental zu begründen, indem man zeigt, daß sie (in einem noch zu präzisierenden Sinne) konstitutiv für eine bestimmte Praxis oder sogar für die Anwendbarkeit der diese Praxis kennzeichnenden Begriffe sind. Wir kommen darauf am Beispiel der interpretatorischen Präsumtionsregeln zurück.

Wir sind nun gerüstet, um uns den hermeneutischen Prinzipien zuzuwenden. Zu den allgemeinen Verstehens- und Interpretationsprinzipien, die in der Tradition der *Hermeneutica generalis* seit dem 17. Jahrhundert und in der Analytischen Philosophie seit den fünfziger und sechziger Jahren des 20. Jahrhunderts erörtert werden, gehören vorgreifende Unterstellungen von Wahrheit, Konsistenz, Kohärenz, und ganz allgemein von Rationalität[58].

In diesem enggestecktem Rahmen beschränke ich mich darauf, einige Fragen zum Status und zur Begründung solcher Prinzipien zu klären und die Richtung ihrer Beantwortung anzudeuten. Die mangelnde Klarheit über den Status der Prinzipien zeigt sich in einer buntgemischten und schwankenden Terminologie. Von «Grundsätzen» ist ebenso die Rede wie von «Maximen», «Voraussetzungen», «transzendentalen Bedingungen», «Präsuppositionen», «Annahmen», «Antizipationen» etc.

Meine These zum Status solcher Prinzipien lautet, wie gesagt: Allgemeine Verstehens- und Interpretationsprinzipien sind Präsumtionsregeln mit widerleglichen Präsumtionen.

Wie läßt sich dies begründen? Zunächst können wir uns fragen, inwiefern die Lage, in der sich jemand befindet, der eine Äußerung, einen

---

[55] Vgl. ULLMANN-MARGALIT, E. (1983), p. 161.
[56] Vgl. ULLMANN-MARGALIT, E. (1983), p. 161.
[57] Vgl. ULLMANN-MARGALIT, E. (1983), pp. 161ff.
[58] Vgl. dazu SCHOLZ, O.R. (1999a), Teil I.

Text etc. verstehen will, zu dem Typ von Situationen gehört, in denen Präsumtionen nützlich oder sogar unvermeidlich sind. Versuchen wir deshalb
das zu kennzeichnen, was man «die hermeneutische Situation» nennen
kann: Verständigung ist eine Form sozialen Handelns. Wir müssen unsere
Handlungen laufend mit denen anderer Leute abstimmen, d.h., wir machen
unsere eigenen nichtverbalen und verbalen Handlungen notgedrungen auch
davon abhängig, wie wir das Verhalten der anderen interpretieren. Darüber, was die Äußerungen anderer Personen bedeuten, und welche Absichten und Motive diese haben, besteht gelegentlich beträchtliche Unsicher-
heit. (So kann der Wortlaut einer mündlichen Äußerung oder eines
geschriebenen Textes eine ganze Reihe von Interpretationen zulassen. Die
verwendeten Sätze mögen etwa syntaktisch oder semantisch ambig sein.
Die Gegenstandsbezüge der Bezeichnungsausdrücke mögen unklar sein.
Ebenso können die illokutionäre Rolle und die kommunikative Pointe fraglich sein.) Dennoch muß bei vielen solchen Gelegenheiten gehandelt, entschieden, werden — und zwar häufig unter erheblichem Zeitdruck. In
jedem Falle soll nicht willkürlich, sondern im Rahmen des Möglichen
rational entschieden werden. Und die Lösungen sollten ein gewisses Maß
von Allgemeinheit aufweisen, so daß sie nicht nur bei einer einzigen Gelegenheit helfen, sondern in einer ganzen Klasse von Fällen. Es besteht daher
ein Bedürfnis nach Methoden, solche Entscheidungsprobleme in systematischer Weise lösbar zu machen bzw. rational mit ihnen umzugehen. —
Wir erkennen so in der hermeneutischen Situation einen allgemeineren
Typ von Situation wieder, bei dem der Gebrauch von Präsumtionen nötig
oder zumindest zweckmäßig ist. Wie im Recht besondere rechtliche Präsumtionen unerläßlich sind, so kommt die Praxis der Interpretation nicht
ohne besondere hermeneutische Präsumtionen aus. Die philosophisch
interessante Frage ist dabei natürlich, in welchem Sinne die Präsumtionen
jeweils vonnöten oder unverzichtbar sind. Diese Frage soll abschließend
geklärt und beantwortet werden.

Dabei wollen wir mögliche Strategien der rationalen Rechtfertigung
allgemeiner Interpretationsprinzipien betrachten und zusehen, ob sie den
Mustern für die Rechtfertigung von Präsumtionen entsprechen. Grundsätzlich finden sich alle Begründungsmuster, die wir oben für Präsumtionen allgemein aufgezählt haben, auch bei dem Spezialfall der interpretatorischen
Prinzipien: von induktiv-probabilistischen über normative, Bestimmtheits-
und prozedurale Erwägungen bis hin zu Unverzichtbarkeitsthesen.

Besonders umstritten ist in den gegenwärtigen Diskussionen, ob
gewisse allgemeine Interpretationsprinzipien *unverzichtbar* sind, ob wir sie
anwenden *müssen*, wenn wir überhaupt etwas verstehen wollen. Wenn sich

das zeigen läßt, hat man natürlich eine denkbar starke Rechtfertigung der allgemeinen Interpretationsprinzipien und der damit verbundenen hermeneutischen Präsumtionen. Die Debatte über solche Thesen ist sehr verworren; um so wichtiger ist es, mehr Übersichtlichkeit in die Diskussionslandschaft zu bringen. Dazu sollen die folgenden Ausführungen beitragen.

Vor allem ist zu beachten, daß sich die fraglichen Unverzichtbarkeitsthesen auf sehr unterschiedliche Weisen lesen lassen, je nachdem, wie Modalausdrücke wie «müssen» und «unverzichtbar» in der obigen Formulierung verstanden werden. Hier sollten mindestens die folgenden Lesarten auseinandergehalten werden:

(IN) Die erste Form der Unverzichtbarkeit könnte man *instrumentelle Notwendigkeit* nennen; ihr entspricht die Frage: Ist die Befolgung der Präsumtionsregeln instrumentell notwendig, d.h., sind sie Mittel, um zum adäquaten Verstehen zu gelangen? — Die allgemeinen Interpretationsprinzipien sind tatsächlich, wie sich zeigen läßt, unentbehrliche Mittel für das korrekte Interpretieren und Verstehen nicht-wörtlicher und wörtlicher Rede. Ohne hermeneutische Präsumtionsregeln könnten wir nicht-wörtliche Rede nicht verstehen; sie sind instrumentell notwendig, um zu einem adäquaten Verständnis ironischer, metaphorischer und anderer nicht-wörtlicher Äußerungen zu gelangen. In der rationalen Rekonstruktion schlägt sich das in der Weise nieder, daß die hermeneutischen Präsumtionsregeln dort als unverzichtbare Prämissen in den Räsonnements erscheinen, die zur rationalen Nachzeichnung des Verstehens dienen. (Ohne die entsprechenden vorgreifenden Unterstellungen würden die Interpretationsbemühungen abbrechen, bevor das korrekte Verstehen erreicht wäre.) Aber auch ganz normale wörtliche Äußerungen könnten nicht korrekt verstanden werden, wenn nicht eine Reihe von Rationalitäts- und Normalitätspräsumtionen gemacht würden.

Eine andere vieldiskutierte Lesart sei wenigstens kurz genannt und kommentiert: (EN) *Evolutionäre Notwendigkeit*: Ist die Befolgung der Präsumtionsregeln evolutionär notwendig? — Dennett u.a. haben zu zeigen versucht, daß ein bestimmtes Ausmaß von Irrationalität evolutionär unmöglich ist, daß wir mithin Rationalität unterstellen dürfen, weil die biologische Evolution garantiert, daß wir im großen und ganzen rational sind. Die These der evolutionären Notwendigkeit besagt, daß die biologische Evolution unsere Rationalität und sogar die Wahrheit der überwiegenden Zahl unserer Meinungen sicherstelle. Die von Dennett u.a. angeführten Gründe halten jedoch einer Prüfung nicht Stand. Zunächst garantiert die Evolution nicht die Optimalität ihrer Produkte. Vor allem sind die Verknüpfungen zwischen biologischer Optimalität und Rationalität oder gar Wahrheit lockerer, als sie es für eine Begründung der Rationalitäts- und Wahrheitspräsumtionen aus der evolutionären Notwendigkeit sein müßten[59].

(KN) Andere Thesen deuten die Unverzichtbarkeit als *Konstitutivität*; die Frage lautet dann: Ist die Befolgung der Präsumtionsregeln konstitutiv? Man kann behaupten und hat behauptet, daß die Präsumtionsregeln bzw. ihre Befolgung konstitutive Bedingungen für das Verstehen
sind. Es dient der Klärung, wenn man hier noch weiter differenziert, nämlich: zwischen «praxiskonstitutiven» (PK) und «begriffskonstitutiven»
(BK) Bedingungen.

(PK) *Praxis-Konstitutivität*: Wer eine These dieses ersten Typs propagiert, behauptet etwa, daß hermeneutische Präsumtionsregeln Regeln
sind, die konstitutiv für (a) unsere Verständigungs- und Interpretationspraxis oder auch (b) unsere Praxis des alltagspsychologischen Erklärens,
Prognostizierens und Verstehens von Handlungen sind.

(a) Erfolgreiche Kommunikation ist ohne wechselseitige Präsumtionen nicht denkbar. Besonders grundlegend ist dabei eine allgemeine
Rationalitätsunterstellung, zu der speziellere Präsumtionen hinzutreten.
Die Befolgung solcher Präsumtionsregeln befriedigt gemeinsame Interessen, allen voran unser Interesse daran, von anderen nicht willkürlich
interpretiert zu werden. Die Präsumtionen sind in einem grundlegenden
Sinne Teil des Verständigungssystems der Sprache.

(b) Auch für die Praxis der alltagspsychologischen Erklärung und
Interpretation von Handlungen sind Konsistenz- und Rationalitätspräsumtionen konstitutiv; ohne sie wäre unsere Praxis deutlich eine andere.
Die allgemeine Befolgung solcher Präsumtionsregeln berührt ein noch
fundamentaleres Interesse: nämlich unser gemeinsames Interesse, von
anderen als Person behandelt zu werden und, damit verzahnt, das Interesse, uns selbst als Personen betrachten zu können.

Ob die Thesen von der Praxis-Konstitutivität der Rationalitätspräsumtionen über die Behauptung einer instrumentellen Notwendigkeit hinausgehen, mag hier offen bleiben. Eine prima facie weiterreichende These
besteht in der Annahme einer begrifflichen Konstitutivität.

(BK) *Begriffs-Konstitutivität*: In diesem Sinne kann man behaupten, daß die hermeneutischen Präsumtionsregeln konstitutive Bedingungen für die gerechtfertigte Anwendbarkeit von Begriffen sind, die
bei Interpretationen wesentlich ins Spiel kommen, also von Begriffen
wie «Bedeutung», «propositionale Einstellung», «Handlung» oder

---

[59] Vgl. dazu SCHOLZ, O.R. (1999a), pp. 181-190.

«Person». Die fragliche Modalität wird man naheliegenderweise als «begriffliche Notwendigkeit» bezeichnen.

Die aussichtsreichsten Argumentationen in diesem Bereich sind: (i) Begründungen aus der methodologischen Notwendigkeit, (ii) Begründungen aus dem Holismus der Interpretation, (iii) Begründungen unter Berufung auf einen holistischen Wahrheits- bzw. Rationalitätshintergrund. Aus Raumgründen konzentriere ich mich auf (ii) und (iii) und kann auch hierbei aus einer weitverzweigten Familie von Argumentationen nur je ein zentrales Beispiel herausgreifen.

Zu (ii): Jede Theorie der Interpretation muß den Äußerungen Bedeutungen zuweisen und den Sprechern propositionale Einstellungen zuschreiben. Die Bedeutungszuweisungen und die Einstellungszuschreibungen erfolgen holistisch in dem Sinne, daß sie wechselseitig voneinander abhängig sind. Jede Theorie der Interpretation muß das Problem dieser wechselseitigen Abhängigkeit lösen. Nachsichtsprinzipien (in Form von Wahrheits- und Rationalitätspräsumtionen) liefern nun gerade die Lösung: Die Spielräume für Meinungszuschreibungen werden eingeschränkt, während festgelegt wird, wie die Äußerungen zu interpretieren sind. Da die Charity-Prinzipien die Lösung für ein Problem liefern, mit dem jede Interpretationstheorie fertig werden muß, ist ihre Anwendung gerechtfertigt, ja sogar notwendig.

Zu (iii): Propositionale Einstellungen sind durch einen Einstellungstyp und einen Inhalt gekennzeichnet. Etwas ist nur dann eine propositionale Einstellung, wenn es einen bestimmten Inhalt hat. Der Inhalt einer solchen Einstellung ist holistisch durch ihren Platz in einem weitläufigen Muster von anderen Einstellungen und deren Inhalten festgelegt. Propositionale Einstellungen einschließlich ihrer Inhalte bilden derlei Muster aufgrund von logischen und anderen Begründungsbeziehungen, die zwischen ihnen bestehen. Nur ein Wesen, das im großen und ganzen rational ist, bildet die erforderlichen Begründungsbeziehungen aus. Folglich kann nur ein Wesen, das im großen und ganzen rational ist, überhaupt propositionale Einstellungen haben. — Diese Konstitutivitäts-Argumentation für den Begriff der propositionalen Einstellung überträgt sich auf alle Begriffe, in die der Begriff der propositionalen Einstellung eingeht; dazu gehören insbesondere die Begriffe der Handlung, der bedeutungsvollen Äußerung und der Person[60].

OLIVER ROBERT SCHOLZ
Westfälische Wilhelms-Universität Münster

---

[60] Dazu ausführlich SCHOLZ, O.R. (1999a), Teil II.

BIBLIOGRAPHIE

Quellen:

DILTHEY, W., *Gesammelte Schriften*, Bd. V: *Die Geistige Welt. Einleitung in die Philosophie des Lebens*, G. MISCH, Hg., Leipzig/Berlin, 1924.

GADAMER, H.-G., *Wahrheit und Methode. Grundzüge einer philosophischen Hermeneutik*, Tübingen, ⁴1975.

HEIDEGGER, M., *Sein und Zeit*, Halle, 1927.

LEIBNIZ, G.W., *Die philosophischen Schriften*, C.I. GERHARDT, Hg., 7 Bände, Berlin/Halle, 1875-1890.

LEIBNIZ, G.W. *Sämtliche Schriften und Briefe* — VI. Reihe, Band 3: *Philosophische Schriften 1672-1676*, Leibniz-Forschungsstelle der Universität Münster, Hg., Berlin, 1980.

WITTGENSTEIN, L., *Philosophische Untersuchungen/Philosophical Investigations*, Oxford, 1958.

Studien:

ALBERT, H. (1994), *Kritik der reinen Hermeneutik. Der Antirealismus und das Problem des Verstehens*, Tübingen.

BAKER, G.P. u. HACKER, P.M.S. (1980), *Wittgenstein: Meaning and Understanding*, Oxford.

BARTELBORTH, T. (1996), *Begründungsstrategien. Ein Weg durch die analytische Erkenntnistheorie*, Berlin.

BÜHLER, A., Hg., (1994), *Unzeitgemäße Hermeneutik. Verstehen und Interpretation im Denken der Aufklärung*, Frankfurt am Main.

BÜHLER, A. (1999), «Die Vielfalt des Interpretierens» in: *Analyse & Kritik. Zeitschrift für Sozialwissenschaften* 21, 99, pp. 117-137; wieder abgedruckt in: A. BÜHLER, Hg. (2003), *Hermeneutik. Basistexte zur Einführung in die wissenschaftstheoretischen Grundlagen von Verstehen und Interpretation*, Heidelberg, pp. 99-119.

BÜHLER, A., Hg. (2003), *Hermeneutik. Basistexte zur Einführung in die wissenschaftstheoretischen Grundlagen von Verstehen und Interpretation*, Heidelberg.

COOPER, N. (1994), «Understanding», *Proceedings of the Aristotelian Society*, Suppl. Vol. LXVIII, pp. 1-26.

COOPER, N. (1995), «The Epistemology of Understanding», *Inquiry*, 38, pp. 1-26.

CRUSIUS, C.A. (1747), *Weg zur Gewißheit und Zuverlässigkeit der menschlichen Erkenntnis*, Leipzig.

DANNEBERG, L. (1997), «Die Auslegungslehre des Christian Thomasius in der Tradition von Logik und Hermeneutik», in: F. VOLLHARDT, Hg., *Christian Thomasius (1655-1728). Neue Forschungen im Kontext der Frühaufklärung*, Tübingen, pp. 253-316.

DANNEBERG, L. (1998), «Schleiermachers Hermeneutik im historischen Kontext
— mit einem Blick auf ihre Rezeption», in: B. BURDORF u. R. SCHMÜCKER,
Hg., *Dialogische Wissenschaft: Perspektiven der Philosophie Schleiermachers*, Paderborn, pp. 81-105.

DANNEBERG, L. (2001), «Logik und Hermeneutik im 17. Jahrhundert», in: J.
SCHRÖDER, Hg., *Theorie der Interpretation vom Humanismus bis zur
Romantik — Rechtswissenschaft, Philosophie und Theologie*, Frankfurt am
Main, pp. 75-131.

DAVIDSON, D. (1984), *Inquiries into Truth and Interpretation*, Oxford.

DENNETT, D.C. (1978), *Brainstorms*, Cambridge, Mass.

DENNETT, D.C. (1987), *The Intentional Stance*, Cambridge, Mass.

DROYSEN, J.G. (1937/1958), *Historik. Vorlesungen über Enzyklopädie und Methodologie der Geschichte*, R. HÜBNER, Hg., München/Berlin.

FÖLLESDAL, D. (1981), «Understanding and Rationality», in: H. PARRET u. J.
BOUVERESSE, Hg., *Meaning and Understanding*, Berlin/New York, pp. 154-
168.

FRANKLIN, R.L. (1995), *The Search for Understanding*, New York/Washington
(D.C.)/San Francisco 1995.

FRIEDMAN, M. (1974), «Explanation and Scientific Understanding», *The Journal
of Philosophy*, 71, pp. 5-19.

GELDSETZER, L. (1969), «Einleitung», in: J.M. CHLADENIUS, *Einleitung zur
richtigen Auslegung vernünftiger Reden und Schriften* (Leipzig 1742), ND
Düsseldorf.

GOMPERZ, H. (1929), *Über Sinn und Sinngebilde. Verstehen und Erklären*, Tübingen.

GOODMAN, N u. ELGIN, C.Z. (1988), *Reconceptions in Philosophy and Other Arts
and Sciences*, London.

GRONDIN, J. (1991), *Einführung in die philosophische Hermeneutik*, Darmstadt.

HÜBENER, W. (1985), «Schleiermacher und die hermeneutische Tradition», in:
K.-V. SELGE, Hg., *Internationaler Schleiermacher-Kongress Berlin 1984*,
Berlin/New York, pp. 561-574.

HUNTER, D. (1998), «Understanding and Belief», *Philosophy and Phenomenological Research*, 58/3, pp. 559-580.

JAEGER, H.-E. H. (1974), «Studien zur Frühgeschichte der Hermeneutik», *Archiv
für Begriffgeschichte*, 18, pp. 35-84.

KESSLER, E. (2002), «Logica Universalis und Hermeneutica Universalis», in: G.
PIAIA, Hg., *La Presenza dell'Aristotelismo Padovano nella Filosofia della
Prima Modernità, Rom/Padua*, pp. 133-171.

KÜNNE, W. (1981), «Verstehen und Sinn», *Allgemeine Zeitschrift für Philosophie*, 6, pp. 1-16.

v. KUTSCHERA, F. (1981), *Grundfragen der Erkenntnistheorie*, Berlin/New York.

LEWIS, D. (1974), «Radical Interpretation», *Synthese*, 23, pp. 331-344.

McDOWELL, John (1981), «Anti-Realism and the Epistemology of Understanding», in: H. PARRET u. J. BOUVERESSE, Hg., *Meaning and Understanding*,
Berlin/New York, pp. 225-248.

MEGGLE, G. (1978), «Eine Handlung verstehen», in: K.-O. APEL, Hg., *Neue Versuche über Erklären und Verstehen*, Frankfurt am Main.

MEIER, G. F. (1757), *Versuch einer allgemeinen Auslegungskunst*, Halle im Mag-
deburgischen.

NEMIROW, L. (1995), «Understanding Rules», *The Journal of Philosophy*, 92, pp. 28-43.

RORTY, R. (1979), *Philosophy and the Mirror of Nature*, Princeton.

ROTT, H. (2000), «Billigkeit und Nachsicht», *Zeitschrift für philosophische Forschung*, 54, pp. 23-46.

RYLE, G. (1949), *The Concept of Mind*, London.

v. SAVIGNY, E. (1983), *Zum Begriff der Sprache: Konvention, Bedeutung, Zeichen*, Stuttgart.

SCHOLZ, O.R. (1991), *Bild, Darstellung, Zeichen*, Freiburg/München.

SCHOLZ, O.R. (1992), «Hermeneutische Billigkeit — Zur philosophischen Auslegungskunst in der Aufklärung», in: B. NIEMEYER u. D. SCHÜTZE, Hg., *Philosophie der Endlichkeit* (Festschrift für Erich-Christian Schröder), Würzburg, pp. 286-309.

SCHOLZ, O.R. (1994), «Der Niederschlag der allgemeinen Hermeneutik in Nachschlagewerken des 17. und 18. Jahrhunderts», *Aufklärung*, 8, pp. 53-70.

SCHOLZ, O.R. (1998a), «Wahrheitshintergrund und Interpretation», *Studia philosophica* (Jahrbuch der Schweizerischen Philosophischen Gesellschaft), 58, pp. 27-54.

SCHOLZ, O.R. (1998b), «Was heißt es, ein Bild zu verstehen?», in: K. SACHS-HOMBACH u. K. REHKÄMPER, Hg., *Bild — Bildwahrnehmung — Bildverarbeitung. Interdisziplinäre Beiträge zur Bildwissenschaft*, Wiesbaden, pp. 105-117.

SCHOLZ, O.R. (1999a), *Verstehen und Rationalität. Untersuchungen zu den Grundlagen von Hermeneutik und Sprachphilosophie*, Frankfurt am Main. (2., durchges. Auflage 2001)

SCHOLZ, O.R. (1999b), «Verstehen», in: H.J. SANDKÜHLER, Hg., *Enzyklopädie Philosophie*, Hamburg, pp. 1698-1702.

SCHOLZ, O.R. (1999c), «Wie versteht man eine Person? — Zum Streit über die Form der Alltagspsychologie», *Analyse & Kritik. Zeitschrift für Sozialwissenschaften*, 21, 1/99, pp. 75-96.

SCHOLZ, O.R. (1999d), «Was heißt: etwas in der Philosophie verstehen?», in: R. RAATZSCH, Hg., *Leipziger Schriften zur Philosophie 10: Philosophieren über Philosophie*, Leipzig, pp. 75-95.

SCHOLZ, O.R. (2001a), «Jenseits der Legende — Auf der Suche nach den genuininen Leistungen Schleiermachers für die allgemeine Hermeneutik», in: J. SCHRÖDER, Hg., *Theorie der Interpretation vom Humanismus bis zur Romantik — Rechtswissenschaft, Philosophie und Theologie*, Frankfurt am Main, pp. 265-285.

SCHOLZ, O.R. (2001b), «Das Zeugnis anderer. Prolegomena zu einer sozialen Erkenntnistheorie», in: TH. GRUNDMANN, Hg., *Erkenntnistheorie. Positionen zwischen Tradition und Gegenwart*, Paderborn, pp. 354-375 u. 391-394.

SCHOLZ, O.R. (2002), «Was heißt es, ein Artefakt zu verstehen», in: M. SIEBEL, Hg., *Kommunikatives Verstehen*, Leipzig, pp. 220-239.

SCHOLZ, O.R. (i. Dr. a.), «Semiotik und Hermeneutik», in: R. POSNER, K. ROBERING u. TH.A. SEBEOK, Hg., *Semiotik. Ein Handbuch zu den zeichentheoretischen Grundlagen von Natur und Kultur*, Band 3, Berlin/New York.

SCHOLZ, O.R. (i. Dr. b), «Die Vorstruktur des Verstehens», in: F. VOLLHARDT u. J. SCHÖNERT, Hg., *Geschichte der Hermeneutik und die Methodik der textinterpretierenden Disziplinen*, Tübingen.

SCHURZ, G., Hg. (1988), *Erklären und Verstehen in der Wissenschaft*, München.

SDZUJ, R. (1997), *Historische Studien zur Interpretationsmethodologie der frühen Neuzeit*, Würzburg.

TUGENDHAT, E. (1976), *Vorlesungen zur Einführung in die sprachanalytische Philosophie*, Frankfurt am Main.

ULLMANN-MARGALIT, E. (1983), «On Presumption», *The Journal of Philosophy*, 80, pp. 143-163.

VEDDER, B. (2000), *Einführung in die Hermeneutik*, Stuttgart.

ZAGZEBSKI, L.T. (1996), *Virtues of the Mind: An Inquiry into the Nature of Virtue and the Ethical Foundations of Knowledge*, Cambridge.

ZAGZEBSKI, L.T. (2001), «Recovering Understanding», in: M. STEUP, Hg., *Knowledge, Truth, and Duty. Essays on Epistemic Justification, Responsability and Virtue*, Oxford, pp. 235-251.

HERMÉNEUTIQUE DES SCIENCES HUMAINES

PARTIE II.1

HERMÉNEUTIQUE DES SCIENCES HUMAINES:
Textes et images

«GRAMMATISCHES VERSTEHEN»
AM BEGINN DES XXI. JAHRHUNDERTS
PHILOLOGISCHE HERMENEUTIK HEUTE

Einleitung

Unser Beitrag weist durch das Zitat «grammatisches Verstehen» ausdrücklich auf die hermeneutische Tradition zurück, die an den Namen von F.D.E. Schleiermacher geknüpft ist. Es handelt sich um die, schon in das dritte, vorchristliche Jahrhundert zurückreichende Tradition der Lehre vom Verstehen menschlicher «Rede»[1]. Die hermeneutische Arbeit der griechischen «grammatikoi»[2] wurde seit der Renaissance zum Geschäft der «Philologen» und hat seitdem mannigfache Wandlungen durchlaufen[3]. Wir handeln somit von derjenigen hermeneutischen Tradition, die dem Verstehen von Texten, insbesonders von schriftkonstituierten Texten gewidmet ist[4].

Um den Umfang dieser Tradition zu umreissen, sei unterstrichen, dass das Wort «Philologie» hier nicht nur die historisch gewordenen Disziplinen der alten und neueren Philologien, sondern die *Praxis des Verstehens von Rede* überhaupt bezeichnen soll. Alle humanwissenschaftlichen Disziplinen, deren Gegenstände von menschlicher Rede gebildet werden, praktizieren Philologie[5], gleichgültig, unter welchem Erkenntnisinteresse ein Text analysiert wird, etwa als historische Quelle, als literarisches Gebilde, als Zeugnis eines philosophischen

---

[1] SZONDI, P. (1975), *Einführung in die literarische Hermeneutik*, Frankfurt am Main, pp. 7-191.

[2] PFEIFFER, R. (1970), *Geschichte der Klassischen Philologie. Von den Anfängen bis zum Ende des Hellenismus*, Hamburg, pp. 114ff.

[3] Zum Begriff der Philologie vgl. HORSTMANN, A. (1989), «Philologie», in: J. RITTER u. K. GRÜNDER, Hg., *Historisches Wörterbuch der Philosophie*, Bd. VII, Basel, Sp. 552-572.

[4] Zur «Schriftkonstitution» vgl. GLINZ, H. (1973), *Textanalyse und Verstehenstheorie I*, Frankfurt am Main, p. 21.

[5] Zu diesem Philologieverständnis vgl. NESCHKE, A. (2000), «Hermeneutik von Halle. Wolf und Schleiermacher», in: H.J. ADRIAANSE u. R. ENSKAT, Hg., *Fremdheit und Vertrautheit. Hermeneutik im europäischen Kontext*, Leuven/Paris, pp. 286ff.

Systems, als Ausdruck des Willens des menschlichen oder göttlichen Gesetzgebers (Jurisprudenz und Theologie). Es sei daran erinnert, dass das Verstehen menschlicher Rede vor allem ab dem Augenblick eine «Kunst» (techné, ars) erforderlich machte, als die Einführung der Schrift eine neue Kulturentwicklung in Gang setzte; die Schrift erlaubte, dem menschlichen Gedächtnis eine äussere Stütze zu liefern und Rede längst vergangener Zeiten dauerhaft zu fixieren. Die Folge war die Kumulation und die stetige Entwicklung von «Wissen». Die Frage nach dem «ursprünglichen Sinn- und Wissensgehalt» vergangener Rede — am Anfang standen die Gedichte Homers als Wissensquelle — haben die Hermeneutik als *ars grammatica* ins Leben gerufen. Sie hat sich als fundamentale Kunstübung einer schriftkonstituierten Kultur über nunmehr zweitausendzweihundertfünfzig Jahre am Leben erhalten und die Wende zum dritten Jahrtausend gibt den Anlass, ihre gegenwärtige Entwicklung und Aufgabenstellung zu umreissen.

Mein Beitrag verfolgt dieses Ziel und nähert sich ihm in drei Schritten. Zuerst beschreiben wir die Problematik, die der modernen Hermeneutik zugrundeliegt. Wir verstehen unter «moderner» Hermeneutik die Verstehenstheorie, die die kantische Revolution voraussetzt. In ihrer Folge erlangt das Subjekt eine entscheidende Funktion für die Konstitution von «Welt». Die erste gültige Formulierung der modernen Hermeneutik liegt in den Entwürfen F.D.E. Schleiermachers vor (I). In einem zweiten Schritt fassen wir zusammen, welche Entwicklung die Erkenntnis der Sprache («langue») und Sprachverwendung («parole») seit Ferdinand de Saussure genommen hat (II). Diese Entwicklung stellt die Mittel bereit, mit deren Hilfe aktuelles, methodisch geübtes Verstehen vor sich geht. Ein solches Verstehen wird beispielhaft an einem fundamentalen Text der europäischen politischen Tradition, am dreizehnten Kapitel des Paulus-Briefes an die Römer, vorgeführt (III). Dabei wird sich das Phänomen der «Applikation» als entscheidender sinnkonstituierender Faktor der verschiedenen «Reden» über den Paulustext herausstellen. Wir werden abschliessend, von der Applikation ausgehend, einen kritischen Blick auf das Bild werfen, das H.G. Gadamer von der philologischen-fachorientierten Hermeneutik gezeichnet hat und das Verhältnis von «Wahrheit» und «Methode» in der philologischen Hermeneutik am Beispiel der Applikation beleuchten (IV).

I. Das Grundproblem moderner Hermeneutik: Neudeutungen in einer immer schon gedeuteten Welt

Wir beginnen mit einem Zitat aus Schleiermachers «Hermeneutik» von 1810[6]:

«Jeder, dessen Rede Objekt ("des Verstehens", mein Zusatz) werden kann, bearbeitet selber oder bestimmt die Denkweise auf eine eigentümliche Art. Daher ja die Bereicherung der Sprache mit neuen Objekten und neuen Potenzen, die immer von der Sprachtätigkeit einzelner Menschen ausgehen. Weder die Sprache noch der Einzelne als produktiv-sprechend können anders bestehen als durch das Ineinander beider Verhältnisse.»

Der Gedanke wird drei Jahre später in der Akademierede von 1813 «Über die Methoden des Übersetzens» präzisiert[7]:

«Jeder Mensch ist auf der einen Seite in der Gewalt der Sprache, die er redet; sein ganzes Denken ist ein Erzeugnis derselben. Er kann nichts mit völliger Bestimmtheit denken, was ausserhalb der Grenzen derselben läge. (…) Auf der anderen Seite aber bildet jeder freidenkende geistig selbstthätige Mensch auch seinerseits die Sprache. Denn wie anders als durch diese Einwirkung wäre sie geworden und gewachsen von ihrem ersten rohen Zustand zu der vollkommenen Ausbildung in Wissenschaft und Kunst? In diesem Sinne also ist es die lebendige Kraft des einzelnen, welche in dem bildsamen Stoff der Sprache neue Formen hervorbringt.»

Schleiermacher geht es in diesen Äusserungen um die Frage, wie es möglich ist, dass mit dem formal und material begrenzten Instrumentarium einer Einzelsprache *neue* Äusserungen hervorgebracht werden können, m.a.W. wie in einer immer schon dank der Sprache gedeuteten Welt Neudeutungen möglich sind[8]. Für Schleiermacher stellt sich dieses Problem als ein Problem der Sprachschöpfung («bildet die Sprache») und des Sprachwandels («geworden, gewachsen, ausgebildet»). Der Sprachwandel wird von ihm auf die Sprachschöpfung zurückgeführt,

---

[6] SCHLEIERMACHER, F.D.E., «Hermeneutik von 1810», W. VIRMOND, Hg., in: H. FISCHER u.a., Hg., *Schleiermacher-Archiv,* Bd. I, Berlin, 1985, p. 1273.

[7] SCHLEIERMACHER, F.D.E., «Über die verschiedenen Methoden des Übersetzens», in: G. REIMER, Hg., *Friedrich Schleiermacher's Sämmtliche Werke,* 3. Abt., Bd. 2: *Zur Philosophie,* Berlin, 1838, p. 213.

[8] Dies ist das einheitliche Thema aller Hermeneutikentwürfe Schleiermachers. Zu deren komplexer Entstehungsgeschichte vgl. NESCHKE, A. (1990), «Matériaux pour une approche philologique de l'herméneutique de Schleiermacher», in: A. LAKS u. A. NESCHKE, Hg., *La naissance du paradigme herméneutique. Schleiermacher, Humboldt, Boeckh, Droysen,* Lille, pp. 29-67.

die Sprachschöpfung ihrerseits auf die geistige Selbsttätigkeit des Einzelnen. Damit legt Schleiermacher die zwei Pole fest, die als Grenzen das Sprachgebilde umfassen: eine Rede besteht in dem Zusammenspiel der Sprache als eines fertigen Instruments des Denkens und Mitteilens und ihres kreativen Gebrauchs durch den Redenden; indem letzterer das Instrumentarium *verwendet, verwandelt* er es zugleich. Durch sein Einwirken erhält ein traditioneller Zeichenträger einen neuen Sinn, ein Phänomen, das wir im folgenden mit dem Term der «Anasemiose» bezeichnen wollen. Verstehen von Rede (Sprachgebrauch) impliziert daher notwendig zwei Gesichtspunkte: das Erfassen des Instrumentariums hier und seiner Verwendung dort. Letztere verweist, gemäss Schleiermacher, auf den Sprechenden zurück, auf seinen «Geist».

Es ergibt sich damit, das Verstehen der Rede auf die sie konstituierenden Faktoren zu konzentrieren, also auf die Sprache und den Geist. Das Studium der Sprache und der Sprachverwendung nennt Schleiermacher «das grammatische Verstehen»[9]. Hierzu müssen der Sprachbereich (die nationale Einzelsprache und in ihr z.B. die Sondersprache eines Bereichs, etwa der Philosophie oder der Theologie) einerseits und der sprachliche Kontext eines Sprachzeichens andrerseits untersucht werden; so wird man etwa auf die Neubedeutung stossen, die ein traditioneller Term durch seine Kombination in der Rede erhält. Der zweite Gesichtspunkt, der das Verstehen leiten soll, heisst bei Schleiermacher «Geist»[10]. Als Ursprung der Innovation wird der Geist der Gegenstand des «psychologischen Verstehens»[11]; es beabsichtigt, das Gesprochene in den geistigen Horizont des Sprechenden einzuordnen. Im «Geist» drückt sich für Schleiermacher die Innovationsleistung (eine «energeia» — «Selbsttätigkeit») des Sprechenden aus; ohne einen Rekurs auf diese Selbsttätigkeit im Sprechenden lässt sich die Spracherneuerung (Anasemiose) nicht verstehen.

Verstehen ist somit das Verfahren, die sprachlichen Zeichen als Ausdruck der Anasemiose, der Sprachschöpfung zu verstehen, die *philologische Hermeneutik* die Theorie dieses Verfahrens[12]. In den materialen

---

[9] SCHLEIERMACHER, F.D.E., *Hermeneutik*, H. KIMMERLE, Hg., Heidelberg, 1974, pp. 86-103; SCHLEIERMACHER, F.D.E. (1985), pp. 1276-1296.
[10] SCHLEIERMACHER, F.D.E., «Über den Begriff der Hermeneutik, mit Bezug auf F.A. Wolfs Andeutungen und F. Ast's Lehrbuch», (Akademierede von 1829), in: *Hermeneutik*, H. KIMMERLE, Hg., Heidelberg, 1974, pp. 153-156.
[11] SCHLEIERMACHER, F.D.E., «Hermeneutik von 1832/33», in: *Hermeneutik*, H. KIMMERLE, Hg., Heidelberg, 1974, p. 165.
[12] Nach Schleiermacher bedürfen rein konventionelle Texte — «Wettergespräche» genannt — keiner Anstrengung des Verstehens.

Zeichen der Sprache ist ihr Gegenstand gegeben, in der Bedeutung der Zeichen aber ihr zu lösendes Problem; denn wie soll es dem Verstehenden möglich sein, eine neue, noch nie verwandte Bedeutung zu erkennen? Die zentrale Frage der Hermeneutik gemäss Schleiermacher besteht daher in der Frage nach der *Bedeutungs- und Sinnkonstitution in einer Rede,* da ja der Redende auf Sprachzeichen zurückgreifen muss, die immer schon — in einem habitualisierten «Sprachspiel» — Bedeutungen haben.

Es handelt sich dabei um *das* Problem jeder philologischen Hermeneutik schlechthin. Das Problem der Anasemiose betrifft jedoch nicht nur die Hermeneutik, sondern die sie umgreifende allgemeine Wissenschaft vom Zeichen, die Semiotik, überhaupt[13]. Denn das Problem zeigt an, dass das sogenannte «semiotische Dreieck», die Relation zwischen Zeichenträger, Zeichenbedeutung und Zeichenreferenz keine Lösung des Bedeutungsproblems bietet, sondern dieses Problem selber ausdrückt: denn, so muss die Frage lauten, wie gelangt der Zeichenträger zu seiner Bedeutung[14]?

Aus dieser Problemanalyse ergibt sich die Aufgabe der philologischen Hermeneutik, die heute als eine Teildisziplin der allgemeinen Semiotik verstanden werden kann[15]; denn auch die Semiotik als Theorie des Verstehens von Zeichen muss auf die Frage eine Antwort geben, wie in einer Kulturwelt, die immer schon mittels verschiedenartiger Zeichen (seien sie sprachlicher, aber auch bildlicher und ritueller Art) dargestellt und gedeutet ist, neue Deutungen mittels traditioneller Zeichen möglich sind. Unter den kulturellen Zeichen erweisen sich allerdings die sprachlichen Zeichen als die eigentlichen Instrumente des Verstehens; sie allein erlauben es, andere Zeichensysteme zu beschreiben und zu deuten[16]. Es sind somit in der Kulturwelt der Schriftkulturen vor allem die sprachlichen Beschreibungen und Deutungen, mittels derer der Sprechende für sich und seine Adressaten die Perspektive der Welt verändert. Jedoch, im Masse dieser Veränderung wird die Welt zugleich neu konstituiert, da die Welt im Lichte einer neuen Bedeutung gesehen wird, sich als eine

---

[13] Dazu grundlegend NÖTH, W. (2000), *Handbuch der Semiotik,* Stuttgart, pp. 62ff.

[14] Als Problem der «Semiose» ist es vor allem durch Charles S. Peirce, dem Vater der modernen Semiotik, erneuert worden. Vgl. HOOPER, J., Hg. (1990), *Peirce on Signs,* Chapel Hill, und OEHLER, K. (1995), «Idee und Grundriss der Peirceschen Semiotik», in: *Sachen und Zeichen,* Frankfurt am Main, pp. 77-93.

[15] Vgl. NÖTH, W. (2000), pp. 418-421.

[16] Es handelt sich um die eigentümliche Plastizität der Sprache, die andere Zeichensysteme, aber auch sich selber reflexiv zu deuten vermag (metasprachlicher Gebrauch der Sprache).

andere darbietet. Die Hermeneutik stellt daher notwendig die konkret-sinnlichen Zeichen einerseits und ihre Funktion in der Operation der Sinn- und Bedeutungsschöpfung andrerseits in den Mittelpunkt ihrer Aufmerksamkeit. Die Doppelheit von Sprache und Geist als Gegenstand von Verstehen bei Schleiermacher macht dies deutlich.

Aus diesen Verhältnissen ergibt sich eine praktische Folge. In der Tat, in der zwiefältigen Natur des Gegenstandes des Verstehens ist die Anleitung enthalten, sich nicht mit der Analyse der Sprache (der Zeichen), zu begnügen, sondern über die Zeichen hinauszugehen, die blosse Zeichendimension zu überschreiten. Die Richtung dieses Überschreitens ist von dem jeweiligen Erkenntnisinteresse derer geleitet, die das Verstehen suchen[17]. Sofern letzteres eine Hilfsfunktion für den Erwerb einer Erkenntnis besitzt, fällt sie nicht mit der Analyse der Rede (analyse linguistique du discours)[18] zusammen, sondern bedient sich dieser zwecks eines weiteren Zusammenhanges (juristische und theologische, philosophische und philosophiegeschichtliche, historische und literarische Hermeneutik). Umgekehrt ist jedoch ohne die Zeichen und ihre Analyse nichts zu finden, «Geist» ohne Zeichen kann sich nicht manifestieren, ist phänomenal nicht-existent[19]. Die hermeneutische Theorie, die das Verstehen konzeptualisiert, muss einen Lösungsvorschlag des Problems erarbeiten, wie in der Anasemiose «Sprache» und «Geist» miteinander verflochten sind.

II. Die Entwicklung der modernen Sprachwissenschaft: Zeichensystem und Zeichenverwendung («langue-Sprachkompetenz» versus «parole-Sprachperformanz»)

In einer schriftkonstituierten Kultur gilt folgender Satz: Alle Bedeutungs- und Sinnschöpfungen ruhen auf vorgängiger Bedeutung und Sinn auf. Dieser Satz verweist darauf, dass jedes Verstehen einer neuen Bedeutung auf den allgemeinen Produktionsrahmen von Bedeutung zurückgreifen muss, in dem die Neudeutung als eine Möglichkeit enthalten ist. Daraus folgt für den Interpreten, dass er den Akt der Bedeutungsschöpfung auf dem Hintergrund voranliegender Bedeutungen erfassen muss.

---

[17] Dazu weiteres s.u.S. 195-197.

[18] Zur «analyse du discours» vgl. ADAM, J.M. (1999), *Linguistique textuelle. Des genres du discours au texte*, Paris, pp. 23-42.

[19] Vgl. PEIRCE, CH.S., *Collected Papers*, Bd. 5: *Pragmatism and Pragmaticism*, C. HARTSHORNE, Hg., Cambridge Mass., 1934, p. 314.

Voraussetzung der korrelierenden Akte der Bedeutungsschöpfung und der Rekonstruktion dieser Schöpfung ist die gemeinsame Sprachfähigkeit von Sprecher und Interpreten, d.h. ihre Fähigkeit zum «System» der Sprache (Sprachkompetenz), die alle Akte (Sprachperformanz) als Potenzen in sich enthält[20]. Wir werden daher zunächst die Sprachfähigkeit als Systemfähigkeit beschreiben[21] und den Ort festmachen, an dem innerhalb des Systems Innovation möglich ist, d.h. da, wo Wahl und Kombination stattfinden.

II.1. Die Sprache als Zeichensystem

Die Tradition der philologischen Hermeneutik als Theorie des methodisch geleiteten Verstehens hat sich auf Grund der Tatsache gebildet, dass das menschliche Denken und das Kommunizieren des Denkens nicht ohne Zeichen vor sich gehen kann. Seit Aristoteles (De interpretatione 1a)[22], interpretiert man das Zeichen als ein «sym-bolon», das Vorliegen eines sinnlich fassbaren Zeichenkörpers (Phoneme, Grapheme, ikonische und indikale Zeichen), an den «konventionell» eine «geistige», d.h. nur denkbare Bedeutung geknüpft ist. «Konventionell» bedeutet: die Beziehung zwischen Zeichenkörper und Zeicheninhalt ist fest, aber der Zeichenkörper gibt keine evidente Stütze für gerade diese Bedeutung (das Zeichen für «rund» ist nicht selber rund)[23].

Seit Ferdinand de Saussure hat die Erkenntnis der Sprache einen Sprung gemacht; denn die alte Frage nach der Beziehung von Zeichenkörper und Zeichenbedeutung wird durch die Einführung des *Systemcharakters* der Sprache vielfach aufklärbar[24]. Zeichen funktionieren «diakritisch», d.h. unterscheidend, sie bilden einen systematischen Zusammenhang durch duale Oppositionen, die ein Feld der Wahl bilden. *In einem System liegt daher immer Bedeutung vor, wenn eine Wahl getroffen wird.* Dieses Prinzip gilt auf der Ebene des Lautkörpers, der Phoneme: z.B. «l» und «r» unterscheiden «lose» und «Rose», aber auch auf der Ebene der Wörter (Lexeme): «Mann» enthält die Seme

---

[20] Daher ist die «radikale» Interpretation Davidsons *kein* hermeneutisches Problem!

[21] Das ist der Ansatz N. Chomskys, vgl. CHOMSKY, N. (1965), *Aspects of the Theory of Syntax*, Cambridge Mass.

[22] Dazu NESCHKE, A. (2000), pp. 294-295.

[23] Platos ironische Behandlung der Natürlichkeit der Namen im *Kratylos* denunziert dieses Missverständnis.

[24] DE SAUSSURE, F. (1972), *Cours de linguistique générale* (kritische Edition), Paris, pp. 23ff.

«belebt, menschlich, männlichen Geschlechts»; Frau die Seme «belebt, menschlich, weiblichen Geschlechts». Die Opposition der Zeichen wie z.B. «Mann — Frau» gehört zu den grundlegenden Einteilungen der Phänomene in der Welt; die Zeichen strukturieren die phänomenale Welt in der Form von Oppositionen. Die systematische Beziehung in der Sprache besteht also zunächst in den einfachen, konträren Gegensätzen[25].

Die so unterschiedenen Zeichengruppen treten nun in andere Beziehungsarten ein. Als grundlegende Beziehungsmuster gelten in einem System die *paradigmatische* und die *syntagmatische* Beziehung: Ein Zeichen kann ein anderes ersetzen, es ist «Platzhalter» eines selben Paradigma, ein Zeichen lässt sich mit einem anderen kombinieren, es bildet mit diesem ein Syntagma. Z.B. kann «männliches Wesen» für «Mann» stehen, es bildet mit «Mann» ein *Paradigma*; «männlich» + «Wesen» bildet dagegen ein mögliches nominales *Syntagma*. Die elementaren Paradigmen sind Nominalgruppen (s. Beispiel) oder Verbalgruppen: «laufen», aber auch «etwas sehen», «nach etwas streben». Die Syntagmen des Paradeigma «Verbalgruppe» werden durch die Valenzen des Verbum gebildet[26]. Das Phänomen der Valenzen der Verben bildet die Voraussetzung der modernen Prädikatenlogik.

Zeichenkörper, Zeichenbedeutung und Referenz bilden das «semiotische Dreieck». Zeichen, d.h. die Einheit von Zeichenkörper und Zeichenbedeutung sind nur Zeichen, wenn sie eine Referenz besitzen, d.h. dazu dienen, auf etwas ausserhalb der Sprache Liegendes, auf «Welt» zu verweisen. Der Verweis mittels Zeichen erfolgt dabei entweder deiktisch — sie *zeigen* auf die Welt — oder deskriptiv, darstellend — sie *beschreiben* die Welt. Die grundlegende Unterscheidung von Deixis und Darstellung ist durch Karl Bühler herausgearbeitet worden[27]. Ebenso hat Bühler zugleich auf den besonderen Charakter der darstellenden Lexeme (Appellativa) das Augenmerk gelenkt[28]. Das Verhältnis von Zeicheninhalt und Referenz ist, gemäß Bühler, im Fall der Apellativa (*nomina et verba*)

---

[25] Zur Bedeutungskonstitution innerhalb der Semantik vgl. das grundlegende Werk von LYONS, J. (1971), *Einführung in die moderne Linguistik*, München; LYONS, J. (1978), *Eléments de sémantique*, Paris, pp. 409-492.

[26] Dazu TESNIERE, L. (1959), *Eléments de syntaxe structurale*, Paris.

[27] BÜHLER, K. ([2]1965), *Sprachtheorie I, Die Darstellungsfunktion der Sprache* (1934), Stuttgart, pp. 69-120.

[28] BÜHLER, K. (1965), pp. 45ff. Die folgende Beschreibung gilt für die indogermanischen Sprachen. Zu anderen Sprachtypen vgl. WHORF, B.L. (1956), *Language, Thought, Reality*, Cambridge Mass. Ferner HENLE, P. (1958), *Language, Thought and Culture*, Michigan.

das der Klassifizierung. Die Appellativa verweisen auf Klassen[29]; denn das Apellativum «Baum» bezeichnet *alle* Bäume. Als «Baum» bezeichnet, wird der Einzelbaum unter die Klasse «Baum» subsumiert, die, mittels der semantischen Einheiten (Seme) die gleichen Merkmale aller Bäume angibt (Pflanze, hölzerner Stamm, Krone etc.). Was aber geschieht beim Klassifizieren? Es bedeutet, von den mannigfachen individuellen Besonderheiten abzusehen und nur die gleichen Züge festzuhalten[30], die für eine Klasse relevant sind. Jede Benennung (die «Wörter» als Bündel von Semen) gehorcht also dem Gesetz der «abstraktiven Relevanz». Auf dieses Phänomen verweist bereits Humboldts Begriff der inneren Form der Sprache, d.h. die eigentümliche Benennung (= Klassifizierung), die jede Einzel-Sprache vollzieht und damit die «Welt» einer bestimmten Taxinomie unterwirft[31].

Sprache (Lexikon) als System von «Wörtern» (*nomina* und *verba*) stellt somit ein Klassifikationssystem der Dinge und Ereignisse in der Welt bereit. Jeder Sprache entspricht dabei eine eigene Taxinomie, der Angehörige einer Sprachgemeinschaft interpretiert die Welt mittels des im Spracherwerb erlernten Systems und folgt diesem in seinem Denken[32]. Denken als Tätigkeit des «Geistes», sei er kollektiv oder individuell verstanden, bedeutet daher qua Sprachkompetenz die Fähigkeit des Unterscheidens, Klassifizierens, Selektionierens, Subsumierens und Kombinierens. Neuerungen können somit einerseits auf der Ebene der Unterscheidungen und Klassenbildungen eingebracht werden, andrerseits im Bereich der Kombination. Voraussetzung des Erwerbs der Sprachkompetenz ist das Sprachzentrum im Gehirn, es beherbergt die Fähigkeit zum Unterscheiden, zum Klassifizieren, zum Subsumieren, zum Verbinden der Klassen. Die Fähigkeit des artikulierten phonetischen Ausdruck ist abhängig von der Formierung des Vokalapparates[33] und beginnt erst auf einer relativ späten Evolutionsstufe des Menschen, nämlich beim «homo sapiens»[34]. Sprachkompetenz des Menschen meint das Gesamte dieser Fähigkeiten[35].

---

[29] Zuerst in Platos «Ideen» erkannt.

[30] Das ist das «*to epi pasi to auto*», m.a.W. das *eidos/species* des Aristoteles.

[31] Dazu besonders WHORF, B.L. (1956), Henle, P. (1958).

[32] S.o.S. 177 unser Zitat Schleiermachers.

[33] LENNEBERG, E.H. (1972), *Biologische Grundlagen der Sprache*, Frankfurt am Main, pp. 50-70.

[34] DONALD, M. (1999), *Les origines de l'esprit moderne*, Paris/Bruxelles, pp. 217ff.

[35] Vgl. CHOMSKY, N. (1972), «Die formale Natur der Sprache», in: E.H. LENNEBERG, *Biologische Grundlagen der Sprache*, Frankfurt am Main, pp. 483-539.

II.2. Parole, Performanz, Sprachverwendung

Unter den Syntagmen nimmt nun die Kombination einer Nominalgruppe mit einer Verbalgruppe mithilfe der Kongruenz von Verbalgruppe
mit Nominalgruppe (dekliniertes Verb) eine Sonderstellung ein[36]. In diesem Vorgang wird das System zum Zweck der Sprachverwendung
«parole» (de Saussure) oder «Rede» (Schleiermacher) aktualisiert[37]. In
diesem Moment treten ausser den Systembeziehungen (paradigmatische
und syntagmatische Beziehungen) neue Faktoren in Kraft. Die Organisation der Paradigmen im «grammatischen Satz» bildet die kleinste Einheit der Rede[38]. Denn wir sprechen nicht mittels der Wörter, sondern der
Sätze, wobei die propositionale Form nur eine, allerdings die grundsätzliche Möglichkeit des Satzes ausmacht[39].

Auf der Ebene des grammatischen Satzes liegt eine erste *Sinn*einheit
vor, die eine «Beschreibung von Welt» liefert[40]. Der Satz ist daher —
was seit Platos «Sophistes» geklärt ist — der Ort der apophantischen
Wahrheit. In jedem affirmativen Satz steckt der implizite Anspruch, mit
dem Satz Wirklichkeit adäquat zu beschreiben (Wahrheit als Korrespon-
denz von Aussage und Sachverhalt)[41].

Sätze entstehen durch die je spezifische Kombination der Paradigmen Subjekt und Prädikat. Auch diese Kombination unterliegt inhaltlich
der Wahl und erzeugt daher «Bedeutung», besser «Sinn» und zwar einen
spezifischen Satzsinn, der von anderen Sätzen zu unterscheiden ist[42]. Weiterhin entsteht Sinn durch die Kombination von Sätzen zu einem
geschlossenen Ganzen, Sinn ist hier der Sinn eines Textes. Letzterer wäre
in einem Text uneinheitlich, würden die Sätze, die den Text bilden, nur
eine Kette von Juxtapositionen immer wieder neuer Subjekte und Prädikate bilden. Die Folge wäre, dass gar kein «Text» — (*textum* von *texere*
«weben», d.h. Verknüpfen von Fäden zu einem Ganzen) —, also eine

---

[36] Dazu grundlegend: ARISTOTELES, *De interpretatione*, Kp. 1-4, H.L. MINIO-
PALUELLO, Hg., Oxford, 1949. Ferner CHOMSKY, N. (1972).

[37] Zu unterscheiden sind der «grammatische Satz» als Produkt der Tätigkeit des
Grammatikers und die «Rede», d.h. die in einem lebendigen Kontext stehende sprachliche «Äusserung» eines Individuums. Vgl. auch ADAM, J.M. (1999), pp. 48ff.

[38] Dabei kann der Satz durch satzanaloge Formen als sein Platzhalter (Ausrufe etc.)
ersetzt werden.

[39] Die ältere Textlinguistik bevorzugte daher den Ausdruck «Äusserung» —
«utterance». Die neuere Sicht bei ADAM, J.M. (1999), pp. 48ff, pp. 61ff.

[40] Das stoische *lekton* hat dieses Phänomen festgehalten.

[41] Vgl. ARISTOTELES, *De interpretatione* 16b26-17a7.

[42] Ich unterscheide Wortbedeutung und Satzsinn; erstere erlaubt zu identifizieren,
letztere zu beschreiben, sofern es sich nicht um analytische, also identifizierende Aussagen (Definitionen) handelt.

einheitliche Rede, entstünde. Vielmehr gilt, dass die Wahlakte innerhalb der Rede unter einer Grundsatzwahl, der Wahl des Redethemas und des Rederhemas stehen[43] und in Hinblick auf diese eingeschränkt sind. So sei, exempli gratia, das *Thema* «politische Organisation», das *Rhema* die Wahl, die beste politische Organisation zu beschreiben; der Redende entfaltet das Redethema, in dem alle Sätze seiner Rede an dieser Grundsatz-Wahl festhalten, um sie zu entwickeln, und somit einen geschlossenen Zusammenhang bilden. Letzterer wird durch die Rekurrenz derselben semantischen Elemente, durch die «Isotopie» von Thema und Rhema hergestellt[44]. Die Einheit der Rede manifestiert sich daher auf der Ebene der Zeichen in der Isotopie von Thema und Rhema[45].

Mit dem Moment der Themen-Wahl tritt nun das redende Subjekt in Erscheinung. Die Beschreibung der Phänomene «Satz» bzw. «sprachliche Äusserungen» und «Text» muss daher von der Beschreibung der Rede als eines linguistischen zu der Beschreibung der Rede als eines pragmatischen Phänomens übergehen. Die Isotopie von Thema und Rhema verweist auf eine Grundsatzwahl, letztere auf eine «Intention» des Sprechers. Intentionen der Wahl gehören aber in den Bereich der Analyse von Handlungen, Rede wird als eine Sprechhandlung aufgefasst. Die Analyse der Rede als Sprechhandlung geht vor allem auf J.L. Austin zurück[46]. Gemäss dieser Analyse dienen die Formen der Rede, die lokutionären Akte, der Intention der Sprechhandlung, d.h. den illokutionären (Typ des Sprechhandlung) und perlokutionären Akten (Wirkung der Sprechhandlung).

Als Sprechhandlung erfüllt die Rede vielfache Funktionen[47]. Am bekanntesten aus den mannigfach vorgeschlagenen Funktionsanalysen ist das Organon-Modell K. Bühlers geworden, da es drei grundlegende Funktionen festgehalten hat: Die Rede ist die Rede eines Sprechers und hat in Bezug auf diesen Ausdrucksfunktion, sie richtet sich an einen Empfänger und enthält somit eine Appelfunktion (der perlokutionäre Akt); sie redet «über etwas» und besitzt eine Darstellungsfunktion (illokutionärer Akt)[48].

---

[43] Die funktionale Satzperspektive der Prager Linguisten beschreibt die Dynamik der Redeentwicklung, vgl. dazu NöTH, W. (2000), pp. 100-202.

[44] GREIMAS, J. (1966), *Sémantique structurale*, Paris.

[45] Über die spezifischen linguistischen Phänomene einer entwickelten Rede und der Redegattungen handelt ausführlich ADAM, J.M. (1999), pp. 81ff.

[46] AUSTIN, J.L. (1962), *How to do things with words*, Oxford. Ferner SEARLE, J.R. (1979), *Speech Acts*, Cambridge.

[47] ADAM, J.M. (1999), pp. 84-100.

[48] BÜHLER, K. (²1965), pp. 24-33; NöTH, W. (2000), pp. 202-203.

Die Rede als *Appel* oder Perlokution unterliegt einem weiteren Wahlakt; sie kann sich an einen unbestimmten Empfänger, die Menschheit, die Nachwelt richten; sie wird diesen Empfänger nicht in die Rede einbeziehen, wie es eine Rede tut, die sich an bestimmte Empfänger richtet und deren Ansicht bekämpft. Die Wahl des Empfängers wirkt sich daher auf den Charakter der Rede aus, sie ist entweder nur darstellend oder darstellend und widerlegend. Die Rede als *Ausdruck* des redenden Subjekts dagegen lässt gleichfalls eine Wahl zu; der Redende kann sich hinter fiktiven Rednern verbergen (Platons Dialoge) oder demonstrativ in Erscheinung treten. Spricht er jedoch in eigenem Namen, führt seine Rede deutlich die Ich-Origo der Sprache mit sich; denn zu jedem sprechenden Ich gehört ein jeweiliges «Ich-Jetzt-Hier»[49]. Das bedeutet, dass zu jeder Darstellung eine korrespondierende «Deixis» gehört («Ich/Jetzt/Hier — Du/Er/Dort»). Ihre Referenz ist die Lebenswelt des Sprechers, auf die er als Quelle der Erfahrungen, die seine Rede darstellt, jeweils verweisen könnte und tatsächlich verweist. Jede Rede als Sprechhandlung gehört daher in eine Rede-Situation, die, auch wenn sie selber nicht dargestellt wird, in die Bedeutungskonstitution der Rede eintritt; sie liefert die nicht verbalisierten Präsuppositionen gemeinsamer Erfahrung und sozialer Praxen, auf die virtuell immer zurückgegriffen werden kann.

Die Komposition einer Rede als illokutionärer Akt der Darstellung gibt der Rede die perlokutive Aufgabe, eine *Botschaft (message)* zu übermitteln. Der Sinn einer Rede — angefangen vom Satz bis hin zu einer umfangreichen, aber durch ihr Thema/Rhema und deren Isotopie einheitlichen Rede — besteht in ihrer Botschaft. Das besagt, dass der Sinn der Rede («parole») nicht im Unterscheiden und Klassifizieren besteht, was durch die Funktion der Denomination abgedeckt wird, sondern in der Deskription oder Darstellung der Beziehung von Klassen bzw. Klassenvertretern[50]. Sie legt dem Empfänger nahe, die Beziehungen der Klassen oder Klassenvertreter gerade so und nur so zu interpretieren. Botschaft der Rede meint daher die Vermittlung einer spezifischen Interpretation der Welt auf Grund einer Darstellung der Beziehung von Klassen oder Klassenvertreter. Sie erfolgt mit der Absicht, diese Interpretation als allgemeine, vom Empfänger als «wahr» akzeptierte und daher geteilte Deutung nahzulegen. Die Botschaft nimmt die Form von

---

[49] BÜHLER, K. (²1965), pp. 102-120.
[50] Wenn die Klassen selber, d.h. die Bedeutungen der Wörter, Gegenstand der Rede werden, tritt der metalinguistische Gebrauch der Rede ein.

Thesen und Argumenten an, handelt es sich um einen argumentativen Text; sie kleidet sich in die Form der Erzählung, handelt es sich um einen narrativen Text[51]. Jede Rede liefert auf diese Weise eine interpretierende Beschreibung der Welt (der je dem Text eigenen Welt), die bald traditionell, bald innovativ ausfallen kann.

III. Re-interpretation und Anasemiose: Sinnkonstitution durch Applikation

Unsere Darstellung der im XX. Jahrhundert entwickelten Theorien der Sprache als Zeichensystem, Rede/Text und Sprechakt musste notwendig abstrakt sein. Die konkrete Bedeutung des Gesagten sei daher an einem Beispiel erhellt. Dabei soll unser Beispiel vor allem das Zusammenspiel von Rede und Redesituation als Konstituenten der Redebotschaft erhellen. Gewählt haben wir einen fundamentalen Text der europäischen Kultur, nämlich die ersten Zeilen aus dem dreizehnten Kapitel des Briefes, den der Apostel Paulus an die kleine christliche Gemeinde in Rom in der Mitte des ersten Jahrhunderts geschrieben hat. Seit dem Beginn der christlichen Theologie im lateinischen Abendland (Augustin, 354-430 n. Chr.) wurde dieser Text kommentiert[52]; er erlangte jedoch in der Zeit der Reform Luthers und der Gegenreform (XVI. und XVII. Jahrhundert) eine kaum zu überschätzende Autorität. Jeder politische Denker von Rang berief sich auf ihn, um die politische Gewalt zu legitimieren. Wie wir andernorts gezeigt haben, ist aus dem Streit um die Auslegung dieses Textes im XVII. Jahrhundert die moderne Demokratietheorie hervorgegangen[53].

III.1 Der Text (Paulus an die Römer, XIII, 1-5)

« *Omnis anima potestatibus sublimioribus subdita sit.* Non est enim potestas nisi a deo; quae autem sunt, a Deo ordinatae sunt. (Meine Hervorhebung).

Itaque qui resistit potestati, Dei ordinationis resistit, qui autem resistunt ipsi, sibi damnationem acquirent. Nam principes non sunt timor

---

[51] Zu weiteren perlokutiven Akten vgl. ADAM, J.M (1999), pp. 81ff.

[52] DUCHROW, U. (1983), *Christenheit und Weltverantwortung: Traditionsgeschichte und systematische Struktur der Zweireichelehre*, Stuttgart.

[53] Vgl. NESCHKE, A. (2003), *Platonisme politique et théorie du droit naturel*, Vol. II: *Platonisme politique et jusnaturalisme chrétien. D'Augustin à John Locke*, Paris/Leuven, «Intermède II». Auch: NESCHKE, A. (2002), «Vom Staat der Gerechtigkeit zum modernen Rechtsstaat», *Internationale Zeitschrift für Philosophie*, pp. 257-285.

bono operi sed malo. Vis autem non timere potestatem? Bonum fac, ac
habebis laudem ex illa; Dei enim minister est tibi in bonum.»

«Jede Seele sei den höheren "politischen"[54] Gewalten unterworfen.
Denn es gibt keine Gewalt, es sei denn von Gott her; und alle jetzt beste-
henden sind von Gott angeordnet. (Meine Hervorhebung).

Wer daher sich einer Gewalt widersetzt, widersetzt sich einer Anordnung Gottes; wer sich jedoch ihm selbst widersetzt, zieht die Verdam-
mung auf sich. Denn die Inhaber der Gewalt sind nicht ein Anlass der
Furcht für den Guten, sondern nur für den Bösen. Willst Du ohne Furcht
vor der Gewalt bleiben, so tue das Gute und Du wirst von ihr gelobt werden; denn sie ist da als Diener Gottes, damit Du Gutes tust.» (übers. von
A. Neschke).

Aus diesem Text hat der Satz: «Alle "politische" Gewalt ist von
Gott» (= Denn es gibt keine Gewalt, es sei denn von Gott her) eine unun-
terbrochene Kette der Re-interpretationen erfahren. Die Bedingung der
Möglichkeit dieses Phänomens besteht in der Umformbarkeit des Satzes
in einen «Kurztext», ein «Merkwort». In der Tat, in unserer Neuformu-
lierung erhält dieser Satz, dessen ursprüngliche Fassung ihn durch den
Konnektor «denn» fest in seinen Kontext einbettet, den Status einer
sprichwörtlichen, in sich abgeschlossenen Rede. Es handelt sich hierbei
um eine syntaktisch und semantisch vollständige Äusserung. Sie besitzt,
unabhängig von jeder Kontextualisierung, einen grammatischen Sinn (es
handelt sich um eine sinnvolle Aussage). Er ergibt sich aus der Besetzung
von Satzthema und Satzrhema (Subjekt und Prädikat). Der Platzhalter im
grammatischen Subjekt (Redethema) ist die semantische Einheit «politische Macht» (*potestas*), der Platzhalter im grammatischen Prädikat
(Rederhema) deren Herkunft («*esse*» *a*), die durch *Deo* spezifiziert wird
(*a Deo*). Der grammatische Satz trifft eine universale Feststellung
(«alle»), die negative Form unterstreicht deren Ausnahmslosigkeit
(«keine, es sei denn…»).

Der grammatische Sinn des Satzes erschliesst sich somit unmittelbar
aus der Syntax sowie der Semantik von Thema und Rhema. Er ist jedoch
nicht einfach mit dem Sinn der *Rede*, ihrer Botschaft identisch. Diese
Botschaft ergibt sich erst aus dem sprachlichen Kontext des Satzes; in
ihm entwickelt der Sprecher dessen *Interpretation*. Der Satz fasst für den
Sprecher Paulus die Reihe ähnlicher Sätze der jüdischen Tradition der

---

[54] *Potestas* ist ein juridischer Term und bezeichnet, gegenüber dem Wort *potentia*,
die legale Amtsgewalt der römischen Magistrate bis hinauf zum Kaiser. Das griechische
Äquivalent ist «*exousia*».

Theokratie zusammen (vgl. etwa Samuel, 8)[55]. Aus dieser Tradition gehen folgende Präsuppositionen in die Interpretation des Satzes ein:

- die jüdische Deutung Gottes als Schöpfer der Welt und deren politischer Herrscher;
- die jüdisch-hellenistische Idee der Gottesherrschaft als einer hierarchischen Ordnung, die die menschlichen Herrscher umfasst[56];
- die jüdische Deutung des menschlichen Herrschers als politisch-religiöser Führer (Moses-Abraham).

Während die Tradition Paulus erlaubt, die Gegenwart zu deuten, liefert letztere zwei weitere wesentliche Voraussetzungen seiner Botschaft an die Römer, d.h.

- die religiöse Erfahrung Paulus von der unmittelbaren Einwirkung Gottes in der geschichtlichen Welt durch die Ankunft Christi;
- die gemeinsame «deiktisch» anrufbare Lebenswelt von Adressat und Sprecher, d.h. das römische Reich unter Nero im 1. Jdt. n. Christus.

Die Interpretation des Paulus stützt sich somit auf Faktoren persönlicher Erfahrungen einerseits und kollektiver Deutungsmuster andrerseits, mit denen diese Erfahrung zur «Sprache» gebracht werden. Diese Interpretation geht in die Botschaft des Satzes ein. Sie besteht im wesentlichen darin, den Adressaten eine *neue Deutung der politischen Herrschaft* als verbindlich nahe zu legen. Paulus will den römischen Christen die ihnen nicht offenbare Wirkung Gottes in der Geschichte enthüllen, was zu einer für den Adressaten revolutionären Interpretation der politischen Macht führt. In der Tat ist die Idee der Theokratie der heidnischen Antike fremd; insbesonders wurde bislang die politische Macht *in* Rom als Folge der Handlungen des *populus Romanus,* seiner *res gestae* verstanden, sie ist damit die *politische Macht der Römer*[57]. Sie soll nunmehr als Folge des Wirkens Gottes angesehen werden. Aus diesem Grunde lässt Paulus auf den universalen Satz «Alle Macht stammt von Gott» sofort die Applikation folgen: alle bestehenden Mächte, und damit auch die Macht in Rom, geht auf denselben Ursprung zurück. Die Botschaft des Textes konstituiert sich daher aus der Anwendung der universalen Regel auf das *hic et nunc* des Redenden und seiner Adressaten. Ihre Innovation liegt im Ersatz des

---

[55] Als weitere alttestamentliche Vorlage vgl. Daniel 4.
[56] Vgl. DUCHROW, U. (1983).
[57] Ex. gratia: M. T. CICERO, *De re publica*, Buch II, K. ZIEGLER, Hg., Leipzig, 1964.

menschlichen, durch den göttlichen Ursprung der Herrschaft. In dieser Substitution «Gott statt Mensch» innerhalb des Ursprungsschemas (*«esse a»*) vollzieht sich die Revolution der traditionellen Denkungsart. In der Tat, die bislang geltende Deutung vom *geschichtsimmanenten* Ursprung der politischen Macht[58] wird von Paulus verworfen und durch ihren *transzendenten* Ursprung ersetzt. Das Prädikat «stammt von Gott» stellt im Kontext der antik-abendländischen Geschichte eine geistig-praktische Wende mit einschneidenden Folgen dar. Es gibt eine bewegte «Wirkungsgeschichte» dieser Neuinterpretation[59].

Wie ist diese möglich? Die ursprüngliche und authentische Botschaft der Rede des Paulus entsteht durch die *Applikation des grammatischen Satzes auf die Sprecher-Hörer-Situation.* Paulus antwortet der römischen Gemeinde auf ihre Frage hin, wie sie sich zu den Anordnungen der römischen Magistrate verhalten soll; er klärt für sie das Verhältnis von weltlicher und göttlicher Macht in einer Situation, in der sich zwei grundverschiedene Interpretationen von politischer Macht, die antikheidnische und die jüdische, zuerst begegnen. In der Gestalt der *potestas* des Magistraten (bei den obersten Magistraten, insbesonders dem *Caesar* ist diese *potestas* mit dem *imperium* verbunden) ist der universale Machtanspruch des römischen Reiches versinnbildlicht. Dieser Machtanspruch der weltlichen Mächte steht dem universalen Machtanspruch des einen jüdischen Gottes gegenüber; ein Konflikt zeichnet sich ab[60]. In dieser Situation enthält der Satz «Alle politische Gewalt stammt von Gott» die Botschaft: «Auch das römische Reich und seine politische Gewalt haben als ihren Urheber Gott, sie stehen in seinem Dienst und daher ist den Anordnungen der Magistrate Folge zu leisten».

Aus unserer Analyse ergeben sich nun folgende hermeneutische Prinzipien: in einem Text/einer Rede müssen grammatischer Sinn und Botschaft geschieden werden. Der grammatische Sinn ergibt sich aus den Regeln der Sprache (bzw. nationalen Einzelsprache) und wird unmittelbar von jedem verstanden, der die Kompetenz der betreffenden Sprache (Einzelsprache) besitzt. Die Botschaft des Textes dagegen besteht in der *Interpretation, die der Benutzer der Redeformen dem grammatischen Sinn des Einzelsatzes mittels der Entwicklung der Rede verleiht.* In unserem Beispiel besteht die Interpretation und Entwicklung in der Applikation der generellen Aussage des grammatischen Sinnes auf

---

[58] So die gesamte griechisch-römische Philosophie der Politik und Geschichte.
[59] Vgl. NESCHKE, A. (2003). «Intermède II».
[60] Konkret steht besonders der Kaiserkult dem Kult des einen Gottes im Wege.

die Sprecher-Hörer-Situation, in der die Situation selber sowie die in ihr bereits geltenden Deutungsmuster (Herkunft der politischen Macht) aktualisiert werden, hier mit der Absicht, das bei dem Adressaten geltende Deutungsmuster durch ein neues zu ersetzen.

Ein Satz besitzt ein «Potential von Sinn», insofern er einen grammatischen Sinn aufweist. Der grammatische Sinn kann als Potential verschiedener *Botschaften* angesehen werden, die sich in den im sprachlichen Kontext des Satzes dargelegten Interpretationen äussern. Unter diesen nimmt die erste Botschaft, d.h. diejenige Interpretation, zu deren Zweck der grammatische Satz allererst geformt wurde, den Rang der ursprünglichen und authentischen Botschaft ein. Der grammatische Sinn bildet, insofern man ihn von den Applikationen abhebt, den «absoluten» Text, absolut gemeint als «abgelöst von jeder Applikation». Der absolute Text enthält keine Botschaft, er stellt eine nur sprachlich sinnvolle Folge von Wörtern dar, sinnvoll im grammatischen Verständnis. Die Frage der perlokutionären Funktionen, aber auch die Wahrheitsfrage stossen hier ins Leere. Das ist anders bei der Botschaft. Als Applikation auf eine bestimmte Situation stellt sie die Referenz zu dieser Situation her. Sie wendet sich an einen zu beeinflussenden Adressaten und tritt mit einem einzulösenden Wahrheits*anspruch* auf. Das *Verstehen* der Botschaft impliziert nun zwar das Verstehen des *Wahrheitsanspuches* der Botschaft, nicht aber bereits deren *Wahrheit*, d.h. die Akzeptanz des Anspruches durch den dritten. Letztere verlangt, den Anspruch an den Wahrheitsbedingungen zu messen, die den Anspruch einlösbar machen. An die Stelle des Verstehens muss die Kritik als ihr Korrelat treten.

III.2. Die Re-interpretation des Paulus-Satzes «Alle Gewalt stammt von Gott» — als seine Rezeptionsgeschichte

Unsere Analyse des Paulustextes hat den ursprünglichen Text als eine «Interpretation von Welt» vorgestellt, die eine andere, bei den Adressaten gültige Interpretation ersetzen will. Die Hauptregeln der sprachlichen Verfasstheit solcher Interpretation sind:

- das Ordnen von Erfahrungen in sprachlich verfasste Klassen («politische Macht» «Ursprung von»);
- ihre paradigmatische Spezifizierung («Macht», d.h. legitime Macht, *potestas*, nicht *potentia* oder *dominatus*), «Ursprung der Macht» (Ursprung von Gott her, nicht von den Menschen her);
- ihre Verbindung in einem Syntagma «Satz», das eine Antwort auf die Frage bildet: Von woher stammt die politische Macht?;

- ihre Applikation auf die Sprecher-Hörer-Situation und ihre Erfüllung durch die konkrete Lebenswelt.

Der grammatische Sinn wird zum Träger einer Botschaft, er erhält einen prägnanten Sinn, die Prägnanz entspringt der Applikation.

Die Herkunft der Prägnanz einer Botschaft aus der Applikation lässt sich an der Geschichte des Satzes erhellen. Wir verstehen diese nicht gemäss den Kategorien von H.-G. Gadamer als Wirkungsgeschichte, sondern als Zusammenspiel von Wirkung und Rezeption: auf den schöpferischen Akt der ersten Interpretation eines grammatischen Textes, der zugleich den Text selber hervorbringt, folgen die schöpferischen Re-interpretationen der späteren Leser. Tatsächlich erfuhr im Laufe der abendländischen Geschichte der Paulussatz unzählige Neuinterpretationen mittels neuer Applikationen. Um die Deutungsbreite zu illustrieren, haben wir vier epochemachende Neuinterpretationen der ersten Interpretation ausgewählt, die die Besonderheit haben, nicht nur verschiedene, sondern sogar konträr entgegengesetzte Deutungen vorzuschlagen. Es handelt sich um die Deutungen durch Thomas von Aquin, Jean Calvin, James dem Ersten von England und dem spanischen Neuscholastiker Francisco Suarez. Diese vier Deutungen haben dem Satz die folgende Botschaft verliehen:

1. Auch das Gesetz des Tyrannen hat Gesetzeskraft (Thomas von Aquin, nach 1260)[61].
2. Die Magistrate sind von Gott, aber ihre Herrschaft (die Kraft ihrer Gesetze) erstreckt sich nicht auf das Gewissen und die christliche Freiheit (Calvin 1546)[62].
3. Die absolute Monarchie ist von Gott eingerichtet, da Gott selber die Könige einsetzt und sie nur vor ihm Rechenschaft ablegen müssen. Selbst dem Tyrannen wird Gehorsam geschuldet, da nur Gott ihn absetzen kann. (James der Erste, 1598)[63].
4. Die politische Gewalt besteht in der gesetzgebenden Gewalt. Sie ist dem Volksganzen unmittelbar von Gott gegeben; dieses delegiert seine Gewalt an den König. Dieser ist daher nicht absolut, sondern an die Bedingungen gebunden, die das Volk an die Delegation der Gewalt knüpft. Alle politische Gewalt kommt daher

---

[61] Vgl. THOMAS VON AQUIN, *Summa theologiae*, I-IIae, quaestio 93, art. 3, sol. 2, *Opera Omnia iussu Leonis XIII P.M. edita*, Bd. 7, Rom, 1892.

[62] Vgl. CALVIN, J., *Institution de la religion chrestienne*, VI, xix, 5; IV, x, 3, J. BENOIT, Hg., Paris, 1957-1963.

[63] Vgl. JAMES FIRST OF ENGLAND, «The Trew law of Free Monarchies», in: KING JAMES VI. and I., *Political Writings*, J.P. SOMMERVILLE, Hg., Cambridge, 1994, p. 72.

von Gott, aber nicht unmittelbar (*immediate*), sondern vermittelt (*mediate*) durch den Volkswillen. (Suarez 1612/13)[64].

Diese Aufzählung macht sogleich die Sachproblematik der Interpretationen des Paulus-Satzes deutlich: Es geht um die Frage der unbegrenzten oder begrenzten Macht der politischen Herrschaft (*potestas absoluta — potestas ordinata*).

Thomas von Aquin und James lesen den Paulus-Satz als Rechtfertigung der *potestas absoluta,* Calvin und Suarez der *potestas ordinata* des politischen Herrschers.

Ohne in die Einzelheiten und Begründungen aller dieser Interpretationen hier eindringen zu wollen und zu müssen[65], ist es ganz deutlich, dass *alle Interpretationen sich auf den grammatischen Sinn des Satzes stützen können*; dennoch enthalten sowohl die Interpretationen von Thomas und Calvin, wie die von James und Suarez entgegengesetzte Botschaften. Thomas von Aquin bedient sich des Pauluswortes, um aus metaphysischen Gründen mit dem Pauluswort die absolute Gültigkeit der politischen Macht (selbst der Tyrannis) zu unterstützen. Calvin und Suarez dagegen stellen die absolute Macht in Frage, indem sie die Platzhalter im Schema des grammatischen Sinnes neuen Unterscheidungen unterziehen. So fragt Calvin nach dem Bereich der Zuständigkeit der politischen Macht im Unterschied zur Macht Gottes; den «zivilen» und den «spirituellen» Menschen unterscheidend begrenzt er die politische Macht auf den zivilen Menschen. Suarez wendet ein neuscholastisches Deutungsmuster vom Wirken Gottes an; er sieht in dem Ausdruck «*a Deo*» den Hinweis des Apostels auf die Weise, wie Gott «Ursache» sein kann, und unterzieht die göttliche Kausalität einer komplexen Deutung. Gemäss Suarez müssen zwei Weisen unterschieden werden, wie Gott als Ursache in der Welt wirkt, nämlich einerseits durch die Schaffung der Naturnotwendigkeit, andererseits durch sein direktes Einwirken auf die Geschichte. Insofern Gott die Naturkausalität hervorgebracht hat, ist er auch Urheber der politischen Macht; denn er hat den Menschen als ein *animal sociale et rationale* geschaffen, das aus eigenem Willen und Antrieb die politische Gemeinschaft bildet. Diese Herkunft der politischen Gemeinschaft aus einer freiwilligen Vereinigung vernünftiger Menschen begrenzt alle politische Macht der Könige; denn die politische Macht, die ursprünglich im Volksganzen liegt, ist diesem Ganzen direkt

---

[64] Vgl. SUAREZ, F., *De legibus seu legislatore Deo* (Coimbra 1612), D.M. ANDRE, Hg., *F. Suarez Opera omnia*, Vol. V, Paris, 1856, pp. 182-183.
[65] Dazu NESCHKE, A. (2003), «Intermède II».

von Gott gegeben; dem König jedoch ist sie vom Volk nur delegiert und unterliegt daher den Bedingungen des Volkswillens. Sie ist *potestas ordinata*. Durch diese Position machte sich Suarez in einer offenen Kontroverse zum Gegner des englischen Königs, der den Paulussatz als die eindeutige Stütze für die absolute Monarchie (*potestas absoluta*) interpretierte[66].

Jede der genannten Interpretationen stützt sich dabei auf konkrete Erfahrungen in einer neuen politischen Situation, die eine Re-interpretation des Satzes zwecks seiner Applikation auf diese selbe Situation erforderlich machen. Die Unbestimmtheit des grammatischen Sinnes erweist sich hierbei als die Bedingung der Möglichkeit, unterscheidende Bestimmungen einzuführen und ihm verschiedene, ja entgegengesetzte Botschaften anzuvertrauen. Es erweisen sich so in der Tat die Applikation und ihre Voraussetzung, der Wandel der Sprecher-Hörer-Situation, als die entscheidende Bedingung, die es möglich macht, eine neue Botschaft auszusprechen. M.a.W. jede Re-interpretation als Neuinterpretation erweist sich als die Anwendung eines gegebenen «offenen» Textes auf eine neue pragmatische und ideelle Situation hin. Daraus wird deutlich, dass die Botschaft nicht vom Text, insofern er den grammatischen Sinn bereitstellt, allein ausgedrückt wird. Dieser bildet immer nur eine «Spur», die eine menschliche Denk- und Sprechhandlung in einer bestimmten Situation hinterlassen hat. Der grammatische Sinn muss durch seine sprachliche Auslegung einerseits und die Applikation auf die Situation andrerseits jeweils kontextualisiert werden, damit die Botschaft des Textes hörbar wird.

Die Rekonstruktion der *Botschaft* des Textes macht daher den Kern der hermeneutischen Arbeit des Philologen aus. In diese Rekonstruktion müssen alle Präsuppositionen eingehen, aus deren Zusammenspiel die Prägnanz der Botschaft allererst entsteht.

IV. Philologische Hermeneutik als geisteswissenschaftliche Methode und ihre «Wahrheit»

Diese Einsicht hat nun entscheidende Folgen für das philologische Textverstehen in den Geisteswissenschaften. Die Einsicht, dass jeder Text als linguistische Einheit als eine *Spur von etwas* zu betrachten ist, das im

---

[66] Zu dieser Kontroverse vgl. MESNARD, P. ([2]1977), *L'essor de la philosophie politique au XVIe siècle*, Paris, pp. 639-642.

Text selber nicht ganz ausgedrückt werden kann, sondern worauf der Text teils darstellend, teils als Ausdruck oder Appel hinweist, enthält die Folgerung, dass ein *Verstehen der Botschaft* eines Textes ohne die Rekonstruktion der Applikation, d.h. der Präsuppositionen, Kontexte und Kontextbedingungen, nicht gewährleistet ist. Andernfalls handelt es sich gar nicht um das Verstehen seiner Botschaft, sondern die Lektüre des Textes haftet nur an der Oberfläche des grammatischen Sinnes. Das Verstehen der *Botschaft*, nicht nur des grammatischen Sinns des Textes, ist das Ziel des methodisch geübten, philologischen Verstehens. Je nach Sachbereich der Texte (theologische, juridische, fiktional-literarische, philosophische Texte) setzt es eine Fülle materialer Kenntnisse (das betroffene «Sachgebiet», die Sprache, die Sprachverwendung, die Sprechersituation, die Denkkategorien der Zeit, die pragmatische Situation u.a.) voraus. Das Verstehen der Botschaft ist das gemeinsame Geschäft der Humanwissenschaften, fasst man darunter, wie es im französisch-sprachigen Bereich geschieht, neben den enger definierten Geisteswissenschaften auch die Rechtswissenschaft und die Religionswissenschaften inklusive der Theologie. Das spezifisch geisteswissenschaftliche Verstehen ist gemäss einem inzwischen etablierten Konsens davon überzeugt, dass man einen Text nicht verstanden hat, ohne seinen Kontext, seine Applikation, untersucht zu haben. Mit der Unterscheidung von Textsinn und Botschaft ist daher angegeben, dass man einen Text zweifach verstehen kann, d.h. «naiv», unmethodisch oder kunstgerecht, methodisch.

*

*   *

Im Rahmen dieses Kolloquiums, das der Abgrenzung von philosophischer und geisteswissenschaftlicher Hermeneutik gewidmet ist, ergibt die gewonnene Einsicht in den grundsätzlich fragmentarischen Charakter jedes Textes eine wichtige Folgerung für die Begriffe von Applikation, von Wahrheit und Methode, denn sie erlaubt, zu Gadamers Deutung *allen* Verstehens als «Applikation» und der Applikation als des Ortes der «Wahrheit» des Verstehens Stellung zu nehmen[67].

Um *alles* Verstehen als Applikation zu deuten, bedient sich Gadamer vorzüglich des Beispiels der juristischen Hermeneutik. Es ist richtig und eine der wichtigsten Einsichten Gadamers, der *Applikation* im

---

[67] GADAMER, H.-G. (²1960), *Wahrheit und Methode*, Tübingen, bes. pp. 290ff.; 298ff.; 307ff.; 311ff.

Verstehensprozess eine grundlegende Rolle zuzuschreiben. Eine vertiefende Untersuchung desselben Phänomens erlaubt es aber, ungerechtfertigte Vereinfachungen Gadamers zurückzuweisen. Es sind nämlich verschiedene Bedeutungen von Applikation voneinander zu unterscheiden.

Zwischen juristischer sowie auch theologischer Hermeneutik einerseits und derjenigen Hermeneutik, wie sie die traditionellen Disziplinen der geisteswissenschaftlichen Fakultäten leisten, liegt der Unterschied gerade in ihrem jeweiligen Verhältnis zur Applikation. Juristisches Verstehen *ist* — wie Pierre Moor zeigt[68] — immer schon Applikation und die juristische Hermeneutik begründet diesen Tatbestand mittels der Reflexion auf die juristische Praxis und Doktrin. Ebenso hat die theologische Hermeneutik ihr Ziel in der Verkündigung der guten Botschaft — dem Lesen (lire) folgt hier das Verkünden (dire), wie es Pierre Bühler ausdrückte[69]. Die Applikation betrifft hier zum einen die soziale Praxis, zum anderen die existentielle Selbstdeutung des Einzelnen. Sicher ist, dass es für das geisteswissenschaftliche Verstehen keine Applikation im Sinne des juristischen und theologischen Verstehens geben kann. Gibt es nun gar keine Applikation im geisteswissenschaftlichen Verstehen? Wenn ja, wozu aber verstehen die Geisteswissenschaftler, Literatur- und Kunstwissenschaftler, Historiker und Philosophiehistoriker? Das Phänomen der Applikation, wie es Gadamer versteht, verweist auf die *praktische* Finalität des jeweiligen Interpreten. Im Falle der Wissenschaften als Wissenschaften ersetzt man jedoch den Ausdruck der praktischen Finalität besser durch den adäquateren des «Erkenntnisinteresses»[70]. Nun gilt gemäss unserer Untersuchung, dass ein solches Verstehen, das der Bedeutung der Applikation für die Konstitution der Botschaft eines Textes Rechnung trägt, gehindert ist, selber unmittelbar diese Applikation vorzunehmen, m.a.W.: *Das Verstehen, das die Bedingungen des Verstehens selber analysiert und objektiviert, setzt kraft der Analyse und Reflexion diese Bedingungen ausser Kraft.* Zwischen Verstehen und Applikation besteht ein Hiat. Das Verstehen der Texte in den Geisteswissenschaften geschieht nun nicht im Interesse neuer Applikation auf die eigene lebenspraktische oder existentielle Situation, sondern in denjenigem an der *Erkenntnis schon stattgehabter Applikationen zwecks Rekonstruktion sei es eines genetischen Zusammenhanges (die historischen Disziplinen) sei es eines Sachzusammenhanges (die systematischen Disziplinen wie Kunst- und*

---

[68] Dieser Band, pp. 283-310
[69] Diese prägnante Formel entstammt seinem Vortrag in Crêt-Bérard.
[70] Dazu grundlegend HABERMAS, J. (1968), *Erkenntnis und Interesse*, Frankfurt am Main.

Literaturwissenschaft, Philosophie oder Sprachwissenschaft). Es dient daher dem theoretischen Ziel der Erkenntniserweiterung, es wird «appliziert» zum Zweck von Theoriebildung. Ob es infolge der erweiterten Erkenntnis zu lebenspraktischer oder existenzieller Applikation durch den Wissenschaftler kommt, ist eine nicht-intendierte, ja nicht einmal intendierbare Folge, also eine blosse Möglichkeit der hermeneutischen Arbeit.

Applikation als «Anwendung des Verstandenen» kann somit praktischen, existentiellen oder theoretischen Zielen dienen. Doch ist hiervon ein ganz anderer Begriff von Applikation zu unterscheiden, d.h. derjenige, den wir in der Analyse der Rede herausgearbeitet haben. Der erste Begriff betrifft die *Zielsetzung* des Verstehens; seine Unterscheidungen ergeben sich aus den Unterscheidungen der Humanwissenschaften. So sollte man zwischen der Applikation des Verstehens auf die soziale und existentielle Praxis in Jurisprudenz und Theologie und der Applikation des Verstehens auf theoretische Zusammenhänge in den Geisteswissenschaften eine Trennungslinie ziehen. Der zweite Begriff hingegen *fällt in den Verstehensprozess selber*, den alle Humanwissenschaften vollziehen müssen, wenn ihr Gegenstand von Texten gebildet wird. *Alle* genannten Wissenschaften, wenn sie die für sie relevanten Texte verstehen wollen, müssen zunächst die mögliche eigene Applikation suspendieren und *den Text selber als eine bestimmte Applikation verstehen,* d.h. den grammatischen Sinn des Textes von seiner Interpretation durch den Urheber des Textes unterscheiden. Sie müssen also — ohne Rücksicht auf eine weitere Finalität — die Botschaft des Textes suchen, hinter der hier der Gesetzgeber, dort Gott, dort wiederum der Autor eines Textes steht. *Um jedoch den Text selber als Applikation zu verstehen, bedarf es der Methode,* d.h. aber der philologischen Hermeneutik[71]. Sie allein liefert die Erkenntnis von der Rolle, die die Sprachzeichen in der kategorialen, klassifizierenden und konstruierenden Organisation innehaben und mit deren Hilfe der menschliche Geist seine Erfahrungen bearbeitet. Diese Hermeneutik lenkt die Praxis des Verstehens, indem sie, mittels ihrer begrifflichen Unterscheidungen die Wahrnehmung der sprachlichen Phänomene schärft, d.h. die Observation und Analyse lenkt.

Diese Methode führt zu der am Wahrheitskriterium messbaren Erkenntnis der Botschaften in den Texten. Es geht also um die an Methode gebundene Wahrheit, da die Methode die Wahrheitskriterien

---

[71] Es versteht sich von selbst, dass zu ihr in jedem Sachbereich eine spezifische Fachhermeneutik hinzutritt. Sie betrifft die Bedeutung der Terme, ihre Herkunft und Extension sowie die Kenntnis der Produktionsbedingung der Texte (s. etwa den Artikel von P. Moor in diesem Band zu den Bedingungen der Bedeutung in juristischen Texten).

bereitstellt. Der Gegenstand der methodisch erworbenen Erkenntnisse sind Tätigkeiten des menschlichen Geistes, sofern er denkt und sein Denken sprachlich darstellt. «Hermeneutik» als Methodenlehre des Verstehens hat es dann immer noch, wie bei Schleiermacher, mit der Frage des «Geistes» zu tun, heute nicht mehr als Frage seines Ausdrucks (Dilthey), sondern als Frage, wie er «Welt» dank der sprachlichen Zeichen zur Darstellung bringt und damit die Welt durch «Interpretation» allererst als eine be-stimmte, in Sprache gefasste Welt konstituiert.

ADA NESCHKE-HENTSCHKE
Université de Lausanne

BIBLIOGRAPHIE

Quellen:

ARISTOTELES, *Categoriae et liber de interpretatione*, L. MINIO-PALUELLO, Hg., Oxford, 1949.

CALVIN, J., *Institution de la religion chrestienne*, 5 Bde., J. BENOIT, Hg., Paris 1957-1963.

M. T. CICERO, *De re publica*, K. ZIEGLER, Hg., Leipzig, 1964.

JAMES FIRST OF ENGLAND, «The Trew Law of Free Monarchies», in: KING JAMES VI. and I., *Political Writings*, J.P. SOMMERVILLE, Hg., Cambridge, 1994, pp. 62-84.

PEIRCE, CH.S., *Collected Papers*, Bde. 1-6 hsg. v. C. HARTSHORNE, 7-8 hsg. v. A.W. BURKS, Cambridge Mass., 1931-1958.

SCHLEIERMACHER, F.D.E., «Über die verschiedenen Methoden des Übersetzens», in: G. REIMER, Hg., *Friedrich Schleiermacher's Sämmtliche Werke*, 3. Abt., Bd. 2: *Zur Philosophie*, Berlin, 1838, pp. 207-45.

SCHLEIERMACHER, F.D.E., *Hermeneutik*, H. KIMMERLE, Hg., Heidelberg, 1974.

SCHLEIERMACHER, F.D.E., «Hermeneutik von 1832/33», in: *Hermeneutik*, H. KIMMERLE, Hg., Heidelberg, 1974, pp. 159-166.

SCHLEIERMACHER, F.D.E., «Über den Begriff der Hermeneutik, mit Bezug auf F.A. Wolfs Andeutungen und F. Ast's Lehrbuch», (Akademierede von 1829), in: *Hermeneutik*, H. KIMMERLE, Hg., Heidelberg, 1974, pp. 153-156.

SCHLEIERMACHER, F.D.E, «Hermeneutik von 1810», W. VIRMOND, Hg., in: H. FISCHER u.a., Hg., *Schleiermacher-Archiv*, Bd. I, Berlin, 1985, pp. 1271-1310.

SUAREZ, F., *De legibus seu legislatore Deo* (Coimbra 1612), D.M. ANDRE, Hg., *Opera omnia*, Vol. V, Paris, 1856.

THOMAS VON AQUIN, *Summa theologiae*, I-IIae, *Opera omnia iussu Leonis XIII P.M. edita*, Bd. 7, Rom, 1892.

Studien:

ADAM, J.M. (1999), *Linguistique textuelle. Des genres du discours au texte*, Paris.

AUSTIN, J.L. (1962), *How to do things with words*, Oxford.

BÜHLER, K. (^{2}1965), *Sprachtheorie I, Die Darstellungsfunktion der Sprache* (1934), Stuttgart.

CHOMSKY, N. (1965), *Aspects of the Theory of Syntax*, Cambridge Mass.

CHOMSKY, N. (1972), «Die formale Natur der Sprache», in: E.H. LENNEBERG, *Biologische Grundlagen der Sprache*, Frankfurt am Main, pp. 483-539.

DE SAUSSURE, F. (1972), *Cours de linguistique générale* (kritische Edition), Paris.

DONALD, M. (1999), *Les origines de l'esprit moderne*, Paris/Bruxelles.

DUCHROW, U. (1983), *Christenheit und Weltverantwortung: Traditionsgeschichte und systematische Struktur der Zweireichelehre*, Stuttgart.

GADAMER, H.-G. (^{2}1960), *Wahrheit und Methode*, Tübingen.

GLINZ, H. (1973), *Textanalyse und Verstehenstheorie I*, Frankfurt am Main.

GREIMAS, J. (1966), *Sémantique structurale*, Paris.

HABERMAS, J. (1968), *Erkenntnis und Interesse*, Frankfurt am Main.

HENLE, P. (1958), *Language, Thought and Culture*, Michigan.

HOOPER, J., Hg. (1990), *Peirce on Signs*, Chapel Hill.

HORSTMANN, A. (1989), «Philologie», in: H. RITTER u. K. GRÜNDER, Hg., *Historisches Wörterbuch der Philosophie*, Bd. VII, Basel, Sp. 552-572.

LENNEBERG, E.H. (1972), *Biologische Grundlagen der Sprache*, Frankfurt am Main.

LYONS, J. (1971), *Einführung in die moderne Linguistik*, München.

LYONS, J. (1978), *Eléments de sémantique*, Paris.

MESNARD, P. ([2]1977), *L'essor de la philosophie politique au XVIe siècle*, Paris.

NESCHKE, A. (1990), «Matériaux pour une approche philologique de l'herméneutique de Schleiermacher», in: A. LAKS u. A. NESCHKE, Hg., *La naissance du paradigme herméneutique. Schleiermacher, Humboldt, Boeckh, Droysen*, Lille, pp. 29-67.

NESCHKE, A. (2000), «Hermeneutik von Halle. Wolf und Schleiermacher», in: H.J. ADRIAANSE u. R. ENSKAT, Hg., *Fremdheit und Vertrautheit. Hermeneutik im europäischen Kontext*, Leuven/Paris, pp. 283-302.

NESCHKE, A. (2002), «Vom Staat der Gerechtigkeit zum modernen Rechtsstaat», *Internationale Zeitschrift für Philosophie*, pp. 257-285.

NESCHKE, A. (2003), *Platonisme politique et théorie du droit naturel*, Vol. II: *Platonisme politique et jusnaturalisme chrétien. D'Augustin à John Locke*, Paris/Leuven.

NÖTH, W. (2000), *Handbuch der Semiotik*, Stuttgart.

OEHLER, K. (1995), «Idee und Grundriss der Peirceschen Semiotik», in: *Sachen und Zeichen*, Frankfurt am Main, pp. 77-93.

PFEIFFER, R. (1970), *Geschichte der Klassischen Philologie. Von den Anfängen bis zum Ende des Hellenismus*, Hamburg.

SEARLE, J.R. (1979), *Speech Acts*, Cambridge.

SZONDI, P. (1975), *Einführung in die literarische Hermeneutik*, Frankfurt am Main, pp. 7-191.

TESNIERE, L. (1959), *Eléments de syntaxe structurale*, Paris.

WHORF, B.L. (1956), *Language, Thought, Reality*, Cambridge Mass.

L'HERMENEUTIQUE ENTRE PHILOSOPHIE ET
HISTOIRE DE LA PHILOSOPHIE

Depuis ses origines, l'herméneutique est une discipline d'exégèse, d'interprétation et de traduction. D'où sa place privilégiée dans le rapport aux textes, aux textes littéraires en général et aux textes philosophiques en particulier. En philosophie, dans une philosophie qui pour une large part s'attache à la lecture et à l'interprétation de textes fournis par une longue tradition, l'herméneutique tient un rôle méthodologique classique: elle nous dit comment comprendre un texte, quelles règles mettre en œuvre, comment parvenir à son sens. A ce titre, tous les historiens, tous les historiens de la philosophie ont leurs règles, plus ou moins générales, dont ils usent dans leur rapport avec les textes[1]. Et il n'est pas évident que se laisse distinguer une singularité du philosophe dans la mesure où la vérité de l'historien de la philosophie n'est qu'un cas particulier de la vérité de l'historien qui, à quelques spécifications près, soulève les mêmes problèmes que ceux de la connaissance historique en général. C'est alors aux problèmes de cette dernière, bien connus depuis la moitié du 19ème siècle, qu'il faut renvoyer.

Mais en même temps, la philosophie entretient avec son histoire un rapport plus intime, constitutif, qui fait que les méthodes mises en œuvre ne peuvent pas être séparées radicalement des enjeux du comprendre. Si la philosophie a une prétention à la vérité, jusque dans son rapport aux textes anciens, alors il n'est pas évident que l'on puisse distinguer ce qu'il faut faire pour comprendre et les enjeux de la compréhension des textes philosophiques de la tradition. Notamment pour savoir s'il faut laisser

---

[1] Et il aurait fallu faire pour le 20ème siècle ce qu'ont fait Lutz Geldsetzer pour le 19ème et, couvrant une plus large période, Martial Gueroult ou Lucien Braun: GUEROULT, M. (1979), *Dianoématique*, livre II: *Philosophie de l'histoire de la philosophie*, Paris; GUEROULT, M. (1983-1988), *Dianoématique*, livre I: *Histoire de l'histoire de la philosophie*, 3 vols., Paris; GELDSETZER, L. (1968), *Die Philosophie der Philosophiegeschichte im 19. Jahrhundert*, Meisenheim am Glan; BRAUN, L. (1973), *Histoire de l'histoire de la philosophie*, Paris. Il faut renvoyer aussi à des travaux plus récents, comme BOSS, G., éd. (1994), *La Philosophie et son histoire*, Zurich; au numéro *Doxographie antique*, *Revue de métaphysique et de morale*, n°3, 1992; ou au numéro *La Philosophie et ses histoires* de *Les Etudes philosophiques*, octobre-décembre 1999, etc. La bibliographie en la matière est à vrai dire presque inépuisable.

l'histoire de la philosophie aux historiens ou s'il faut la rendre à la philosophie. Cela fait incontestablement partie de la spécialité de l'herméneutique en histoire de la philosophie: l'histoire y est en relation avec la vérité, la science avec la vie. C'est là qu'intervient plus fortement la nécessité de distinguer, ne fût-ce que schématiquement, les positions herméneutiques. C'est pourquoi je me propose, dans un premier temps d'indiquer les rapports entre histoire de la philosophie et vérité ainsi qu'entre l'herméneutique traditionnelle et l'herméneutique philosophique. Cela me permettra de préciser ensuite, de façon sommaire, la logique de quelques positions de l'herméneutique par rapport à l'histoire de la philosophie.

I. Histoire de la philosophie et vérité, herméneutique traditionnelle et herméneutique philosophique

Nous n'ignorons pas que l'histoire de la philosophie par elle-même est un problème. Je n'entends pas l'élucider ni m'interroger d'emblée sur le fait que la philosophie s'attache à son passé, même si c'est bien le point dont il nous faut partir. On sait, Hegel et Nietzsche s'étaient attachés, chacun à sa manière, à le montrer, que la compréhension historique est liée à des intérêts de connaissance[2]. Ce qui vaut aussi de l'histoire de la philosophie. Nous ne les poursuivrons pas ici où, avant de présenter les positions herméneutiques, je voudrais rappeler rapidement les difficultés du rapport de la philosophie à son histoire. Paul Ricœur, dans deux écrits rarement invoqués, me servira ici de guide[3]. Le lien entre la philosophie et son devenir historique conduisent, à suivre Ricœur, à des «apories de la compréhension». On peut effectivement, en schématisant, relever deux modèles de la compréhension en usage en histoire de la philosophie:
– soit on cherche à comprendre une philosophie par son intégration au système, à la vérité globale, à un système total de la vérité qui en est comme la limite et dont le modèle est fourni par les *Leçons sur l'histoire*

---

[2] NIETZSCHE, F., «Unzeitgemäße Betrachtungen II: Vom Nutzen und Nachteil der Historie für das Leben», dans: *Sämmtliche Werke. Kritische Studienausgabe in 15 Bänden*, tome I, G. COLLI et M. MONTINARI, éds., Munich/Berlin/New York, 1980, pp. 243-334; HEGEL, G.W.F., *Vorlesungen über die Philosophie der Geschichte*, E. MOLDENHAUER et K. M. MICHEL, éds., *Werke in zwanzig Bänden*, tome XII, Francfort ("TWA"), 1970, «Einleitung», pp. 11ss.

[3] RICŒUR, P., «L'histoire de la philosophie et l'unité du vrai», dans: *Histoire et vérité*, Paris, 1964b, pp. 45-65, et «Histoire de la philosophie et historicité», dans: *Histoire et vérité*, Paris, 1964a, pp. 66-80.

de la philosophie de Hegel. On répond ainsi à l'exigence de vérité et à l'avènement d'un sens qui excède les singularités, l'universel se présentant sous la forme du particulier.

– soit on cherche à comprendre à chaque fois une philosophie comme une philosophie singulière, ce qui fait aussi l'historicité de la philosophie. Et au lieu de rechercher une vérité totale, une philosophie sera comprise lorsque nous accèderons à sa singularité, que nous parviendrons à la reconstituer. C'est à partir de là que nous pouvons «communiquer», dialoguer, trouver l'altérité dont a besoin aussi une pensée. Comprendre ici est la compréhension de l'émergence d'une singularité.

L'histoire de la philosophie est donc, si nous pouvons reprendre à notre compte cette approche de Ricœur, sans tenir compte encore de ses options, animée d'un double mouvement en lui-même déchiré par l'antagonisme de l'universel et du singulier.

Ces difficultés classiques dans l'approche de l'histoire de la philosophie doivent être jointes à l'embarras à s'entendre sur ce qu'est l'herméneutique. Il ne s'agit pas non plus, dans ce cadre, d'entrer dans un débat qui doit sans doute avoir lieu[4] et qui sera laborieux. Les solutions sont peu satisfaisantes; tenons-nous en à la distinction la plus simple, celle qui oppose une herméneutique technique à une herméneutique philosophique. On connaît cette opposition qui a l'avantage d'être aisément repérable. Elle distingue deux types d'herméneutique:

L'herméneutique traditionnelle qui, comme reconstruction d'une construction originale, est issue de la prise de conscience de l'historicité et de la particularité de l'homme, de ses productions et de ses constructions. Cette herméneutique est la théorie de l'activité d'interpréter comme mode de connaître. Comme théorie elle est à la fois la reprise et l'amélioration d'une pratique (établissement de règles) et une réflexion sur la pratique (analyse des principes et des conditions de possibilité). A ce titre elle désigne la méthode générale des sciences historiques et recouvre l'herméneutique des textes.

---

[4] Il est déjà engagé, depuis longtemps. En voici quelques éléments: SCHOLTZ, G. (1993), «Was ist und seit wann gibt es "hermeneutische Philosophie"?», *Dilthey-Jahrbuch für Philosophie und Geschichte der Geisteswissenschaften*, 8, pp. 93-119; FIGAL, G. (1996), «Die Komplexität philosophischer Hermeneutik», dans: *Der Sinn des Verstehens*, Stuttgart, pp. 11-31; RODI, F. (1990), «Traditionelle und philosophische Hermeneutik. Bemerkungen zu einer problematischen Unterscheidung», dans: *Erkenntnis des Erkannten. Zur Hermeneutik des 19. und 20. Jahrhunderts*, Francfort/Main, pp. 89-101; GADAMER, H.-G., «Klassische und philosophische Hermeneutik», dans: *Gesammelte Werke*, tome II: *Wahrheit und Methode. Ergänzungen, Register*, Tübingen, 1986b, pp. 92-117.

L'herméneutique philosophique qui envisage le comprendre comme un mode d'être du *Dasein*. Les constructions interprétantes de la facticité du *Dasein* peuvent bien sûr être analysées quant à leurs conditions de possibilité, mais celles-ci relèvent non plus d'une simple théorie du savoir, mais d'une ontologie fondamentale. C'est dans ce cadre que s'est développée une «phénoménologie herméneutique».

Bien entendu, ces positions doivent être réfléchies pour éviter leur durcissement: on peut ainsi considérer que la seconde est un approfondissement de la première[5] ou voir dans le travail de l'articulation entre le concept ontologique de compréhension et le concept épistémique d'interprétation une tâche pour l'herméneutique[6]. Mais il est utile pour notre approche de les distinguer, d'autant plus que cela nous facilitera la tâche dans l'établissement d'une logique des positions de la philosophie se réclamant de l'herméneutique par rapport à l'histoire de la philosophie. Toutes les options herméneutiques, toutes les perspectives interprétatives (existentialisme, marxisme, structuralisme, psychanalyse etc…) auraient dû être analysées. Nous nous en tenons aux interprétations qui revendiquent un héritage herméneutique. Il faudra se méfier des assimilations hâtives que l'on voit poindre dès l'établissement de ces positions: parenté entre la saisie de la singularité et la technique herméneutique qui reconstruit l'œuvre pour elle-même, affinité entre la position d'une vérité absolue d'où sourd le sens et une herméneutique philosophique qui veut être à son écoute.

II. L'herméneutique philosophique

L'herméneutique philosophique revendique une attitude spécifique par rapport à l'histoire de la philosophie, par rapport à l'histoire de la métaphysique et la fondation des sciences de l'esprit. Sa situation est privilégiée, puisque nous avons assisté, dès le 16ème siècle, au développement conjoint de l'approche historique de la philosophie et de l'herméneutique[7]. Au tournant du siècle, Dilthey apparaît sans doute comme l'un

---

[5] SCHOLZ, O. (1999), *Verstehen und Rationalität. Untersuchungen zu den Grundlagen von Hermeneutik und Sprachphilosophie*, Francfort, p. 138.

[6] GREISCH, J. (2000), *Le Cogito herméneutique. L'herméneutique philosophique et l'héritage cartésien*, Paris, p. 132.

[7] Il ne m'appartient pas de développer cela ici. Je me permets de renvoyer à deux travaux: LONGO, M. (1994), «Philosophiegeschichtsschreibung nach der Aufklärung: Schleiermacher und der hermeneutische Zirkel von Philosophie und Geschichte der Philosophie», dans: A. BÜHLER, éd., *Unzeitgemässe Hermeneutik*, Francfort, pp. 223-240; et

des premiers à élaborer une approche herméneutique de l'histoire de la philosophie. Elle s'enracine dans sa théorie des conceptions du monde, plus particulièrement dans les *Weltanschauungen* philosophiques. Le problème de l'histoire de la philosophie se trouve résolu par la définition des philosophies comme *Weltanschauungen*, c'est-à-dire non pas par un objet déterminé ou par une méthode définie, mais à travers une objectivation de l'esprit dans des systèmes philosophiques. Dilthey peut alors laisser l'histoire de la philosophie ouverte sur l'infini, même si chaque philosophie se clôt sur son système, tout en tenant compte de la réalité de la philosophie vivante dans l'histoire. La philosophie est productrice de *Weltanschauungen* d'essence conceptuelle. Un courant de l'herméneutique se reconnaîtra aussi dans la conception de Jaspers[8], qui, en réaction à l'historisme, rapporte finalement les grandes pensées aux grands philosophes, à «ceux qui fondent la philosophie et ne cessent de l'engendrer». La vérité n'est pas présente de façon intemporelle, mais se révèle sous des formes liées à l'historicité d'une existence, ce qui garantit à la fois l'actualité du passé et l'intérêt que la philosophie nourrit pour l'histoire de la philosophie:

> «il y a quelque chose d'inépuisable dans leur manière de penser. [...] Leur pensée nous incite à aller plus avant, non pas pour la dépasser, ni même la prolonger, mais pour en atteindre le sens; c'est la seule manière, simplement, de les comprendre. Et mieux on les comprend, mieux on se rend compte de ce qui reste encore à faire. Comparés à eux, les autres philosophes nous laissent, semble-t-il, épuiser le sens de leur pensée.»[9]

Cette simultanéité de la vérité et de l'historicité nous permet d'entrer en dialogue avec la tradition. Les philosophies restent rivées à leur inscription historique mais, en exprimant l'élan d'une existence, m'éveillent moi-même à l'existence. A ce titre, comprendre ces grands penseurs, c'est se comprendre. Ce qui ne va pas sans problèmes, car en privilégiant de grands penseurs, le critère qui nous permet de les sélectionner comme tels est nécessairement emprunté à un horizon d'actualisation déterminé: ne sont-ils pas grands par leur rencontre avec nos intérêts qui nous permettent de les actualiser? L'histoire de la philosophie doit-elle être ce que Nietzsche appelait une histoire monumentale?

SCHOLTZ, G. (1995), «Das Griechentum im Spätidealismus. Studien zur Philosophiegeschichtsschreibung in den Schulen Hegels und Schleiermachers», dans: *Ethik und Hermeneutik. Schleiermachers Grundlegung der Geisteswissenschaften*, Francfort, p. 286-313.

[8] RICŒUR, P. (1964b), pp. 50ss., 56.

[9] JASPERS, K., *Les grands philosophes*, trad. sous la direction de J. HERSCH, Paris, 1967, p. 10.

Voilà qui peut être éclairé si, suivant une suggestion de Jean Greisch[10], nous nous tournons vers Husserl pour découvrir ce que pourrait être une herméneutique de l'histoire de la philosophie[11]. Husserl affirme dans la *Krisis* que «nous devons nous enfoncer dans des considérations historiques, si nous devons pouvoir nous comprendre nousmêmes en tant que philosophes, et comprendre ce qui doit sortir de nous comme philosophes»[12]. Et Husserl développe une théorie de la lecture, du rapport à l'histoire, comme il l'avait fait dans le texte même de la *Krisis*: la *Rückbesinnung* historique et critique, qui est méditation en retour, implique une «question en retour [*Rückfrage*] sur ce qui, originellement et à chaque fois, a été voulu en tant que philosophie et a continué à être voulu à travers l'histoire dans la communication de tous les philosophes et de toutes les philosophies»[13]. C'est à partir de là que s'éclaire la visée du rapport du philosophe à l'histoire de la philosophie: «Nous tenterons de percer la croûte des faits historiques objectivés de l'histoire de la philosophie, interrogeant, démontrant et éprouvant sa téléologie interne»[14]. Le rapport pensant à l'histoire de la philosophie permet d'en dégager la signification et l'importance pour la vie, dans un mouvement ressemblant à l'arc diltheyen de l'expérience vécue, de l'expression et de la compréhension, mettant à jour la téléologie, c'est-à-dire le sens de l'histoire de la philosophie. Ce retour au cœur du sens de l'histoire de la philosophie est ce par quoi chaque philosophe peut se comprendre et comprendre son projet en connexion avec un projet global de la philosophie[15]. L'histoire de la philosophie a donc d'un point de vue herméneutique le statut non pas d'une histoire antiquaire, mais d'une histoire qui, dans son altérité, est constitution de soi du penseur c'est-à-dire réappropriation du sens de ce qu'est la philosophie. Ce rapport herméneutique du philosophe à l'histoire de la philosophie, «l'image qu'il se fait de l'histoire, en partie forgée par lui-même, en partie reçue, son

---

[10] GREISCH, J. (1992), «Le poème de l'histoire. Un modèle herméneutique de l'histoire de la philosophie et de la théologie» dans: J.-P. JOSSUA et N.-J. SED, éds., *Interpréter. Hommage amical à Claude Geffré*, pp. 141-172.

[11] HUSSERL, E., *Appendice XXVIII du §73 de La Crise des sciences européennes et la phénoménologie transcendantale*, tr. G. GRANEL, Paris, 1976, pp. 563-568.

[12] HUSSERL (1976), p. 565.

[13] HUSSERL, E., *Die Krisis der europäischen Wissenschaften und die transzendentale Phänomenologie: eine Einleitung in die phänomenologische Philosophie*, W. BIEMEL, éd., *Husserliana: Gesammelte Werke*, tome VI, Haag, 1954, §7; tr. modifiée, p. 23.

[14] HUSSERL (1954); tr. modifiée p. 24.

[15] Cf. le rapport au «poème de l'histoire», HUSSERL (1976), *Appendice XXVIII du §73*, p. 568 et son analyse par Jean GREISCH (1992).

"*poème de l'histoire de la philosophie*" n'est pas resté et ne reste pas fixe»[16], et surtout ne relève pas de l'histoire scientifique de la philosophie. Chaque auteur développant une stratégie d'appropriation spécifique de l'histoire de la pensée, nous avons affaire comme à autant de versions poétiques que chacun a dû se forger de l'histoire de la philosophie.

Rarement rattachée directement à l'herméneutique, cette approche a son affinité avec la critique de l'historisme que contient la notion de fusion des horizons chez Gadamer: elle dit la difficulté et les limites de l'histoire scientifique en général, et en conséquence également celle de l'histoire de la philosophie. Chez Gadamer, il faut penser l'histoire de la philosophie de façon spécifique. On connaît à travers le concept de *Wirkungsgeschichte*, du «travail de l'histoire», et du *wirkungsgeschichtliches Bewusstsein*, le rôle fondamental que joue l'historicité au niveau du comprendre[17]. Cette historicité est la rencontre dans l'histoire de deux horizons: celui où nous sommes placés maintenant et celui du passé, croisée qui fait que les événements passés sont capables de nous atteindre. Il faut donc que le passé nous dise quelque chose. C'est là qu'on peut écrire une histoire de la philosophie qui en même temps est la suppression de son histoire: «Mais toute question que l'on pose en tant que question n'est plus simplement remémorée. En tant que souvenir de ce qui fut autrefois demandé, elle est ce que nous demandons maintenant. Le questionnement supprime l'historicité de notre pensée et de notre connaissance. La philosophie n'a pas d'histoire.»[18]

Ce souvenir qui nous arrive, qui nous surprend («*was einem kommt, was über einem kommt*»[19]) est un événement qui est avènement nous rendant contemporains des textes les plus lointains du passé. Ce qui fait sa présence, son actualité, c'est-à-dire sa présence comme acte de la vérité produisant encore des effets; aussi, dans une herméneutique spéciale de l'histoire de la philosophie ce type de rapport au passé est la suppression du passé comme passé. Concernant la fusion des horizons, la différence des situations historiques de l'auteur et du lecteur au lieu d'être incluse dans le processus interprétatif joue contre l'histoire.

---

[16] HUSSERL, E. (1976), *Appendice XXVIII du §73*, p. 568

[17] Sur ce point, essentiel à notre problématique, nous renvoyons à l'importante contribution de Jean Grondin: «La conscience du travail de l'histoire et le problème de la vérité en herméneutique», dans: J. GRONDIN (1993), *L'Horizon herméneutique de la pensée contemporaine*, Paris, pp. 213-233.

[18] GADAMER, H.-G., *La Philosophie herméneutique*, trad. J. GRONDIN, Paris, 1996a, p. 55; «Selbstdarstellung», dans: *Gesammelte Werke*, tome II: *Wahrheit und Methode. Ergänzungen, Register*, Tübingen, 1986c, p. 503.

[19] GADAMER, H.-G. (1986c), p. 503.

L'herméneutique philosophique se comprend alors comme une critique de l'historisme conçu comme connaissance purement historique:

> «Le texte compris en historien est formellement dépossédé de la prétention à dire quelque chose de vrai. Lorsque l'on considère la tradition en historien, que l'on se replace dans la situation historique et que l'on cherche à reconstituer l'horizon historique, on croit comprendre. En réalité, on a fondamentalement renoncé à l'ambition de trouver dans la tradition une vérité qui elle-même s'imposerait et se ferait comprendre.» [20]

Ce qui tient incontestablement compte de la spécificité des textes philosophiques qui, comme propositions de sens, sont des prétentions à la vérité. Comprendre en philosophe, c'est alors s'ouvrir à une vérité reçue comme événement. C'est ainsi que Gadamer entend sa dette à l'égard de Heidegger[21]. Il voit son mérite dans la critique simultanée de l'historisme de Dilthey, du scepticisme relativiste qui en résulterait, et de la *Problemgeschichte* néo-kantienne représentée par Cassirer, prenant les problèmes comme quelque chose d'invariant, d'éternel, les réponses au contraire étant historiques:

> «le jeune Heidegger n'avait rien d'un tel historien de la philosophie. Il était théologien de formation et un authentique penseur[22]. Ceux qui ont été inspirés par la prestation de Heidegger n'ont jamais pu accepter la distinction pure et simple de la philosophie et de son histoire, tant devenait présent ce qui se mettait à parler à travers le démontage [*Abbau*] des recouvrements historiques derrière la tradition conceptuelle de la pensée occidentale.» [23]

C'est donc un rapport philosophique à la tradition philosophique qui motive l'élaboration de l'herméneutique philosophique.

---

[20] GADAMER, H.-G., *Vérité et méthode: les grandes lignes d'une herméneutique philosophique*, trad. et éd. P. FRUCHON, J. GRONDIN ET G. MERLIO, Paris, 1996c, p. 325; *Gesammelte Werke*, Tübingen 1986-1995, tome I, pp. 308-309.

[21] Cf. GADAMER, H.-G., «Die Geschichte der Philosophie», dans: *Gesammelte Werke*, tome III: *Neuere Philosophie I. Hegel, Husserl, Heidegger*, Tübingen, 1987, pp. 297-307. C'est au fond l'ontologie heideggerienne de l'historicité et son postulat de la différence ontologique qui est utilisé par Gadamer pour éviter la médiation totale de la vérité par l'histoire. Sur ce point, voir HABERMAS, J. (1987), *Logique des sciences sociales et autres essais*, trad. R. ROCHLITZ, Paris, p. 220 et note (HABERMAS, J. (1985), *Zur Logik der Sozialwissenschaften*, Francfort, p. 310).

[22] Cette phrase de la version anglaise manque dans sa reprise dans GADAMER H.-G. (1986-1995), tome 10.

[23] GADAMER, H.-G., 1996a, p. 40; GADAMER, H.-G., «Mit der Sprache denken», dans: *Gesammelte Werke*, tome X: *Hermeneutik im Rückblick*, Tübingen, 1995, p. 351.

«Qu'est-ce qui nous a attirés, moi comme bien d'autres, vers Heidegger? [...] avec Heidegger les pensées de la tradition philosophique redevenaient vivantes parce qu'elles étaient comprises comme des réponses à de véritables questions. [...] On ne peut pas se contenter de prendre connaissance de questions qui sont comprises. Elles deviennent nos propres questions. [...] Ce n'est que lorsque Heidegger m'a appris à recourir à la pensée historique pour reconquérir les interrogations de la tradition que les anciennes questions sont devenues si compréhensibles et si vivantes qu'elles redevenaient les nôtres. Ce que je décris là, c'est ce que j'appellerais aujourd'hui l'expérience herméneutique fondamentale.» [24]

L'opposition ici est entre «prendre connaissance» de questions en elles-mêmes et mobiliser la pensée historique pour restaurer la tradition. Cette dernière pratique établit l'herméneutique philosophique dans un rapport «vivant» au texte, le passé étant le présent de ce passé, son actualité comme travaillée par l'histoire. Mais l'appropriation du passé n'est pas l'œuvre d'une subjectivité, parce que la subjectivité est elle-même toujours déjà prise dans ce processus historique: comprendre, c'est s'insérer dans un processus de transmission: «*Le comprendre lui-même doit être pensé moins comme une action de la subjectivité que comme insertion dans le procès de la transmission* où se médiatisent constamment le passé et le présent»[25]. Autrement dit, «toute herméneutique historique doit commencer par *abolir l'opposition abstraite entre tradition et science historique* [Historie], *entre l'histoire* [Geschichte] *et le savoir de l'histoire*»[26], c'est-à-dire, comme traduisait Etienne Sacre, entre le cours de l'histoire et le savoir de l'histoire. Ainsi toute interrogation qui rouvre la plus ancienne tradition est dans le même temps une question inédite. Le rapport du philosophe à l'histoire de la philosophie est le rapport à ce qui l'intéresse qui, à suivre Gadamer, est seul ce qui peut être compris. C'est aussi pourquoi comprendre, c'est comprendre autrement[27]. Ce qui présuppose dans l'œuvre philosophique à comprendre un surplus de sens, qui dépasse l'intention de signifier de l'auteur: «Le sens d'un texte dépasse son auteur, non pas occasionnellement, mais toujours. C'est pourquoi la compréhension est une attitude non pas uniquement reproductive, mais aussi et toujours productive»[28]. Ce surplus fait l'acte de l'histoire de la philosophie, les effets qu'elle produit et donc son actualité. L'histoire

[24] GADAMER, H.-G. (1996a), p. 18; GADAMER, H.-G. (1986c), p. 484.
[25] GADAMER, H.-G. (1996c), p. 312; GADAMER H.-G. (1986-1995), tome I, p. 295.
[26] GADAMER, H.-G. (1996c), p. 304; GADAMER H.-G. (1986-1995), tome I, p. 287.
[27] GADAMER, H.-G. (1996c), p. 318; GADAMER H.-G. (1986-1995), tome I, p. 302.
[28] GADAMER, H.-G. (1996c), p. 318; GADAMER H.-G. (1986-1995), tome I, p. 301.

de la philosophie est ainsi comprise comme advenir de la vérité, d'un sens dont l'auteur n'est pas l'auteur, mais qui se fait entendre, comprendre n'étant alors que saisir ce qui ainsi se saisit de nous. Une vérité transcende donc l'histoire qui se trouve réduite dans son historicité.

Quelle forme peut alors prendre l'histoire de la philosophie suivant une telle approche herméneutique? Gadamer privilégie ici l'histoire des concepts[29], approche qui, fondant la pratique herméneutique de la raison historique, vient remplacer l'*histoire des problèmes* forgée et développée par les néo-kantiens. La critique de l'approche de l'histoire de la philosophie comme *Problemgeschichte* consiste à dire que cette dernière imagine une identité des problèmes indépendamment de la genèse historique, c'est-à-dire se place en dehors de l'histoire[30]. Un problème ne demeure pas identique mais doit pouvoir être réinscrit dans ce qui a motivé l'interrogation:

> «Certes, il est exact que toute compréhension de textes philosophiques demande que l'on reconnaisse ce qu'ils ont porté à la connaissance, faute de quoi nous ne comprendrions absolument rien. Mais, ce faisant, nous ne sortons nullement de la dépendance historique dans laquelle nous sommes et à partir de laquelle nous sommes et à partir de laquelle nous comprenons. Le problème que nous reconnaissons n'est pas en réalité tout simplement le même, si on ne le comprend qu'en posant vraiment une question. Ce n'est qu'en raison de notre myopie historique que nous pouvons le tenir pour identique.» [31]

L'histoire des problèmes traite ainsi des problèmes comme d'objets qui existeraient «comme existent les étoiles dans le ciel»[32], alors qu'il faut remonter, suivant Gadamer, à leur motivation, à la voix vive de la tradition. D'où par contraste l'importance de l'histoire des concepts qui «appartient à l'accomplissement même de la philosophie»[33]. En elle, la démarche philosophique est un mouvement du concept vers le mot et du mot vers le concept, et en revenant à l'origine des concepts dans la langue naturelle nous décrivons l'histoire de la pensée comme telle: chaque

---

[29] Cf. GADAMER, H.-G., «L'Histoire des concepts comme philosophie», dans: *La Philosophie herméneutique*, trad. J. GRONDIN, Paris, 1996b, pp. 119-138 («Begriffsgeschichte als Philosophie», dans: *Gesammelte Werke*, tome II: *Wahrheit und Methode. Ergänzungen. Register*, Tübingen, 1986a, pp. 77-91); GADAMER, H.-G., «Die Begriffsgeschichte und die Sprache der Philosophie», dans: *Gesammelte Werke*, tome IV: *Neuere Philosophie II. Probleme, Gestalten*, Tübingen, 1987, pp. 78-94.

[30] Cf. GADAMER, H.-G. (1996c), p. 399; GADAMER H.-G. (1986-1995), tome I, pp. 382ss.

[31] GADAMER, H.-G. (1996c), p. 399; GADAMER H.-G. (1986-1995), tome I, p. 381.

[32] GADAMER, H.-G. (1996c), p. 400; GADAMER H.-G. (1986-1995), tome I, p. 382.

[33] GADAMER, H.-G. (1996a), p. 124; GADAMER H.-G. (1986-1995), tome II, p. 81.

concept articule une certaine expérience du monde. L'histoire des concepts permet ainsi de remonter, en un geste herméneutique, aux décisions initiales vivantes où une expérience du monde commence à s'articuler: «La tâche d'une histoire des concepts jaillit de cette vitalité du langage qui porte la formation des concepts»[34]. Cette vie du langage repose quant à elle sur une ontologie du langage qui nous précède et qui nous parle plus que nous ne le parlons[35]: «Celui qui comprend est d'emblée pris dans un advenir où s'impose quelque chose qui a un sens. [...] En tant qu'êtres qui comprennent, nous sommes entraînés dans un advenir de vérité et nous arrivons en quelque sorte trop tard si nous voulons savoir ce que nous devons croire»[36].

Gadamer pense donc une version de l'histoire de la philosophie, de son historicité, qui pourtant en son essence, parce qu'elle consiste à ramener à un en deçà de l'histoire, où la décision de sens s'inscrit dans un devenir qui l'excède, n'est pas historique. L'œuvre est intégrée dans un sens préalable, dans un absolu transmis par la tradition et il n'y a donc pas vraiment d'innovation. C'est ainsi qu'est récusée l'alternative entre les questions invariantes et le sens de l'histoire, puisque ce sens de l'histoire n'est gardé que dans l'actualité comme appropriation, fusion des horizons. Cette solution est-elle satisfaisante? Philosophiquement peut-être, mais historiquement sans doute que non. Car elle gomme bien vite la spécificité de l'œuvre passée, et peut-elle, en gommant le travail de la reconstitution de ce passé, prétendre vraiment la connaître? C'est-à-dire peut-elle effectivement instaurer le dialogue auquel elle prétend?

Gadamer avait présenté la façon dont Heidegger se rapporte aux textes de la tradition comme «expérience herméneutique fondamentale». Mais une telle expérience rend-elle possible un rapport herméneutique à la tradition que l'on pourrait dire historique? En effet, l'indifférence aux textes ne risque-t-elle pas de s'imposer si nous pensons que nous ne comprenons que ce qui nous concerne? N'est-on pas ainsi conduit au problème de la violence inévitable de toute interprétation, qui a donc aussi cours en histoire de la philosophie, non seulement en vertu de la structure projective de toute compréhension[37], mais encore en raison de la chose que repense le texte:

---

[34] GADAMER, H.-G. (1996a), p. 136; GADAMER H.-G. (1986-1995), tome II, p. 90.
[35] Cf. GADAMER, H.-G. (1996c), p. 405; GADAMER H.-G. (1986-1995), tome I, pp. 387ss.
[36] GADAMER, H.-G. (1996c), p. 516; GADAMER H.-G. (1986-1995), tome I, p. 494.
[37] «Gewaltsamkeit [...] eignet [...] jeder Interpretation, weil das in ihr sich ausbildende Verstehen die Struktur des Entwerfens hat», HEIDEGGER, M., Sein und Zeit, Tübingen, 1977, § 63, p. 311.

«Toute explication (*Erläuterung*), écrit Heidegger, doit non seulement tirer (*entnehmen*) le sens du texte, elle doit aussi, insensiblement et sans trop y insister, lui donner du sien (*dazu geben*). Cette adjonction (*Beigabe*) est ce que le profane ressent toujours, mesuré à ce qu'il tient pour le contenu du texte, comme une lecture sollicitée (*Hineindeuten*); c'est ce qu'il critique, avec le droit qu'il s'attribue lui-même, comme un procédé arbitraire. Cependant, une véritable explication (*Erläuterung*) ne comprend jamais mieux le texte que ne l'a compris son auteur; elle le comprend autrement (*anders*). Seulement, cet autrement (*dieses Andere*) doit être de telle sorte qu'il rencontre le Même que médite (*nachdenkt*) le texte expliqué.» [38]

Certes, Gadamer formule des réserves quant à la violence faite aux textes. Comme Paul Ricœur, qui la regrette parce qu'elle ferme la lecture et interdit à la pensée de s'exposer vraiment: «comprendre, c'est *se comprendre devant le texte*. Non point imposer au texte sa propre capacité finie de comprendre, mais s'exposer au texte et recevoir de lui un soi plus vaste, qui serait la proposition d'existence répondant de la manière la plus appropriée à la proposition de monde»[39]. C'est pourquoi Ricœur regrette chez Heidegger une approche non-herméneutique de l'histoire de la philosophie: «Les ressources inépuisables des philosophies du passé interdisent qu'on prononce une clôture à leur égard. C'est cela qui me paraît intolérable chez Heidegger. J'ai employé le mot 'arrogance', je ne le retire pas»[40]. L'arrogance est la violence que sa grille herméneutique impose à la pensée: ramener la philosophie à la seule tradition métaphysique de la présence, ce qui est une vision appauvrissante de la tradition philosophique:

«Il y a un caractère inépuisable des philosophies du passé: sur ce terrain, je me sens vraiment très étranger au thème introduit par Heidegger parlant de la fin de la métaphysique. Il y a là, à mon sens, une sorte de réduction, je dirais violente de tout le champ philosophique à la seule thématique substantialiste ou la thématique de la présence. L'histoire de la philosophie me paraît infiniment plus riche.» [41]

Si une telle interprétation gèle la fécondité des systèmes, qui peuvent, même en métaphysique, avoir bien d'autres questions et ouvrir ainsi

---

[38] HEIDEGGER, M., «Le Mot de Nietzsche Dieu est mort», dans: *Chemins qui ne mènent nulle part*, F. FÉDIER, éd., trad. W. BROKMEIER, Paris, 1962, p. 258; HEIDEGGER, M., *Holzwege, Gesamtausgabe*, tome 5, Francfort, 1978, p. 209.

[39] RICŒUR, P., *Essais d'herméneutique II: Du Texte à l'action,* Paris, 1986, p. 116-117.

[40] RICŒUR, P., «Soi-même comme un autre», entretien avec Gwendolyne Jarczyk, *Rue Descartes*, 1, 1991, p. 234.

[41] BOUCHINDHOMME, CH., et ROCHLITZ, R., éds. (1990), *«Temps et récit» de Paul Ricœur en débat*, Paris, p. 22.

en un sens à l'interprétation infinie[42], il faut pour saisir leur potentiel de raison prendre davantage en compte la singularité des œuvres.

III. L'herméneutique critique

S'il est un acquis durable du 19ème siècle au 20ème, amplifié encore dans la seconde moitié de ce dernier, c'est l'intense travail d'édition, d'édition critique et de traduction dans le champ philosophique. Ce sont là des dimensions considérables du travail des historiens de la philosophie, indépendamment des commentaires qui les accompagnent, puisque l'état des textes, leur agencement est évidemment essentiel à l'intelligence que l'on peut en avoir. Sur ce plan l'herméneutique, avant d'en appeler au questionnement vivant du philosophe, veut apprendre à lire et à comprendre. Au lieu de se précipiter dans l'unité vivante de la vérité, l'herméneutique cherche d'abord à retrouver la signification des œuvres de l'esprit, des textes philosophiques entre autres, qui nous sont devenues étrangères. C'est en cela qu'il faut comprendre la complémentarité naturelle de l'herméneutique et de la critique et l'allié naturel que l'herméneutique trouve dans la philologie[43]. Par là on peut, me semble-t-il, ramener l'histoire de la philosophie et la question de son rapport à l'herméneutique à un débat récurrent qui a marqué l'herméneutique et qui peut de ce fait éclairer notre question: faut-il, avec la position que nous venons de voir, souligner que le philosophe est toujours intégré dans une langue, une tradition, une histoire qui le dépasse et qu'il subit, ou au contraire faut-il le penser aussi à partir de sa force de juger, de sa réflexion critique qui permet d'inscrire quelque chose comme un auteur singulier présent dans des œuvres? On reconnaîtra sans peine ici une variante de l'opposition entre vérité et histoire qui est aussi celle de la philosophie et de la philologie.

Faisons alors droit en herméneutique à une autre option en matière d'approche des œuvres, notamment des œuvres philosophiques. Pour cela, la réactivation de la philologie, qui ne faisait pas toujours bon ménage

---

[42] Cf. BORI, P.C. (1991), *L'Interprétation infinie. Ecriture. Lecture. Ecriture.* Paris, en particulier pp. 124-129.

[43] Cf. THOUARD, D. (1996), *Critique et herméneutique dans le premier romantisme allemand*, Lille; on lira non seulement les textes présentés, mais aussi l'importante introduction de D. Thouard, qui fait le point sur la question. On lira aussi avec profit la contribution de HORSTMANN, A. (1990), «L'herméneutique, théorie générale ou *organon* des sciences philologiques chez August Boeckh?», dans: A. NESCHKE et A. LAKS, éds., *La Naissance du paradigme herméneutique*, Lille, pp. 327-347.

avec la philosophie, est essentielle. La condition de la compréhension des textes et de la tradition philosophique nous engage à les considérer dans leur singularité, dans leur langage, leur histoire, leur structure. Les méthodes à mettre en œuvre sont des méthodes philologiques dans l'établissement du texte et herméneutiques dans la fixation du sens. L'exemple de cette approche peut, dans le domaine français, être trouvé dans les travaux de Jean Bollack[44], répondant à une démarche qu'il rattache à l'«herméneutique matérielle» réclamée par Peter Szondi. La démarche a pour finalité de rendre aux œuvres leur singularité et d'assumer ainsi ce qui a été écarté des approches que nous avons relevées plus haut: à savoir précisément l'historicité des philosophies. La science des œuvres vise des singularités que l'on peut souvent caractériser comme telles par leur position de rupture, c'est-à-dire par les signes indiquant que l'auteur se constitue par les décisions qui instaurent des distances par rapport à une tradition donnée. Par cette différenciation la singularité se manifeste plus aisément. C'est alors au texte que l'on s'en tient d'abord, au texte dans son contexte, aux questions que l'auteur lui-même se pose sans s'interroger immédiatement sur une fusion des horizons qui serait surtout confusion de la compréhension, c'est-à-dire, pour comprendre une œuvre, un très mauvais idéal régulateur. Il s'agit d'essayer de comprendre une œuvre dans sa spécificité, dans l'originalité d'une démarche qui, même dans le cadre général d'une langue et d'une culture, a une volonté de signifier. On retrouve alors ici la définition de l'herméneutique comme «reconstruction d'une construction originale» en prenant en compte la volonté de faire sens, c'est-à-dire dans et contre une tradition. L'histoire de la philosophie est ainsi conduite à considérer la cohérence particulière de l'œuvre, son universalité singulière. De la sorte se trouve assumée la particularité de l'histoire et du problème que l'auteur en a dégagé. C'est à ce niveau seulement, dans l'hypothèse de la décision du sens, que l'histoire de la philosophie peut prétendre à quelque scientificité. Le travail de détermination du sens, de reconstitution d'une langue travaillée par la pensée qui s'y exprime, est un préalable à un rapport vivant au texte, qui jamais ne peut s'établir dans un dialogue immédiat entre lecteur et auteur. Les horizons sont trop nombreux pour précipiter la fusion. Il faut donc, c'est la première hypothèse, prendre le texte dans sa fermeture qui est la condition de possibilité de sa lecture. Il faut parvenir à en saisir la totalité particulière,

---

[44] Cf. BOLLACK, J. (2000), *Sens contre sens. Comment lit-on? Entretiens avec Patrick Llored*, Genouilleux; pour une présentation générale, voir THOUARD, D. (1998), «Philologie et langage. A propos de Jean Bollack et du Centre de Recherche philologique de Lille», *Langages*, 32e année, 129, pp. 64-75.

dégager le travail particulier de la recomposition de sens dont elle est le foyer. Et en cela, l'œuvre avance des arguments qui permettent de juger de son appropriation et de l'objectivité de l'interprétation. Qu'une telle histoire historienne soit elle aussi déterminée par l'horizon de l'interprète historien est incontestable, ne serait-ce que par le choix du penseur auquel il s'attache, ce qui, en l'absence de critère objectif, est déterminé par des intérêts de connaissance[45]. Mais si une telle herméneutique est critique en ce qu'elle permet d'asseoir l'individualité des œuvres en dégageant le travail par lequel elles se détachent des traditions, culturelles, linguistiques etc., cela est-il suffisant pour rendre compte de la prétention à la vérité et de la visée d'universalité qui habite toujours aussi les textes philosophiques? N'y a-t-il pas une fécondité des textes que reconnaissent les philosophes, une vérité qu'un lecteur pourrait s'approprier? On peut bien entendu répondre qu'une approche herméneutique des textes philosophiques dans leur singularité enseigne et est fécond par le regard qu'elle permet sur le travail de transformation sur une matière existante, qu' «on s'enrichit en inventant un sens difficile»[46]. Mais il faut réfléchir malgré tout au *lien*, c'est-à-dire au problème de la relation entre la prétention à l'universalité et l'individualité, la particularité historique des textes. Car c'est de cette relation que l'herméneutique spéciale de l'histoire de la philosophie ne peut faire l'économie.

Ce qui conduit à compléter une approche herméneutique, décidément historienne et qui n'a de sens qu'entendue ainsi, à un autre niveau d'analyse où l'on se demande si ce que disent les textes est vrai. Il s'agit alors de procéder à des reconstructions rationnelles[47], dont on peut trouver par exemple des éléments dans la philosophie analytique. On sait à quel point une telle approche analytique se revendique non historienne, instaurant un dialogue direct avec les textes anciens comme s'ils étaient nos contemporains, et la fécondité de cet accès plus libre non seulement dans le domaine de la philosophie ancienne, mais aussi dans celui de la philosophie moderne, notamment dans le champ de la philosophie morale. Cette fécondité peut porter, comme le souligne André Laks, sur l'attachement à l'argumentation[48] (pourquoi et comment un philosophe a-t-il

---

[45] Cf. RICŒUR, P., «Objectivité et subjectivité en histoire», dans: *Histoire et vérité*, Paris, 1964c, pp. 23-44; voir aussi RENAUT, A., (1999) «Pour une histoire critique de la philosophie», *Les Etudes philosophiques*, octobre-décembre, pp. 511-519.

[46] BOLLACK, J. (2000), p.129.

[47] Cf. LAKS, A. (1999), «Histoire critique et doxographie. Pour une histoire de l'historiographie de la philosophie», *Les Etudes philosophiques*, octobre-décembre, pp. 465-477. Ici plus particulièrement son analyse de Rorty, p. 472-476.

[48] LAKS, A. (1992), «Herméneutique et argumentation», *Le Débat*, 72, pp. 146-154.

été conduit à soutenir telle thèse, l'argumentation jouant d'évidence un rôle fondamental en philosophie comme théorie générale de la raison?), sur la distinction de niveaux de lecture appelés à venir s'enrichir réciproquement etc. De ce fait, le texte doit être abordé indépendamment de sa vulgate et être historiquement établi. Ainsi une démarche non historienne peut-elle venir stimuler, à son niveau, la recherche historique en matière d'histoire de la philosophie et, paradoxalement, garantir ou laisser subsister une certaine historicité: la reconstruction rationnelle, si distincte de la reconstruction historicisante permet une lecture renouvelante de l'histoire même de la philosophie, puisqu'elle prend le parti de la question du contenu[49] et ne met pas entre parenthèse la question de la vérité. L'herméneutique spéciale de l'histoire de la philosophie non seulement ne doit pas ignorer que l'historien interprète à partir de son présent historique, mais encore ne pas faire l'économie de la prétention à la vérité. L'herméneutique philosophique invite donc en matière d'histoire de la philosophie à respecter la dialectique entre histoire et vérité, et donc aussi à restituer l'œuvre même.

Ce que je voudrais exemplifier sur la conception de l'histoire de la philosophie de Ricœur[50]. Elle se distingue tant de la conception généalogique de l'histoire de la philosophie (Foucault, Deleuze) que de celle qui présente une unité de cette dernière. Le renoncement à Hegel est sur ce point définitif[51] chez Ricœur et relève de la volonté de faire de l'histoire de la philosophie sans philosophie de l'histoire[52], même si je crois qu'il rejoint Gadamer moins qu'il ne le dit[53]. Car Ricœur va privilégier les discontinuités, les ruptures en critiquant les typologies trop massives, et s'attacher, nous semble-t-il, davantage à la singularité de la réflexion qu'à la tradition. Il met en avant la singularité philosophique par rapport à la vérité: chaque philosophie nous propose une «originalité profonde, interprétation irréductible, vision unique du réel»[54]. De la sorte, l'histoire de la philosophie n'est pas considérée comme un développement uniforme; mais si l'on garde la visée de vérité et d'universalité, alors il faut l'envisager

---

[49] Sur le caractère herméneutique de la philosophie analytique, cf. TUGENDHAT, E. (1992), «Überlegungen zur Methode der Philosophie aus analytischer Sicht», dans: *Philosophische Aufsätze*, Francfort, pp. 261-272.

[50] Je renvoie, comme au début de ce texte, mais cette fois dans une autre perspective, principalement aux deux articles de Paul Ricœur: RICŒUR, P. (1964a) et (1964b). On retrouve dans les deux textes des arguments souvent similaires.

[51] RICŒUR, P., *Temps et récit III: Le Temps raconté*, Paris, 1985, p. 349-372.

[52] RICŒUR, P. (1964b), p. 47.

[53] RICŒUR, P. (1985), p. 372 note 1.

[54] RICŒUR, P. (1964b), p. 47.

comme un dialogue, comme une dialectique de la communication entre auteurs. C'est en ce sens que la polémique permet de sauvegarder la prétention à la vérité[55]:

> «nous devons renoncer à une définition en quelque sorte *monadique* de la vérité, où la vérité serait pour chacun l'adéquation de *sa* réponse à *sa* problématique. Nous accédons plutôt à une définition *intersubjective* de la vérité selon laquelle chacun "s'explique", développe sa perception du monde dans le "combat" avec autrui […]. La vérité exprime l'être en commun des philosophes.» [56]

Le respect de la singularité va alors avec la capacité de mettre en rapport des singularités et ouvrir à des dimensions fondamentales de l'herméneutique philosophique, comme l'ouverture à l'altérité du sens, le dépaysement etc. Mais la relation entre singularités présuppose que «la pluralité n'est pas la réalité dernière, ni le malentendu la possibilité la plus ultime de la communication»[57]. La communication est donc mue par une idée régulatrice, un «*eschaton*» dit Ricœur, une «espérance ontologique»[58] de *la* vérité. Ce qui ouvre à la dimension paradoxale de notre activité d'historien de la philosophie: «C'est elle qui entretient non seulement ma déception en face de l'histoire de la philosophie, mais le courage de faire de l'histoire de la philosophie sans philosophie de l'histoire»[59]. Ricœur cherche donc à dépasser l'opposition entre la philosophie prise comme système, c'est-à-dire comme déploiement de la vérité absolue, et la singularité des philosophies. C'est là une aporie qui conduit à une situation herméneutique que l'historien de la philosophie assume et qu'il peut clarifier en discernant des niveaux d'analyse et d'approche. En effet, l'histoire de la philosophie nous invite d'une part à comprendre l'avènement d'un sens prétendant à la vérité, vérité qui doit juger du sens, et l'émergence de singularités. Il s'agit là de deux convictions contradictoires qui animent l'historien de la philosophie et qui, menées à bout, aboutissent toutes deux à la destruction de l'histoire: soit je supprime l'histoire au bénéfice d'un pur enchaînement de catégories, soit je m'enferme dans l'œuvre comme un absolu. Dans les deux cas, j'élimine l'histoire, soit dans le discours de la pensée pure, soit dans l'œuvre singulière. C'est pourquoi, plus que tout

---

[55] Ce qui n'est pas sans affinité avec la *Dialectique* de Schleiermacher. Cf. BERNER, CH., et THOUARD, D. (1997), «Présentation de la *Dialectique* de Schleiermacher», dans: F. SCHLEIERMACHER, *Dialectique*, trad. CH. BERNER et D. THOUARD, Paris, pp. 7-30.

[56] RICŒUR, P. (1964b), p. 55-56.

[57] RICŒUR, P. (1964b), p. 59.

[58] RICŒUR, P. (1964b), p. 58.

[59] RICŒUR, P. (1964b), p. 60.

autre, le travail de l'historien est critique, entièrement pris dans la distinction: «l'histoire n'est histoire que dans la mesure où elle n'a accédé, ni au discours absolu, ni à la singularité absolue, dans la mesure où le sens en reste confus, mêlé. […] L'histoire est réellement le royaume de l'inexact. Cette découverte n'est pas vaine; elle justifie l'historien»[60].

*
* *

L'herméneutique spéciale en matière d'histoire de la philosophie tient pour l'essentiel à l'impossibilité où nous sommes de séparer l'historiographie et la philosophie, l'histoire de la philosophie et la philosophie de l'histoire de la philosophie. Dans ce rapport de la philosophie à son passé, l'herméneutique incontestablement a un rôle non négligeable à jouer. Mais dans la double dimension. Car un philosophe ne saurait se contenter de la vérité contenue dans les textes: en effet, comment expliquer alors que nous revenions toujours aux textes et que nous ne nous contentons pas du résumé de leur contenu comme en science? N'est-ce pas à cela que conduit en fin de compte une logique de la philosophie comme logique des positions possibles? Une fois la position délimitée, définie, déterminée, qu'est-ce qui pourrait nous inviter à revenir au texte? Pourquoi ce retour, cette méditation du texte alors que la position peut nous être donnée en une formule? Le besoin de revenir au texte enseigne donc autre chose: qu'il y a un échappement des textes et qu'il faut tenir compte aussi de leur historicité, de leur irréductible singularité. Mais à l'inverse, si seule leur historicité nous intéressait, qu'est-ce qui nous pousserait, comme penseurs, à les rappeler et à réactiver ceux-ci et non pas d'autres? Qu'est-ce qui fait leur actualité en dehors du travail d'actualisation? Suffit-il en effet d'être historiographe pour rendre aux œuvres du passé l'éclat qui était le leur, leur fraîcheur d'origine? L'auto-réflexion de la philosophie sur son histoire est un passage obligé de l'activité philosophique et détermine l'herméneutique spéciale qu'elle appelle. Alors on peut bien entendu, au nom de la philosophie, n'envisager l'histoire de la philosophie qu'à partir de nos problématiques, de ce qui dans le présent anime notre réflexion, où l'appropriation est inéluctable altération. Mais le risque est de n'y trouver que ce que nous y avons mis. Aussi la reconstruction historicisante est-elle un moment nécessaire à la fécondité même de l'histoire de la philosophie. «Qui expose l'histoire de la philosophie doit posséder la philosophie pour pouvoir discerner

[60] RICŒUR, P. (1964a), pp. 79-80.

les données qui en relèvent, et celui qui veut posséder la philosophie doit la comprendre de manière historique.»[61] Nous avons donc deux démarches qui ont chacune leur logique propre, mais dont on ne voit pas comment faire l'économie. Aussi peut-on reprendre la distinction établie par Lutz Geldsetzer entre un intérêt zététique et herméneutique, qui cherche à déterminer de façon univoque le sens des documents philosophiques dans leur cadre historique, et un intérêt dogmatique qui utilise les textes philosophiques comme autant d'arguments pour construire les positions systématiques en interprétant les possibilités spéculatives du sens contenu dans les œuvres[62]. L'interprétation historique cherche à dégager le sens des textes; elle est souvent stimulée en cela par l'interprétation philosophique qui présente à la recherche historique de nouveaux points de vue, légitimant par là une diversité d'approches[63]. Et l'interprétation historique permet en retour d'élaborer un sens servant l'édification de positions systématiques. C'est là peut-être qu'il faut aussi inscrire la signification et la portée de la doxographie[64] dans le cadre d'une réflexion philosophique sur l'histoire de la philosophie, geste doxographique dont il faudrait interroger la légitimité et la fécondité bien au-delà du cadre de l'Antiquité[65]. Et l'herméneutique a là un rôle essentiel: c'est par elle que se comprend le travail de renouvellement des interprétations, interprétations prétendant à l'objectivité, renouvellement qui ne signifie rien d'autre que la présence de la philosophie dans l'histoire de la philosophie.

CHRISTIAN BERNER
Université Charles de Gaulle, Lille 3

---

[61] SCHLEIERMACHER, F., *Geschichte der Philosophie*, H. RITTER, éd., *Sämmtliche Werke*, section III: *Zur Philosophie*, tome IV/1, Berlin, p. 218.

[62] GELDSETZER, L. (1968), p. 219.

[63] GELDSETZER, L. (1968), p. 227.

[64] Voici comment Michael Frede définit de manière suggestive la tâche de doxographe: «Le but du doxographe, à mon avis, est de reconstruire et de présenter des opinions ou des positions philosophiques qui ont été antérieurement présentées, et ce de manière à faire apparaître l'intérêt qu'elles peuvent receler pour les discussions philosophiques contemporaines. Le doxographe s'intéresse surtout aux opinions du passé qui ont encore conservé leur attrait philosophique, qui pourraient être récupérées au profit de débats actuels. Il traite les philosophes du passé comme des collègues immédiats, et fait comme si l'on allait engager la discussion avec eux.» FREDE, M. (1992), «Doxographie, historiographie philosophique et historiographie historique de la philosophie», *Revue de métaphysique et de morale*, 97/3, Paris, pp. 312-313.

[65] C'est là une suggestion d'André Laks, qui a dirigé le numéro de la *Revue de métaphysique et de morale* consacré à la *Doxographie antique*, et qui me paraît des plus prometteuses en ce champ.

BIBLIOGRAPHIE

I. Sources:

GADAMER H.-G., *Gesammelte Werke*, 10 vols., Tübingen, 1986-1995.

GADAMER, H.-G., «Begriffsgeschichte als Philosophie», dans: *Gesammelte Werke*, tome II: *Wahrheit und Methode: Ergänzungen. Register*, Tübingen, 1986a, pp. 77-91.

GADAMER, H.-G., «Klassische und philosophische Hermeneutik», dans: *Gesammelte Werke*, tome II: *Wahrheit und Methode: Ergänzungen, Register*, Tübingen, 1986b, pp. 92-117.

GADAMER, H.-G., «Selbstdarstellung». dans: *Gesammelte Werke*, tome II: *Wahrheit und Methode: Ergänzungen, Register*, Tübingen, 1986c, pp. 479-508.

GADAMER, H.-G., «Die Geschichte der Philosophie», dans: *Gesammelte Werke*, tome III: *Neuere Philosophie I. Hegel, Husserl, Heidegger*, Tübingen, 1987, pp. 297-307.

GADAMER, H.-G., «Die Begriffsgeschichte und die Sprache der Philosophie», dans: *Gesammelte Werke*, tome IV: *Neuere Philosophie II. Probleme, Gestalten*, Tübingen, 1987, pp. 78-94.

GADAMER, H.-G., «Mit der Sprache denken», dans: *Gesammelte Werke*, tome X: *Hermeneutik im Rückblick*, Tübingen, 1995, pp. 346-353.

GADAMER, H.-G., *La Philosophie herméneutique*, trad. J. GRONDIN, Paris, 1996a.

GADAMER, H.-G., «L'histoire des concepts comme philosophie», dans: *La Philosophie herméneutique*, trad. J. GRONDIN, Paris, 1996b, pp. 119-138.

GADAMER, H.-G., *Vérité et méthode: les grandes lignes d'une herméneutique philosophique*, trad. et éd. P. FRUCHON, J. GRONDIN et G. MERLIO, Paris, 1996c.

HEIDEGGER, M., «Le Mot de Nietzsche Dieu est mort», dans: *Chemins qui ne mènent nulle part*, F. FÉDIER, éd., trad. W. BROKMEIER, Paris, 1962, pp. 173-219.

HEIDEGGER, M., *Sein und Zeit*, Tübingen, 1977.

HEIDEGGER, M., *Holzwege, Gesamtausgabe*, tome 5, Francfort, 1978.

HEGEL, G.W.F., *Vorlesungen über die Philosophie der Geschichte*, E. MOLDENHAUER et K.M. MICHEL, éds., *Werke in zwanzig Bänden*, tome XII, Francfort ("TWA"), 1970.

HUSSERL, E., *Die Krisis der europäischen Wissenschaften und die transzendentale Phänomenologie: eine Einleitung in die phänomenologische Philosophie*, W. BIEMEL, éd., *Husserliana: Gesammelte Werke*, tome VI, W. Haag, 1954.

HUSSERL, E., *La Crise des sciences européennes et la phénoménologie transcendantale*, trad. G. GRANEL, Paris, 1976.

JASPERS, K., *Les grands philosophes*, trad. sous la direction de J. HERSCH, Paris, 1967.

NIETZSCHE, F., «Unzeitgemäße Betrachtungen II: Vom Nutzen und Nachteil der Historie für das Leben», dans: *Sämmtliche Werke. Kritische Studienausgabe in 15 Bänden*, tome I, G. COLLI et M. MONTINARI, éds., Munich/Berlin/New York, 1980, pp. 243-334.

RICŒUR, P., «Histoire de la philosophie et historicité», dans: *Histoire et vérité*, Paris, 1964a, pp. 66-80.

RICŒUR, P., «L'histoire de la philosophie et l'unité du vrai», dans: *Histoire et vérité*, Paris, 1964b, pp. 45-65.

RICŒUR, P., «Objectivité et subjectivité en histoire», dans: *Histoire et vérité*, Paris, 1964c, pp. 23-44.

RICŒUR, P., *Temps et récit III*: *Le Temps raconté*, Paris, 1985.

RICŒUR, P., *Essais d'herméneutique II: Du Texte à l'action*, Paris, 1986.

RICŒUR, P., «Soi même comme un autre» entretien avec Gwendolyne Jarczyk, *Rue Descartes*, 1, 1991, pp. 225-237.

SCHLEIERMACHER, F.D.E., *Geschichte der Philosophie*, H. RITTER, éd., *Sämmtliche Werke,* section III: *Zur Philosophie*, tome IV/1, Berlin, 1839.

II. Etudes:

BERNER, CH., et THOUARD, D. (1997), «Présentation de la *Dialectique* de Schleiermacher», dans: F SCHLEIERMACHER, *Dialectique*, trad. CH. BERNER et D. THOUARD, Paris, 1997, pp. 7-30.

BOLLACK, J. (2000), *Sens contre sens. Comment lit-on? Entretiens avec Patrick Llored*, Genouilleux.

BOSS, G., éd. (1994), *La Philosophie et son histoire*, Zurich.

BORI, P.C. (1991), *L'interprétation infinie. Ecriture. Lecture. Ecriture.* Paris.

BOUCHINDHOMME, CH., et ROCHLITZ, R., éds. (1990), *«Temps et récit» de Paul Ricœur en débat*, Paris.

BRAUN, L. (1973), *Histoire de l'histoire de la philosophie*, Paris.

COURTINE, J.-F., éd. (1999), *Les Etudes philosophiques, La Philosophie et ses Histoires*, octobre-décembre.

FIGAL, G. (1996), «Die Komplexität philosophischer Hermeneutik», dans: *Der Sinn des Verstehens*, Stuttgart, pp. 11-31.

FREDE, M. (1992), «Doxographie, historiographie philosophique et historiographie historique de la philosophie», *Revue de métaphysique et de morale*, 97/3, Paris, pp. 311-326.

GELDSETZER, L. (1968), *Die Philosophie der Philosophiegeschichte im 19. Jahrhundert*, Meisenheim am Glan.

GREISCH, J. (1992), «Le Poème de l'histoire. Un modèle herméneutique de l'histoire de la philosophie et de la théologie», dans: J.-P. JOSSUA et N.-J. SED, éds., *Interpréter. Hommage amical à Claude Geffré*, Paris, pp. 141-172.

GREISCH, J. (2000), *Le Cogito herméneutique. L'herméneutique philosophique et l'héritage cartésien*, Paris.

GRONDIN, J. (1993), «La Conscience du travail de l'histoire et le problème de la vérité en herméneutique», dans: *L'horizon herméneutique de la pensée contemporaine*, Paris, pp. 213-233.

GRONDIN, J. (1996), *L'horizon herméneutique de la pensée contemporaine*, Paris.

GUEROULT, M. (1979), *Dianoématique*, livre II: *Philosophie de l'histoire de la philosophie*, Paris.

GUEROULT, M. (1983-1988), *Dianoématique*, livre I: *Histoire de l'histoire de la philosophie*, 3 vols., Paris.

HABERMAS, J. (1985), *Zur Logik der Sozialwissenschaften*, Francfort (trad. fr. R. ROCHLITZ (1987), *Logique des sciences sociales et autres essais*, Paris).

HORSTMANN, A. (1990), «L'herméneutique, théorie générale ou *organon* des sciences philologiques chez August Boeckh?» dans: A. NESCHKE et A. LAKS, éds., *La Naissance du paradigme herméneutique*, Lille, pp. 327-347.

LAKS, A. (1992), «Herméneutique et argumentation», *Le Débat*, 72, pp. 146-154.

LAKS, A., éd. (1992), *La Doxographie antique. Revue de métaphysique et de morale*, 97/3.

LAKS, A. (1999), «Histoire critique et doxographie. Pour une histoire de l'historiographie de la philosophie», *Les Etudes philosophiques*, octobre-décembre, pp. 465-477.

LONGO, M. (1994), «Philosophiegeschichtsschreibung nach der Aufklärung: Schleiermacher und der hermeneutische Zirkel von Philosophie und Geschichte der Philosophie», dans: A. BÜHLER, éd., *Unzeitgemässe Hermeneutik*, Francfort, pp. 223-240.

RENAUT, A., (1999) «Pour une histoire critique de la philosophie», *Les Etudes philosophiques*, octobre-décembre, pp. 511-519.

RODI, F. (1990), «Traditionelle und philosophische Hermeneutik. Bemerkungen zu einer problematischen Unterscheidung», dans: *Erkenntnis der Erkannten. Zur Hermeneutik des 19. und 20. Jahrhunderts*, Francfort/Main, pp. 89-101.

SCHOLTZ, G. (1993), «Was ist und seit wann gibt es "hermeneutische Philosophie"?», *Dilthey-Jahrbuch für Philosophie und Geschichte der Geisteswissenschaften*, 8, pp. 93-119.

SCHOLTZ, G. (1995), «Das Griechentum im Spätidealismus. Studien zur Philosophiegeschichtsschreibung in den Schulen Hegels und Schleiermachers», dans: *Ethik und Hermeneutik. Schleiermachers Grundlegung der Geisteswissenschaften*, Francfort, p. 286-313.

SCHOLZ, O. (1999), *Verstehen und Rationalität. Untersuchungen zu den Grundlagen von Hermeneutik und Sprachphilosophie*, Francfort.

THOUARD, D. (1996), *Critique et herméneutique dans le premier romantisme allemand*, Lille.

THOUARD, D. (1998), «Philologie et langage. A propos de Jean Bollack et du Centre de Recherche philologique de Lille», *Langages*, 32ᵉ année, 129, pp. 64-75.

TUGENDHAT, E. (1992), «Überlegungen zur Methode der Philosophie aus analytischer Sicht», dans: *Philosophische Aufsätze*, Francfort, pp. 261-272.

«VOM EINZELBILD ZUM *HYPERIMAGE*
EINE NEUE HERAUSFORDERUNG FÜR DIE
KUNSTGESCHICHTLICHE HERMENEUTIK

I. Hypertext und hyperimage

Häufig werden wir uns der Existenz eines sozialen Phänomens oder des Wertes einer lang geübten Praxis erst dann richtig bewusst, wenn sie vom Verschwinden bedroht sind. Diese altbekannte Regel der lebensweltlichen Praxis gilt auch für den Wissenschaftsbetrieb. Mit Vorliebe werden gerade jene Sachverhalte Gegenstände der Reflexion in den Kultur- und Sozialwissenschaften, die ihre Selbstverständlichkeit bereits eingebüßt haben.

Um einen solchen Sachverhalt handelt es sich auch beim Phänomen, das ich im Titel in Analogie zu dem von Ted Nelson geprägten, mittlerweile modisch gewordenen Begriff des *hypertext* als «hyperimage» bezeichnet habe. Nelson hatte nach 1967 das Modell der Text- und Bildverarbeitung, das Vannevar Bush nach dem Zweiten Weltkrieg mit seiner *Memex*-Maschine ersonnen hatte, für die digitale Ära modifiziert und weiter entwickelt[1].

Mit der nachfolgenden Erfindung des Internet und seiner rapiden Ausbreitung haben sich die Visionen der beiden Amerikaner Bush und Nelson schon bald weit über das von ihnen Imaginierbare hinaus realisiert. Das Internet wird in den entwickelten Gesellschaften Auswirkungen auf alle Bereiche des Lebens haben, die sich der Verwaltung von Zeichenträgern jeglicher Art widmen, nicht zuletzt auch auf die Kunstgeschichte.

Das zentrale Merkmal des Internet besteht bekanntlich darin, dass jedes der über die Server eingespeisten Datenpakete — deren Menge grundsätzlich offen ist — mit jedem anderen verlinkt, d.h. verknüpft werden kann. Verlinken ist eine elementare Form der Syntagma-Bildung, die vorerst nichts anderes als ein *syntassein* im etymologischen Wortsinne, ein «Zusammenstellen» bedeutet. Die sogenannten *links* werden vom

---

[1] Siehe NYCE, J.M. (1991), *From Memex to Hypertext. Vannevar Bush and the mind's machine*, Boston.

Verfasser des Programms einer jeweiligen Web Site als potentielle, vom *user* aktualisierbare Relationen zwischen Dateien intentional gesetzt, oder das Verlinken wird von den sogenannten Suchmaschinen entsprechend ihrer jeweiligen Programmierung automatisch vorgenommen.

Der allgegenwärtige Begriff der «Verlinkung» ist ein sehr schwacher, gegenüber der Vielfalt seiner besonderen Ausformungen unspezifischer Begriff. Dieser Tatsache wird in der Theoriebildung zu den neuen Medien wenig Rechnung getragen und lässt es ratsam erscheinen, allen Kulturdiagnosen und Entwicklungsszenarien im Bereich des sogenannten *docuverse*, der semiotischen Verdoppelung der Welt durch die globalen Datenströme, mit Skepsis zu begegnen.

Es fehlen insbesondere eine Theorie und präzise Analysen der spezifischen Formen der syntagmatischen Artikulation, die auf der Grundlage der totalen Verlinkbarkeit aller Dateien im einzelnen realisiert werden oder grundsätzlich realisiert werden können. So kann sich die Verlinkung auf dem Display — je nach Programmierung oder Einstellung des Browsers — etwa als Sukzession oder als Nebeneinander, als Verhältnis der Inklusion oder gar als ein perspektivisches Hintereinander von visuell wahrnehmbaren Einheiten manifestieren. Die übliche Beschränkung der Hypertext-Theorien auf den Begriff der Verlinkung lässt unter anderem auch die für jede syntagmatische Relation entscheidende Differenz zwischen den Existenzformen *in praesentia* und *in absentia* unberücksichtigt.

Obwohl im allgemeinen Dateien verlinkt werden, die vom Browser auf dem Bildschirm als Texteinheiten sichtbar gemacht werden, und die Verlinkung meist über sprachliche Einheiten, über Lexeme, geregelt wird, können grundsätzlich alle Arten von Dateien (seien es textuelle, graphisch-visuelle, auditive, aber auch multisensoriell rezipierbare) innerhalb der genannten Arten und untereinander verlinkt werden[2].

Es ist nicht allein die Möglichkeit der globalen Verlinkung von jedem mit allem, die neue Semiose-Formen entstehen lässt und dadurch neue Herausforderungen an die hermeneutische Theorie und Praxis stellt. Die Tatsache, dass die Unterscheidung von Bild- und Texteinheiten aufgrund der *bits*, die ihnen beiden als gemeinsame Signifikantengrundstruktur dienen, indifferent geworden ist, hat auch zur Folge, dass von den Browsern, den Verarbeitungsinstanzen der Datenströme, jedes Bild und

---

[2] Suchmaschinen können dazu programmiert werden, im Internet nach bestimmten Begriffen oder Namen, aber auch nach visuellen Konfigurationen, wie Markenzeichen und individuellen Gesichtern, oder nach Melodien zu suchen, bzw. nach spezifischen Kombinationen von Spracheinheiten, visuellen Konfigurationen und musikalischen Strukturen.

jeder Text grundsätzlich auch als «Musikstück» präsentiert werden kann. Digitale Multimedialität besitzt auf Grund der leichten transsensoriellen Übersetzbarkeit eine grosse Affinität zur totalen synästhetischen Verknüpfung aller Sinnesbereiche. Zahlreiche Arbeiten der sogenannten Netzkunst machen sich gerade diese Tatsache im Sinne einer kreativ-kritischen Auseinandersetzung mit den Strukturen des Internet zu Nutzen.

Die virtuelle Parallel- und Ersatzwelt des Internet ist nicht nur durch einen eklatanten Mangel an präziser Theoriebildung und an seriösen Detailanalysen im Bereich der Syntagmatik, sondern auch durch eine zum Teil unkontrollierte, zum Teil unkontrollierbare syntagmatische Praxis charakterisiert. Auf der einen Seite sind die Strategien der Verlinkung durch die Software-Programme für den Standardgebrauch als eine Art von semiotischer Zwangsjacke in einer nicht hintergehbaren Weise festgelegt; auf der anderen Seite herrschen in jenen Bereichen des Programms, die dem kreativen Eingriff der Anwender zugänglich sind, wegen des Mangels eingeschliffener Normen weitgehend Regellosigkeit und Willkür.

Anders als bei den vorangegangenen Medienrevolutionen, der Erfindung des Buchdrucks, der Fotografie und des Films, kann sich eine neue Syntax für die Text- und Bildpräsentation nicht im souveränen Verfügen der Anwender über die bestehenden Mittel frei entwickeln. Im Medium Internet haben nur wenige professionelle *user* die Kompetenz, die Ebenen des Signifikanten für die kreative Sinnproduktion autonom zu bearbeiten.

II. Einzelbilder und visuelle Suprazeichen

Die kunstgeschichtliche Hermeneutik hat sich bislang in Theorie und Praxis fast ausschließlich der Bedeutungsanalyse von Einzelwerken, genauer: von einzelnen ästhetisch bedeutsamen Originalen angenommen. Dies gilt auch für all jene Forschungsrichtungen, die sich zwar nicht ausdrücklich auf die klassische Auslegungskunst der Hermeneutik berufen, aber mit ihr gemeinsam haben, dass sie als kritische Reaktion auf die stark textgelenkte ikonographische Methode ihr Hauptinteresse auf die bedeutungskonstitutiven Leistungen der Bilder selber richten: insbesondere die Ikonik, die Rezeptionsästhetik und gewisse Tendenzen der visuellen Semiotik, die man deshalb zusammen im weiteren Sinne als hermeneutische Methoden bezeichnen kann. Bisweilen explizit, meist aber implizit geht die kunstgeschichtliche Hermeneutik von einer Analogisierung des Einzelbildes mit dem Text als der grundlegenden bedeutungskonstitutiven Einheit aus, obwohl ein gemeinsames Ziel der verschiedenen hermeneutischen

Methodologien im Aufweis jener Verfahren der Bedeutungskonstitution liegt, die ausschließlich für das Bild, nicht jedoch für den sprachlichen Text Gültigkeit haben.

Überraschend wenig Interesse hat die kunstgeschichtliche Hermeneutik — ich verwende den Begriff im oben definierten weiteren Sinn — den Phänomenen der Bildung von *hyperimages* oder Suprazeichen entgegengebracht, d.h. der Untersuchung von Bildensembles, die aus autonomen Einzelwerken zusammengesetzt sind und deshalb grundsätzlich der Möglichkeit eines Neuarrangements unterliegen[3]. Ich beziehe mich vor allem — um nur die beiden historisch wichtigsten Phänomene zu nennen — auf die Bilderhängung in Museen und Galerien, sowie auf das Arrangement der Abbildungen in den illustrierten Kunstbüchern[4].

Die bisherige Vernachlässigung dieser Phänomene der Bedeutungskonstitution ist um so erstaunlicher, als die historischen Formen der Syntagmatisierung von Bildern sowohl für die Kunstgeschichte als Methodenlehre als auch für die Kunstgeschichte als Gegenstandsbereich von großer Bedeutung sind:

(1) Bildzusammenstellungen in der Form von Bildserien, vor allem aber in der Form von Bildpaaren spielen für die Disziplin der Kunstgeschichte eine zentrale Rolle als *heuristische* Instrumente und als Instrumente der *didaktischen Vermittlung*. (Man denke nur an die in den kunsthistorischen Vorlesungen noch immer beinahe obligatorische Dia-Doppelprojektion). Die heuristischen und didaktischen Verfahren der Syntagmatisierung sind weitgehend blinde Flecken der kunstgeschichtlichen Praxis. Ihre Aufklärung sollte Teil einer kritischen Selbstreflexion des Faches sein.

(2) Die Syntagmatisierung von Einzelbildern zur Konstitution von visuellen Suprazeichen ist seit der Antike ein charakteristisches Element der abendländischen Bildkultur. Das «hyperimage» der digitalen Medien besitzt eine mindestens zweitausendjährige Vorgeschichte.

---

[3] Am ehesten hat sich die Rezeptionsästhetik unter den avancierten methodologischen Positionen innerhalb der jüngeren Kunstgeschichte, vertreten vor allem durch Wolfgang Kemp, der Analyse der Bilder «im Plural» gewidmet, wobei aber fast ausschließlich die festen Bildsysteme (wie Freskenausstattungen und narrative Glasfenster) Berücksichtigung fanden, bei denen der Begriff der «hyperimage»-Bildung nur in einem weiteren Sinne zutrifft.

[4] Zur Sammlung als Bilddiskurs siehe STOICHITA, V.I. (1998), *Das selbstbewußte Bild. Vom Ursprung der Metamalerei*, München, Kap. VI: «Die intertextuelle Verzahnung», wo, p. 126, der Raum der Sammlung als «Super-Rahmen» bezeichnet wird.

Ich möchte im folgenden vor allem auf den zweiten Aspekt eingehen und die Vorgeschichte des «hyperimage» kurz nachzeichnen. Dabei
werde ich vor allem auf das sogenannte *Pendantsystem* näher eingehen,
das syntagmatische Schema, das die Präsentation der Bilder in Galerien
und Museen seit dem 17. bis ins frühe 20. Jh. dominierte.

III. Vorläufer: historistische Bildcollagen und typologische Bildprogramme

Seit der Antike ist die europäische Kultur durch zwei dominante
Bildtypen und zwei entsprechende Rezeptionsformen bestimmt. Sie standen einander vorerst als alternative Möglichkeiten klar getrennt gegenüber. Der eine Haupttypus ist das *Kultbild*, dem der Betrachter in einem
durch Rituale geregelten quasi-persönlichen Bezug verehrend gegen-
übertritt. Die christliche Ikone hat diesen heidnischen Bildtypus trotz des
jüdischen Bilderverbots für das Mittelalter beerbt. Den anderen Haupttypus stellen die *Erzählbilder* dar, die mit Vorliebe zu inhaltlich kohären-
ten Ensembles, zu ganzen Bildprogrammen, zusammengestellt wurden[5].
Zu den ältesten erhaltenen Beispielen für solche thematisch
kohärente Bildensembles gehören die malerischen Ausstattungen von
römischen Villenräumen, wie sie sich in Herculaneum und Pompeji erhalten haben. Häufig sind in das Zentrum jener drei Wände, die keine Öff-
nungen aufweisen, drei inhaltlich aufeinander abgestimmte mythologi-
sche Darstellungen gesetzt. Da es sich bei den derart kombinierten
Erzählszenen vermutlich allesamt um Kopien nach griechischen Tafel-
gemälden handelte, ist dieses Verfahren auch Ausdruck eines historisti-
schen Verhältnisses der Römer zur älteren, von ihnen bewunderten griechischen Kultur[6]. Für eine ähnliche historistische Attitüde gegenüber
vergangenen Kulturepochen — diesmal von politischen Untertönen getragen — zeugt auch der 315 geweihte Konstantinsbogen (Abb. 1). Das
Bauwerk ist — was seinen bildnerischen Schmuck betrifft — weitgehend

---

[5] In zwei wichtigen jüngeren Publikationen zur christlichen Kunst sind die beiden
hauptsächlichen Bildtypen getrennt untersucht worden: BELTING, H. (1990), *Bild und Kult.
Eine Geschichte des Bildes vor dem Zeitalter der Kunst*, München, und KEMP, W. (1994),
Christliche Kunst. Ihre Anfänge, ihre Strukturen, München. Während Belting die
Geschichte der christlichen Ikone untersuchte, hat Kemp die zu Bildsystemen geordneten
Erzählbilder in den Mittelpunkt der Analyse gestellt.
[6] Siehe zusammenfassend dazu: BRILLIANT, R. (1994), *Visual Narratives. Storytel-
ling in Etruscan and Roman Art*, New York, vor allem Kap. 2, «Pendants in the Mind's
Eye», pp. 53-89.

1. Konstantinsbogen (Südfront), Rom, 315 n. Chr.

eine Collage von Figurenreliefs aus drei früheren Herrschaftsepochen, derjenigen Trajans, Hadrians und Marc Aurels, die gegenüber ihrer Disposition
im ursprünglichen Kontext neu arrangiert und inhaltlich auf die neu geschaffenen Erzählfriese mit den politischen Taten Konstantins bezogen wurden[7].

Das antike Prinzip, autonome Erzählszenen zu übergreifenden Sinn-
einheiten zusammenzustellen, wird in die christliche Kunst des Mittelalters übernommen, wo es durch das texthermeneutische Verfahren der
typologischen Bibelexegese eine neue, besonders fruchtbare Fundierung
erhält und zu einem Prinzip ausgebaut wird, das nicht mehr das Zusammenstellen vorgefundener Bilder regelt, sondern als grundlegendes bild-
schöpferisches Verfahren dient.

Einer der Höhepunkte eines solchen umfassenden typologischen
Bildprogramms stellt die um 1180 von Nikolaus von Verdun in Kloster-
neuburg bei Wien geschaffene Kanzelverkleidung dar (Abb. 2)[8]. Darin

---

[7] BRILLIANT, R. (1994), pp. 119-123. Problematisch scheint mir die Behauptung
Brilliants, die Verwendung der Spolien im Konstantinsbogen sei aufgrund des typologischen Konzepts von Ankündigung und Erfüllung erfolgt. (Cf. p. 122, wo der Autor die
Begriffe «typological reiterations» und «fulfilled» verwendet.) Die Anwendung der von
der christlichen Typologie abgeleiteten Begrifflichkeit scheint mir für das politische Monu-
ment inadäquat.

[8] Zum Klosterneuburger Ambo siehe grundlegend — mit kritischer Zusammenfas-
sung der bisherigen Literatur — MOHNHAUPT, B. (2000), *Beziehungsgeflechte: Typologische Kunst des Mittelalters*, Bern, pp. 118-138.

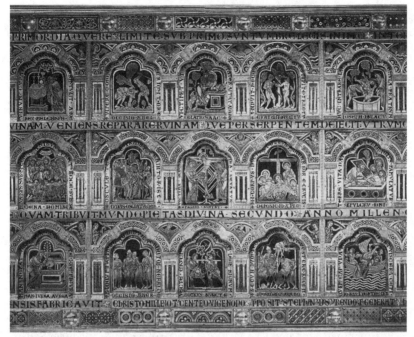

2. Nikolaus von Verdun, Klosterneuenburger Altar (ehem. Kanzelverkleidung),
Details des Mittelteils, um 1180

sind in einer diagrammatisch einsichtigen Ordnung die drei in horizontalen Erzählsequenzen entfalteten heilsgeschichtlichen Epochen *ante legem*, *sub lege* und *sub gratia* um die zentrale Kreuzigungsszene angeordnet. Die Einzelszenen der drei parallelisierten Bild-Satzgefüge können vom Betrachter auch unabhängig von der horizontalen sequentiellen Ordnung in vertikalen, transhistorischen Achsen aufeinander bezogen werden, wodurch sie nach dem hermeneutischen Verfahren der «Enthüllung» von zuvor nur «verschleiert» zugänglicher Inhalte in einen wechselseitigen Deutungszusammenhang treten.

Bei der Gestaltung der einzelnen alttestamentarischen Szenen wurden im Klosterneuburger Ambo vielfach jene figürlichen Elemente hervorgehoben, auf deren Grundlage sie in der exegetischen Tradition als *Antitypus* einer biblischen Szene (*Typus*) zugeordnet wurden. Häufig auch wurden vom Künstler bei aufeinander bezogenen Erzählszenen die gleichen kompositorischen Grundschemata angewandt[9].

---

[9] MOHNHAUPT, B. (2000), weist darauf hin, daß im Klosterneuburger Ambo durch Motivaufnahmen und kompositorische Parallelismen auch Sinnbezüge suggeriert werden, die über das horizontal-vertikale Rastersystem hinaus gehen.

IV. Zwei Formen des Sehens

Die auf der Grundlage des typologischen Geschichtsmodells des Christentums gebildeten Suprazeichen appellieren an eine spezifische Sehkompetenz: das auf inhaltliche Gemeinsamkeiten und Differenzen zwischen zwei Bildern hin ausgerichtete *vergleichende Sehen*. Es handelt sich um einen sehr anspruchsvollen, konzeptuell geprägten Rezeptionsprozess, der sich in zwei Schritten entfaltet. Zuerst zielt er darauf ab, die mit Hilfe figürlicher, bisweilen auch formaler Elemente als bedeutsam indizierten Gemeinsamkeiten zweier Erzählszenen festzuhalten; daraufhin wird das in der Darstellung der alttestamentarischen *Antitypen* gegenüber der Darstellung des neutestamentarischen *Typus* Abweichende als «Verschleierung» dessen gedeutet, was im *Typus* in der Form der «Erfüllung» direkt zugänglich ist. Die korrelierte Praxis der typologischen Bildproduktion und Bildbetrachtung war in der europäischen Kultur seit der Spätantike ein wichtiger Faktor, um das mimetische Bild dauerhaft an die Sphäre des philosophisch-theologischen Diskurses zu binden und die Bilder hermeneutischen Verfahren zugänglich zu machen, die den Sinn in einem Bereich jenseits des direkt Dargestellten entdecken wollen.

Einen ganz anderen Charakter hat das dem *Kultbild* adäquate Sehen: Es ist ein «naives», einfühlendes Sehen, bei dem die Rezipienten in ein quasi-dialogisches Verhältnis zur dargestellten heiligen oder verehrungswürdigen Person treten, welcher der Bildkörper gleichsam gleichgesetzt wird. Es handelt sich um ein Sehen, das zuerst auf das Numinose ausgerichtet war, schließlich auch — als dessen säkularisierte Variante — auf ästhetische Kategorien und physiognomische Stimmungswerte im «sinnlich-sittlichen» Bereich[10].

Auch wenn die beiden Rezeptionsweisen ihren jeweils primären Gegenstand einerseits in der Ikone, andererseits in den häufig zu Suprazeichen zusammengestellten Erzählbildern haben, wäre es falsch, die beiden Bildformen mit den ihnen entsprechenden Rezeptionsformen als strikt getrennte, miteinander nicht kommunizierende Bereiche zu beschreiben. Der Betrachter kann jedem der beiden zu einem Bildpaar zusammengestellten Einzelbilder, bevor er sie vergleicht, im ikonisch-einfühlenden Modus begegnen. Jedes Element eines visuellen Suprazeichens ist als Bild auch für sich allein lesbar.

---

[10] Siehe THÜRLEMANN, F. (1985), «Le mode de signification "immédiat" ou physionomique», in: H. PARRET u. H.-G. RUPRECHT, Hg., *Exigences et perspectives de la sémiotique. Recueil d'hommages pour Algirdas Julien Greimas*, Vol. II, Amsterdam, pp. 661-669.

V. Vom Triptychon zum Pendantsystem

Zu einem Auseinanderklaffen in zwei unterschiedliche Bild- und Sehformen kam es in der abendländischen Bildpraxis unter anderem auch deshalb nicht, weil sich mit dem Triptychon schon früh ein Suprazeichen etablierte, das in seiner kompositorischen Struktur gleichzeitig an beide Sehformen appellierte. Bei diesem, vor allem im sakralen Bereich besonders beliebten syntagmatischen Schema dienen die rahmenden Flügel dazu, die Mitteltafel als dominantes, singuläres Bild hervorzuheben und so für den ikonisch-einfühlenden Blick zu qualifizieren. Die symmetrisch angeordneten Flügel hingegen appellieren in ihrer gleichgewichtigen doppelten Präsenz primär an den vergleichenden, intellektualistischen Blick.

Das Triptychon führte gleichzeitig das für die spätere Kunstgeschichte so wichtige Prinzip der Hierarchisierung in den Prozess der Bildwahrnehmung ein. Die Hierarchisierung der Bilder ist die Voraussetzung für die Konstitution eines in sich geschlossenen Kunstsystems. Dieses setzte sich mit der *Pendanthängung* zu Beginn des 17. Jahrhunderts als übliche Präsentationsform für die beweglichen Bilder, Gemälde und Skulpturen, in Galerien und Museen durch und blieb bis zu Beginn des 20. Jahrhunderts beinahe unangefochten.

Den Kunstsammlungen im engeren Sinne vorausgegangen waren die Kunst- oder Wunderkammern. Sie hatten das Ziel, die Vielfalt der Welt anhand repräsentativer Beispiele in überblickbarer Gedrängtheit modellhaft darzustellen. Dabei wurden die Sammelobjekte mit Vorliebe in axialsymmetrischen Schemata, die die kosmische Ordnung spiegelten, dargeboten. Beim Übergang von der Wunderkammer zur Kunstsammlung verlor die Sammlung diese Abbildfunktion nach dem Mikro-/Makrokosmos-Schema. Die bereits für die Darbietung der *artificialia* und *naturalia* in den Wunderkammern entwickelten Ordnungsschemata wurden jedoch übernommen und weiterentwickelt, bezeichneten nun aber nicht mehr die Ordnung der Welt. Sie wurden in den Kunstsammlungen in einer selbstreflexiven Wendung auf die Bilder, Gemälde und Skulpturen, zurückbezogen und stellten so das Universum der Kunst als eine in sich geschlossene, autonome Ordnung dar. In diesem Gesamtrahmen hatte jedes Sammlungsobjekt seinen Platz und wurde eben durch die Einbindung in das Ordnungssystem zu einem Kunstgegenstand im heute geläufigen Sinn.

VI. Das Pendantsystem

Beim Pendantsystem wird das für das Triptychon zentrale Prinzip der Hierarchisierung zum generellen Ordnungsprinzip erhoben, das die Anbringung von Gemälden an einer Schauwand oder die Disposition von Skulpturen im Raum regelt: Jede triptychonartige Dreiergruppe, bei der zwei Bilder ein drittes, diesen übergeordnetes Bild rahmen, kann wieder als Einheit aufgefasst werden, die zusammen mit einer weiteren, analog aufgebauten Dreiergruppe ein Werk (oder eine Werkgruppe) höherer Ordnung einfasst. Beim Übergang von der ersten zur zweiten hierarchischen Ebene wird das auf der ersten Ebene hervorgehobene und dem ikonisch-einfühlenden Blick dargebotene Mittelbild Element eines Bildpaares und dadurch ebenfalls dem distanzierten, intellektualistisch-vergleichenden Blick unterworfen. Nur die auf der Mittelvertikalen der Wand angeordneten Bilder bleiben grundsätzlich singuläre Werke ohne Pendant.

Die nachfolgende Formel liegt jeder «barocken» Bildertapete zugrunde (vgl. Abb. 3), wobei festgehalten werden muss, dass jede triptychonartige Gruppe (durch den möglichen Verzicht auf die mittlere, in Klammer gesetzte, Einheit ß/b/B) zu einer Zweiergruppe, einem Bild-*Diptychon*, reduziert werden kann. Verglichen werden kann grundsätzlich zwischen einer linken und einer rechten Einheit gleicher Ordnung, unter der Bedingung, dass die verglichenen Elemente eine spiegelsymmetrisch arrangierte Bildergruppe rahmen. So kann das Bild α_l^{-2} mit α_r^{-2}, aber auch mit α_r^{-1} oder α_r^{+2} verglichen werden:

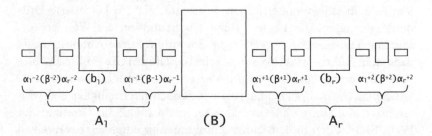

$\alpha_l^{-2}(\beta^{-2})\alpha_r^{-2}$ (b_l) $\alpha_l^{-1}(\beta^{-1})\alpha_r^{-1}$ $\alpha_l^{+1}(\beta^{+1})\alpha_r^{+1}$ (b_r) $\alpha_l^{+2}(\beta^{+2})\alpha_r^{+2}$

A_l (B) A_r

Die nach dem Pendantsystem gehängte Bilderwand wirkt nur für den distanzierten, synthetischen Blick wie ein ornamentales Muster, das die vorgegebene architektonische Ordnung der gebauten Wand mit ihren Tür- und Fensteröffnungen umspielt oder ersetzt. Wenn die einzelnen Bildpaare dem vergleichenden Sehen unterworfen werden, bekommt die Bildtapete aufgrund des Prinzips der Hierarchisierung einen dynamischen

Charakter. Sie dient als eine Art Diagramm, das je nach Anzahl der Einheiten zu einer mehr oder weniger großen Zahl von Performanzen, d.h. zur Konstitution von «Bild-Satzgefügen» einlädt.

Im vergleichenden Sehen werden die für das klassische Kunstsystem relevanten Kategorien operationell. Es sind dies vorerst die *formalen Kategorien* von Bildformat, Komposition und Figurenmaßstab, die eine vergleichende Zusammenstellung der Bilder überhaupt erst ermöglichen, dann vor allem die *Kategorien der Gattung*, die die Gemälde in einer hierarchischen Stufenleiter z.B. als Stilleben, Porträt, Landschaft, Seestück, Interieur, Schlachtengemälde, Akt oder Historiengemälde einander gleich-, über und unterordnen, schließlich die *inhaltlichen Kategorien*, mit deren Hilfe die Bereiche von Mythos, von profaner und religiöser Geschichte als hauptsächliche Sinndomänen der abendländischen Kultur gegeneinander abgesondert und teilweise wieder einander zugeordnet werden.

Das Pendantsystem ist mit seiner kategorialen Basis ein Dispositiv, in dem sich das klassische System der Kunst ständig selbst darstellt und das sich im Prozess der Wahrnehmung in seiner Gültigkeit jedesmal neu bestärkt. In dieser dynamischen, die Bildwahrnehmung leitenden Funktion wirkt das Pendantsystem mit seinen impliziten Hierarchisierungen — soziologisch betrachtet — auch wie ein ästhetischer Spiegel des Ständestaates und des politischen Absolutismus, unter dem es seine überzeugendsten Realisierungen gefunden hat. Es überrascht denn auch nicht, wenn einzelne absolutistische Herrscher die Einrichtung ihrer Bildergalerie als fürstliches Prärogativ betrachtet haben. So notiert Lothar Franz von Schönborn am 17. September 1715 stolz, nachdem er die Hängung der Bilder in zwei Haupträumen seiner fürstlichen Residenz, Schloss Pommersfelden, selbst dirigiert hatte, es seien «über 250 Stück […] und zwar auff nur solche arth […] aufgehenkt worden, das gewißlich heiklichste Liebhaber undt connoisseur schwerlich viel daran zu reformieren wissen. In summa ich glaube, daß außer der kayserlichen und churpfalzischen Gallereyen [Wien und Düsseldorf] keine in theutschland ist, die der Meinigen so wohl in der ordonanz als den tableaux beykommen wirdt»[11].

Das Suprazeichen einer nach dem Pendantsystem gehängten Bilderwand lässt sich mit Bezug auf die einzelnen Konstituenten analysieren. In

---

[11] Siehe BYS, R. (1719/1997), *Fürtrefflicher Gemähld- und Bilder-Schatz. Die Gemäldesammlung des Lothar Franz von Schönborn in Pommersfelden*, K. BOTT, Hg., Weimar, p. 12.

dieser Sichtweise erweist sich das Pendantsystem als ein Instrument der praktischen Hermeneutik. Dadurch, dass die Bilderwand die für die Wahrnehmung maßgeblichen Kategorien festlegt, hat sie den Status eines *impliziten Metadiskurses* im Bezug auf jedes der darin integrierten Einzelwerke. Durch die Integration in die Bilderwand bekommt das einzelne Gemälde eine Art «Lektüreanweisung». Die Geschichte der wechselnden Neuarrangements des Bilderbestandes einer Sammlung — die Hängungen sind bekanntlich dem Zeitgeschmack unterworfen — kann deshalb als eine Geschichte der Deutungen und Umdeutungen des Sammlungsgutes verstanden werden.

VII. Analyse einer Bilderwand

Ich möchte die hermeneutische Funktion der Pendanthängung an einem Beispiel, einem durch einen Stich überlieferten, gegen 1800 realisierten Suprazeichen aus fünfundzwanzig Gemälden erläutern (Abb. 3)[12]. Der Stich stellt eine Wand aus dem von Dominique-Vivant Denon, dem Kunstbeauftragten Napoleons, im Louvre eingerichteten Musée Central dar. Denon konnte sich bei der Einrichtung des Museums mit vollen Händen aus den immensen, vor allem aus dem eroberten Italien nach Paris gebrachten Bilderschätzen bedienen.

Im Jahre 1802 startete die englische Malerin Maria Cosway das Projekt, die Bilder in der Grande Galerie im Kontext ihrer Hängung in kolorierten Stichen zu dokumentieren und in Folgen zu publizieren. Abb. 3 zeigt die Tafel I aus dem Projekt, das aber schließlich Fragment blieb.

Denon befolgte bei der Hängung im wesentlichen das kunsthistorische Prinzip der Anordnung des Bilderbestandes nach Schulen, wie sie seit kurzem, etwa im Wiener Oberen Belvedere bei den habsburgischen Sammlungen, zur Anwendung gelangte. Denons Suprazeichen besitzen

---

[12] Für fotografische Rekonstruktionen zweier nach dem Pendantsystem gehängter Gemäldesammlungen des 18. und 19. Jhdts siehe WEBER, G.J.M. (1998), «Il nucleo pittorico estense nella Galleria di Dresda negli anni 1746-1765. Scelta, esposizione e ricezione dei dipinti», in: J. BENTINI, Hg., *Sovrane passioni. Le raccolte d'arte della Ducale Galleria Estense*, Milano, pp. 124-137, und VICINI, D. (1981), «Appunti sulla genesi della pinacoteca pavese. Luigi Malaspina di Sannazzaro (1754-1835), collezionista e mecenate», in: A. PERONI, D. VICINI u. S. NEPOTI, *Pavia. Pinacoteca Malaspina*, Pavia, pp. 7-22. Zu einer nach dem gleichen Pendantprinzip eingerichteten, noch heute erhaltenen Sammlung von Miniaturgemälden aus der Goethezeit siehe THÜRLEMANN, F. (1998), «Vom Sinn der Ordnung. Die Bildersammlung des Frankfurter Konditormeisters Johann Valentin Prehn (1749-1821)», in: A. ASSMANN, M. GOMILLE u. G. RIPPEL, Hg., *Sammler — Bibliophile — Exzentriker*, Tübingen, pp. 315-324.

3. Maria Cosway, Musée Central ou Galerie du Louvre à Paris,
Paris 1801-1803, plate 1

aber auch — die gezeigte Wand ist ein besonders sprechender Beleg dafür —
eine starke poetische Qualität, bei der figürliche Analogien zwischen den Bildern eine nicht unbedeutende Rolle spielen. Beim gewählten Beispiel, das ganz
um ein zentrales Bild, einem aus Bologna entführten (und mittlerweile wieder
dorthin zurückgebrachten) Altargemälde von Guido Reni[13] aufgebaut ist, wird
die interpretative Funktion der Bilderhängung besonders deutlich.

Das zentrale Gemälde nimmt mit seinem durch einen Halbbogen
bekrönten Format die Form der Wandfläche wieder auf und ist so

[13] Das Altarblatt stammt aus der Chiesa dei Mendicanti in der Via San Vitale und
wird heute in der Pinacoteca Nazionale aufbewahrt. Siehe Nr. 21 im Ausst.-Katalog
AA.VV. (1988), *Guido Reni 1575-1642*, Bologna.

gleichsam als das Thema der Bilderwand gesetzt. In einer zentripetalen Bewegung wird es durch die darum paarweise angebrachten Gemälde inhaltlich entfaltet, expliziert. Die Analogie der Bilderdisposition mit der Manuskriptseite eines Klassikertextes, dessen zentraler Textspiegel von Kommentaren umspielt und mit Fussnoten erläutert wird, ist nicht zu übersehen.

Die Anwendung des Prinzips der erläuternden Entfaltung durch die peripher angeordneten Werke liegt bei Renis kolossalem Altarblatt — es misst sieben Meter in der Höhe — deshalb nahe, weil es sich dabei bereits um eine komplexe, entlang der Mittelachse symmetrisch organisierte Komposition handelt. Im oberen Teil rahmen auf einem fingierten Teppich zwei Engel die Pietà, im unteren ist der heilige Carlo Borromeo in Anbetung des Kreuzes dargestellt und bildet dadurch eine Synthese der über ihm angebrachten Pietà-Gruppe. Zusammen mit den übrigen vier Stadtheiligen, die ihn umgeben, formt er eine deutliche Quincunx. Fünf Putti, von denen je zwei in dialogierenden Paaren das Modell der Stadt Bologna rahmen, führen am unteren Bildrand die Attribute der Heiligen vor.

Bei der Entfaltung der komplexen Komposition Renis in den rahmenden Bildpaaren setzt Denon bei der Quincunx der fünf Stadtheiligen an. Die in Pendants seitlich verteilten Bilder umgeben das zentrale Gemälde so, wie die vier übrigen Stadtheiligen Carlo Borromeo umstehen. Inhaltlich werden die Bezüge jedoch über die Engel und Putti hergestellt, die in Renis Komposition entlang der Mittelachse ebenfalls symmetrisch verteilt sind. Drei der vier von Denon seitlich des Altarblattes angebrachten Gemälde — auch bei ihnen handelt es sich um gewichtige Werke mit lebensgroßen Figuren — zeigen Engel in aktiven Rollen. Dies ist der Fall für Domenico Fettis Schutzengelbild links oben; in Guercinos Ekstase des hl. Franziskus mit dem hl. Dominikus rechts gegenüber spielt ein Engel auf der Geige himmlische Musik; in Raffaels Gemälde links unten kämpft der Erzengel Michael gegen Luzifer. Es ist, wie wenn in diesen drei rahmenden Gemälden die Engel und Putti des Hauptbildes, von Reni als bloße Klage- und Haltefiguren eingesetzt, aus ihrer dienenden Rolle entlassen worden wären. Denon macht die klassizistische Kälte und kompositorische Strenge des Hauptbildes sichtbar, indem er gegen sie anrennt.

VIII. Das Pendant als Lektürevorgabe

Eine Sonderstellung im Gefüge der Bilderwand nimmt das rechts unten angebrachte Gemälde Tizians mit der Dornenkrönung ein, da in ihm kein Engel vorkommt. Aber gerade beim Gemälde Tizians scheint die Integration in das Pendantsystem aufgrund zahlreicher gegenständlicher und formaler Analogien — wozu auch die Farbigkeit zählt — besonders deutlich[14]. Diese Analogien sind für den Betrachter Anlass, nach «versteckten» semantischen Bezügen zu suchen. Natürlich sind solche aufgrund der Komplexität der involvierten Darstellungen, d.h. aus bloßen informationstheoretischen Gründen, leicht zu finden. So blickt Christus scheinbar gegen die Mitte der Bilderwand, wo der teilweise ebenfalls in Scharlachrot gekleidete Carlo Borromeo mit dem Kruzifix — in Antizipation des Endes der Passionsgeschichte — Christus als bereits Gekreuzigten verehrt. Andererseits erscheint Tizians Dornenkrönung wie eine Parodie von Raffaels Michaelskampf, bei der Gut und Bös, Oben und Unten, ihre Rollen vertauscht haben, und so fort… Dem Spiel der Sinnsuche scheinen keine Grenzen gesetzt[15].

Das Spiel hat aber auch seinen Reiz. Es ist gerade die anscheinende Disparität der Bildercollage, die die Sinnsuche für den Betrachter zu einer so befriedigenden Erfahrung macht, da ihm das Raffiniert-Konstruierte einer Entdeckung als besonderer Beweis seiner Ingeniosität vorkommen kann. Das Spiel gereicht den Bildern, so ausgefallen und willkürlich die hergestellten Sinnbezüge auch sein mögen, aber auch nicht zum Nachteil. Die Rezeption von Pendants ist ein delikates Ausloten figürlicher und

---

[14] Bei Tizian hat die Hauptfigur, der mit dem roten Mantel bekleidete dornengekrönte Christus, eine ähnliche Stellung der Beine wie der Putto in der rechten unteren Ecke in Renis Altartafel. Tizians Gemälde ist aber auch an sein Pendant, Raffaels Michaelskampf, angebunden. Der mit einem flatternden blauen Mantel ausgezeichnete Erzengel, der von oben auf Luzifer zusticht, wirkt wie die spiegelbildliche Umkehrung des blaugewandeten Schergen in Tizians Gemälde, der mit hoch erhobenen Armen die Dornenkrone auf Christi Haupt drückt.

[15] Um zu zeigen, dass das «und so fort» keine rhetorische Floskel ist, seien ein paar weitere solcher «sinnvoller Bezüge» aufgeführt: Die beiden Gemälde am linken Rand spielen in der freien Natur, wie die Pietà-Szene im Scheitel von Renis Pala, während die beiden Gemälde rechts, wie der untere Teil der Pala, einen architektonischen Rahmen aufweisen. Die Titusbüste in Tizians Dornenkrönung kann in Bezug gesetzt werden zu den acht Porträts im unteren Teil von Denons Bilderwand. Zudem sind die am unteren Rand von Renis Altartafel angebrachten dunkelgründigen Porträts ähnlich verteilt wie Renis vier Putti darüber. Der durch den Balken getrennte Halbbogen über der Titusbüste steht im Bezug zur halbbogenförmigen Bekrönung von Renis Pala etc.… Wenn Tizians Gemälde aus dem Pendantsystem einigermaßen ausschert, so liegt dies wohl nicht an einer Beschränktheit des zur Verfügung stehenden Bildmaterials. Denon scheint die Bildung von perfekt symmetrischen Bildsystemem bewusst vermieden zu haben. Ganz ähnlich wie die Dornenkrönung in der fünfteiligen Hauptgruppe schert in den beiden von Porträts gerahmten fünfteiligen Madonnengruppen unten an der Bilderwand jeweils ein Gemälde aus dem System aus: Links unten ist es Raffaels «Vision des Ezechiel» (Nr. 12), rechts unten die Giulio Romano zugeschriebene Nischenfigur der Ceres in Grisaille (Nr. 23).

formaler Analogien und Differenzen zwischen den beiden durch die topologische Setzung zum Suprazeichen zusammengestellten Bildern. Der Betrachter muss sich der Aufgabe stellen, auf ihrer Grundlage eine genügende Anzahl von semantischen «Bindestrichen» zu konstruieren, um die mit topologischen Mitteln indizierte Analogisierung inhaltlich zu rechtfertigen. Das Suprazeichen des Pendants ruft, wie die Einzelbilder, die es konstituieren, nach einem hermeneutischen Prozess.

Der Prozess der Sinnsuche innerhalb des Pendantsystems ist aber, da er keine Zielvorgabe hat, grundsätzlich offen. Er kann in der Schwebe gehalten werden und erlaubt auch das unentschiedene Changieren zwischen einer semantischen Isotopie und einer andern. Diese offene Semiose, das Ausloten der zum Pendant zusammengestellten Bilder «im Hinblick auf...» sensibilisiert den Betrachter für die spezifischen formalen Qualitäten der einzelnen Werke. Im Idealfall ist die Bildzusammenstellung auch geeignet, den Rezipienten auf eine Sinndimension aufmerksam zu machen, die sich für die Lektüre eines oder beider Werke als relevant erweist. In dieser Möglichkeit liegt auch die besondere Effizienz der Zusammenstellung fotografischer Reproduktionen zu didaktischen Zwecken, wie sie mit der Dia-Doppelprojektion im kunstgeschichtlichen Unterricht und den paarweisen Bildzusammenstellungen in kunstpädagogischen Schriften mit Vorliebe zur Anwendung gelangen. Beide Verfahren sind Übertragungen des Prinzips der Pendanthängung in den Bereich des *imaginären Museums*.

Die didaktische Effizienz der genannten Verfahren der fotografischen Pendantbildungen erweist sich vor allem beim Versuch ihrer sprachlichen Begründung. Er zwingt zu einer abstrahierenden Distanznahme, da sich das Gesagte immer über das einzelne Werk zugunsten ihrer Gemeinsamkeiten hinausheben muss.

Die Bedeutung des Pendantsystems für die Entwicklung der europäischen Bildkultur kann nicht hoch genug angesetzt werden. Vor allem dank der Präsentation in Pendants konnten die durch kulturhistorische Brüche unterschiedlichster Art aus ihrem ursprünglichen Funktionskontext entlassenen Bilder rekontextualisiert, als Sinnträger weiterleben. (Dies trifft nicht nur auf die von den Altären genommenen Triptychen, sondern etwa auch auf die durch den Verlust von familiären Bezügen entfunktionalisierten Porträts zu.) Der Prozess der Rekontextualisierung führte nicht nur zu einer semantischen Transformation der überlieferten Werke, er machte aus den für unterschiedliche soziale Zusammenhänge geschaffenen Bildtypen — der Altartafel, dem Porträt, dem privaten Andachtsbild u.s.f. — ein immer Gleiches: Kunst. Diese wurde nun nicht mehr ihren

Funktionen im lebensweltlichen Kontext gemäß, sondern der Hierarchie der Kunstgattungen entsprechend aufgefächert.

Es waren aber nicht nur die Rezipienten, die in dem durch das Pendantsystem geordneten Universum der Kunst neue Formen des Umgangs mit den Bildern entwickelten. Auch die Bilderproduzenten, Maler und Bildhauer, hatten ihre Werke auf die neu etablierten Strukturen der Rezeption abzustimmen, da diese die für die Beurteilung relevanten Kategorien im voraus festlegten. Die Künstler konnten immer mehr mit Betrachtern rechnen, die für die formalen Qualitäten der Werke sensibilisiert waren.

Vor allem Maler der niederen Gattungen — Stilleben und Landschaft — schufen ihre Werke häufig paarweise im Hinblick auf ihre zu erwartende Integration in eine nach dem Pendantsystem geordnete Bilderwand. So hatte der im 17. Jahrhundert in Rom als Landschaftsmaler tätige Claude Lorrain — wie man dem von ihm angelegten Werkkatalog, dem *Liber veritatis*, entnehmen kann — über siebzig Prozent seiner Gemälde als Bildpaare, d.h. als Suprazeichen konzipiert. Die Bildpaare waren durch die umfassende kompositorische Ordnung und durch die Wahl der für die Staffagefiguren gewählten Sujets aufeinander abgestimmt. Zunehmend deutlich kann man in Claude Lorrains Schaffen auch das Bestreben ausmachen, den einzelnen, auf Vergleich angelegten Bildern einen ganzheitlichen atmosphärischen Stimmungswert zu geben, der besonders in der vergleichenden Zusammenschau mit dem jeweiligen Bildpartner effektvoll zum Tragen kam. Das Pendantsystem konnte so als Motor der ästhetischen Entwicklung wirken und Claude Lorrain, salopp gesprochen, zum «Erfinder des Impressionismus» werden lassen.

IX. Vom realen zum imaginären Museum

Die Pendanthängung hatte überraschend lange Bestand. Bis ins 20. Jahrhundert hinein regelte sie als dominantes Ordnungssystem die Präsentation von Kunst und tut dies bei der Werkpräsentation in klassischen Museumssammlungen zum Teil noch immer. Die Tatsache, dass sie bei Neueinrichtungen von Bildersammlungen heute meist bewusst vermieden wird, bedeutet aber, dass ihr Ende eingeläutet ist.

Die Auflösung des Pendantssystems ist unter anderem die Konsequenz der großen mediengeschichtlichen Revolution des 19. Jahrhunderts: der Erfindung der Fotografie. Wie André Malraux in seinem 1945 publizierten Essay *Le Musée imaginaire* aufzeigte, hatte die Fotografie grundsätzliche Auswirkungen auf unser Verhältnis zu den Bildern. Sie eröffnete für die Kunst — vor allem nachdem die Fotografie über die Erfindung der Heliogravur dem Buchdruck technisch angeglichen worden war — einen neuen Bilderraum, das illustrierte Kunstbuch. Nach eigenen syntagmatischen Regeln organisiert, machte es die Bilder gegenüber dem realen Museum in umfassender Weise neu verfügbar.

In der Rolle des optimistischen Propheten, die er sich zulegte, sah Malraux ausschließlich die positiven Auswirkungen der Medienrevolution und wies darauf hin, dass die Fotografie

(1) die Bilder einem größeren Publikum zugänglich machte,
(2) die Bildkultur durch neue Möglichkeiten der Intervention bereicherte, z.B. indem sie Bilder vergleichbar machte, die in Wirklichkeit durch Format, Technik und Aufbewahrungsort voneinander getrennt waren,
(3) die überlieferten Bilder durch die Verfahren der fotografischen Manipulation — wie Beleuchtung, Fragmentierung, Vergrößerung — nicht nur neu lesbar sondern auch neu erlebbar machte.

Gerade durch den letzten Aspekt hat sich Malraux' Analyse gegenüber derjenigen des pessimistischen Propheten Walter Benjamin — wir alle haben seine Formel vom «Verlust der Aura» im Ohr — als überlegen erwiesen. Die massenhafte technische Reproduktion der Bilder hat ihre ästhetische Wirkung nicht zerstört. Im Gegenteil: Der Kult der Originale hat gerade auch wegen ihrer massenhaften reproduktiven Verbreitung in den Bildbänden, wie es der beispiellose Erfolg der Museen in den letzten Jahrzehnten beweist, noch zugenommen.

X. «Bildersalat»

Die Erfindung der Fotografie hatte aber noch eine weitere Konsequenz, die weder Malraux noch Benjamin in ihrer Tragweite richtig einzuschätzen wussten. Sie rückte alle Bereiche des Visuellen eng aneinander und tendierte — in letzter Konsequenz — dazu, Kunst und Nichtkunst ununterscheidbar zu machen. Keiner hat dies so klar gesehen wie der Kulturwissenschaftler Aby Warburg. In seinem «MnemosyneAtlas», in dem er das Nachleben der antiken Bilderwelt in der Gegenwart aufzeigte, hat er die Möglichkeiten der Fotografie in besonders kreativer Weise ausgenutzt und gleichzeitig ihre Auswirkungen auf das Bildkonzept kritisch reflektiert. Wie André Malraux' 1945 publiziertes Buch Le Musée imaginaire ist Aby Warburgs Bilderatlas in Teilen eine

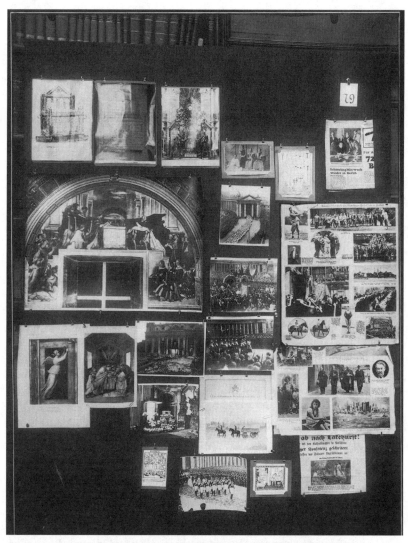

4. Aby Warburg, Mnemosyne-Atlas, Tafel 79

Theorie über die Auswirkungen des neuen fotografischen Bildes innerhalb der Kultur und gleichzeitig eine Applikation dieser Theorie.

Aby Warburg hat am Atlaswerk bis kurz vor seinem Tod im Jahre
1929 gearbeitet und dabei das fotografische Bildmaterial auf Schautafeln
mittels Reissnägeln und Klammern — die Analogien zur Bilderhängung
an der Museumswand sind offensichtlich — syntagmatisch immer wieder neu organisiert. Ich wähle als Beispiel die Tafel 79 (Abb. 4), weil sie

die Auswirkungen der Fotografie auf das Universum der Bilder am stärksten kritisch reflektiert und stärker als alle anderen experimentell auslotet[16]. Sie kann zudem mit einem Text in Verbindung gebracht werden, der uns indirekt über Warburgs Intentionen bei der Gestaltung der Bildercollage Auskunft gibt[17].

Thema ist das Papsttum in seiner zeremoniellen Selbstdarstellung, das Warburg mit dem Kerndogma des Katholizismus, der Realpräsenz Christi in der Eucharistie, zusammenführt. Die historische Spannweite der Bildercollage reicht von der *Cathedra Petri* — sie ist links oben nebeneinander in zwei historischen Darstellungen isoliert und in der barocken Ummantelung Berninis wiedergegeben — bis zu sechs Pressefotos eines Zeitereignisses, der feierlichen Fronleichnams-Prozession auf dem Petersplatz vom 25. Juli 1929 im Anschluss an die Unterzeichnung der Lateran-Verträge. Den größten Raum nimmt eine Reproduktion von Raffaels Fresko mit dem Hostienwunder von Bolsena in der Stanza d'Eliodoro, die malerische Darstellung der Gründungslegende des Fronleichnamsfestes, ein. In der Bildercollage spielt auch die Nachtseite des Christentums eine wichtige Rolle: seine Verbindung mit der militärisch-politischen Macht und die frühen Judenprogrome aufgrund der von den Christen gegen die Juden erhobenen Vorwürfe des Hostienfrevels.

Die Tafel hat eine merkwürdige syntagmatische Ordnung. Die linke, um Raphaels Fresko angeordnete Hälfte ist überraschend symmetrisch aufgebaut und befolgt weitgehend die Regeln der musealen Pendanthängung von Bildern. In der Bewegung nach rechts — sie entspricht grundsätzlich der Zeitachse «früher → heute» — verdichtet sich die Tafel, wird asymmetrisch und endet am rechten Rand in einer kakophonischen Collage von sich überlappenden Zeitungsseiten und Zeitungsausschnitten voller kleinteiliger fotografischer Aufnahmen. Einige von ihnen sind kreisförmig und scheinen dadurch auf das Fresko Raffaels mit seinem halbkreisförmigen Abschluss zurückzuweisen.

---

[16] Die Tafel ist kommentiert bei GOMBRICH, E.H. (1984), *Aby Warburg. Eine intellektuelle Biographie*, Frankfurt am Main, pp. 371-374; BAUERLE, D. (1988), *Gespenstergeschichten für ganz Erwachsene. Ein Kommentar zu Aby Warburgs Bildatlas Mnemosyne*, Münster, pp. 141ff.; SCHOELL-GLASS, C. (1998), *Aby Warburg und der Antisemitismus. Kulturwissenschaft als Geistespolitik*, Frankfurt am Main, pp. 233-243. Von den genannten Autorinnen geht aber nur Schoell-Glass etwas näher auf die syntagmatische Ordnung der Tafel ein.

[17] In Warburgs Nachlass in London ist unter dem Titel «Doktorfeier» ein Manuskript für eine Rede vom 30.7.1929 erhalten, in der Aby Warburg die Seite aus dem *Hamburger Fremdenblatt* vom Vortag, die auch in der Tafel 79 einen wichtigen Platz einnimmt, in wechselweise seriösen, launischen und sarkastischen Tönen vor Doktoranden der Hamburger Universität kommentierte. Der Vortragstext ist abgedruckt in: Koos, M. et al. (1994), *Begleitmaterial zur Ausstellung «Mnemosyne»*, Hamburg (Text zu Tafel 79).

Zwischen dem Fresko Raffaels und den Zeitungsseiten vermitteln aber vor allem die Pressefotografien von der feierlichen Fronleichnams-Prozession vom 25.7.1929. Eine andere Aufnahme dieses gleichen Ereignisses diente auch als Hauptbild auf einer Seite der vier Tage später erschienenen Ausgabe des *Hamburger Fremdenblatts* und zeigte Pius XI. in einer ähnlichen Pose vor der Hostie wie Julius II. im Fresko Raphaels[18].

In seinem erhaltenen Kommentar zu der rechts außen vollständig sichtbaren Seite aus dem *Hamburger Fremdenblatt* vom 29. Juli 1929 erregte sich Warburg über den «Bildersalat», der dem Leser der Zeitung neben der eucharistischen Prozession auf dem Petersplatz in ungeregelter Engführung zehn weitere Bilddokumente in einer thematisch gewagten Zusammenstellung vorführte: «1 Einen sieghaften japanischen Golfspieler / 2 Viele Golfklubler, die einem Ball nachblicken / 3 Die Siegerin im Golfspiel, wie sie von einem der Landesherrn begrüsst wird / 4 Den Bürgermeister / 5 Eine französische Hafen-Studienkommission / 6 Eine Ruderregatta / 7 Einen Corps-Commers / 8 Jugendliche "Späher" vor der Abfahrt nach England / 9 Einen Preisschwimmer über 4000 Meter / 10 Je ein Rennpferd aus dem "Biennal"». In all diesen Bildern erkannte Warburg nur *einen* gemeinsamen Nenner: Sie waren für ihn «selbstzufriedene Schaustellungen menschlicher Vortrefflichkeit». Aber der historisch Gebildete, der sich des Wesens der Fronleichnamsprozession vor dem Hintergrund der Geschichte des Christentums bewusst war, wunderte sich, wie der «tüchtige Schwimmer [...] schonungslos in die Bildecke der Prozession hinein[ragt]» und über anderes mehr, etwa über die antiken Namen der beiden in Tondi abgebildeten Pferde: Alexandra, die Stute links, und Herakles, den Hengst rechts.

Warburg reagierte gereizt auf die «barbarische Stillosigkeit» des neuen Umgangs mit Bildern, wie er ihm auf der Illustriertenseite vorgeführt wurde. Für andere, etwa die Dada-Künstler, dann die Surrealisten, waren sie als Belege eines neuen Verhältnisses zu den Bildern und der Geschichte willkommene Anregungen für ihr eigenes künstlerisches Schaffen. Sie akzeptierten, dass die alte Welt mit dem ersten Weltkrieg zusammengebrochen war und taten alles, um dies auch in ihren eigenen Arbeiten zu bekunden. Eine kleine, bereits um 1922 entstandene Collage

---

[18] Die vorerst thematisch fremd scheinende Fotografie einer japanischen Harakiri-Szene (in der Mitte der obersten Bilderreihe) zeigt an einem Beispiel aus einem dem Christentum fremden Kulturkreis den freiwilligen, ritualisierten Tod eines Menschen, womit wohl indirekt auf die Essenz des christlichen Altarsakraments aufmerksam gemacht werden soll.

5. Kurt Schwitters, Merzzeichnung – Collage, ohne
Titel (Köning Eduard in), 1922, Standort unbekannt

von Kurt Schwitters (Abb. 5) zeigt eine ähnliche visuelle Engführung
von thematisch vergleichbaren Sujets wie die von Warburg inkriminierte
Seite aus der Illustrierten von 1929. Beide Bilddokumente zusammen
belegen, dass durch die Fotografie und die neuen Drucktechniken ein
ganz neues Verhältnis zu den Bildern entstanden war, ob dieser Wandel
nun vom konservativen Kulturwissenschaftler kritisiert oder vom Avant-
gardekünstler willkommen geheißen wurde.

   Doch auch Warburg war — ob er *Merz* und andere Avantgardeposi-
tionen je zur Kenntnis genommen hat oder nicht — nicht gänzlich frei vom
frechen Revoluzzergeist der Dadaisten. In seiner Tafel 79 (Abb. 4) bediente
er sich nämlich des gleichen Verfahrens der collagierenden Engführung der
Bilder, wie er es bei der Illustriertenseite kritisiert hatte: Im unteren Drit-
tel der Tafel gegen die Mitte hat er das Titelblatt eines 1918 erschienenen

fotografischen Albums über die päpstliche Armee und eine Abbildungs-
seite mit drei Pferden vor einem Munitionswagen — sie antworten spie-
gelbildlich ausgerichtet auf die beiden im *Hamburger Fremdenblatt* abgebildeten Rennpferde — manipulierend übereinandergelegt. Das
Papstwappen, der Titelbeginn «L'Esercito Pontificio in alta uniforme negli
ultimi anni» und die Fotografie des von Pferden gezogenen Munitionswa-
gens — er gemahnt an einen Leichenwagen — werden in der von Warburg
inszenierten Engführung zur emblematischen Darstellung der Essenz der
überwundenen Form des Papsttums. Ziel der Collage ist es offenbar, die
säkulare Verquickung von kirchlicher Herrschaft und militärischer Gewalt
im Augenblick ihres scheinbaren Endes parodistisch zu denunzieren[19].

XI. Ausblick: auf dem Weg zum «virtuellen Museum»

Die Untersuchung der visuellen Suprazeichen muss sich zwei Ziele
setzen:

(1) die Analyse einzelner Beispiele — etwa historischer Bilderhän-
    gungen — mit dem Ziel, die zugrundeliegenden syntagmati-
    schen Regeln zu erfassen,
(2) die anschließende Beschreibung der an einer genügend großen
    Zahl repräsentativer Beispiele analysierten syntagmatischen
    Regeln in ihrer historischen Entwicklung.

Eine solche doppelte Untersuchung kann als Beitrag zu einer
Geschichte des Sehens im Sinne einer historischen Hermeneutik verstanden werden, da jede Suprazeichenbildung immer auch eine Anwei-
sung an den Rezipienten enthält, wie er mit den in das Gesamtgefüge

---

[19] SCHOELL-GLASS, C. (1998), p. 243, schlägt eine positive, optimistische Lektüre
der Tafel 79 vor: «In diesem Verzicht [gemeint ist der in Tafel 78 behandelte, am 11.
Februar 1929 durch die Lateranverträge besiegelte Verzicht des Papsttums auf die weltli-
che Macht] war die Chance beschlossen, dass die Opferrolle der Juden nicht länger reli-
giös legitimiert werden könnte, dass ihr Blut nicht länger vergossen würde, um das Wun-
der der Transsubstantiation mit Realität zu erfüllen». Mir scheint, dass Warburg durch die
zeitindifferente triptychoide Rahmung der Fotografie der päpstlichen Garde mit zwei historischen Darstellungen von Hostienfreveln am unteren Bildrand die beständige Gefahr von
erneuten, durch das Papsttum legitimierten Judenverfolgungen aufzeigen wollte. Zudem
verpasste Warburg der ganzen Seite eine pessimistische Signatur, indem er unten rechts
einen Zeitungsausschnitt anbrachte, den er zuvor durch Fragmentierung der Schlagzeilen
enthistorisiert hatte: «…bei den Massenkämpfen in Palestina / er Konferenz gescheitert /
assen des Soltaner Unglückautos tot.»

integrierten Einzelwerken umzugehen hat, welche Kategorien er bei ihrer Rezeption als relevant betrachten soll.

Die bisher vernachlässigte Analyse der visuellen Suprazeichen stellt in vielfacher Hinsicht neue Herausforderungen an die kunstgeschichtliche Hermeneutik. Wie die aufgerufenen Beispiele gezeigt haben, sind vom Wandel in der Form der Syntagmatisierung die Konzepte von Bild, Autor und Rezipient betroffen. Besonders deutlich wird dies im Bezug auf das Bildkonzept, das sich bei der Konstitution des Museums radikal veränderte. Bilder, die zuvor in unterschiedliche funktionale Kontexte integriert waren, wurden unter dem Vorzeichen «Kunst» als Elemente eines selbstreflexiven Systems rekontextualisiert und so einem ganz neuen Blick unterworfen.

Der Arrangeur der Bilder tritt bei der visuellen Suprazeichenbildung als ein zusätzlicher Autor auf, der mit Hilfe der von den Künstlern geschaffenen Bildtexten neue «Bild-Satzgefüge» zusammenstellt. Aber auch dem Rezipienten fällt eine qualitativ neue Rolle zu. Er ist zum Beispiel frei zu entscheiden, welche Relationen zwischen den Bildern, die in einer nach dem Pendantsystem gehängten Bilderwand angelegt sind, er im Prozess der vergleichenden Wahrnehmung realisieren will, wie weit er in der semantischen Ausdeutung der wahrgenommenen formalen Relationen zwischen den Bildern gehen will.

Beim anschließenden Übergang vom realen zum imaginären Museum wächst den Kunsthistorikern, Ausstellungsmachern und Layoutern als professionellen Bildarrangeuren eine neue Machtposition zu, die jene des Manipulators realer Bilder weit übertrifft. Das Medium der Fotografie erlaubt es ihnen, grundsätzlich das ganze Universum der Bilder zu kontrollieren und innerhalb ihrer Diskurse der Sinnstiftung zu instrumentalisieren.

Mit der letzten Medienrevolution, dem Eintritt in die Welt der elektronischen Bilder, wird nicht nur das Verhältnis zwischen den drei Akteuren innerhalb der Trias «Autor — Text — Rezipient» nochmals neu ausgehandelt werden müssen; auch die Konzepte selber werden ihren Sinn in Zukunft radikal verändern. Grundsätzlich in Frage steht der Begriff des Autors/Künstlers, wenn die Prozesse der Produktion, der Transformation und der Zusammenstellung der Bilder nun zum Teil Zufallsgeneratoren und vordefinierten, dem Anwender unzugänglichen Software-Elementen überlassen werden. Aber auch die Differenz zwischen dem Produzenten und dem Rezipienten, dem Künstler und dem Betrachter, wird in einem noch nie dagewesenen Ausmaß in Frage gestellt. Die Kommunikationsstruktur der klassischen Bildkultur, die von der Symmetrie des Sender/Empfänger-Modells und dem Gefälle zwischen einem aktiven Produzenten und einem passiven Rezipienten bestimmt war, wird im Zeitalter der elektronischen Medien immer häufiger die Form eines offenen, kaskadenartigen Prozesses annehmen, bei dem von unterschiedlichen Akteuren sukzessive neue kreative Impulse eingeschossen werden.

Vor allem aber wird das Prinzip der *Interaktivität*, das die elektronischen Medien, insbesondere das Internet, entscheidend prägt, zu einem nochmals veränderten Verhältnis zwischen dem Bild und dem sogenannten *user*, der in einem gewissen Maße immer auch Produzent oder zumindest Manipulator der von ihm rezipierten Bilder ist, führen. Das digitale Medium verlangt von ihm, dass er die Bilder — falls sie sich nicht bereits von sich aus bewegen — ständig in Bewegung hält, sie transformiert und immer neu zusammenstellt. Welche Formen der Syntagmatisierung sich dabei als Normen etablieren werden, scheint im Augenblick offen. Sicher aber ist, dass die Welt der Bilder nach der elektronischen Revolution nicht mehr die gleiche sein wird wie zuvor.

FELIX THÜRLEMANN
Universität Konstanz

BIBLIOGRAPHIE

AA.VV. (1988), *Guido Reni 1575-1642*, Bologna [Ausstellungs-Katalog].

BAUERLE, D. (1988), *Gespenstergeschichten für ganz Erwachsene. Ein Kommentar zu Aby Warburgs Bildatlas Mnemosyne*, Münster.

BELTING, H. (1990), *Bild und Kult. Eine Geschichte des Bildes vor dem Zeitalter der Kunst*, München.

BRILLIANT, R. (1994), *Visual Narratives. Storytelling in Etruscan and Roman Art*, New York.

BYS, R. (1719/1997), *Fürtrefflicher Gemähld- und Bilder-Schatz. Die Gemäldesammlung des Lothar Franz von Schönborn in Pommersfelden*, K. BOTT, Hg., Weimar.

GOMBRICH, E.H. (1984), *Aby Warburg. Eine intellektuelle Biographie*, Frankfurt am Main.

KEMP, W. (1994), *Christliche Kunst. Ihre Anfänge, ihre Strukturen*, München.

KOOS, M. et al. (1994), *Begleitmaterial zur Ausstellung «Mnemosyne»*, Hamburg.

MOHNHAUPT, B. (2000), *Beziehungsgeflechte: Typologische Kunst des Mittelalters*, Bern.

NYCE, J.M. (1991), *From Memex to Hypertext. Vannevar Bush and the mind's machine*, Boston.

SCHOELL-GLASS, C. (1998), *Aby Warburg und der Antisemitismus. Kulturwissenschaft als Geistespolitik*, Frankfurt am Main.

STOICHITA, V.I. (1998), *Das selbstbewußte Bild. Vom Ursprung der Metamalerei*, München.

THÜRLEMANN, F. (1985), «Le mode de signification "immédiat" ou physionomique», in: H. PARRET u. H.-G. RUPRECHT, Hg., *Exigences et perspectives de la sémiotique. Recueil d'hommages pour Algirdas Julien Greimas*, Vol. II, Amsterdam, pp. 661-669.

THÜRLEMANN, F. (1998), «Vom Sinn der Ordnung. Die Bildersammlung des Frankfurter Konditormeisters Johann Valentin Prehn (1749-1821)», in: A. ASSMANN, M. GROMILLE u. G. RIPPEL, Hg., *Sammler — Bibliophile — Exzentriker*, Tübingen, pp. 315-324.

VICINI, D. (1981), «Appunti sulla genesi della pinacoteca pavese. Luigi Malaspina di Sannazzaro (1754-1835), collezionista e mecenate», in: A. PERONI, D. VICINI u. S. NEPOTI, *Pinacoteca Malaspina*, Pavia, pp. 7-22.

WEBER, G.J.M. (1998), «Il nucleo pittorico estense nella Galleria di Dresda negli anni 1746-1765. Scelta, esposizione e ricezione dei dipinti», in: J. BENTINI, Hg., *Sovrane passioni. Le raccolte d'arte della Ducale Galleria Estense*, Milano, pp. 124-137.

HERMÉNEUTIQUE DES SCIENCES HUMAINES :
Pratiques sociales, pratiques juridiques

ANTHROPOLOGIE CRITIQUE
TRADUCTION DES CULTURES ET HERMENEUTIQUE

I. «Herméneutique»: évocation d'un père fondateur

Dans sa *Lettre à Philocrate*, Aristéas Judaeus, quelle que soit son identité, donne de nombreuses informations sur la traduction en grec de la Torah par les «Septante». Dans cette perspective, la célèbre traduction alexandrine du *Pentateuque* doit être conçue non seulement comme une «transcription» (*metagraphé*), mais aussi comme une «transposition» (*hermeneía*); au nombre de soixante-dix environ, les traducteurs sont dès lors présentés comme des «interprètes» (*hermeneîs*) qui ont pour tâche d'«expliciter» (*diermeneúein*). Tout se passe donc comme si, aux yeux des Juifs hellénisés vivant à Alexandrie sous les Ptolémée, il n'y avait pas de traduction possible d'une langue à l'autre sans une interprétation[1].

Or on se rappellera que c'est à ce concept de l'interprétation qu'Aristote, ou l'un de ses élèves, recourt déjà pour donner un titre aux quelques réflexions sur le fonctionnement sémiotique de la langue consignées dans le petit traité précisément intitulé *Perì hermeneías* (ou *De interpretatione* en latin!). A ce propos, on peut citer une fois encore le passage-clé, tant de fois commenté:

> «Les éléments propres à la langue parlée sont les signes convenus (*súmbola*) des états situés dans l'âme, et les caractères écrits sont les "symboles" des éléments situés dans la voix; et de même que tous les hommes n'ont pas les mêmes lettres, tous ne disposent pas de la même langue. Néanmoins les états de l'âme dont ces éléments sont les signes (*semeîa*) sont les mêmes pour tous et les objets dont ces états sont les analogues (*homoiómata*) sont également les mêmes.»[2]

---

[1] «Lettre d'Aristée», 9-11, 15 et 307-310 WENLAND. La présente contribution constitue une version abrégée et adaptée aux circonstances du colloque «L'herméneutique au seuil du XXIème siècle» d'une étude désormais parue dans *L'Homme*, 163, 2002, pp. 51-78.

[2] ARISTOTE, *De l'expression* 16a 3-8, avec la reconstitution d'un premier triangle sémiotique proposée par MANETTI, G. (1987), *Le teorie del segno nell'Antichità classica*, pp. 105-114, ainsi que la mise au point utile de ECO, U. (1984), *Semiotica e filosofia del linguaggio*, pp. 22-32 et 56-63, cf. encore *infra* n. 12.

Dans la suite de son analyse linguistique élémentaire, Aristote ne manque pas de relever que le nom par exemple signifie «par convention» (*katà sunthéken*); ce caractère conventionnel de l'unité linguistique (notre signifiant) est à déduire de la diversité des langues qui renvoient aux mêmes états d'âme (notre signifié) et, par leur intermédiaire, aux mêmes états de choses (notre référent). Rappelons que cette première ébauche de triangle sémiotique sera systématisée par les Stoïciens qui distingueront entre *tò semaînon, tò semainómenon* et *tò tugkhánon*, c'est-à-dire le signifiant telle la langue (*phoné*) envisagée dans sa matérialité sonore, le signifié comme «affaire» incorporelle saisie par la pensée (*prâgma asómaton, diánoia*) et finalement la chose conçue comme objet matériel, elle aussi, avec son existence extérieure (*tò éktos hupokeíme-non*)[3]. Ainsi, dans sa conception classique, l'interprétation porte-t-elle sur la question complexe des relations entre les expressions verbales dans leur diversité et leur référence, intellectuelle d'abord, empirique ensuite. Avec un léger déplacement d'ordre sémiotique, nous parlerions de référence intra-, puis extra-discursive par des mots et des énoncés dont la manifestation phonétique et graphique varie d'une langue à l'autre. C'est donc dans le cadre d'un *hermeneúein* entendu comme acte de faire comprendre (et donc comme acte d'interpréter et de traduire) que s'inscrit cette première réflexion sur le «triangle sémiotique»; par ce triangle, on tente de définir les relations entre langue, pensée et réalité.

Ceci pour dire que la perspective d'un colloque destiné à reposer au seuil du XXIe siècle les questions de l'herméneutique notamment en relation avec les derniers développements de l'anthropologie culturelle et sociale m'a conduit non seulement à m'interroger brièvement sur le sens grec de la *hermeneía*, mais aussi à relire l'un des textes d'un père fondateur, en l'occurrence *Über die verschiedenen Methoden des Übersetzens* de Friedrich Schleiermacher. A la traditionnelle invocation à la Muse peut-être attendue de la part d'un helléniste en mal de prélude, j'aimerais donc substituer l'évocation d'une théorie interprétative de la traduction. En effet, pour le philosophe théologien de Halle, l'art de la traduction, envisagé comme simple «transplantation» (*verpflanzen, übertragen*) terme à terme d'une langue dans une autre, se trouve confronté, dès qu'il s'agit de ces produits «spirituels» (*geistige Erzeugnisse*) que sont ceux de l'art et de la science, à deux défis: celui que formulent les différences géographiques et historiques entre deux langues assez distantes pour

---

[3] SEXTUS EMPIRICUS, *Contre les mathématiciens*, 8, 11-12 et 69-70 (= *Stoici Veteres* frr. 166 et 187 VON ARMIN); cf. MANETTI, G. (1987), pp. 137-160.

rendre difficile précisément la traduction terme à terme, et surtout celui que constitue le postulat de l'unité entre langue et pensée, dans une sorte de nominalisme conceptualiste. «La situation est tout autre, affirme Schleiermacher, dans le domaine de l'art et de la science, et partout où domine la pensée (*der Gedanke*) qui est une avec le discours (*mit der Rede*), et non la chose, pour laquelle le mot est peut-être un signe arbitraire, mais fermement établi.»

Penser, c'est donc parler et parler, c'est avoir recours à la langue maternelle et à son «esprit» (*Geist*) singulier:

> «Chaque homme, pour une part, est dominé par la langue qu'il parle, lui et sa pensée sont un produit de celle-ci (...); la forme de ses concepts, le mot et les limites de leur combinabilité sont tracés au préalable par la langue dans laquelle il est né et il a été élevé.»[4]

Formulation paradoxale dans sa modernité, mais aussi dans son idéalisme. Modernité dans la mesure où le sujet se trouve en quelque sorte traversé et donc constitué par la langue (avec l'ambiguïté qui règne, dans l'emploi allemand de *Sprache*, entre la langue envisagée comme système linguistique variant d'une culture à l'autre et langue en tant que capacité de s'exprimer verbalement); mais aussi parce que la langue est envisagée dans ses emplois singuliers en tant que *Rede*, «discours». Idéalisme propre à la pensée du Romantisme allemand puisque, dans le postulat de l'adéquation de la pensée avec la langue et son esprit, la référence empirique est effacée. C'est ainsi le troisième terme du triangle sémiotique élaboré dans le contexte de la réflexion aristotélicienne sur la *hermeneía* qui est la victime d'un refus implicite de l'empirisme.

On reviendra en conclusion sur l'idée de l'herméneutique que présuppose un tel glissement à partir de la conception sémiotique triadique

---

[4] SCHLEIERMACHER, F.D.E. (1838a) «Über die verschiedenen Methoden des Übersetzens», dans: G. REIMER, éd., *Friedrich Schleiermacher's Sämmtliche Werke* III, *Zur Philosophie* 2, Berlin, pp. 207-245 (pp. 212-213 pour les citations, ici dans la traduction de A. BERMAN: SCHLEIERMACHER, F.D.E. (1999), *Des différentes méthodes du traduire et autres textes*, Paris, pp. 39-41). Pour la théorie de l'herméneutique telle qu'elle a été explorée notamment dans le discours de 1829 prononcé devant l'Académie de Berlin, cf. SCHLEIERMACHER, F.D.E. (1838b), *Hermeneutik und Kritik mit besonderer Beziehung auf das Neue Testament*, F. LÜCKE, éd., Berlin, pp. 7-38, voir le résumé et le commentaire proposés par NESCHKE, A. (1990), «Matériaux pour une approche philologique de l'herméneutique de Schleiermacher», dans: A. LAKS et A. NESCHKE, éds., *La naissance du paradigme herméneutique. Schleiermacher, Humboldt, Boeckh, Droysen*, Lille, pp. 29-41. Rappelons en particulier que dans cette perspective «jede Rede eine zwiefache Beziehung hat, auf die Gesamtheit der Sprache und auf das gesamte Denken ihres Urhebers: so besteht auch alles Verstehen aus den zwei Momenten, die Rede zu verstehen als herausgenommen aus der Sprache, und sie zu verstehen als Tatsache im Denkenden».

de tout système linguistique tel qu'elle a été élaborée dans l'Antiquité par
Aristotéliciens et Stoïciens. Pour l'instant, il s'agit de montrer qu'à partir
d'une conception fondamentalement sémiotique non seulement de la et des
cultures, mais aussi de la et des langues qui les véhiculent, l'anthropologie
sociale contemporaine a défini en gros deux paradigmes. Dans ses développements les plus récents, elle est par ailleurs revenue de manière
réflexive sur tous deux, d'une part en s'interrogeant sur ses propres procédures de constitution de l'objet anthropologique, sur ses propres catégories
analytiques et sur ses propres pratiques discursives, d'autre part en posant
le problème des relations entre cultures exotiques et culture occidentale en
termes de traduction, avec l'effet de remettre en question la relation triadique entre signifiant, signifié et référent empirique.

II. La relation sémiotique triadique en anthropologie

Il s'avère en effet que, probablement dans la mouvance sociale-
démocrate des années d'après-guerre, c'est le modèle linguistique fondé
sur la triade sémiotique qui semble avoir influencé de manière prépondé-
rante le développement des sciences humaines et plus singulièrement
celui, en ses procédures, de l'anthropologie culturelle et sociale. Soit que,
surtout dans le domaine francophone, on se soit référé de manière explicite ou non à la distinction, tracée par Ferdinand de Saussure pour le signe
linguistique, entre un signifiant correspondant à une image acoustique et
le signifié coïncidant avec le «concept»: le signifiant y renverrait de
manière nécessaire, mais en général arbitraire (c'est-à-dire immotivée),
laissant dans l'ombre la question de la relation des signifiés-concepts avec
la réalité mondaine[5]; soit que, en suivant implicitement Charles S. Peirce
et parfois plus explicitement Charles Morris, on ait été sensible, dans le
domaine anglophone, à la relation sémiotique triadique entre le signe
matériel, son signifié et finalement un objet qui peut être «réel, imaginable
ou inimaginable». Les relations des signes entre eux sont dès lors, en
bonne logique néo-positiviste, l'objet de la syntaxe (domaine de l'implication); celles des signes avec les objets (le *designatum* pour Morris!)

---

[5] DE SAUSSURE, F. (1975), *Cours de linguistique générale*, Paris, pp. 98-102 et 144-
146 (éd. or.: Paris, 1915). A propos de l'arbitraire du signe érigé en principe, on oublie
toujours de mentionner les remarques déterminantes de BENVENISTE, E. (1966), *Problèmes
de linguistique générale*, Paris, pp. 49-55, qui montre que dans l'assimilation par Saussure
entre signifié et concept, c'est en définitive sur la relation entre signifiant et «réalité» qu'il
convient de reporter le caractère immotivé du signe.

définissent le champ de la sémantique (domaine de la dénotation); et les rapports des signes avec les concepts propres à l'esprit humain compris comme *interpreters* constitueraient le champ de la pragmatique (domaine de l'expression)[6]. Même si ce dernier groupe de relations pose problème en raison d'une définition restrictive qui pourrait exclure le référent et par conséquent la réalité extra-linguistique, ce n'est sans doute pas un hasard si le terme intermédiaire correspondant au signifié chez Saussure est appelé *interpretant* par Peirce et s'il est divisé entre *interpretant* et *interpreter* par Morris! Le triangle sémiotique implicitement défini par Aristote et précisé par les Stoïciens se trouve ainsi redessiné dans le sens de la pragmatique.

II.1. Le paradigme francophone

En dépit de la dimension sociologique des grands concepts élaborés par les pères fondateurs et en rupture avec le modèle herméneutique de l'interprétation individuelle — «conscience collective» décrite à partir de l'observation de la société pour Émile Durkheim, ou «fait social total» pour saisir les relations d'une manifestation empirique avec le système impliquant tous les niveaux de la réalisation sociale pour Marcel Mauss —, l'anthropologie francophone s'est très nettement engagée dans la voie indiquée par Saussure; même si celui-ci prend soin de définir la «sémiologie» comme «la science qui étudie la vie des signes au sein de la vie sociale», étant entendu que la langue ne constitue dans ce contexte qu'un système de signes particuliers «exprimant des idées»[7]!

Sans doute, dans une définition restée à son tour célèbre, Claude Lévi-Strauss lui-même envisage-t-il un cheminement qui conduit de l'ethnographie à l'anthropologie en transitant par l'ethnologie; il s'agit d'un passage progressif des données concrètes récoltées dans un travail de terrain fondé sur observation, description et classement, au travail de synthèse focalisé sur les aspects géographiques, historiques et systématiques d'une population avant de parvenir à des conclusions «valables pour toutes les sociétés humaines». En faisant de l'ethnographie une science interprétative chargée de «rendre intelligible» l'expérience collective d'êtres humains partageant les mêmes représentations culturelles et en

---

[6] PEIRCE, CH.S., *Collected Papers* V: *Pragmatism and Pragmaticism*, C. HARTSHORNE, éd., Cambridge Mass., pp. 317-345 (= §§ 464-496); MORRIS, CH.W. (1971), «Foundations of the Theory of Signs» dans: *Writings in the General Theory of Signs*, The Hague/Paris, pp. 21-24, et 28-50 (éd. or.: Chicago, 1938). «The interpreter of the sign is the mind; the interpretant is a thought or concept» (MORRIS, CH.W. (1971), pp. 43-44).

[7] DE SAUSSURE, F. (1975), p. 33.

vouant l'anthropologie à la description dans la mesure où on lui demande de rendre compte des facteurs déterminant le choix de ces représentations, Dan Sperber a en quelque sorte tenté de renverser les termes de la progression. Mais sa proposition ne résout en rien la question des procédures assurant le passage des données empiriques, issues du regard orienté d'un seul individu sur une réalité collective, aux systématisations schématisantes, conceptuelles et comparatives de l'anthropologie culturelle et sociale qui devrait être entendue comme savoir descriptif, comparatif et «interprétatif» sur les communautés humaines et les formes d'humanité; sinon à fixer l'interprétatif sur l'abstraction individuelle et à l'amalgamer avec le subjectif[8].

Face à l'indication de méthode fournie par Lévi-Strauss dans un itinéraire censé conduire l'anthropologue du donné concret de l'observation aux généralisations comparatives, on voit rapidement s'imposer les principes de l'analyse structurale. Consistant à «repérer des formes invariantes au sein de contenus différents» et par conséquent à «lancer des ponts entre le sensible et l'intelligible», la méthode structurale semble devoir offrir le guide le plus adapté à l'itinéraire proposé[9]. Néanmoins la priorité d'ordre ontologique accordée à la structure fait que l'analyse structurale prétend en définitive s'offrir les moyens de mettre à jour les formes inconscientes d'une pensée sans sujet, des formes qui organisent le sensible en ses manifestations symboliques. Contrairement à l'hypothèse émise par exemple par Alfred R. Radcliffe-Brown, la structure n'est pas de l'ordre du fait empirique, mais elle relève du système; en tant qu'ensemble de règles de type transformationnel, elle serait par conséquent justiciable, comme le système des relations de la parenté, d'un traitement mathématique rendant compte de son fonctionnement logique. Mais, en contraste avec la forme, «la structure n'a pas de contenu distinct; elle est le contenu même, appréhendé dans une organisation logique conçue comme propriété du réel». C'est ainsi que dans les structures qui

[8] LÉVI-STRAUSS, C. (1958), *Anthropologie structurale*, Paris, pp. 386-389 (dans un texte paru originairement en 1954); cf. SPERBER, D. (1982), *Le savoir des anthropologues. Trois essais*, Paris, pp. 15-48 (voir aussi p. 126: «Le discours ethnographique et anthropologique se déploie entre l'observation et la théorie… C'est un discours interprétatif: il donne à connaître non pas les choses, mais la compréhension que l'ethnologie en a acquise»), avec l'excellente mise en garde formulée par BOREL, M.-J. ([2]1995a), «Le discours descriptif, le savoir et ses signes», dans: J.-M. ADAM, M.-J. BOREL, C. CALAME et M. KILANI, *Le discours anthropologique. Description, narration, savoir*, Lausanne, pp. 21-64, quant à l'amalgame entre «descriptif-interprétatif» et «objectif-subjectif».
[9] LÉVI-STRAUSS, C. (1973), *Anthropologie structurale deux*, Paris, pp. 322-323, et LÉVI-STRAUSS, C. (1971), *Mythologiques* IV: *L'homme nu*, Paris, p. 618.

finissent par être considérées comme celles de l'esprit humain en général, actives en particulier dans la «pensée sauvage», les mythes par
exemple peuvent se penser eux-mêmes, dans un jeu de transformations
indépendant de leurs conditions d'énonciation et des acteurs de leur mise
en discours: les mythes permettraient donc avant tout «de dégager certains modes d'opération de l'esprit humain», cet esprit qui, «travaillant
inconsciemment sur la matière mythique, ne dispose que de procédures
mentales d'un certain type»[10].

En passant donc d'un principe de méthode à une théorie de la
connaissance aux accents néo-kantiens, l'analyse structurale conduit à
enfermer les manifestations symboliques sur elles-mêmes et à favoriser
ainsi le postulat textualiste de l'immanence, cher à la sémiotique française[11]. Le signifiant renvoie à un signifié de l'ordre de la pensée et de
l'intelligible, indépendamment de toute référence à une réalité extra-discursive. En rupture avec le paradigme sémiotique antique, le structuralisme métamorphosé en philosophie entraînera, dans la mouvance du post-
modernisme, les différentes dérives d'un textualisme favorisé notamment
par l'effacement de la pensée marxiste en sciences sociales.

II.2. Le paradigme anglo-saxon

Il est donc temps de revenir au troisième pôle du «triangle sémiotique» et par conséquent au *tugkhánon,* à l'«objet»; un objet ne peut être
saisi sans l'existence d'une pensée trouvant son fondement dans la possibilité de signifier, notamment par le langage. Du point de vue précisément des sciences du langage qui trop souvent se sont développées en

---

[10] LÉVI-STRAUSS, C. (1973), pp. 28-31, 99-101 et 139, en introduction aux réflexions
déterminantes sur la structure et la forme suscitées par la lecture de la traduction anglaise
de PROPP, V.J. (1928), *Morfologija skazki,* Leningrad ; cf. aussi LÉVI-STRAUSS, C. (1971),
pp. 571 et 604, par référence notamment à RADCLIFFE-BROWN, A.R. (1968), *Structure et
fonction dans la société primitive,* Paris, pp. 76-78 et 289-308, (éd. or.: Londres, 1952).
[11] Voir à propos du principe sémiotique d'immanence sur lequel HJELMSLEV, L.
(1971), *Prolégomènes à une théorie du langage,* Paris, pp. 136-138 et 158-160 (éd. or.:
København, 1966), fonde la linguistique comme science (et qui a été reporté sur le fonctionnement même du langage!), les propositions prudentes avancées par GREIMAS, A.-J.,
et COURTÉS, J. (1979), *Sémiotique. Dictionnaire raisonné de la théorie du langage,* Paris,
pp. 181-182 et 219-220, ainsi que par GREIMAS, A.-J., et COURTÉS, J. (1986), *Sémiotique.
Dictionnaire raisonné de la théorie du langage* II: *Compléments, débats, propositions,*
Paris, pp. 119 et 185-189 (en particulier sous la plume d'E. Landowski), avec les critiques
élaborées par COQUET, J.-C. (1991), «Réalité et principe d'immanence», *Langages,* 103,
pp. 23-35, ou par JACQUES, F. (1992), «Rendre au texte littéraire sa référence», *Sémiotiques,* 2, pp. 93-124.

marge de la sémiotique tout en influençant profondément les orientations méthodologiques de l'anthropologie culturelle et sociale, la relation de référence à ce troisième pôle, qui correspond à la réalité extra-discursive, a essentiellement été envisagée dans les termes offerts par la «pragmatique». Au sens large, la pragmatique peut être entendue comme l'étude des relations entre les énoncés langagiers, résultant d'usages singuliers d'une langue, et la situation de leur énonciation; plus particulièrement, la pragmatique se définit comme l'étude des effets, interprétés en termes d'action, de ces énoncés sur la situation dont ils sont eux-mêmes issus. Tout en reposant la question de la référence extra-discursive de tout langage, la pragmatique se focalise sur les relations entre les manifestations langagières et les circonstances de ces actes interlocutifs.

Dans l'effervescence provoquée par des énoncés verbaux découverts et conçus partiellement au moins en tant qu'actes de parole, on a en général oublié que, dans le domaine de l'anthropologie culturelle et sociale, Bronislaw Malinowski avait formulé dans les années trente une théorie du langage qu'il donne déjà comme «pragmatique». En décrivant toute une série d'énoncés à caractère performatif telles les formules magiques, les malédictions ou les prières comme de véritables actes de langage, l'anthropologue des Trobriandais pouvait faire de la langue en général un «moyen d'agir». Dans une conception qui s'inscrit à l'évidence dans la perspective fonctionnaliste marquant l'ensemble d'une théorie anthropologique fondée sur les besoins humains et les fonctions sociales, le rôle essentiel de la langue est moins de formuler et de transmettre une pensée que de contribuer à l'action sociale: «En fait la principale fonction du langage n'est pas d'exprimer la pensée ni de reproduire l'activité de l'esprit, mais au contraire de jouer un rôle pragmatique actif dans le comportement humain»[12].

En étendant d'emblée et la substance et le champ d'action du linguiste à la réalité sociale, l'anthropologie culturelle anglo-saxonne nous

---

[12] MALINOWSKI, B. (1974), *Les jardins de corail*, Paris, pp. 238-245 et 283-304, (éd. or.: Londres, 1935), pages que l'on lira sous l'éclairage jeté par l'étude de ADAM, J.-M. (^{2}1995), «Aspects du récit en anthropologie», dans: J.-M. ADAM, M.-J. BOREL, C. CALAME et M. KILANI, *Le discours anthropologique. Description, narration, savoir*, Lausanne, pp. 227-254. Rappelons que ce n'est que trois ans plus tard que paraissent les chapitres consacrés par MORRIS, CH.W. (1971) à une première définition de la pragmatique. Voir encore, en rapport avec les ouvrages cités n. 14, MALINOWSKI, B. (1923), «The Problem of Meaning in Primitive Languages», dans: C.K. OGDEN et I.A. RICHARDS, éds., *The Meaning of Meaning. A Study in the Influence of Language upon Thought and of the Science of Symbolism*, Londres, pp. 296-336, qui applique le triangle de la signification, dans une perspective évolutionniste, au langage de la magie rituelle.

entraîne donc à l'opposé du postulat idéaliste de l'adéquation de la pensée avec toute forme de langue. Certes, à partir de l'hypothèse formulée par le linguiste et anthropologue germano-américain Edward Sapir quant au fondement probablement universel de la diversité non seulement phonétique, mais surtout sémantique des langues, on doit à l'ethnolinguiste Benjamin Lee Whorf, par l'intermédiaire d'une posture comparative, une sorte de retour à la *Weltansicht*. Différant d'une culture à l'autre, les catégories grammaticales davantage encore que les dénominations des choses correspondraient à des manières de découper et de concevoir le monde. La nature langagière des catégories de la pensée impliquerait que chaque langue dans sa singularité offre finalement une «métaphysique cachée»[13]. La multiplicité de ces visions langagières du monde a pour corollaire une position entièrement relativiste: chaque culture réorganiserait, en particulier par les moyens de sa langue, un monde environnant désormais réduit à l'interaction de la parole (ou du discours) et de la pensée dans une représentation singulière.

Mais, indépendamment de cette version moderne de la querelle des universaux entre nominalisme et réalisme, il suffit de lire les critiques discrètes qu'Edmund Leach adresse aux analyses structurales proposées par Lévi-Strauss pour constater la dimension fondamentalement pragmatique propre à l'épistémologie de l'anthropologie anglo-saxonne de l'après-guerre. Même quand elle se fonde sur une conception sémiotique très traditionnelle de la communication en faisant des actes sociaux en général des actes symboliques vecteurs d'un message à décoder, une telle perspective contraint tout d'abord l'anthropologue à réfléchir sur le caractère métaphorique du rapport entre les concepts et les objets. En dépit des dénégations, l'influence d'une telle conception triangulaire du fonctionnement des systèmes de signes sur l'anthropologie d'inspiration cognitiviste semble en fait décisive. La question est bien celle d'explorer les relations entre langue et réalité matérielle par l'intermédiaire d'idées et de représentations, quel qu'en soit le statut. Laissons au cognitivisme

---

[13] Cf. WHORF, B.L. (1956), *Language, Thought, and Reality. Selected Writings of Benjamin Lee Whorf*, New York/London, pp. 134-159 (trad. fr. de C. CARME: WHORF, B.L. (1969), *Linguistique et anthropologie. Les origines de la sémiologie*, Paris, pp. 69-115), en particulier par référence à SAPIR, E., (1953), *Le langage. Introduction à l'étude de la parole*, Paris, pp. 195-206, (éd. or.: New York, 1921): «les mœurs sont le résultat de ce qu'une société fait et pense, le langage est la manifestation particulière de la pensée» (p. 205; même si «le contenu latent de tout langage est le même», fondé qu'il est sur «la connaissance intuitive engendrée par l'expérience»). Pour une rencontre de pure coïncidence avec la notion de *Weltansicht* développée par W. von Humboldt, voir CARDONA, G. R. (1976), *Introduzione all'etnolinguistica*, Bologne, pp. 63-72.

l'hypothèse qu'en raison de leur nature matérielle d'ordre neuronal, les idées circulent de manière autonome tout en étant soumises à la sélection naturelle... De plus, focalisée d'abord sur les actes de la communication langagière, une conception pragmatique de la signification entraîne rapidement l'anthropologue vers les actes rituels, conçus comme des actes de communication symbolique dont les composantes matérielles sont déterminantes: dimensions verbale, certes, mais aussi chorégraphique, gestuelle, visuelle, esthétique concourent à l'élaboration du «message» transmis[14].

On le constate, la manière dont les objets de l'anthropologie culturelle et sociale sont envisagés puis construits et les aspects immanents ou fonctionnels qui leur sont assignés dépendent largement de la conception des relations entre langage, pensée et réalité qui sous-tend l'approche générale proposée par cette science de l'homme comme être social de culture.

III. Critique du discours anthropologique

Quoi qu'il en soit de la relation de référence dans des approches et des discours qui projettent une conception sémiotique sous-jacente sur les objets qu'ils organisent, fabriquent et modèlent, c'est désormais sur les modes de fonctionnement de ces discours eux-mêmes que l'anthropologie s'est volontiers orientée. De l'appréhension et de l'interprétation des pratiques symboliques d'autres cultures on est donc passé, dans un mouvement réflexif souvent critique, à une focalisation sans doute provisoire sur certaines de nos propres pratiques symboliques dans le domaine académique de l'anthropologie culturelle et sociale.

III.1. Mises en discours en anthropologie

En prenant pour fil conducteur l'itinéraire proposé par Lévi-Strauss lui-même pour conduire l'anthropologue des prosaïques besognes du

---

[14] Voir en particulier LEACH, E. (1976), *Culture and Communication. The logic by which symbols are connected,* Cambridge, pp. 3-22 et 37-49, avec la position critique de BOYER, P. (1993), «Cognitive aspects of religious symbolism», dans: P. BOYER, éd., *Cognitive aspects of religious symbolism*, Cambridge, pp. 4-47. Une théorie cognitive mécaniste de la pertinence en matière de traitement (notamment linguistique) de l'information a conduit SPERBER, D. (1996), *La contagion des idées. Théorie naturaliste de la culture*, Paris, pp. 79-105, 107-135 et 137-163, à défendre à maintes reprises l'idée d'une «épidémiologie» et d'une sélection évolutive des représentations et des croyances.

terrain aux envolées conceptuelles et intellectuelles du travail académique de cabinet, on relèvera pour commencer que le regard de l'anthropologue travaillant auprès d'une communauté exotique ne peut prétendre ni à l'objectivité ni à une quelconque neutralité. Par définition unilatérale et orientée, l'observation — aussi «participante» qu'elle puisse se prétendre — opère des choix tout en procédant à une première classification[15]. Quelle que soit la théorie de la connaissance que l'on adopte et à l'écart de tout néo-kantisme, le regard se fonde non seulement sur les stratégies intégrées par l'ethnologue au cours de sa formation, mais il dépend tout simplement des formes d'appréhension et de première thématisation sans lesquelles le sensible ne serait pour nous qu'un kaléidoscope mouvant et éclaté de sensations visuelles floues et incohérentes.

L'observation empirique monofocale rapidement se transforme en discours. Le choix des «informateurs», en général masculins, est à cet égard déterminant. Encore habitée par la perspective coloniale, la recommandation méthodologique de l'ethnographie francophone classique ne va-t-elle pas jusqu'à concevoir l'entretien avec l'informateur indigène, soigneusement sélectionné, comme une enquête judiciaire, sinon comme un diagnostic médical? L'une et l'autre devraient aboutir à l'établissement de «documents humains»…[16] A la faveur autant de la décolonisation que de l'intérêt notamment américain pour l'analyse conversationnelle et le dialogisme, la relation discursive avec l'informateur est désormais conçue en termes d'échange communicationnel. Une telle interaction, avec ses attendus psychologiques et sociaux, serait propre à estomper la différence entre l'*étique* et l'*émique,* entre le point de vue occidental de l'observateur et la perspective locale de l'observé. Dans une perspective qui tend à devenir normative et idéalisante, deux visions du monde seraient adaptées et négociées dans l'échange dialogique d'une ethnographie équilibrée pour combiner un tout d'ordre dialectique et interprétatif visant en quelque sorte à éclairer et intégrer l'opacité de l'«Autre»[17].

---

[15] Cf. AFFERGAN, F. (1987), *Exotisme et altérité. Essai sur les fondements d'une critique de l'anthropologie*, Paris, pp. 137-176.

[16] Selon les recommandations formulées par GRIAULE, M. (1957), *Méthode de l'ethnographie*, Paris, pp. 59-61, et dûment commentées par FABIETTI, U. (1999), *Antropologia culturale. L'esperienza e l'interpretazione*, Roma/Bari, pp. 50-63.

[17] Voir à ce propos les remarques critiques formulées par GEERTZ, C. (1973), dans: *The Interpretation of Cultures. Selected Essays*, New York, pp. 3-30 (chapitre traduit: GEERTZ, C. (1998), «La description dense. Vers une théorie interprétative de la culture», *Enquête*, 6, pp. 73-105), et GEERTZ, C. (1974), «"From the Native's Point of View": On the Nature of Anthropological Understanding», *Bulletin of the American Academy of Arts*

C'est néanmoins sans compter avec l'asymétrie constitutive du regard et de l'intention dialogique de l'ethnologue mû en particulier par des intérêts érudits dont l'origine et les enjeux académiques orientent et focalisent l'interaction communicative tout en échappant à l'«informateur». On aurait tort de sous-estimer l'effort de connaissance qui sous-tend l'observation d'un groupe social et la récolte de l'information discursive. A quelques rares exceptions près, l'enquête ethnographique et le travail de terrain sont traversés par la perspective du retour, et de l'intégration dans l'institution universitaire. Quelque forte qu'ait été la volonté de construire des connaissances dans une négociation faisant la part la plus large possible aux catégories et à la «vision du monde» propres à chacun des partenaires de la relation ethnographique dialogique, il s'agit toujours de rapatrier le savoir ainsi construit dans l'interaction avec les autres[18]: rapatriement d'un savoir par l'intermédiaire des institutions universitaires de tradition européenne et diffusion du savoir en suivant les canaux de l'édition académique, par articles de revues savantes et monographies de «University Presses» interposés. Même quand la pratique de terrain devient si «participante» qu'elle conduit par un cursus initiatique à l'assimilation de fait de l'ethnologue dans la communauté indigène, cet *Einfühlen* concret conduit tout de même à une monographie éditée en Europe ou aux États-Unis, avec son organisation en chapitres, son apparat technique, sa table des matières, son index, sa bibliographie et surtout ses références aux travaux d'érudition de maîtres et collègues permettant au savoir indigène remodelé par l'expérience de vie de l'anthropologue de s'insérer, dans l'allégeance ou dans la critique, à l'intérieur d'une tradition savante précise[19].

C'est donc dans la mise en discours, dont le résultat matériel est la monographie, que pratiques et représentations indigènes acquièrent l'aspect holiste qui les constitue en «culture». Quelle que soit la définition

---

and Sciences, 28, pp. 145-157, traduit dans: GEERTZ, C. (1986), *Savoir local, savoir global. Les lieux du savoir*, Paris, pp. 71-90, (éd. or.: New York, 1983); voir aussi OLIVIER DE SARDAN, J.-P. (1998), «Emique», *L'homme*, 147, pp. 151-166. Pour l'idée de «négociation» productrice de vérités provisoires, cf. MALIGHETTI, R. (1998), «Dal punto di vista dell'antropologo. L'etnografia del lavoro antropologico», dans: U. FABIETTI, éd., *Etnografia e culture. Antropologi, informatori e politiche d'identità*, Roma, pp. 201-215.

[18] Cf. MARCUS, G.E., et FISCHER, M.M.J. (1986), *Anthropology as Cultural Critique. An Experimental Moment in the Human Sciences*, Chicago/London, pp. 137-152, et KILANI, M. (1994), *L'Invention de l'autre. Essais sur le discours anthropologique*, Lausanne, pp. 40-62.

[19] Voir par exemple JAULIN, R. (1971), *La mort sara. L'ordre de la vie ou la pensée de la mort au Tchad*, Paris, pp. 127-206, dans une procédure rituelle d'ailleurs adaptée à son protagoniste blanc!

donnée à cette dernière, quelles qu'en soient les procédures de construction, quelle que soit la part laissée à l'interaction dans cette construction, la culture indigène se trouve finalement métamorphosée en un objet textuel, entendu comme résultante graphique et livresque des procédures dynamiques de la mise en discours.

Cette transformation et cette restitution holiste de ce que l'on considère en général comme un ensemble de représentations et de pratiques symboliques en un objet discursif et finalement typographique ne signifient pas qu'il faille lire la culture indigène comme un texte, même si elle est faite des représentations que ses acteurs ont de leurs propres pratiques. Cette métamorphose discursive n'implique pas non plus que la culture, de manière constitutive, est un texte, ne serait-ce qu'en tant que manuscrit elliptique qui, avec ses scholies, s'offrirait au déchiffrement et à l'interprétation de l'anthropologue — ceci pour rappeler la proposition métaphorique formulée par Clifford Geertz: «Pratiquer l'ethnographie, c'est comme essayer de lire (...) un manuscrit étranger, défraichi, plein d'ellipses, d'incohérences, de corrections suspectes et de commentaires tendancieux, et écrit non à partir de conventions graphiques normalisées, mais plutôt de modèles éphémères de formes de comportement». Cette proposition s'inscrit — rappelons-le — dans les réflexions sur la description anthropologique comprise comme «thick description»[20]. Ce qu'il convient de rappeler ici, ce sont les effets des procédures à proprement parler discursives qui sont à l'œuvre dans cette transformation: narrations, descriptions, dialogues, exemples, comparaisons, métaphores, enthymèmes, mais aussi citations, références, renvois bibliographiques, etc. — procédés d'une mise en forme spécifiquement langagière et textuelle qui constituent une véritable rhétorique discursive et qui situent souvent la monographie anthropologique à l'interaction de plusieurs genres, aussi bien littéraires (le roman) qu'académiques

---

[20] GEERTZ, C. (1973), pp. 10 (pour la citation), 17-28 et 33-54, avec les remarques critiques avancées par BORUTTI, S. (1999a), *Filosofia delle scienze umane. Le categorie dell'Antropologia e della Sociologia*, Milano, pp. 157-161; le concept de «thick description» fait aussi l'objet du commentaire de MARY, A. (1998), «De l'épaisseur de la description à la profondeur de l'interprétation», *Enquête*, 6, pp. 57-72. La rédaction des notes de terrain représente déjà la construction d'une mise en scène d'ordre textuel: cf. EMERSON, R.M., FRETZ, R.I., et SHAW, L.L. (1995), *Writing Ethnographic Fieldnotes*, Chicago/Londres pp. 66-107.

[21] Voir à propos de la transformation de l'expérience de terrain en texte monographique en particulier les contributions de KILANI, M. (²1995a), «Les anthropologues et leur savoir: du terrain au texte», dans: J.-M. ADAM, M.-J. BOREL, C. CALAME et M. KILANI, *Le discours anthropologique. Description, narration, savoir*, Lausanne, pp. 65-100, KILANI, M. (1994), pp. 40-62, et KILANI, M. (1999), «Fiction et vérité dans l'écriture anthropologique», dans: F. AFFERGAN, éd., *Construire le savoir anthropologique*, Paris, pp. 83-104.

(l'essai)[21]. En instituant l'expérience et la réflexion de terrain en un texte au caractère à la fois fictionnel et érudit, cette rhétorique syncrétique assure à l'étude d'anthropologie circulation et diffusion, voire renommée, dans le monde académique occidental.

III.2. Postures énonciatives

A cet égard, les postures énonciatives adoptées dans une mise en discours et un ensemble textuel qui se veulent en général distancés sont déterminantes. Au-delà de la volonté de ne point apparaître en tant que sujet (ne serait-ce que grammatical) dans un discours appelé à restituer l'objet observé et censé correspondre à la culture indigène, l'anthropologue ne peut pas s'abstraire entièrement du texte qu'il produit. A l'observateur omniprésent et à l'auditeur omnipotent se substituent un narrateur et par conséquent un auteur omniscients. Nombreuses sont donc les stratégies énonciatives à effet autorial qui orientent le développement discursif du texte anthropologique pour en assumer l'autorité[22].

Ainsi, envisagé dans la perspective des différents repérages énonciatifs qui en ponctuent le déploiement textuel, un classique de l'anthropologie culturelle et sociale de l'entre-deux guerres tel le *Naven* de Gregory Bateson manifeste une orientation particulièrement marquée du point de vue du *gender*. La relation énonciative du «locuteur» avec ses «allocutées» ou «allocutaires» féminins renvoie à une attitude de participation subjective qui contraste fortement et de manière paradoxale avec l'attitude objectivante de distance adoptée vis-à-vis des hommes. En fait, ce fort contraste d'ordre énonciatif trouve un reflet dans la distinction nette censée opposer chez les Iatmul l'éthos masculin à l'éthos féminin; cette distinction est saisie dans les termes d'une opposition structurale avant la lettre, anticipant sur les couples «nature/culture» ou «passif/actif»[23]. L'interaction est donc frappante entre d'une part les

---

[22] Pour des réflexions sur l'implication plus ou moins importante et explicite de l'auteur dans la monographie d'anthropologie, on renverra aux études classiques de CLIFFORD J. (1988), *The Predicament of Culture. Twentieth-Century Ethnography, Literature, and Art*, Cambridge Mass./London, pp. 21-54, et de GEERTZ, C. (1988), *Works and Lives. The Anthropologist as Author,* Stanford, pp. 1-48 et 129-149.

[23] Ceci en guise d'allusion rapide aux résultats de la tentative d'analyse énonciative que j'ai présentée dans CALAME, C. «La construction discursive du genre en anthropologie: le *Naven* de Gregory Bateson», dans: F. AFFERGAN, éd., *Construire le savoir anthropologique,* Paris, pp. 49-65. Les enjeux de la perspective énonciative en analyse de discours quant à l'étude de l'affirmation textuelle et institutionnelle de l'autorité de l'«auteur» sont exposés en particulier par MAINGUENEAU, D. (1987), *Nouvelles tendances en analyse du discours*, Paris, pp. 19-51.

relations de l'anthropologue-auteur et ses informateurs ou informatrices telles qu'elles sont inscrites dans le texte pour l'orienter, et d'autre part l'attitude éthique de fierté orgueilleuse ou, au contraire, de gaieté spontanée et affable prêtée aux uns ou aux autres.

IV. Traductions transculturelles

Le rôle de la mise en discours est donc déterminant dans le rapatriement et la reconstruction d'un savoir indigène et local à l'intention d'un public d'universitaires occidentaux. C'est évidemment dans les procédures de mise en discours évoquées et plus spécifiquement dans les attitudes énonciatives que l'on trouvera les aspects interprétatifs des différentes formes de discours en anthropologie culturelle et sociale. Tenir compte à la fois des procédures de pensée propres à une discipline académique, des effets des opérations discursives et langagières de la monographie, de la manière d'appréhender d'un seul regard (savant) une «réalité» naturelle, sociale et culturelle informée quant à elle par des moyens discursifs analogues, tel serait le défi posé à la traduction transculturelle dont peut désormais se réclamer l'anthropologie culturelle et sociale.

Faire le tour des multiples facettes du défi représenté par une anthropologie envisagée comme traduction d'une culture dans une autre tout en tentant d'esquisser quelques-uns des moyens pour y répondre reviendrait à vrai dire à réélaborer une théorie compréhensive de la connaissance. Dans ce retour aux pratiques interprétatives de l'anthropologie dans une tentative de dépasser les deux paradigmes indiqués, on se limitera à deux questions: celle posée par les notions semi-empiriques qui comptent parmi les opérateurs principaux de la transposition transculturelle, et celle du statut de la «vérité» construite dans le traduire interculturel.

IV.1. Relations de référence discursive

La réflexion récente sur les modes de l'enquête et du discours anthropologique a essentiellement porté sur les procédures de la description dans et par la mise en discours elle-même. C'est dire qu'au-delà du problème des formes assumées par les perceptions orientées de l'observation, si participante soit-elle, au-delà des aléas de la communicabilité dans des entretiens qui se veulent désormais dialogiques, au-delà des formes classificatoires conférées à des «données» de terrain érigées, en général par les moyens de l'écriture, en documents et stabilisées en «faits», la question se pose désormais de la traduction dans nos propres catégories et par nos idiomes européens mondialisés des notions et concepts qui, dans la pensée et la langue indigènes, fondent les pratiques culturelles et symboliques retenant l'attention de l'anthropologie sociale. Cela signifie que dans la mesure où la description ethnologique finit nécessairement par coïncider avec une tentative de traduire, par les moyens d'une langue occidentale à large diffusion, les notions et les représentations symboliques des autres, elle se charge d'assurer le passage d'une «conception du monde» particulière dans une autre *Weltanschauung*. La traduction transculturelle se révèle dès lors interprétation collective[24]. Ceci n'a rien de très original…

Or à ce jeu de transposition de «conceptions du monde», il s'agit autant de trouver des équivalences entre des champs sémantiques organisés de manière différente (les *phrénes* des anciens Grecs comme organe de l'affectivité moderne), entre des dénominations et donc des champs lexicaux propres à chaque langue (*phrénes* comme équivalent de *cœur* ou d'*âme*), entre des savoirs encyclopédiques et cognitifs différenciés (les *phrénes* correspondant à l'organe que nous identifions, dans notre taxinomie des parties du corps humain, avec le diaphragme) et utilisés dans des contextes pratiques géographiquement, historiquement et socialement divergents[25]. En collaboration avec les opérations cognitives et discursives de schématisation qui jouent un rôle central dans la reconstruction et la traduction conceptuelle et textuelle du savoir symbolique et pratique des indigènes[26], il faut compter avec le processus d'interaction entre

---

[24] On lira à ce propos les pages éclairantes de BORUTTI, S. (1999a), pp. 179-187, qui voit dans la description ethnographique la «construction interprétative» d'un monde possible entendu comme *oggetto modellizzato*, ceci en réponse notamment à SPERBER, D. (1982), pp. 29-47 (cf. *supra* §2.1.).

[25] Posée naguère par exemple par SNELL, B. (³1975), *Die Entdeckung des Geistes. Studien zur Entstehung des europäischen Denkens bei den Griechen*, Göttingen, pp. 13-30 et 56-81, la réflexion sur les recoupements et les traductions entre champs lexicaux et champs sémantiques de domaines culturels différents est l'objet d'une tradition qui, indépendamment de l'hypothèse relativiste «Sapir-Whorf» mais à partir de von Humboldt, remonte notamment à TRIER, J. (1931), *Der deutsche Wortschatz im Sinnbezirk des Verstandes*, Heidelberg: cf. LYONS, J. (1977), *Semantics* I, Cambridge, pp. 250-261. En anthropologie culturelle et sociale, la question de la traduction des catégories et concepts propres à une taxinomie singulière s'est posée surtout à propos de la compréhension de la conceptualisation et de la désignation des couleurs: voir l'ouvrage classique de BERLIN, B., et KAY, P. (1969), *Basic Colour Terms. Their Universality and Evolution*, Berkeley/Los Angeles. Sur le problème de la traduction anthropologique en particulier des concepts métaphoriques, voir FABIETTI, U. (1999), pp. 227-251.

[26] Certaines de ces opérations descriptives de schématisation et de traduction (en contexte) sont illustrées dans le domaine de l'anthropologie par BOREL, M.-J. (²1995b), «La schématisation descriptive: Evans-Pritchard et la magie zandé», dans: J.-M. ADAM, M.-J. BOREL, C. CALAME et M. KILANI, *Le discours anthropologique. Description, narration, savoir*, Lausanne, pp. 153-204, et par KILANI, M. (²1995b), «Que de *hau*! Le débat autour

réalité, pensée et langue relatif à la nature semi-empirique de la plupart des catégories et des concepts qui alimentent nos manières de concevoir le monde, d'entrer en interaction avec lui et de communiquer à son propos avec les autres. Ces catégories du «niveau de base», pour reprendre l'idée développée à partir de la sémantique linguistique et de la psychologie cognitive notamment par George Lakoff, se situent dans la moyenne générale des taxinomies hiérarchiques du type «animal-chien-caniche». Fondées sur l'expérience sensori-motrice de l'homme et sur des structures préconceptuelles au statut à vrai dire plutôt flou, ces catégories intermédiaires dépendraient de «schèmes d'image» (*image schemata*) de type kantien ou de «schèmes incarnés» (*embodied schemata*) qui contribueraient à l'abstraction à partir de la diversité des perceptions sensibles et de notre expérience du monde physique. Sans qu'il soit possible ici de s'interroger sur la nature structurale, neuronale ou transcendantale de leur statut, ces schèmes d'image seraient en particulier les vecteurs du report métaphorique des notions empiriques empruntées à l'environnement conçu en termes sensori-moteurs sur des domaines où ces catégories figurées ne sont pas immédiatement disponibles[27].

Quoi qu'il en soit de leur statut cognitif, de telles «basic level categories», probablement fondées sur les schèmes de construction d'image chers à Kant, nous contraignent à abandonner toute idée de Grand Partage. A l'œuvre dans l'élaboration de toute culture et dans la réalisation de toute procédure de pensée si abstraite soit-elle, ces schèmes incarnés, avec les catégories qui en dépendent, interdisent toute distinction abrupte par exemple entre une «mentalité primitive» et une «mentalité moderne» ou entre une «pensée sauvage» et une «pensée rationnelle»[28].

---

de l'*Essai sur le don* et la construction de l'objet en anthropologie», dans: J.-M. ADAM, M.-J. BOREL, C. CALAME et M. KILANI, *Le discours anthropologique. Description, narration, savoir*, Lausanne, pp. 123-151. Ada Neschke me fait remarquer qu'en définissant les catégories à la fois comme «ce sur quoi» (*perì hôn*) portent les *lógoi* et «ce à partir de quoi» (*ex hôn*) ils sont constitués, ARISTOTE, *Topiques* 103b 38-104a 2, attribue lui-même aux catégories un statut intermédiaire.

[27] Après l'ouvrage commun de LAKOFF, G., et JOHNSON, M. (1985), *Les métaphores dans la vie quotidienne*, Paris, pp. 196-240, (éd. or.: Chicago/London, 1980), on verra JOHNSON, M. (1987), *The Body in the Mind. The Bodily Basis of Meaning, Imagination, and Reason*, Chicago/London, pp. 18-40 et 101-138, et LAKOFF, G. (1987), *Women, Fire, and Dangerous Things. What Categories Reveal about the Mind*, Chicago/London, pp. 12-57 et 269-303.

[28] De là la double conclusion de LAKOFF, G. (1987), pp. 370-371: «Reason is not abstract and disembodied, a matter of instantiating some transcendental rationality», et «Human conceptual categories have properties that are the result of imaginative processes (metaphor, metonymy, mental imagery) that do not mirror nature».

Ainsi, dans la mesure où ils se fondent sans doute autant sur la perception du monde physique que sur celle de l'environnement social, schèmes d'image et catégories semi-empiriques sont assurément susceptibles de contribuer à la traductibilité des cultures, en particulier par les procédures de la métonymie et de la métaphore. Dès lors, il n'y a rien d'étonnant à voir les anthropologues eux-mêmes faire un large recours aux concepts semi-empiriques qui, notamment en raison de leur aspect pratique, sont devenus les notions opératoires de la discipline. Des concepts tels que le tabou, la magie, le mana, le totem, le potlatch ou l'ancêtre, mais aussi l'idolâtrie, la sorcellerie ou le cannibalisme ne sont que les figures ou les catégories pratiques d'une culture particulière (parfois l'une des ancêtres de la nôtre). Par l'intermédiaire d'une dénomination indigène (tel le tabou provenant du polynésien *tapu* anglicisé en *taboo* dans la relation du voyage du Capitaine James Cook à Hawai en 1777) ou métisse (tel le cannibalisme dérivé du terme espagnol *caniba* ou *canibales* introduit en Europe par Christophe Colomb par référence au *cariba* utilisé par les indigènes des Bahamas et de Cuba pour désigner leurs voisins anthropophages des Petites Antilles!), l'extension et en partie également la compréhension sémantiques de ces concepts propres à une culture ont été élargies à d'autres cultures, de manière analogique. Relevant du prototype aussi bien que du stéréotype, ces catégories semi-empiriques sont de puissants instruments non seulement de la comparaison entre les cultures, mais aussi de leur rapatriement et de leur transformation en savoirs académiques. Dans cette mesure, elles sont en effet des opérateurs décisifs de la traduction des cultures, mais d'une traduction dont le rapport transitif reste fondamentalement asymétrique; l'orientation de ce rapport dépend de la culture où ces catégories instrumentales ont été créées[29].

Ce sont en particulier ces catégories semi-figurées qui, stabilisées et acceptées comme concepts de la discipline, conduisent à construire les modèles, c'est-à-dire les formes à leur tour semi-empiriques permettant de classer et de traduire non seulement les discours, mais aussi les pratiques de la communauté indigène en termes de systèmes institutionnels subsumant des parcours individuels et des expériences personnelles: ainsi en va-t-il de la séquence des cérémonies marquant l'alliance matrimoniale, de la structure triadique et dynamique constitutive des rites de l'initiation

---

[29] La traduction interprétative d'une culture peut être envisagée en tant qu'un «comme si», en tant que fiction modalisante: cf. BORUTTI, S. (1991), *Teoria e interpretazione. Per un'epistemologia delle scienze umane,* Milano, pp. 127-147, et FABIETTI, U. (1999), «Réalité, fictions et problèmes de comparaison. A propos de deux classiques de l'ethnographie: Robert Montagne et Edmund Leach», dans: F. AFFERGAN, éd., *Construire le savoir anthropologique,* Paris, pp. 67-82.

tribale, des différentes réalisations possibles du système de la parenté bio-logique et symbolique, de la division de la communauté tribale en moitiés, du schème d'organisation conceptuelle qu'est censé représenter l'opposi-tion construite entre «nature» et «culture», ou des modèles segmentaires par exemple d'appropriation d'un territoire et de relations avec les com-munautés voisines, fondés qu'ils sont sur les représentations des indigènes eux-mêmes. Dans cette mesure, la culture exotique n'est pas uniquement lue de manière interprétative comme un texte, mais elle est construite!

En collaboration avec les catégories pratiques de la discipline, ces formes figurées sont de puissants opérateurs dans le passage des données sensibles et de la diversité concrète des manifestations observables à la for-mulation de régularités et de représentations plus abstraites. Assurant la tra-duction (asymétrique) entre les cultures, ce sont aussi les instruments qui fondent la comparaison tout en focalisant celle-ci sur l'instance qui l'opère. En identifiant les pratiques et les manifestations symboliques des com-munautés les plus diverses selon ces catégories et formes semi-empiriques, le danger est grand de réifier ces dernières tout en leur conférant une dif-fusion universelle. Fondant l'épistémologie de la discipline, elles dépen-dent au contraire fortement de la perspective (occidentale et académique) de l'anthropologue, intégré à sa communauté universitaire. Il ne suffit donc pas, face à la diversité des cultures, de plaider pour «comparer l'in-comparable»[30]. La refondation du comparatisme interculturel passe par une critique serrée de ces puissants outils de la modélisation et de la com-paraison, avec le rapatriement unilatéral qui en est la conséquence. Tout en fournissant sur les cultures dans leur diversité historique, géographique et symbolique un point de vue unique (marqué dans l'espace et dans le temps), les catégories et les formes de la discipline fondent l'asymétrie constitutive de la relation interprétative, si dialogique qu'elle se prétende désormais, de l'anthropologue avec des communautés différentes[31].

---

[30] Pour reprendre le titre d'un plaidoyer récent et contesté de DETIENNE, M. (2000), *Comparer l'incomparable*, Paris, pp. 9-59, et en dépit de la valeur éthique reconnue à l'ac-tivité comparative qui devrait inviter «à mettre en perspective les valeurs et les choix de la société à laquelle on appartient» (p. 59). Une mise au point utile sur la comparaison entre les cultures est offerte par REMOTTI, F. (1991), «La comparazione inter-culturale. Problemi di identità antropologica», *Rassegna Italiana di Sociologia*, 22, pp. 25-46.

[31] Le rôle des modèles dans la construction d'un monde possible en anthropologie est analysé notamment par AFFERGAN, F. (1997), *La pluralité des mondes. Vers une autre anthropologie*, Paris, pp. 17-61; voir aussi BORUTTI, S. (1991), pp. 39-77. Pour l'impact culturel du processus de la mondialisation, voir, dans une perspective sans doute trop opti-miste, les mises au point de MATTELART, A., et MATTELART, M. (1997), *Histoire des théo-ries de la communication*, Paris, pp. 64-74 et 91-105, et WARNIER, J.-P. (1999), *La mon-dialisation de la culture*, Paris, pp. 78-107.

IV.2. Vérités négociées et provisoires

Et la langue? On a déjà indiqué qu'au-delà des procédures d'abstraction, de modélisation et de comparaison qui réalisent dans la communication la transitivité de ces ensembles aux contenus mouvants de manifestations et de pratiques symboliques qu'on appelle les cultures, la mise en discours et la mise en texte, c'est-à-dire la saisie et la pratique langagières, jouent un rôle additionnel déterminant: c'est qu'il faut compter non seulement avec la créativité propre à l'usage de tout système linguistique avec ses capacités de construction fictionnelle[32], mais aussi avec la polysémie de toute langue et donc de toute parole, livrant toute mise en discours à des interprétations complémentaires ou divergentes. La relative autonomie du fonctionnement syntaxique et sémantique de la langue confère à tout discours une certaine épaisseur. Loin de faire du discours le miroir de la pensée ou d'une quelconque réalité, ces capacités créatives propres à toute mise en discours langagière ménagent d'une part l'espace d'une certaine indétermination sémantique et de possibilités de choix interprétatif; d'autre part, elles permettent la prise en charge énonciative d'énoncés jamais parfaitement transparents[33].

A la réinterprétation et à la formalisation discursive de l'action des hommes que représente par exemple la mise en scène narrative avec sa mise en intrigue singulière s'ajoutent les stratégies énonciatives d'un maître du discours qui entend communiquer un savoir tout en convainquant par différents moyens rhétoriques ses lectrices et lecteurs. Quelles qu'en soient les modalités et si polyphoniques soit-elle, sa voix entend porter une parole d'autorité; celle-ci se trouve en constante tension entre un *on* généralisant et une volonté de polyphonie. L'anthropologue, même le plus «dialogique», offre donc du monde culturel des autres une représentation d'ordre discursif et, de ce fait, de nature fictionnelle; cette représentation se combine avec l'image énonciative qu'il donne de lui-même à partir de sa réalité psycho-historique et de sa position institutionnelle. Son lecteur est appelé à reconstruire et à réinterpréter

[32] Ces possibilités de création fictionnelle de la langue et de l'écriture dans le domaine particulier de la traduction en anthropologie culturelle et sociale ont été reconnues aussi bien par BORUTTI, S. (1999a), pp. 191-195, que par FABIETTI, U. (1999), pp. 128-132 et 257-260.

[33] On verra par exemple à ce propos les réflexions que suscite en particulier l'ouvrage de GEERTZ, C. (1973), chez RICŒUR, P. (1983), *Temps et récit*, tome I, Paris, pp. 87-109, dans sa description des processus mimétiques de la compréhension de l'action humaine et de sa confrontation par la mise en intrigue narrative, ainsi que chez MARY, A. (1998), pp. 67-71; voir aussi BENVENISTE, E. (1974), *Problèmes de linguistique générale* II, Paris, pp. 63-74.

cet éthos d'ordre discursif en se fondant sur ses propres préconstruits culturels et sociaux[34].

C'est dans ce cadre énonciatif et discursif qu'il convient de comprendre la traduction inter- et transculturelle qu'opère l'anthropologie culturelle et sociale. Les modalités énonciatives des discours produits dans ce cadre représentent une dimension d'autant plus prégnante que l'ethnologue-anthropologue est toujours impliqué d'une manière forte dans la communauté dont il tente de rapatrier le savoir en le reconstituant. Cette composante énonciative renforce les effets de sens souvent fictionnels du «comme si» propre à la compréhension et au discours des anthropologues; elle renforce les effets de *poíesis*, de création mimétique au sens aristotélicien du terme. Elle est donc constitutive de la règle d'approximation qui définit les concepts de l'anthropologie et les relations qu'ils induisent dans la construction (discursive) d'un monde possible cohérent. Dans cette mesure, il faut considérer l'interprétation «comme une véritable construction objectivante des données, une mise en forme qui les rend visibles»[35]. Origine (du point de vue discursif) du rapport fondamentalement asymétrique entre le savoir érudit produit par l'anthropologue et le savoir pratique déployé et mis en scène par les représentants de la communauté exotique, la voix énonciative qui traverse et qui organise dans sa rhétorique l'étude d'anthropologie est aussi la garante de la vraisemblance du monde (possible) reconstruit et mis en texte. Le triangle sémiotique doit être de ce point de vue revisité en termes d'énonciation. La dimension énonciative est susceptible de rendre compte des manifestations de la part interprétative, individuelle et collective, des processus de la signification linguistique.

Soutenu par les stratégies énonciatives d'autorité de l'anthropologue, le monde textuel de la monographie est ainsi offert à la

---

[34] Le schéma de la communication sous-tendant cette transmission d'un savoir transformé en monde possible doit être entièrement revu selon les propositions formulées successivement par GRIZE, J.-B. (1996), *Logique naturelle et communications,* Paris, pp. 57-71, et par ADAM, J.-M. (1999), *Linguistique textuelle. Des genres de discours aux textes,* Paris, pp. 108-118. La volonté polyphonique des discours récents en sciences humaines est étudiée par AMORIM, M. (1996), *Dialogisme et altérité dans les sciences humaines,* Paris, pp. 73-139.

[35] BORUTTI, S. (1999b), «Interprétation et construction», dans: F. AFFERGAN, éd., *Construire le savoir anthropologique,* Paris, pp. 31-48 (p. 47 pour la citation). Sur le rôle joué par l'approximation dans la reconstruction anthropologique voir, en convergence, BORUTTI, S. (1999a), pp. 191-194, et FABIETTI, U. (1999), pp. 256-258; pour le discours scientifique, voir AVRAMESCO, A. (2000), *Philosophie populaire. Contre les cratophiles (les lèche-cul du pouvoir),* Ornans, pp. 30-41. Le «comme si» de la double *poiesis* que représente la mise en discours anthropologique est étudié par BORUTTI, S., «Fiction et construction de l'objet en anthropologie», dans: F. AFFERGAN et al., *Figures de l'humain. Les représentations de l'anthropologie,* Paris (Editions de l'EHESS) 2003, pp. 75-99; voir aussi *supra* n. 29.

communauté de croyance à laquelle il est en définitive destiné. Mais, quelle que soit la force de la rhétorique énonciative qui le traverse, quelle que soit aussi la cohérence que lui assure le recours aux catégories et schèmes semi-empiriques et opératoires de la discipline, ce monde ne saurait être accepté par ses destinataires si le discours qui l'a fabriqué n'entretenait pas par les moyens sémantiques de la langue une relation étroite avec la réalité écologique, sociale et culturelle de la communauté dont il rend compte, dans l'un ou l'autre de ses aspects fondamentaux. Certes, au-delà des hiérarchies qui peuvent les inclure les unes dans les autres, au-delà des contacts qui les recomposent sans cesse dans les différentes modalités de l'«acculturation» et de la domination, au-delà des mouvements historiques qui modifient constamment les processus de l'identification collective par leur intermédiaire, les cultures diffèrent les unes des autres. Indépendamment de tout jugement de valeur qui pourrait conduire aux formes les plus complaisantes du relativisme, ces différences géographiques et historiques sont la source même du travail interprétatif, individuel et collectif, de l'anthropologie culturelle et sociale, dans ses schématisations discursives et dans ses procédures énonciatives[36]. Néanmoins dans la mesure même où les cultures, dans les processus symboliques qui les constituent, non seulement parviennent à communiquer les unes avec les autres et à se recomposer entre elles, mais sont aussi susceptibles des opérations de traduction dans les différents discours des anthropologues européens et américains, le relativisme attaché autant aux différences entre les cultures qu'aux effets fictionnels des discours mobiles qu'elles suscitent doit être modéré. Il faut en effet tenir compte de l'incontournable réalité somatique et pratique des rapports humains; ces relations pratiques transforment sans cesse la réalité «naturelle» environnante, et par conséquent la représentation «mentale» que l'on s'en fait en concomitance avec les discours que l'on tient à son propos, tout en imposant à ces représentations des contraintes sémantiques précises.

Sans doute est-ce dans cette interaction constante entre les communautés humaines et leur environnement ainsi que dans leurs capacités de

---

[36] Sans en partager forcément les conclusions qui envisagent le relativisme culturel en termes trop symétriques, les réflexions de CUCHE, D. (1996), *La notion de culture dans les sciences sociales*, Paris, pp. 18-29 et 113-116, résume bien les enjeux du débat à ce propos. Pour un exemple de négociation d'un consensus culturel dans l'Antiquité, voir BETTINI, M. (2000), *Le orecchie di Hermes. Studi di antropologia e letteratura classica*, Torino, pp. 241-292. La fonction énonciative est définie par FOUCAULT, M. (1969), *L'archéologie du savoir*, Paris, pp. 126-138.

communication et d'adaptation réciproques qu'il faut trouver la base de ces «noyaux de sens» pratiques qui, entre réalité, concept et prise en charge discursive et énonciative, semblent assurer la traductibilité des cultures. En ce qui concerne en particulier les sciences humaines développées dans les universités occidentales, cette traduction est assumée, dans la distance et les modélisations qu'institue l'écriture académique, par les discours des anthropologues. Mais ces processus d'interaction entre des représentations communautaires différentes doivent être envisagés dans leur historicité sociale[37].

C'est dire que la vraisemblance du monde mis en discours en tant qu'ensemble de manifestations culturelles ne peut être assurée dans la durée, à travers les changements de paradigme auxquels est soumise notre propre culture universitaire, qu'à deux conditions: l'adéquation et la cohérence de l'interaction de l'anthropologue, institué en instance d'énonciation, aussi bien avec la communauté «observée» (elle-même en constante transformation) qu'avec ses savants lecteurs. En qualité de *je* discursif désormais polyphonique, l'instance d'énonciation assure en définitive la vraisemblance et la fiabilité des différents recoupements autour des «noyaux de sens» assurant la traductibilité des manifestations symboliques dont les cultures sont faites. La «vérité» anthropologique ne peut correspondre qu'à un régime de vérité négocié et énoncé par un maître ou une maîtresse de la *poíesis* et de la traduction entre deux communautés aux horizons d'attente pour le moins divergents, mais pourvues pour un temps d'une référence en principe commune, provisoirement stabilisée dans une mise en texte et une écriture de type pratique[38]. L'historicité même des cultures autant exotiques qu'académiques exige, dans le sens de la plausibilité, la réadaptation constante de ces interprétations et traductions: ce double mouvement promet à l'anthropologie culturelle et sociale, aussi critique qu'elle a pu devenir vis-à-vis de ses techniques et procédures d'appropriation, de modélisation et de mise en discours «poiétique», un bel avenir.

---

[37] L'anthropologie «interprétative» postmoderne est prête à admettre que les représentations sont des «faits sociaux» relevant de «interpretive communities»: cf. RABINOW, P. (1986), «Representations are Social Facts: Modernity and Post-Modernity in Anthropology», dans: J. CLIFFORD et G.E. MARCUS, éds., *Writing Culture: The Poetics and Politics of Ethnography*, Berkeley/Los Angeles/London, pp. 234-261, repris dans: RABINOW, P. (1996), *Essays on the Anthropology of Reason*, Princeton, pp. 28-58.

[38] Dans le domaine de l'histoire, RICŒUR, P. (1998) «La marque du passé», *Revue de métaphysique et de morale*, 1, pp. 7-31, transforme la vérité historique en véracité en lui adjoignant la fiabilité: «La vérité en histoire reste ainsi en suspens, plausible, probable, contestable, bref toujours en cours de réécriture».

V. Retour à Schleiermacher

La présentation sommaire d'une anthropologie comparative et critique conçue comme traduction transculturelle à partir des deux paradigmes indiqués a été ponctuellement assortie de l'idée de l'interprétation et de la réinterprétation. On a déjà dit en guise de prélude l'intérêt que pouvait assumer dans ce contexte la conception d'une traduction verbale envisagée avec Schleiermacher en tant que «transplantation» et donc «transposition». Néanmoins on a vu que le postulat d'une adéquation entre les formes conceptuelles et les mots effaçait, dans le triangle sémiotique sous-jacent au système des signes langagiers et donc aux textes à traduire, le pôle essentiel de la chose. Avec cet effacement et en dépit de la distinction entre *Sprache* et *Rede*, ce sont aussi bien la relation référentielle que la dimension pragmatique de tout discours qui sont éludées alors qu'on a tenté de montrer le rôle constitutif qu'elles jouent à double titre dans un discours anthropologique envisagé comme traduction entre deux cultures.

En revanche, le postulat de l'adéquation de la pensée avec la langue dans laquelle la pensée par nécessité se formerait et s'exprimerait n'entraîne pas la disparition du sujet, constitué en individu et en personne autonome au siècle des Lumières. Car, pour Schleiermacher, la liberté de pensée dont bénéficie chaque être humain permet à tout homme d'exercer, en tant qu'auteur, ses propres facultés combinatoires à l'égard de la langue; celle-ci définirait et déterminerait, avec son esprit propre, les «perceptions» et «dispositions de l'âme» (*Anschauungen, Gemüthstimmungen*) de l'individu. Cette marge de créativité laissée à l'individu à l'égard de la langue qui modèle sa pensée fonde l'historicité des discours; leur «compréhension» (*verstehen*) «implique une pénétration profonde et précise (*ein genaues und tiefes Eindringen*) de l'esprit de la langue et de la particularité de l'écrivain». Fondement de l'herméneutique des «chefs-d'œuvre de l'art et de la science» de la langue maternelle, ce «pressentiment» (*ahnen*) appelé à devenir «saisie» (*auffassen*) et «intuition» (*anschauen*) de la façon de penser et de sentir d'un écrivain s'imposerait avec d'autant plus de force quand il s'agit de «s'approprier» (*sich aneignen*) par la traduction une littérature étrangère, avec l'esprit de la langue qui la marque[39]! A cet égard, on peut se tourner très brièvement vers Friedrich August Wolf, le collègue un peu plus âgé de Schleiermacher à l'Université de Halle. En contraste avec son cadet, il avait émis l'hypothèse que la partie

---

[39] SCHLEIERMACHER, F.D.E. (1838a), p. 215 (trad. fr. (1999), p. 42).

herméneutique de l'art de la philologie érigé en science de l'Antiquité se divise en deux phases fondées tour à tour sur la compréhension (*Verstehen*), comme art de s'insinuer dans la pensée d'un autre, et sur l'explication (*Erklären, Auslegen*); du sens littéral, la démarche explicative s'élève vers la logique de la pensée et vers l'esthétique du texte en passant par un déplacement à travers le contexte historique de l'activité scripturaire de l'auteur: «Darum ist der sensus historicus der einzig wahre Sinn, auf den man ausgehen muß»[40].

Cette historicité extérieure à la parole et au discours, Schleiermacher la situera au contraire à l'intérieur de la langue; elle s'y trouve portée par l'individu créateur conçu comme l'inlassable animateur de «l'esprit» (*Geist*). Il s'agit là non seulement de l'un des probables actes de fondation des sciences humaines en tant que *Geisteswissenschaften*, mais aussi de l'un des avatars de la «révolution copernicienne» voulue par Immanuel Kant. Les sciences humaines se voient assigner la tâche du «comprendre» qui a pour objet les interprétations (*Sinngebungen*) des individus dans leur historicité (et leur intentionnalité); elles abandonnent ainsi aux sciences exactes l'«expliquer» par la formulation de règles générales portant sur la nature, ceci dit pour paraphraser la célèbre distinction formulée par Wilhelm Dilthey[41]. En focalisant l'attention sur les intentions des hommes, cette conception des *Geisteswissenschaften* comme sciences herméneutiques coupe de fait les actions humaines de toute référence à une réalité physique laissée au déterminisme des «lois naturelles».

Cette coupure aura des conséquences délétères sur l'herméneutique érigée, en particulier grâce à Martin Heidegger, en herméneutique générale et philosophique. Ce n'est donc pas un hasard si la question herméneutique de la compréhension des textes sera reprise par Hans-Georg Gadamer par le biais de la traduction comprise comme dialogue entre deux langues étrangères. De même que «comprendre ce que quelqu'un dit, c'est s'entendre sur ce qui est en cause et non se transporter en autrui et revivre ce qu'il a vécu», de même «toute traduction (*Auslegung*) est déjà interprétation; on peut même dire qu'elle est toujours l'accomplissement

---

[40] Wolf, F.A. (1893), *Vorlesungen über die Alterthumswissenschaft*, I, J.D. Gürther et J.F.W. Hoffmann, éds., Leipzig, pp. 274-294; cf. Neschke, A. (1997/8), «Hermeneutik von Halle: Wolf und Schleiermacher», *Archiv für Begriffsgeschichte*, 40, pp. 14-59, repris dans: H.J. Adriaanse et R. Enskat, éds. (2000), *Fremdheit und Vertrautheit. Hermeneutik im europäischen Kontext*, Leuven, pp. 283-302, notamment à propos des relations qu'entretiennent, selon Wolf, pensées et signes (*Zeichen*).

[41] Dilthey, W. (1927), «Der Aufbau der geschichtlichen Welt in den Geisteswissenschaften», dans: B. Groethuysen, éd., *Gesammelte Schriften*, VII, Leipzig/Berlin, pp. 79-188.

de l'interprétation que le traducteur a donnée de la parole qui lui a été proposée». L'analogie serait sans doute acceptable si l'acte de traduction et
donc de compréhension n'était pas censé conduire à une «fusion d'horizons» présupposant une «appropriation» d'un sens présent de manière
autonome dans le texte et conçu comme visée. Dès lors, dans la mesure
même où le langage (*Sprache*) est considéré comme «un centre où le moi
et le monde fusionnent», toute possibilité d'effet de sens, sans même parler de la polysémie propre au fonctionnement linguistique et verbal, est
annulée. «Le phénomène herméneutique réfléchit pour ainsi dire sa propre
universalité sur la constitution ontologique de ce qui est compris, en faisant de celle-ci, en un sens universel, une langue et de son propre rapport
à l'étant une interprétation. C'est ainsi que nous parlons non pas seulement d'un langage de l'art, mais aussi d'un langage de la nature et, absolument parlant, d'un langage qui est celui des choses.» Dès lors l'être est
langue (entendue comme «autoprésentation»)[42]. Il n'y a donc plus de
place ni pour le travail sémantique de la langue face à la réalité, ni pour
l'activité langagière notamment dans ses aspects sociaux, ni non plus pour
le sujet d'énonciation, qu'il soit individuel, polyphonique ou collectif.
Grâce à une équation ontologique d'inspiration heideggerienne, non seulement la nette conscience manifestée par Schleiermacher de la réalisation
et de la manifestation de toute langue (*Sprache*) en discours (*Rede*) s'est
évanouie, mais la pragmatique en particulier dans sa dimension énonciative se voit interdire tout espace de déploiement.

C'est dire qu'en ratant le *linguistic turn*, la plupart des démarches
herméneutiques inspirées de Schleiermacher ont poursuivi une voie idéalisante qui conduit, quant à la question de l'interprétation et de la traduction, à une double aporie. Non contentes d'effacer l'aspect pratique
de toute mise en discours et finalement de tout processus de signification,
elles en gomment l'épaisseur énonciative. D'ordre verbal, cette épaisseur
énonciative ne renvoie pas uniquement au sujet constitué en individualité au siècle des Lumières puis en intentionnalité dans le Romantisme
allemand; mais elle se fonde aussi bien sur l'aspect polyphonique de tout
manifestation discursive sinon symbolique que sur les déterminations psy-

---

[42] GADAMER, H.-G. (1996), *Vérité et méthode. Les grandes lignes d'une herméneutique philosophique*, trad. et éd. P. FRUCHON, J. GRONDIN et G. MERLIO, Paris, pp. 405-411
et 500-502 (éd. or.: GADAMER, H.-G. (1960), *Wahrheit und Methode. Grundzüge einer
philosophischen Hermeneutik*, Tübingen, pp. 387-393 et 478-480), avec les critiques formulées par MICHON, P. (2000), *Poétique d'une anti-anthropologie. L'herméneutique de
Gadamer*, Paris, pp. 230-246. Je cueille l'occasion de cette ultime référence pour remercier Ada Neschke, Silvana Borutti et Mondher Kilani pour les observations et suggestions
critiques dont ils ont bien voulu faire bénéficier la présente étude.

cho-sociales d'un sujet de discours engagé dans un processus complexe, autant du point de vue sémantique que pragmatique, de communication collective. Pensée en termes de traduction transculturelle, l'anthropologie culturelle et sociale ne peut faire l'impasse, ni à l'égard des objets qu'elle constitue et interprète ni à propos de ses propres procédures, sur ces différentes dimensions de la production discursive. Elle ne peut se satisfaire d'une herméneutique qui renverrait l'anthropologue observateur à sa sensibilité et à son *Einfühlen* individuels, indépendamment de la relation dialogique avec ses informateurs et avec la communauté de croyance académique à laquelle il s'adresse ensuite. La vraisemblance de la traduction d'une culture dans une autre culture relève d'une mise en discours qui, du point de vue énonciatif, sémantique et pragmatique, ressortit au communautaire.

CLAUDE CALAME
Université de Lausanne
EHESS, Paris

BIBLIOGRAPHIE

ADAM, J.-M. (^{2}1995), «Aspects du récit en anthropologie», dans: J.-M. ADAM, M.-J. BOREL, C. CALAME et M. KILANI, *Le discours anthropologique. Description, narration, savoir*, Lausanne, pp. 227-254.

ADAM, J.-M. (1999), *Linguistique textuelle. Des genres de discours aux textes*, Paris.

AFFERGAN, F. (1987), *Exotisme et altérité. Essai sur les fondements d'une critique de l'anthropologie*, Paris.

AFFERGAN, F. (1997), *La pluralité des mondes. Vers une autre anthropologie*, Paris.

AMORIM, M. (1996), *Dialogisme et altérité dans les sciences humaines*, Paris.

AVRAMESCO, A. (2000), *Philosophie populaire. Contre les cratophiles (les lèche-cul du pouvoir)*, Ornans.

BENVENISTE, E. (1966), *Problèmes de linguistique générale*, Paris.

BENVENISTE, E. (1974), *Problèmes de linguistique générale II*, Paris.

BERLIN, B., et KAY, P. (1969), *Basic Colour Terms. Their Universality and Evolution*, Berkeley/Los Angeles.

BETTINI, M. (2000), *Le orecchie di Hermes. Studi di antropologia e letterature classiche*, Torino.

BOREL, M.-J. (^{2}1995a), «Le discours descriptif, le savoir et ses signes», dans: J.-M. ADAM, M.-J. BOREL, C. CALAME et M. KILANI, *Le discours anthropologique. Description, narration, savoir*, Lausanne pp. 21-64.

BOREL, M.-J. (^{2}1995b), «La schématisation descriptive: Evans-Pritchard et la magie zandé», dans: J.-M. ADAM, M.-J. BOREL, C. CALAME et M. KILANI, *Le discours anthropologique. Description, narration, savoir*, Lausanne, pp. 153-204.

BORUTTI, S. (1991), *Teoria e interpretazione. Per un'epistemologia delle scienze umane*, Milano.

BORUTTI, S. (1999a), *Filosofia delle scienze umane. Le categorie dell'Antropologia e della Sociologia*, Milano.

BORUTTI, S. (1999b), «Interprétation et construction», dans: F. AFFERGAN, éd., *Construire le savoir anthropologique*, Paris, pp. 31-48.

BORUTTI, S., «Fiction et construction de l'objet en anthropologie», dans: F. AFFERGAN et al., *Figures de l'humain. Les représentations de l'anthropologie*, Paris (Editions de l'EHESS) 2003, pp. 75-99.

BOYER, P. (1993), «Cognitive aspects of religious symbolism», dans: P. BOYER, éd., *Cognitive aspects of religious symbolism*, Cambridge, pp. 4-47.

CALAME, C. «La construction discursive du genre en anthropologie: le *Naven* de Gregory Bateson», dans: F. AFFERGAN, éd., *Construire le savoir anthropologique*, Paris, pp. 49-65.

CLIFFORD J. (1988), *The Predicament of Culture. Twentieth-Century Ethnography, Literature, and Art*, Cambridge Mass./London.

COQUET, J.-C. (1991), «Réalité et principe d'immanence», *Langages*, 103, pp. 23-35.

CARDONA, G. R. (1976), *Introduzione all'etnolinguistica*, Bologne.

CUCHE, D. (1996), *La notion de culture dans les sciences sociales*, Paris.

DETIENNE, M. (2000), *Comparer l'incomparable*, Paris.

DE SAUSSURE, F. (1975), *Cours de linguistique générale*, Paris.

DILTHEY, W. (1927), «Der Aufbau der geschichtlichen Welt in den Geisteswis-senschaften», dans: B. GROETHUYSEN, éd., *Gesammelte Schriften*, VII, Leip-zig/Berlin, pp. 79-188.

ECO, U. (1984), *Semiotica e filosofia del linguaggio*, Torino.

EMERSON, R.M., FRETZ, R.I., et SHAW, L.L. (1995), *Writing Ethnographic Field-notes*, Chicago/London.

FABIETTI, U. (1999), *Antropologia culturale. L'esperienza e l'interpretazione*, Roma/Bari.

FABIETTI, U. (1999), «Réalité, fictions et problèmes de comparaison. A propos de deux classiques de l'ethnographie: Robert Montagne et Edmund Leach», dans: F. AFFERGAN, éd., *Construire le savoir anthropologique*, Paris, pp. 67-82.

FOUCAULT, M. (1969), *L'archéologie du savoir*, Paris.

GADAMER, H.-G. (1960), *Wahrheit und Methode. Grundzüge einer philosophi-schen Hermeneutik*, Tübingen (trad. fr. et éd. P. FRUCHON, J. GRONDIN et G. MERLIO (1996), *Vérité et méthode. Les grandes lignes d'une herméneutique philosophique*, Paris).

GEERTZ, C. (1973), *The Interpretation of Cultures. Selected Essays*, New York.

GEERTZ, C. (1974), «"From the Native's Point of View": On the Nature of Anthropological Understanding», *Bulletin of the American Academy of Arts and Sciences*, 28, pp. 145-157 (trad. fr. D. PAULME dans: GEERTZ, C. (1986), *Savoir local, savoir global. Les lieux du savoir*, Paris, pp. 71-90).

GEERTZ, C. (1988), *Works and Lives. The Anthropologist as Author*, Stanford.

GEERTZ, C. (1998), «La description dense. Vers une théorie interprétative de la culture», *Enquête*, 6, pp. 73-105.

GREIMAS, A.-J., et COURTÉS, J. (1979), *Sémiotique. Dictionnaire raisonné de la théorie du langage*, Paris.

GREIMAS, A.-J., et COURTÉS, J. (1986), *Sémiotique. Dictionnaire raisonné de la théorie du langage* II: *Compléments, débats, propositions*, Paris.

GRIAULE, M. (1957), *Méthode de l'ethnographie*, Paris.

GRIZE, J.-B. (1996), *Logique naturelle et communications*, Paris.

HJELMSLEV, L. (1971), *Prolégomènes à une théorie du langage*, Paris.

JACQUES, F. (1992), «Rendre au texte littéraire sa référence», *Sémiotiques*, 2, pp. 93-124.

JAULIN, R. (1971), *La mort sara. L'ordre de la vie ou la pensée de la mort au Tchad*, Paris.

JOHNSON, M. (1987), *The Body in the Mind. The Bodily Basis of Meaning, Ima-gination, and Reason*, Chicago/London.

KILANI, M. (1994), *L'Invention de l'autre. Essais sur le discours anthropolo-gique*, Lausanne.

KILANI, M. (^{2}1995a), «Les anthropologues et leur savoir: du terrain au texte», dans: J.-M. ADAM, M.-J. BOREL, C. CALAME et M. KILANI, *Le discours anthropologique. Description, narration, savoir*, Lausanne, pp. 65-100.

280CLAUDE CALAME

KILANI, M. (²1995b), «Que de *hau!* Le débat autour de l'*Essai sur le don* et la construction de l'objet en anthropologie», dans: J.-M. ADAM, M.-J. BOREL, C. CALAME et M. KILANI, *Le discours anthropologique. Description, narration, savoir*, Lausanne, pp. 123-151.

KILANI, M. (1999), «Fiction et vérité dans l'écriture anthropologique», dans: F. AFFERGAN, éd., *Construire le savoir anthropologique*, Paris, pp. 83-104.

LAKOFF, G., et JOHNSON, M. (1985), *Les métaphores dans la vie quotidienne*, Paris (éd. or.: Chicago-Londres 1980).

LAKOFF, G. (1987), *Women, Fire, and Dangerous Things. What Categories Reveal about the Mind*, Chicago/London.

LEACH, E. (1976), *Culture and Communication. The logic by which symbols are connected*, Cambridge.

LÉVI-STRAUSS, C. (1958), *Anthropologie structurale*, Paris.

LÉVI-STRAUSS, C. (1971), *Mythologiques IV: L'homme nu*, Paris.

LÉVI-STRAUSS, C. (1973), *Anthropologie structurale deux*, Paris.

LYONS, J. (1977), *Semantics* I, Cambridge.

MAINGUENEAU, D. (1987), *Nouvelles tendances en analyse du discours*, Paris.

MALIGHETTI, R. (1998), «Dal punto di vista dell'antropologo. L'etnografia del lavoro antropologico», dans: U. FABIETTI, éd., *Etnografia e culture. Antropologi, informatori e politiche d'identità*, Roma, pp. 201-215.

MALINOWSKI, B. (1923), «The Problem of Meaning in Primitive Languages», dans: C.K. OGDEN et I.A. RICHARDS, éds., *The Meaning of Meaning. A Study in the Influence of Language upon Thought and of the Science of Symbolism*, Londres, pp. 296-336.

MALINOWSKI, B. (1974), *Les jardins de corail*, Paris.

MANETTI, G. (1987), *Le teorie del segno nell'Antichità classica*, Milano.

MARCUS, G.E., et FISCHER, M.M.J. (1986), *Anthropology as Cultural Critique. An Experimental Moment in the Human Sciences*, Chicago/London.

MARY, A. (1998), «De l'épaisseur de la description à la profondeur de l'interprétation», *Enquête*, 6, p. 57-72.

MATTELART, A., et MATTELART, M. (1997), *Histoire des théories de la communication*, Paris.

MICHON, P. (2000), *Poétique d'une anti-anthropologie. L'herméneutique de Gadamer*, Paris.

MORRIS, CH. W. (1971), «Foundations of the Theory of Signs» dans: *Writings in the General Theory of Signs*, The Hague/Paris, pp. 3-57.

NESCHKE, A. (1990), «Matériaux pour une approche philologique de l'herméneutique de Schleiermacher», dans: A. LAKS et A. NESCHKE, éds., *La naissance du paradigme herméneutique. Schleiermacher, Humboldt, Boeckh, Droysen*, Lille, pp. 29-67.

NESCHKE, A. (1997/8), «Hermeneutik von Halle: Wolf und Schleiermacher», *Archiv für Begriffsgeschichte*, 40, pp. 14-59, repris dans: H.J. ADRIAANSE et R. ENSKAT, éds. (2000), *Fremdheit und Vertrautheit. Hermeneutik im europäischen Kontext*, Leuven, pp. 283-302.

OLIVIER DE SARDAN, J.-P. (1998), «Emique», *L'homme*, 147, pp. 151-166.

PEIRCE, CH.S. (1960), *Collected Papers* V: *Pragmatism and Pragmaticism*, C. HARTSHORNE, éd., Cambridge Mass.

PROPP, V.J. (1928), *Morfologija skazki*, Leningrad.

RABINOW, P. (1986), «Representations are Social Facts: Modernity and Post-Modernity in Anthropology», dans: J. CLIFFORD et G.E. MARCUS, éds., *Writing Culture: The Poetics and Politics of Ethnography*, Berkeley/Los Angeles/London, pp. 234-261; repris dans: P. RABINOW (1996), *Essays on the Anthropology of Reason*, Princeton, pp. 28-58.

RADCLIFFE-BROWN, A.R. (1968), *Structure et fonction dans la société primitive*, Paris.

REMOTTI, F. (1991), «La comparazione inter-culturale. Problemi di identità antropologica», *Rassegna Italiana di Sociologia*, 22, pp. 25-46.

RICŒUR, P. (1983), *Temps et récit*, tome I, Paris.

RICŒUR, P. (1998), «La marque du passé», *Revue de métaphysique et de morale*, 1, pp. 7-31.

SAPIR, E., (1953), *Le langage. Introduction à l'étude de la parole*, Paris.

SCHLEIERMACHER, F.D.E (1838a), «Über die verschiedenen Methoden des Übersetzens», dans: G. REIMER, éd., *Friedrich Schleiermacher's Sämmtliche Werke* III, *Zur Philosophie* 2, Berlin, pp. 207-45 (trad. fr. et éd. A. BERMAN (1999), *Des différentes méthodes du traduire et autres textes*, Paris).

SCHLEIERMACHER, F.D.E. (1838b), *Hermeneutik und Kritik mit besonderer Beziehung auf das Neue Testament*, F. LÜCKE, éd., Berlin.

SNELL, B. (³1975), *Die Entdeckung des Geistes. Studien zur Entstehung des europäischen Denkens bei den Griechen*, Göttingen.

SPERBER, D. (1982), *Le savoir des anthropologues. Trois essais*, Paris.

SPERBER, D. (1996), *La contagion des idées. Théorie naturaliste de la culture*, Paris.

TRIER, J. (1931), *Der deutsche Wortschatz im Sinnbezirk des Verstandes*, Heidelberg.

WARNIER, J.-P. (1999), *La mondialisation de la culture*, Paris, pp. 78-107.

WHORF, B.L. (1956), *Language, Thought, and Reality. Selected Writings of Benjamin Lee Whorf*, New York/London (trad. fr. C. CARME (1969), *Linguistique et anthropologie. Les origines de la sémiologie*, Paris).

WOLF, F.A. (1893), *Vorlesungen über die Alterthumswissenschaft*, I, J.D. GÜRTHER et J.F.W. HOFFMANN, éds., Leipzig.

DU TEXTE A LA NORME: LE POUVOIR DES LECTEURS

Introduction

L'herméneutique contemporaine n'est pas une discipline technique dont les enjeux seraient limités à la correcte maîtrise des instruments d'interprétation des textes. Prenant pour objet la réception et la manipulation des textes écrits auxquels sont rattachés les sens de comportements humains, elle débouche nécessairement sur une réévaluation ontologique des structures dans lesquelles ces textes sont émis et reçus, ainsi que sur une réévaluation éthique des conditions dans lesquelles ils sont maniés. Mais le fait même que c'est là son point d'arrivée la contraint à son départ: elle ne peut s'y contenter de la constatation de l'existence de textes comme un simple fait. Elle est obligée d'analyser les conditions dans lesquelles non seulement leur réception et leur manipulation, mais aussi leur émission sont perçues: analyser ce qui fait qu'un écrit quelconque est considéré comme un texte et quel sens cela a qu'il soit traité comme tel.

Ce qui vaut pour l'herméneutique en général[1] vaut aussi pour l'herméneutique juridique, qu'il serait vain, voire contre-productif de réduire à une théorie de l'interprétation des normes. Car le résultat d'une telle théorie ne peut être sans effet sur le concept de norme, qui est l'objet même de cette théorie. Apprendre à voir une chose, c'est transformer ce que l'on sait de cette chose; il faut donc bien que l'on parte du savoir préalable qu'on en a. Précisément, dans le domaine juridique, l'approche devra commencer par l'analyse du statut de la norme tel qu'il est reçu et censé «fonctionner» — donc de celle de l'ordre juridique en tant qu'il fonde ce statut: un premier concept de la norme juridique que, pour éviter l'ambiguïté, nous appellerons «texte normatif».

Il n'est par conséquent pas possible de faire l'économie d'un passage (même si l'exposé doit en être ici extrêmement condensé) par l'idéologie

---

[1] Nous nous référerons par la suite à: GADAMER, H.-G., *Gesammelte Werke*, tome I: *Wahrheit und Methode: Grundzüge einer philosophischen Hermeneutik*, Tübingen, 1990 (trad. fr. et éd. P. FRUCHON, J. GRONDIN et G. MERLIO (1996), *Vérité et méthode: les grandes lignes d'une herméneutique philosophique*, Paris); RICŒUR, P. (1986), *Du texte à l'action. Essais d'herméneutique* II, Paris.

de l'ordre juridique telle qu'elle lui est assignée, en tant que sous-système sociopolitique spécifique, dans sa qualification d'Etat de droit.

I. De la contrainte des textes à la liberté méthodologique

I.1. Quelques mots sur l'enseignement du droit

Le droit moderne, du moins celui de l'Europe continentale, est essentiellement constitué de textes, formulés de manière «générale et abstraite» (ainsi s'exprime-t-on couramment) à l'effet de régir à l'avenir tout conflit qui rentrerait dans leur champ d'application. Dégager leur sens, aussi bien en eux-mêmes que dans leurs rapports avec les cas d'espèce, est donc non seulement l'activité quotidienne des juristes, mais le mode de fonctionnement même de l'ordre juridique. On pourrait penser dès lors que, dans la pédagogie juridique, un soin particulier serait voué aux questions méthodologiques posées tant par l'établissement du sens des textes que par le report de ce sens dans les situations concrètes.

Or, il n'en est rien. L'herméneutique est abandonnée, pour ainsi dire, à la philosophie du droit, comme une chose compliquée qui n'intéresse guère que quelques théoriciens. Et cet enseignement est souvent à option, en fin d'études; il est d'ailleurs plutôt orienté directement sur les problèmes liés au fondement du droit, analysés comme se posant pour eux-mêmes. Seules font l'objet d'une certaine attention les techniques d'interprétation, abordées en général dans le cadre d'un cours d'introduction générale au droit: les méthodes canoniques — littérale (grammaticale et lexicale), historique (subjective et objective), téléologique, systématique — auxquelles on adjoint ou non, selon la rigueur que l'on a des concepts, la méthode logique.

La problématique de ces différentes méthodes est essentiellement vue sous l'angle des valeurs que chacune est censée mettre en œuvre: le principe démocratique (pour la méthode historique subjective), la stabilité du droit (pour la méthode historique objective), l'efficacité et l'intérêt public (pour la méthode téléologique), la cohérence de l'ordre juridique (pour la méthode systématique). Suivant les enjeux que présente l'application de la règle à interpréter au regard de ces différentes valeurs, on choisira telle ou telle méthode. Finalement, avec la plus grande honnêteté, on déclare que la méthode est éclectique.

Ce portrait de l'enseignement n'est pas une critique — du moins pour l'instant. En effet, la pratique ne procède pas autrement. Ce n'est pas étonnant: les facultés forment les juges dont elles suivent la jurisprudence, et tout le monde s'accorde sur ce pragmatisme, si typique des juristes, qui leur permet de ne pas voir que, derrière le maniement banal de méthodes d'interprétation, se cache, complexe, une problématique herméneutique. Aussi beaucoup d'entre eux diraient volontiers que, lorsqu'on veut compliquer les choses inutilement, on remplace le terme latin par son équivalent grec — ainsi qu'on le fait pour morale et éthique.

I.2. La compétence de l'autorité comme obligation juridique de réponse

S'il n'y a pas lieu de critiquer cette absence de réflexion méthodologique, c'est pour une raison qu'il importe de mettre en lumière. Contrairement aux autres disciplines où le problème herméneutique se pose, le droit ne peut pas ne pas s'appliquer: à toute question qui lui est adressée, il doit répondre. Il a une fonction sociale, qui est de régler des conflits par référence à des textes; il ne peut les laisser en suspens pour des motifs d'ignorance. Le juge doit juger, afin de créer une situation que son arrêt marque du sceau de la certitude. Or, la rigueur méthodologique a pour corollaire la nécessité d'admettre les situations d'incertitude comme telles; elle inclut le risque d'avoir à conclure à un non-savoir, donc par une abstention.

Ce risque, le droit ne peut que l'exclure. Il lui faut donc nécessairement disposer de «méthodes» assez permissives pour que, de toute manière, son application arrive à un résultat; cet aboutissement de toute démarche juridique, c'est le *dispositif* du jugement, soit la partie conclusive de la sentence judiciaire qui fixe les conséquences de droit concrètes liées à un comportement déterminé.

(On appelle ici «jugement» tout acte d'autorité pris en application d'une règle de droit, que ce soit un jugement proprement dit — c'est-à-dire l'acte d'une autorité de première instance —, ou d'un arrêt — acte pris sur recours —, ou enfin d'une décision d'une autorité administrative; de même, on appelle ici «juge» toute autorité exerçant une telle compétence, aussi bien donc un juge proprement dit qu'une autorité relevant de l'administration.)

En termes juridiques, dire le droit n'est pas une faculté qu'on peut ou non exercer suivant l'état de son savoir: c'est une *compétence* que le juge doit exercer quel que soit le degré d'incertitude où il se trouve sur le sens à attribuer à un texte[2].

---

[2] C'est pourquoi il y a aussi des règles sur le statut des faits incertains, dont il faut savoir si on peut les tenir pour inexistants ou au contraire si l'on doit les présumer existants.

Mais il n'en reste pas moins que cette liberté méthodologique incontournable est relative: elle vise toujours l'interprétation de textes. Cependant, cette opération intellectuelle est soumise à deux exigences qui ne sont pas nécessairement congruentes: l'obligation de s'en tenir au texte et celle de trouver une solution quelle que soit l'incertitude qui pèse sur le sens de ce texte.

Car le concept de compétence implique non seulement qu'elle doit être exercée, mais aussi qu'elle doit l'être en suivant des règles. Non seulement donc elle ne peut dépendre de l'état du savoir de son titulaire: elle ne peut pas davantage dépendre, dans le contenu qu'il lui donne, de la fantaisie de celui qui l'exerce. Ainsi que le raconte Rabelais[3], le juge Bridoye jouait ses sentences aux dés: comme un simple particulier à qui l'ordre juridique reconnaît l'*autonomie* de la volonté — donc la faculté de faire ce qui lui plaît. La puissance publique est, elle, dans la conception de l'Etat de droit, toujours *hétéronome*.

C'est bien pourquoi il y a des textes normatifs qui la lient. L'Etat de droit est gouverné, dans tout acte d'autorité, par la contrainte de suivre une logique textuelle. Cela assure dans le domaine régi par un texte déterminé la *rationalité* des décisions publiques prises en son application. L'apologie du droit écrit, telle qu'elle imprègne notre pensée politique, trouve ses fondements idéologiques. La prééminence du droit écrit — donc la compétence politique, en dernière instance, du législateur — n'est pas seulement justifiée par la légitimation démocratique qu'apporte par avance le parlement à tous les actes concrets de puissance publique. Elle l'est aussi par la rationalité que fournit l'opération logique de la *formulation préalable* en termes généraux et abstraits de tout contenu de ces actes — une rationalité qui, on le voit, est fondée sur le paradigme de la *répétition*[4]. Ces deux justifications sont reliées l'une à l'autre par le principe de la publicité des travaux parlementaires et la garantie de la liberté d'expression. La rationalité du texte normatif à adopter est ainsi mise à l'épreuve du débat public; par là même, elle n'est pas seulement formelle. En effet, l'institutionnalisation de la sphère politique dans la *forme*

---

[3] RABELAIS, F., *Tiers Livre*, chap. XXXIX.
[4] Repris évidemment du développement des sciences de la nature; voir sur la critique de ce paradigme ainsi que sur celle de la «loi» comme modèle de rationalité (la logique «galiléenne»), par exemple, et dans des perspectives diverses, GINZBURG, C. (1992), «Spie — Radici di un paradigmo indiziario», dans: *Miti emblemi spie — Morfologia e storia*, Milano, pp. 158 ss (1ère éd., 1986); MORIN, E. (1991), *Les idées. La méthode* IV, Paris, pp. 173 ss; CASTORIADIS, C. (1990b), «Temps et création», dans: *Le monde morcelé. Les carrefours du labyrinthe* III, Paris, pp. 247 ss, 262, 266, ou CASTORIADIS, C. (1997), «Fait et à faire», dans: *Fait et à faire. Les carrefours du labyrinthe* V, Paris, pp. 12 ss.

de la loi est censée garantir *matériellement* le bien-fondé éthique du droit positif.

On peut faire remonter la théorie de cet agencement, par exemple, à Rousseau et au concept de «volonté générale»: dans une signification possible de ce concept, le «fait» qu'elle est générale implique la rationalité de l'objet sur lequel elle porte. D'un autre côté, le passage à l'abstrait — à l'universel — comme fondement préalable de tout jugement concret permet d'évoquer Kant et l'impératif catégorique. Les juristes condensent cette construction dans l'appellation de *principe de légalité*.

Evaluer l'effectivité de cette construction pose évidemment une série de questions. Les premières ont trait à la transparence de l'ensemble des processus politiques, et relèvent d'une approche socio-économique qui est en dehors de notre sujet. Elles concerneraient, si l'on veut, le moment de la formation de la volonté générale. Les secondes sont spécifiques à notre analyse: elles visent les conditions auxquelles une règle abstraite suffit à légitimer les actes concrets pris dans son application. Un tel résultat implique en effet la possibilité, d'ordre logique, de prédéterminer le concret à partir de l'abstrait, de faire découler le sens de l'un de celui de l'autre: autrement dit, d'établir le sens du texte normatif de telle manière qu'il soit aussi par le fait même celui de l'acte qui l'applique. Cette seconde série de questions situe donc pleinement le problème herméneutique que pose proprement le droit.

I.3. Logique intratextuelle et liberté méthodologique

Mais, avant de continuer sur cette voie, il convient d'attirer l'attention sur un autre point.

Les divers textes normatifs ont pour but de mettre en vigueur chacun pour sa propre matière certains modes de régulation sociale. Cependant, ils ne coexistent pas simplement les uns à côté des autres; ils ne se réduisent pas uniquement à leur logique spécifique. Car ils composent dans leur ensemble ce qu'il est convenu d'appeler l'ordre juridique (terme assez malheureux, pour lequel il n'y a toutefois pas de synonyme adéquat): cette appartenance n'est évidemment pas sans conséquence.

Or, cet ordre juridique — qui est dans sa substance un ordonnancement de compétences, en même temps formelles (qui prend une décision?) et matérielles (avec quel contenu?) — a lui aussi une logique: précisément parce qu'il constitue un *agencement général coordonné* des modes particuliers de régulation sociale organisés par les textes normatifs. Il institue cette logique en tant que sous-système social investi de manière générale (c'est-à-dire comme tel) et particulière (dans tous les actes qu'il émet) de la fonction d'assurer les modes impératifs de régulation sociale. On a ainsi défini l'ordre juridique dans sa dimension politique[5]: il est la production autonome d'une société qui, de cette manière, soumet directement à hétéronomie les actes de la puissance publique et — mais indirectement — ceux des particuliers[6].

Ce détour était nécessaire d'abord pour bien montrer que les textes normatifs ne sont que relativement autonomes: ils dépendent, en tant qu'actes de l'ordre juridique — donc en tant que *parties d'un tout* —, des contraintes que leur appartenance à ce tout leur impose. Il ne s'agit pas par là de désigner les exigences que la Constitution pose aux actes des organes étatiques: les dispositions constitutionnelles sont des textes normatifs comme les autres, à la seule différence de leur niveau hiérarchique au sein du système. C'est une manière de prosopopée que de la faire parler au nom de l'ordre juridique comme ensemble. Et cette figure de rhétorique exprime et occulte en même temps l'élément essentiel: à savoir que l'ordre juridique en tant que production sociopolitique manifeste *comme système* la visée d'une organisation rationnelle des régulations sociales. La Constitution en est l'expression première, mais elle n'en est pas le fondement.

Le détour était aussi nécessaire pour un second motif. Si l'ordre juridique en tant que système a pour *exigence générale* la rationalité de tous les actes étatiques, cette contrainte pèse non seulement sur les juges, mais aussi sur les textes normatifs. Certes, ceux-ci jouissent souvent de privilèges, parce qu'ils ne peuvent pas toujours être contrôlés selon les mêmes modalités que les autres actes juridiques — quelquefois même ils échappent à tout contrôle. Mais il n'en reste pas moins une potentialité structurelle de conflits internes, entre d'une part l'exigence générale

[5] Dans le sens qu'ils ont ici, le concept de politique, de même que celui d'autonomie, qui va suivre, sont empruntés à Cornelius Castoriadis, par exemple dans CASTORIADIS, C. (1990a), «Pouvoir, politique, autonomie», dans: *Le monde morcelé. Les carrefours du labyrinthe* III, Paris, pp. 113 ss, ou dans CASTORIADIS, C. (1996a), «Anthropologie, philosophie, politique», dans: *La montée de l'insignifiance. Les carrefours du labyrinthe* IV, p. 120 («L'activité collective, réfléchie et lucide, qui surgit à partir du moment où est posée la question de la validité de droit des institutions») ou dans CASTORIADIS, C. (1996b), «Imaginaire politique grec et moderne», dans: *La montée de l'insignifiance. Les carrefours du labyrinthe* IV, Paris, p. 162, ou enfin CASTORIADIS, C. (1997), «Fait et à faire», dans: *Fait et à faire. Les carrefours du labyrinthe* V, pp. 44 ss, 62 ss.

[6] Cette analyse est d'inspiration classique, puisqu'elle a pour concept central celui de l'autorité étatique. Les phénomènes de globalisation et de mondialisation ne sont pas abordés ici; mais il est évident au moins que le droit tel qu'il est conçu dans notre tradition ne devrait guère avoir à dire ici, précisément parce qu'il s'est construit *avec* l'Etat.

de rationalité et d'autre part la soumission aux logiques textuelles particulières, soit entre deux logiques également internes.

Dans de telles situations, une première configuration est celle où la logique posée par un texte normatif particulier d'un niveau supérieur permet d'écarter l'application de celui d'un niveau inférieur. C'est le cas, typiquement, lorsque ce dernier est contraire à la garantie des droits fondamentaux. Se pose évidemment dans cette configuration la question de l'interprétation du texte supérieur — question qui, quoique identique dans sa nature à celle de l'interprétation de tout texte normatif quelconque, présente à raison de son objet une ampleur inhabituelle. En effet, les droits fondamentaux sont garantis par des textes dont la formulation revêt un aspect essentiellement programmatique. Que recouvre la notion de la «liberté personnelle»? Qu'est-ce que l'«intérêt public» dont la promotion suffit à justifier une restriction? La question herméneutique est donc ici d'une acuité particulière.

La seconde configuration est tout aussi intéressante: celle où l'application d'un texte normatif déterminé se heurte à l'exigence générale de rationalité — précisons: générale, parce qu'elle est, elle, indéterminée, ne visant en soi aucun contenu propre, n'ayant aucun champ d'application spécifique. Dans une telle situation, l'ordre juridique présente certains outils qui autorisent de déroger à une logique textuelle particulière. Ainsi, le principe de la bonne foi, celui de la prohibition de l'abus de droit et de la fraude à la loi, la théorie des lacunes[7] permettent de sortir de l'impasse en donnant au juge la compétence de statuer *contra legem* dans des situations exceptionnelles où le respect de la loi mènerait à des résultats absurdes. Il existe de plus une garantie générale, qui peut porter des noms divers selon les ordres juridiques — en droit suisse la prohibition de l'arbitraire — qui autorise de déclarer invalides des textes normatifs dépourvus de justifications raisonnables.

Mais ces solutions présentent un danger: elles relativisent le principe de légalité, puisqu'elles permettent à l'autorité de jugement d'y déroger en se prononçant sur la logique du texte normatif lui-même; s'il était permis d'y avoir recours fréquemment, elles consacreraient un pouvoir normatif judiciaire entièrement autonome, puisque le juge se prononcerait en application d'une «norme» qu'il inventerait lui-même. Elles sont donc réservées aux situations extrêmes.

---

[7] Certains ordres juridiques ont consacré ces principes explicitement. Mais seuls des positivistes intégristes soutiendraient que ceux-ci n'existeraient pas sans une telle consécration.

Cela ne signifie pas qu'il n'y ait pas des situations de conflits poten-
tiels en quelque sorte ordinaires. Elles sont sans doute plus nombreuses
qu'on ne l'imagine, mais elles sont précisément occultées par la liberté
interprétative de celui qui applique la loi. Celui-ci est lié par le texte normatif dans la mesure où il peut l'interpréter de façon raisonnable[8]. Et ces
derniers mots signifient justement que la liberté d'interprétation dans
l'ordre juridique est nécessaire pour assurer la conciliation de l'exigence
générale de rationalité et d'une logique textuelle particulière. Finalement,
ce n'est pas autre chose que dit le juge lorsqu'il déclare pratiquer une
méthode «éclectique», c'est-à-dire adaptée au problème qu'il a à
résoudre.

I.4. Une fausse coïncidence

La position du problème herméneutique est ainsi prédéterminée par
la conception de l'Etat de droit (que l'on qualifie celle-ci de structure
idéologique ou d'une forme d'ontologie du droit, peu importe ici). Mais
on voit déjà aussi que cette conception même introduit contradictoire-
ment la nécessité d'une herméneutique différenciée: à savoir que la
«signification» d'un texte doit nécessairement faire intervenir des critères qui dépassent une interprétation purement «autarcique» de ce texte,
du fait d'une rationalité qui *se dédouble* à l'intérieur d'un même ordre
juridique. Cela met en cause dans son principe même une logique textuelle *simple* qui devrait pourtant se situer au cœur même de toute la
construction.

Ce qui précède montre que cette construction postule dans son idéal
la coïncidence entre une logique institutionnelle — celle de la séparation
des pouvoirs, en particulier la compétence d'adopter des textes normatifs
— et une logique normative — celle de l'exhaustivité de la signification
de la règle abstraite dans sa seule formulation. Or, une telle coïncidence
n'a jamais existé dans la pratique. C'est bien pourquoi les facultés de
droit négligent à tel point un enseignement méthodologique qui révéle-
rait fatalement cette faille. Et personne n'a même la curiosité de demander pourquoi il faut étudier le droit pendant plusieurs années, alors qu'il

---

[8] Et s'il n'y arrive pas? Ou bien, alors, il aura recours à l'une ou l'autre des argumentations que nous venons d'évoquer — soit en dérogeant au texte dans le cas particulier, soit en le déclarant invalide, s'il en a la compétence, pour arbitraire. Ou bien, si ces
issues sont fermées, il devra faire semblant d'ignorer le problème (l'*hypocrisie* — au sens
le plus étymologique de ce terme! — servant au moins à maintenir l'apparence de justice…), ou, se résignant à appliquer la loi, le signalera dans ses considérants au législateur.

semblerait qu'il devrait suffire de savoir lire: le profane préfère accuser les juristes d'être surtout formés à tourner la loi, ce qui est manifestement une explication plus commode, lorsqu'on perd son procès, que d'avouer avoir justement succombé!

Cette coïncidence s'articule sur la notion de texte normatif comme fondement même de l'activité juridique: un texte, donc un écrit, par conséquent adopté en tant que normatif par une autorité compétente, texte qui, pour remplir sa fonction propre de légitimation, contient d'une manière ou d'une autre exhaustivement son objet spécifique, c'est-à-dire la norme. C'est à cette série d'assimilations que l'herméneutique juridique se trouve confrontée.

II. La position du texte

II.1. La norme cachée

C'est à dessein que nous avons jusqu'à maintenant évité le terme de norme. En effet, sa place dans l'ordre juridique est à ce point trop claire[9] qu'elle obscurcit la question de son objet: sur quoi une norme porte-t-elle proprement?

Cette question a pu être évacuée assez aisément par la facilité d'une apparente réponse, dont l'évidence semblait tout naturellement découler de la logique institutionnelle que nous venons de décrire. Si celle-ci doit fonctionner, cela ne peut être que dans la mesure où il y a une relation d'immédiateté dans le rapport entre la norme et le texte normatif, c'est-à-dire entre la règle — générale et abstraite, puisque, immédiatement elle aussi, elle doit être indéfiniment reproductible — et sa formulation. Dès lors, méthodologiquement, l'entier de l'attention à porter sur les opérations juridiques s'est trouvée concentrée sur les meilleures manières de résoudre les problèmes pratiques posés par cette relation d'immédiateté, *sans la mettre en question dans son principe*.

L'idée que texte et norme sont une seule et même chose n'a sans doute guère été représentée que par des utopistes: elle est manifestement impraticable, étant donné les ambiguïtés dont souffrent la plupart des

---

[9] Trop claire, parce que l'essence du droit est définie par l'impérativité, que celle-ci ne saurait découler que de normes et que, par conséquent, le droit peut être correctement et entièrement décrit comme un ensemble de normes: cette séquence de thèses semble parfaitement naturelle, et cela d'autant plus que cet ensemble paraît parfaitement *visible* dans les recueils de lois.

textes. Comment, dès lors, trouver la norme? — avec, dans, sous, derrière son texte? La logique institutionnelle condamnait aux métaphores: la norme est «dans» le texte, ou «sous» le texte, ou encore «derrière» le texte, d'où il devait être possible de la «sortir», de la «découvrir», de la «révéler». Le recours à des figures de rhétorique était inévitable, puisque, d'une manière ou d'une autre, dans cette position-là du problème, le texte ne pouvait être considéré que comme une «image» de la norme.

Mais il s'agit d'une image bien particulière[10]. Les images en général se reconnaissent comme telles par le fait qu'elles sont plusieurs à pouvoir prétendre représenter la réalité à quoi elles renvoient. Il en va autrement ici: la norme ne peut être atteinte que par «son» texte, qui ne peut donc être traité comme une image — puisqu'il en est la seule et unique représentation —, bien qu'il ne soit qu'une image — puisqu'il n'est pas ce qu'il représente. D'un côté, il ne saurait y avoir de distance entre la norme et son texte, bien que, d'un autre côté, ce texte, dans sa dimension nécessairement langagière[11], comporte non moins nécessairement une distance entre lui-même et toutes les potentialités de significations qu'il offre. Est ici posée, entre texte et norme, une unité/dualité aussi mystique que celle du corps et de l'âme!

Seule cette sorte d'incarnation de la norme permet de la penser en termes de hiérarchie: en même temps comme commencement et fondement du droit. Ce qui, dans le processus juridique, est consécutif au texte, est conçu comme exécution, application, concrétisation[12]; ces mots sont apparus l'un après l'autre, dans une progression dans laquelle, en les introduisant, la doctrine, trahissant sa gêne devant le dogme, a voulu détendre la relation entre le texte normatif et la sentence judiciaire en faisant l'économie d'un réexamen du paradigme lui-même. Car l'abandon de la fausse évidence du soi-disant syllogisme juridique n'est qu'apparent, puisque subsiste néanmoins le dogme de la valeur normative de l'abstrait en tant que tel.

En effet, la norme, toujours incarnée dans son texte, demeure en amont, surplombant dans sa majesté et son isolement l'ensemble des actes juridiques qui, en aval, s'y réfèrent. C'est elle qui donne le sens et c'est

---

[10] On serait bien embarrassé de classer cette image dans les diverses catégories analysées par GADAMER, H.-G. (1990), pp. 141 ss (trad. fr. (1996), pp. 152 ss).

[11] «Sprachlichkeit» chez GADAMER, H.-G. (1990), p. 15; «condition langagière» chez RICŒUR, P. (1986b), «Phénoménologie et herméneutique», dans: *Du texte à l'action. Essais d'herméneutique* II, Paris, p. 62, et RICŒUR, P. (1986c), «La tâche de l'herméneutique», dans: *Du texte à l'action. Essais d'herméneutique* II, Paris, p. 111.

[12] Sur ces termes, cf. n. 20.

elle qui légitime. On comprend alors que le statut de la jurisprudence, et encore moins celui de la doctrine, en tant que sources du droit, n'aient pu être fixés que dans des approximations qui permettent de les laisser en fait les deux dans le vague du non-dit.

L'incertitude qui pèse sur la relation effective du texte normatif et de la norme vient de ce que la dimension langagière des textes normatifs n'a pas vraiment été prise au sérieux[13]. Car on fait comme si, en tant que textes, ils peuvent avoir déjà dit tout ce qu'ils auront à dire lorsque, dans leur application, ils seront amenés à la parole. Mais il n'en est rien. Le sens des notions qui les composent peut bien être évident et sans équivoque pour tout le monde lorsqu'on les lit uniquement en eux-mêmes — par exemple s'il est écrit qu'«il est interdit de construire à moins de 30 m. de la lisière des forêts», chacun sait ce qu'est une «forêt»[14]; mais il n'y a à cela aucun intérêt du point de vue du droit dans son *fonctionnement*. Le véritable problème de l'interprétation se pose en effet seulement lorsque ce texte doit fonctionner («parler»), c'est-à-dire lorsqu'il s'agit de déterminer si tel groupement déterminé d'arbres est ou non une «forêt». En d'autres mots, le sens de la notion, en tant que notion juridique servant à résoudre des cas individuels, ne peut être amené au jour que dans la situation concrète où la signification du texte doit être produite. C'est dire que la norme, en tant qu'elle donne sens au jugement, ne peut être ni incarnée, ni représentée dans «son» texte: elle en est nécessairement «distante»[15], parce que, comme nous le verrons, elle exige toujours[16] un travail pour être définie,

---

[13] Voir en particulier GADAMER, H.-G. (1990), pp. 393 ss et 432 ss (trad. fr. (1996), pp. 411 ss. et 451 ss).

[14] Nous avons analysé cet exemple dans MOOR, P. (2001), «Norme et texte: logique textuelle et Etat de droit», dans: *Aux confins du droit — Essais en l'honneur du Professeur Charles-Albert Morand*, Bâle/Genève/Munich, pp. 384 ss.

[15] Cette notion est centrale pour l'herméneutique. RICŒUR, P. (1986b), «Phénoménologie et herméneutique», dans: *Du texte à l'action. Essais d'herméneutique* II, pp. 57 ss, et RICŒUR, P. (1986d), «La fonction herméneutique de la distanciation», dans: *Du texte à l'action. Essais d'herméneutique* II, pp. 113 ss. Les formulations de Gadamer, qui parle d'«éloignement», ont pu laisser croire qu'il s'agissait de la dimension temporelle; mais il a précisé lui-même qu'elle existe aussi, comme «moment herméneutique», dans tout dialogue par le simple fait que c'est un dialogue: GADAMER, H.-G. (1986a), «Zwischen Phänomenologie und Dialektik — Versuch einer Selbstkritik», dans: *Gesammelte Werke*, tome II: *Wahrheit und Methode: Ergänzungen, Register*, Tübingen, 1986, p. 9 (trad. fr. P. FRUCHON (1991a), «Entre phénoménologie et dialectique — Essai d'autocritique», dans: *L'art de comprendre*, Paris, p. 18).

[16] «Toujours» est à vrai dire exagéré: n'ont pas besoin d'un tel travail les notions qui réduisent la réalité qu'elles visent à une donnée identiquement reproductible dans toutes les situations imaginables — ces notions (ainsi «30 m.» dans l'exemple) sont rarissimes, parce qu'il est rarissime qu'une telle réduction puisse rendre adéquatement compte des réalités complexes que le droit doit qualifier.

qui ne peut être accompli que lorsque, dans l'«application» à un cas
concret, la question du sens vient à être posée.

II.2. Le texte dans son histoire

Il est clair que notre portrait de la vulgate juridique dépeint sans
nuance une structure-type, que la doctrine courante différencie plus sub-
tilement de diverses manières. Mais il ne suffit pas d'apporter au tableau
de savantes retouches: seul un changement de paradigme peut permettre
une reconstruction théorique qui rende effectivement compte de la pratique réelle. Pour cela, il faut cesser de considérer l'ordre juridique comme
une pyramide hiérarchique dominée par un concept de norme préalablement donné, mais l'analyser comme un *processus de production* normative de sens[17]. Cela exige non seulement de le concevoir comme un système complexe dont les normes ne sont qu'un élément, mais aussi de le
décrire dans une dynamique dans laquelle l'importance de l'*acte* du jugement est restituée. Une critique juridique, c'est-à-dire interne au système,
sera nécessairement une herméneutique, puisqu'il s'agit de comprendre
comment du sens peut être produit au moyen de textes. Et il ne devrait pas
surprendre dès lors qu'elle corresponde aux développements récents que
l'on doit notamment à Gadamer et à Ricœur[18] [19].

[17] La critique du positivisme légaliste a d'abord été marquée, en Allemagne, notamment par les travaux de Karl Engisch, Josef Esser, Karl Larenz, Theodor Viehweg. Mais
il faut citer surtout, plus récemment, ALEXY, R. ([2]1994), *Theorie der juristischen Argumentation*, Francfort (1ère éd., 1978). Cependant, les thèses soutenues ici sont surtout
proches de celles du juriste américain Ronald Dworkin, bien qu'elles partent de prémisses
différentes et ne s'inscrivent pas dans les mêmes théories politico-éthiques (voir n. 40);
voir la discussion critique qu'en fait Jürgen Habermas au chap. V de HABERMAS, J. (1992),
Faktizität und Geltung, Francfort (trad. fr. R. ROCHLITZ et CH. BOUCHINDHOMME (1997),
Droit et démocratie, Paris). Voir, sur les deux derniers cités, RICŒUR, P. (1995), «Interprétation et/ou argumentation», dans: *Le Juste 1*, Paris, pp. 163 ss.
[18] Gadamer invoque souvent le modèle de l'herméneutique juridique, notamment
GADAMER, H.-G. (1990), pp. 314 ss, 330 ss (trad. fr. (1996), pp. 329 ss, 347 ss), mais
pense plus à ce qu'il appelle l'«érudition juridique» («Rechtsgelehrsamkeit»), comme
praxis, qu'aux méthodes d'obédience positiviste (la «science du droit»); voir GADAMER,
H.-G. (1986b), «Hermeneutik als theoretische und praktische Aufgabe», dans: *Gesammelte Werke*, tome II: *Wahrheit und Methode: Ergänzungen, Register*, Tübingen, p. 311
(trad. fr. I. JULIEN-DEYGOUT (1991b), «L'herméneutique, une tâche théorique et pratique»,
dans: *L'art de comprendre*, Paris, p. 340). Ricœur s'y intéresse de même: voir ainsi
RICŒUR, P. (1995), «Interprétation et/ou argumentation», pp. 163 ss, mais aussi RICŒUR,
P. (2001a), «La prise de décision dans l'acte médical et l'acte judiciaire», dans: *Le Juste
2*, Paris, p. 250, et RICŒUR, P. (2001b), «L'Universel et l'historique», dans: *Le Juste 2*,
Paris, pp. 282 ss.
[19] Il ne devrait pas surprendre non plus qu'on puisse arriver à la même conception
de l'ordre juridique en recourant aux théories contemporaines du système (non pas, il faut
le préciser, à ce que la doctrine juridique classique nomme «système juridique»), telles

Première observation. Aucun texte normatif ne se présente à l'application seul pour lui-même. Même au moment de leur adoption, tous ont *déjà* eu une histoire, tous ont pris une place déterminée dans l'ordre juridique tel qu'il était constitué à l'époque, tous ont été adoptés pour répondre à des questions précises qui se posaient avant qu'ils ne soient adoptés. A chaque occasion où, par la suite, ils sont appliqués, ils ont de même *déjà* eu une histoire; ils ont dans l'ordre juridique la place que celui-ci leur assigne tel qu'il est à ce moment, mais ils s'y installent avec leur histoire; ils ont à résoudre les questions que le présent où ils sont leur pose, mais en y apportant les éléments des solutions qu'ils ont déjà fournies dans leur passé. Ces évidences sont déterminantes. Elles impliquent une distance radicale entre le texte tel qu'il peut être simplement lu (quel que soit le moment de son histoire jugé déterminant pour cette lecture) et la norme elle-même. La norme est en même temps passé, parce qu'elle véhicule son histoire, et présent, parce que c'est aujourd'hui qu'elle sert à dire le droit. Il y a en même temps continuité et changement: continuité parce que la rationalité de chaque décision ne peut pas être assurée sans la stabilité des argumentations qui la fondent, changement parce que toute décision raisonnable a pour but d'intégrer l'originalité que chaque nouveau cas d'«application»[20] lui présente pour la première fois.

Cette double exigence postule la permanence des textes[21]: d'abord, diachroniquement, ils transportent ainsi du passé vers l'avenir les argumentaires topiques, les schémas de raisonnement pertinents. Cette première stabilité en permet une seconde, dans la dimension synchronique: l'accord des parties à la délibération sur les argumentaires, sur les schémas de raisonnement, qui ne peuvent être que ceux qui sont transmis (et non ceux sur lesquels un accord serait négocié — ou imposé — pour l'occasion).

---

qu'elles ont été exposées par Edgar Morin — voir ainsi son analyse des «systèmes d'idées» dans MORIN, E. (1991), pp. 129 ss — mais on doit se contenter ici de cette simple indication.

[20] Le mot «application» (que Gadamer emploie aussi [«Anwendung»], comme Ricœur) est d'usage courant, mais il ne rend pas compte du tout du processus de travail productif qu'il désigne: ce mot renvoie trop directement à la (dis)solution du cas particulier par absorption du concret dans l'abstrait. On ne voit pourtant pas quel autre terme utiliser; ils sont tous obérés par des connotations liées au schéma de la répétition — *repré*-sentation, *re*production au sens de reprise d'une signification préalablement posée. Même celui de concrétisation, qui évoque la descente sur terre de valeurs domiciliées dans les cieux, ne convient guère.

[21] «Le texte est, par excellence, le support d'une communication dans et par la distance»: RICŒUR, P. (1986b), p. 57.

Mais ces textes — qui viennent toujours d'un autre âge[22] — ne fournissent pas la norme; ils ont fourni les outils nécessaires à la production de normes. C'est uniquement au moment où, pour résoudre un cas concret, une norme est nécessaire, que ces outils vont être articulés les uns aux autres par rapport au problème posé de manière à lui apporter une solution satisfaisante. Et encore la métaphore de l'outil n'est-elle guère satisfaisante, car elle donne à penser qu'il s'agit d'objets solides sur lesquels le temps n'aurait pas de prise. En réalité, chacun de ces outils est à disposition, à chacun des moments où il est utilisé, tel qu'il existe à ce moment-là: c'est-à-dire tel qu'il a été façonné, travaillé, affiné par l'usage, exploré dans toutes ses potentialités.

C'est là l'effectivité historique, et on retrouve ici quelque chose de proche, nous paraît-il, du concept de «Wirkungsgeschichte» chez Gadamer[23]. C'est ainsi que l'histoire n'est pas un éloignement encombré de préjugés qui obscurciraient un sens authentique[24]: le texte normatif, depuis son origine et jusqu'à son abrogation, est toujours dans le présent («en vigueur») avec la totalité de son passé, laquelle l'a constitué progressivement tel qu'il est lu aujourd'hui et qui est donc toujours activement présente — et doit l'être — c'est la tradition[25]. Cela distingue le juriste praticien de l'historien du droit: pour le premier, la tradition qui s'est déposée sur le texte normatif est prise en tant que telle dans son travail pour être partie intégrante du discours juridique *présent*[26].

II.3. Dialogue I: texte et tradition

L'opération juridique par essence — celle qui définit ce que le droit est — ne consiste pas à élaborer des normes (même pas, non plus,

---

[22] Même s'ils viennent d'être adoptés: leur adoption est le produit d'un processus complexe d'élaboration dont la connaissance est déjà d'ordre historique.

[23] Concept difficile à transposer; «histoire de l'action», dans la traduction française (trad. fr. (1996), p. 322), «histoire de l'efficience», disait Etienne Sacre dans la première traduction française (GADAMER, H.-G. (1976), *Vérité et méthode: les grandes lignes d'une herméneutique philosophique*, trad. E. SACRE, Paris, p. 12), «efficience historique», chez Ricœur (RICŒUR, P. (1986c), p. 109).

[24] Au sens négatif du terme, et non dans son sens «réhabilité» (GADAMER, H.-G. (1990), pp. 281 ss; trad. fr. (1996), pp. 298 ss); voir aussi RICŒUR, P. (1986b), p. 56.

[25] A nouveau au sens de Gadamer; ainsi aussi lorsque, à propos du cercle herméneutique, il parle du «comprendre comme le jeu complémentaire du mouvement de la tradition et du mouvement de l'interprète», GADAMER, H.-G. (1990), p. 298 (trad. fr. (1996), p. 315).

[26] L'assimilation faite par GADAMER, H.-G. (1990), p. 332 (trad. fr. (1996), p. 349), a été contestée (voir la préface de la 2ᵉ édition dans la traduction de Sacre: GADAMER, H.-G. (1976), p. XVIII [13]).

seulement des textes normatifs), ni à en interpréter le sens en soi; elle consiste à rendre des jugements. C'est donc elle qui est proprement le phénomène dont il s'agit de rendre compte.

Dans un jugement, est d'abord exposé l'état de fait de la cause: l'exposé des faits dits pertinents, à savoir ceux dont la connaissance est nécessaire pour résoudre la question juridique (qui va être) posée. Suivent les considérants de droit, dans lesquels le juge analyse les textes norma-tifs topiques[27], les précédents qui s'y sont référés, la doctrine qui a com-menté les uns et les autres: il arrive ainsi à dégager la question juridique dont la réponse lui permet de résoudre le conflit précisément porté devant lui. Cette solution — à savoir quels effets le droit attache aux faits — est donnée dans le dispositif.

Tout jugement est donc un travail sur des matériaux: une discus-sion, qui est précisément nécessaire parce que les choses ne sont pas évi-dentes dès le départ — elles le deviennent à l'issue de ce travail et grâce à lui. C'est ce travail que l'on peut appeler dialogue — et on retrouve ici un concept de Gadamer[28].

Il ne s'agit pas seulement de trouver un sens raisonnable au texte normatif: il s'agit bien plutôt, grâce à l'élaboration d'un sens raison-nable du texte, de donner un sens raisonnable au jugement. Mais ces deux démarches ne se succèdent pas: elles rétroagissent l'une sur l'autre. Le texte n'a de sens raisonnable que si, par là, le jugement en a un. Inversement, le jugement n'a de sens raisonnable que si le texte en a un. «Raisonnable» a donc deux sens: le premier, qui qualifie le texte, signifie que l'on peut raisonner à partir des éléments du texte; ils permettent de construire un raisonnement. Le second, qui concerne le jugement[29], signifie que ce dernier repose sur une construction argu-mentée propre à emporter l'adhésion de ses lecteurs (on reviendra sur ce point plus bas).

Pour éviter que l'emploi des adjectifs «premier» et «second» donne à penser un ordre de hiérarchie logique, il faut donc bien insis-ter sur la circularité des démarches. On ne recherche pas en premier lieu les éléments conceptuels du texte normatif pour construire ensuite

---

[27] Topiques en fonction des faits: la relation est circulaire — mais c'est un autre pro-blème.

[28] Voir son analyse de la «primauté herméneutique de la question», GADAMER, H.-G. (1990), pp. 368 ss (trad. fr. (1996), pp. 385 ss).

[29] Il convient de rappeler que ce jugement peut porter sur un texte normatif, par rapport à un texte normatif de niveau supérieur. On peut donc avoir une construction en chaîne: l'examen d'un cas concret, par rapport à un premier texte normatif, puis l'examen de ce texte par rapport à un texte de niveau supérieur.

l'argumentation du jugement. On essaie d'abord de déterminer, par rapport au problème concrètement posé, de quels éléments on devrait pouvoir disposer pour pouvoir construire; puis on essaie d'établir si ces éléments sont disponibles dans les textes normatifs pertinents (il convient d'observer à ce point que la formation juridique et la pratique permettent de court-circuiter cette étape; les juristes ont en effet dans leur mémoire ce que l'ordre juridique met à leur disposition): c'est la forme la plus simple de dialogue entre le juge et le texte. Mais il peut se trouver qu'il y ait discrépance: une absence de coïncidence entre ce qui paraît requis à première vue et ce qui est disponible. Le juge doit alors à nouveau interroger le texte[30]. Les éléments que celui-ci offre peuvent-ils être compris autrement, en fonction des termes dans lesquels le problème concret est posé? Ou bien au contraire le texte est-il fermé à toute réinterprétation? Dans cette hypothèse, faut-il considérer que l'hypothèse de départ n'était pas aussi raisonnable qu'on l'avait pensé et par conséquent la reconstruire, ou bien y a-t-il lieu de procéder à l'examen de la conformité du texte à l'exigence générale de rationalité (ce qui sera exceptionnel[31])?

Le dialogue est entre le juge et le texte: le premier a à comprendre ce que le second a à dire sur le litige porté devant lui. Le juge lit[32] le texte pour le questionner et l'amener à la parole, lui faire dire ce qui est de droit (on verra tout à l'heure tout ce que cette formule a d'ambigu). Le texte ne manifeste donc son sens que dans ce que, dans la jurisprudence, il a été amené à dire, ou plutôt ne se manifeste que par les sens qu'il a apportés aux objets sur lesquels il a été amené à parler. D'où, dans l'herméneutique, l'importance du concept de situation[33], de même que la reconnaissance de l'autonomie des textes par rapport à leur auteur[34]. «Le juge est la bouche de la loi», dit Montesquieu, que nous citons ici sans dissimuler que nous trahissons sa pensée.

---

[30] Voir à ce sujet RICŒUR, P. (1986f), pp. 223 ss.

[31] Voir plus haut, le texte à la n. 8.

[32] Ce statut de «lecteur» est à prendre au sens fort, tout «destinataire», tel que l'a exposé RICŒUR, P. (1986f) pp. 206 ss. (sur la «lecture», voir aussi RICŒUR, P. (1986e), p. 170). Nous aurons à y revenir.

[33] Notamment GADAMER, H.-G. (1990), pp. 307, 313, 318 (trad. fr. (1996), pp. 323, 330, 335).

[34] GADAMER, H.-G. (1990), p. 301 (trad. fr. (1996), p. 318): «Le sens d'un texte dépasse son auteur, non pas occasionnellement, mais toujours». De même RICŒUR, P. (1986b), p. 58, (1986d) pp. 124 ss, ou (1986a) p. 36, où il évoque «la puissance de l'œuvre de se projeter hors d'elle-même et d'engendrer un monde qui serait la "chose" du texte» — le «monde» étant ici celui des normes.

II.4. La tradition

Ce dialogue se situe dans une tradition qui l'enrichit constamment. Et cet apport continu est nécessaire pour maintenir sa contemporanéité — pour qu'il puisse rester en vigueur alors même qu'il vieillit — si on nous permet de nous exprimer ainsi. C'est cette tradition, ou plutôt cet ensemble de traditions qu'il convient de situer brièvement.

Aucun texte normatif ne naît *ex nihilo*. Ils succèdent tous à un autre texte normatif, qu'ils abrogent, quelquefois pour se substituer à lui sans changement, mais le plus souvent pour en corriger les effets. Leur adoption est précédée d'un processus souvent assez long, qui, moyennant discussions publiques, rapports d'experts, déclarations politiques, etc., en définit le contenu et la forme. Ils portent donc la marque du temps où ils sont nés. Cette préhistoire permet d'analyser la problématique générale dans laquelle le texte normatif s'est inséré à l'époque et les éléments de réponse qu'il visait à donner. On reconnaît dans cette analyse la méthode que les juristes appellent interprétation historique objective (les circonstances de toute nature qui, au moment de l'adoption, permettaient de comprendre le texte) et subjective (les travaux préparatoires de l'adoption).

Les textes normatifs ont ensuite une histoire. Ils sont appliqués et produisent certains résultats, prévisibles ou inattendus, dont l'évaluation peut se répercuter sur l'interprétation; de plus, de nouvelles situations, voire seulement de nouvelles connaissances modifient la problématique initiale; c'est ici un changement dans les conditions dans lesquelles la finalité du texte peut être atteinte qui est analysée, et on reconnaît la méthode téléologique. Des textes normatifs voisins — de même niveau ou de niveau supérieur — sont adoptés, en même temps ou postérieurement, qui postulent une coordination: puisqu'il s'agit d'assurer l'intégration du texte dans l'ensemble de l'ordre juridique, on parle d'une méthode systématique. Bref: cette constante contemporanéité[35] des textes normatifs implique leur permanente relecture et, le cas échéant, la reconfiguration de leurs éléments, et cela dans leur dimension abstraite même.

Mais la tradition n'est pas seulement celle du texte qui sert concrètement de référence à la solution d'un litige. En réalité, il y a derrière tout

---

[35] On pourrait être tenté de retrouver ici la «fusion des horizons» telle que l'emploie GADAMER, H.-G. (1990), pp. 305 ss, 311 (trad. fr. (1996), pp. 322 ss, 328). Mais il y a à notre avis une différence essentielle. Les textes juridiques sont en vigueur dans le présent, mais tels que leur histoire les a constitués, approfondis, enrichis; ils ont un passé actuel, une mémoire, en quelque sorte. Ils apportent par leur permanence le support de la continuité. Il ne s'agit donc pas ici de mettre en œuvre une «conscience historique».

texte quelque chose à quoi il est difficile de donner un nom — peut-être celui de métatexte. Nous n'entendons pas par là l'ordre juridique comme totalité des textes qu'il comprend, mais — c'est là une analogie — la syntaxe et le lexique dans lequel cet ordre s'exprime lorsque les textes sont conçus, formulés et appliqués. L'analogie est au second degré, parce que cette «langue» n'est pas un pur ensemble de signes à la libre disposition de son utilisateur: elle est *déjà* composée de *combinaisons* de «signes» liés les uns aux autres, quel que soit le terme dont on les désigne (institutions, concepts, principes, etc.), qui ont chacune leur logique et leur tradition, leurs enchaînements de dénotations et de connotations. Cette «langue» est déterminante: c'est en effet sa maîtrise qui caractérise le juriste, et non pas la connaissance mémorisée des textes. On parle souvent du «jargon» juridique: à tort, car ce qui est en cause ne relève pas de la technicité de définitions, mais de la capacité à construire une argumentation par l'organisation concrète, dans un discours, de telles combinaisons.

C'est sur ces traditions des textes eux-mêmes et du métatexte que s'appuie l'œuvre continue de «dite du droit»[36], qui «joue»[37] avec les éléments qui lui sont ainsi offerts. C'est une autre tradition qui se crée ainsi, et sans doute la plus importante. On connaît l'importance, pour les juristes, de la continuité de la jurisprudence. Elle est d'abord verticale, en ce sens qu'un agencement de voies de recours permet d'assurer le respect par les juges de tous les niveaux inférieurs de la jurisprudence de la cour suprême. Elle est ensuite horizontale, en ce sens que tout jugement nouveau s'appuie sur les jugements antérieurs rendus dans des cas analogues. Les revirements — c'est-à-dire la rupture volontaire de cette continuité — ne peuvent être simplement des accidents, décidés selon le libre-arbitre d'un juge qui penserait que cela irait mieux ainsi, mais doivent être motivés en tant que tels: à la lumière de circonstances nouvelles, le produit d'une réélaboration raisonnée des éléments du texte qui les font apparaître dans une autre configuration que celle que donnait la tradition.

Il faut citer enfin dans la tradition ce qu'on appelle la doctrine, ou, d'un terme assez prétentieux, la «littérature» juridique: l'ensemble des traités, monographies, articles de revues ou de mélanges qu'écrivent les professionnels du droit, aussi bien les professeurs de faculté que les

---

[36] Nous reprenons ce terme de Gérard Timsit, notamment dans TIMSIT, G. (1997), *Archipel de la norme*, Paris, p. 37.

[37] Gadamer, rappelons-le, part de l'analyse du jeu, que l'on pourrait aussi poursuivre ici, GADAMER, H.-G. (1990), pp. 107 ss (trad. fr. (1996), pp. 119 ss).

praticiens. Bien que ce soit ici que l'on trouve l'attention constante à la systématique du droit et de son évolution, la théorie n'a jamais accepté de ranger la doctrine parmi les sources du droit, faute d'être en mesure de lui assigner un statut dans un ordre juridique gouverné par le concept de norme et par conséquent négligeant la fonction de la tradition. Il faudra revenir sur ce point.

III. La position herméneutique comme situation de pouvoir

III.1. Faire parler les textes

La métaphore de Montesquieu cache la réalité, en donnant à croire que la bouche du juge ne fait que proclamer ce que l'intelligence du texte — le cerveau — a conçu. En effet, le jugement travaille en même temps à deux niveaux qu'il a pour fonction d'amener à la concordance et produit donc deux choses, ce qui condamne la métaphore à devenir celle d'un monstre à deux bouches ou à deux cerveaux.

Le premier niveau est celui de l'élaboration du sens concret du texte dans le cas d'espèce, par le travail des éléments du texte tels qu'ils sont configurés par la tradition et coordonnés en fonction de la cause pendante devant l'instance compétente et du problème qu'elle pose[38]. Nous avons tout à l'heure, par référence à Ricœur, dit que le juge «lit» le texte. Ce terme est à prendre au sérieux. Le lecteur est pris par le roman qu'il lit — mais non pas passivement, en ce sens qu'il serait transporté dans l'intrigue: bien au contraire, c'est lui qui la transporte dans son propre imaginaire où il l'a fait sienne[39]. Il est certes lié aux événements de l'intrigue tels que l'auteur du texte les a agencés, mais c'est grâce à sa propre imagination et par rapport à sa propre vie qu'ils (re)trouvent sens. *Mutatis mutandis*, le juge fait de même[40].

---

[38] C'est la «situation», cf. n. 32.

[39] «Appropriation», dit RICŒUR, P. (1986d), p. 130, (1986e) pp. 170 ss.

[40] Rappelons la métaphore du droit donnée par Ronald Dworkin (notamment dans DWORKIN, R. (1985), *A Matter of Principle*, Cambridge Mass./London, pp. 158 ss): un roman écrit à la chaîne par une pluralité d'auteurs, chacun responsable d'un chapitre, mais obligé de reprendre l'histoire là où son prédécesseur l'a laissée. Il peut s'abandonner à son imagination; mais il est lié par toutes les contraintes qu'il hérite de ce qui a déjà été raconté — événements passés, caractères des personnages, situation des intrigues — à quoi s'ajoute la responsabilité de laisser à son tour à ses successeurs l'histoire dans un état où elle puisse continuer. Voir, sur le rapprochement de la structure narrative selon Ricœur et les théories de Dworkin, BOURETZ, P. (1999), «Interprétation, Narrativité et Argumentation», dans: *Dworkin. Un débat*, Bruxelles, pp. 129 ss.

L'achèvement de cette «lecture» constitue la norme individuelle —
le sens (re)trouvé — qui, produite par une argumentation raisonnable[41],
est au fondement du dispositif par lequel le juge règle le litige.

Les normes individuelles ne se juxtaposent pas les unes aux autres
comme des cailloux jetés au hasard. Elles se coordonnent les unes aux
autres grâce à la continuité de la jurisprudence, dans son attention
constante à la cohérence, synchronique et diachronique, de l'ordre juridique. Elles sont d'abord — premier niveau, on l'a dit —, chacune à son
tour la parole du texte. Mais elles sont en même temps, par le fait même
qu'elles sont ainsi dites successivement, mais prises alors dans leur
ensemble, le discours du texte dans sa permanence toujours réactualisée.
C'est à ce second niveau qu'on trouve enfin la norme générale: elle est
le développement du texte dans sa propre histoire (la jurisprudence) et
dans celle de la société dans laquelle il fonctionne comme texte juridique,
la synthèse de tous les sens (re)trouvés.

Ce développement — nécessaire par la *surprise* que représente par
rapport à la tradition tout cas nouveau — s'obtient en même temps par
la *reprise* de la tradition et par son réexamen, précisément en relation
avec l'originalité de la situation, lequel peut conduire à une *déprise* par
reformulation de la question posée et, par conséquent, peut-être, de la
réponse à donner[42].

Ce discours, accumulant et différenciant le savoir juridique à partir
des éléments d'origine, reste néanmoins unifié par la référence commune
que constitue pour lui «son» texte: celui-ci en est la source. Lorsqu'on
dit que la loi est la source du droit, il faut donc prendre la métaphore au
plus près: c'est la première production du droit. A partir de là s'écoule
la rivière: la seconde production du droit, continue, progressive, celle de
la norme générale, qui, à chaque jugement, se cristallise un moment
comme norme individuelle pour poursuivre ensuite son cours. La norme
n'est donc, ni dans, ni derrière, ni sous le texte normatif: elle est *après*
la source[43]. En termes non métaphoriques: la norme générale est le pro-

---

[41] Il faut préciser que, puisqu'ils fondent la norme individuelle, les considérants du
jugement ont également la nature d'un texte normatif; ils posent donc aussi des problèmes
d'interprétation, dont le principal est d'en extraire précisément la norme individuelle, qui
n'est de loin pas toujours formulée explicitement.

[42] Voir ce que dit GADAMER, H.-G. (1990), p. 311 (trad. fr. (1996), p. 327) de l'effet de contraste, pour différencier la «fusion des horizons» d'un déterminisme naïf de la
tradition.

[43] Puisqu'on en est aux métaphores spatiales, citons RICŒUR, P. (1986d), p. 128:
«Interpréter, c'est expliciter la sorte d'être-au-monde déployé devant le texte». Sur cette
conception, voir notre article, MOOR, P. (2001).

duit, constamment renouvelé et renouvelable, de l'élaboration des normes individuelles à partir d'un texte normatif.

Cette position de la norme n'est évidemment pas conforme à l'idéologie de l'Etat de droit; elle pose problème, parce qu'elle met en évidence le pouvoir normatif du juge, qui est, comme tout pouvoir, de nature politique. Il ne s'agit pas ici d'évoquer les initiatives de ceux qu'on a appelé les petits juges, qui, au nom de leur indépendance organique, sont partis à l'assaut des turpitudes des notables. Quelle que soit son importance sociale, ce mouvement n'est qu'un phénomène. Le pouvoir politique du juge est dans l'essence même de sa fonction, qui est de *faire parler* les textes.

Il faut même aller plus loin: parmi tous les organes de l'Etat, le juge est le seul à avoir cette compétence. La garantie de l'indépendance judiciaire crée ici un monopole dont l'exercice n'est apparemment surveillé que par son titulaire[44]. C'est là le problème.

Pour dire la chose de manière imagée: on peut renoncer à transformer la métaphore de Montesquieu dans la figure monstrueuse que nous avons évoquée plus haut; mais il faut alors, comme celle de la source, la lire au plus près: si le juge est la bouche de la loi, c'est qu'il n'y a aucun moyen d'entendre la loi autrement que précisément par *cette* bouche. Mais la distinction entre bouche et cerveau perd ainsi tout sens: autant avouer tout de suite que le juge est en même temps le cerveau et la bouche de la loi. Il y a alors fermeture du système sur lui-même. En tout cas, le dialogue, aussi bien avec le texte qu'avec la tradition, semble relever de la fiction.

III.2. Dialogue II: la communauté juridique

Pour rouvrir le système, une première possibilité existe: celle de l'intervention du législateur lui-même, qui, insatisfait du développement normatif que le juge donne à un texte, peut modifier le texte lui-même pour couper court à une histoire qu'il réprouve. Cela arrive. L'actualité récente nous donne un exemple en droit français, avec l'arrêt Perruche et ce qui s'en est suivi[45]; il y en a d'autres, qui n'ont pas retenu la même attention.

---

[44] Notons cependant que les cours suprêmes sont des autorités collégiales: les juges se «questionnent» — dialoguent entre eux.
[45] Un arrêt de la Cour de cassation française, du 17 décembre 2000, a admis qu'un enfant atteint d'un handicap congénital pouvait être indemnisé dès lors que, à la suite d'une faute de diagnostic, sa mère, qui, ayant souffert d'une rubéole, avait demandé une échographie, avait reçu une information erronée et avait, en conséquence, renoncé à faire interrompre sa grossesse. Un premier effet de cette jurisprudence fut que des médecins se

Mais ce n'est pas la seule ouverture, ni même, en fait, la plus importante. En tout cas, elle est insuffisante. Car c'est progressivement, pas à pas, que se développent les normes générales — on pourrait dire par doses homéopathiques. Le pouvoir du juge est bien politique, mais non pas par gestes spectaculaires; peut-être serait-il préférable de le qualifier de *micro*politique, pour mettre en lumière sa nature en même temps que l'échelle dans laquelle il se situe. Et pourtant, travaillant dans la durée, de manière imperceptible pour les organes étatiques oeuvrant à l'échelle macropolitique, ses élaborations normatives n'en sont pas moins effectives, renforcées qu'elles sont peu à peu par la tradition qu'elles créent elles-mêmes. Une autre ouverture du système est donc nécessaire.

Il faut revenir ici sur la notion de monopole et réintroduire celle de lecture. Le juge a bien le pouvoir exclusif de «lire» les textes pour les faire parler, mais non pas cependant dans l'abstrait: uniquement lorsque l'ordre juridique lui donne la compétence d'émettre une norme individuelle. En d'autres termes, il doit y être habilité, et il est le seul à l'être: c'est là son monopole[46]. Toutefois, il doit rendre compte de la lecture qu'il fait et expliciter la tradition qu'il suit. Pour légitimer la puissance publique, l'ordre juridique agit deux fois: d'une part par l'aménagement des compétences de juger, d'autre part par le tissu normatif — textes et traditions — dans lequel ces compétences doivent s'exercer. Or, le monopole judiciaire vaut sur le premier point, et non pas sur le second.

En effet, qu'il s'agisse des lois ou des jugements, les textes normatifs ont d'autres lecteurs que le juge[47]. Outre le législateur dont nous venons de parler, ils sont de deux catégories, qui ont toutes deux ceci de commun qu'elles ont ni plus ni moins de compétence de *lecture* que le

mirent à cesser de procéder à des examens prénatals. Un certain nombre de députés déposèrent un projet de loi amendant le Code civil (art. 16), notamment, par l'adjonction d'une disposition selon laquelle «nul n'est recevable à demander une indemnisation du fait de sa naissance»; ce projet est actuellement pendant (mai 2002).

[46] C'est ce point que Hans Kelsen a mis en évidence dans sa théorie pure du droit, cependant avec une telle vigueur qu'écartant toute possibilité d'une «science» du droit dans son contenu, il exclut pour «impure» l'élaboration de l'objet des normes. Or, c'est précisément cela qu'une approche herméneutique vise à réintroduire. On peut donc lire en même temps Kelsen (si on se réfère au dispositif du jugement) et Chaïm Perelman (si on se réfère à ses considérants), voir notre article, MOOR, P. (1997), «Dire le droit», *Revue européenne des sciences sociales*, 35, N° 107, pp. 41 ss.

[47] Sans que ce soit une adhésion complète au paradigme procédural du droit qu'il présente, on verra dans la suite — et quels qu'aient été par ailleurs les débats entre Gadamer et lui — certaines des idées fondamentales de Jürgen Habermas, telles qu'elles sont notamment exposées dans le chapitre conclusif de HABERMAS, J. (1992): une théorie du droit fondée sur la discussion, intégrée dans une théorie de la société à son tour fondée sur l'idée de la communication.

juge: ce dont elles sont privées, c'est de la compétence de *choisir de manière impérative* parmi les lectures possibles celle qui va dicter la norme individuelle.

Il s'agit évidemment en premier lieu de toute personne quelconque: c'est la société dans son ensemble qui est le destinataire des textes, parce que ce sont les comportements de quiconque qui sont visés. Cette catégorie, nous l'appellerons volontiers celle des lecteurs «naturels», bien qu'elle n'ait pas toujours été «naturelle». Par exemple, il a fallu une révolution pour que la plèbe romaine connaisse les normes appliquées par les pontifes; il en a aussi fallu pour que les travaux parlementaires soient publics; les grandes codifications des XVIIIe et XIXe siècles ont été inspirées notamment par le souci de la clarté et de la transparence des textes normatifs, par opposition à un droit coutumier qui n'était guère accessible au commun des mortels.

Cependant (tout profane a pu en faire l'expérience), quels que soient les efforts des législateurs, le droit a besoin d'une technicité propre qui fait de sa lecture un exercice difficile. De plus, et même surtout, l'importance et la nécessité de la tradition dans la lecture juridique des textes généraux et abstraits, de même que celle de ce que nous avons appelé le métatexte, a manifestement pour conséquence de la rendre impraticable à ceux qui ne la suivent pas continuellement. Il n'empêche: le débat public est ouvert, la lecture est possible pour tout un chacun, relayée par les partis politiques, les mass médias, etc. — même un contrôle potentiel peut être effectif.

La seconde catégorie est précisément formée de ces lecteurs continus: celle des professions juridiques — praticiens et professeurs — qui observent par métier le développement des traditions. Ils consignent — surtout les professeurs, mais pas seulement — ce qu'ils voient dans des écrits dont l'ensemble forme la doctrine. Son rôle est essentiel. Elle systématise la tradition et concourt à l'intégration des normes individuelles et à la formulation des normes générales: elle *réfléchit* la jurisprudence. Cette activité doit avoir une dimension critique: elle met en évidence les lacunes, les incohérences, les argumentations rhétoriques des textes normatifs et de leur lecture habilitée.

S'instaure ainsi un dialogue entre les acteurs du système juridique, d'une autre structure que celui que nous avons vu précédemment, en ce sens que, pour ainsi dire, il est réel. Il se déroule de manière contemporaine au développement par la jurisprudence des textes normatifs: c'est un dialogue entre les lecteurs des textes normatifs qui a pour objet propre précisément la lecture actuelle de ces textes. C'est en quelque sorte un régime d'autocontrôle que le système juridique (à savoir l'organisation de l'ordre juridique lui-même *et* de ses acteurs) instaure.

Non seulement donc la doctrine fait partie intégrante de la tradition juridique que le juge lit en même temps qu'il lit les textes normatifs, mais elle exerce aussi une fonction régulatrice. Certes, cela ne se manifeste pas dans tous les pays de manière explicite. Certaines traditions sont à cet égard plus typiques que d'autres; les usages sont plus ou moins différents quant à la transcription formelle des apports doctrinaux dans les jugements. C'est sans doute dans les pays germaniques qu'elle est la plus forte, puisque le texte même des considérants de droit contient le plus souvent des références à la doctrine: soit pour conforter l'argumentation judiciaire, soit pour justifier un revirement de jurisprudence par reprise d'opinions doctrinales, soit enfin pour écarter les objections que la doctrine a soulevées. Dans d'autres pays (la France, les Etats-Unis, par exemple), cela est moins visible, sans qu'on puisse dire que cela serait proportionnellement moins effectif.

Est-ce à dire que la doctrine serait une source du droit? La théorie orthodoxe, orientée par le fondement normatif qu'elle donne à son analyse, le nie. Tout dépend du sens que l'on attribue à la métaphore. Ce qu'il y a de certain, c'est que la doctrine est l'une des traditions qui concourt, au sein de l'ordre juridique, au développement des textes normatifs, plus particulièrement à l'élaboration et à la formulation des normes générales qui en sont le produit. Que l'on qualifie cet apport de source ou non relève donc de la portée que l'on veut bien donner à l'emploi d'une figure de rhétorique et n'a aucune importance du point de vue du concept. Mais il est vrai que seule une analyse herméneutique permet de lui assigner sa véritable place.

IV. Conclusion

IV.1. Quelques mots sur les approches non juridiques

Il y a évidemment des présupposés pour que cela fonctionne, que nous ne ferons que mentionner. Constitutionnellement (c'est-à-dire juridiquement et politiquement), la liberté de la critique doctrinale doit être pleine et entière, avec un réseau adéquat de moyens de communication; elle est ici un aspect sectoriel de la garantie générale de la liberté d'opinion et de la recherche. Le second est d'ordre socio-économique: le système de recrutement des acteurs doit être suffisamment ouvert pour que la corporation des juristes ne soit pas fermée sur elle-même, ce qui rétablirait en fait la clôture de la jurisprudence sur son monopole.

On voit ici que l'approche herméneutique permet de mettre en évidence la question du pouvoir dans toute son ampleur. Il ne s'agit pas seulement du pouvoir du législateur et des luttes politiques autour de la conception et de la formulation des textes normatifs; il s'agit bien plutôt, voire surtout de celui qu'exerce de manière continue l'ensemble des acteurs du système juridique — le milieu professionnel des juristes. Chacun connaît la réputation qu'ils ont d'être des esprits conservateurs (de droite ou de gauche, d'ailleurs); elle n'est pas injustifiée. Sans doute peut-on repérer, comme facteur de nature psychologique, l'attrait que présente une discipline où le schéma de la continuité est une structure essentielle du raisonnement. Les milieux sociaux dans lesquels les juristes se recrutent traditionnellement, du moins jusqu'à une date récente, pourraient aussi constituer un facteur, de nature sociologique. Ces hypothèses ont déjà été émises et confortées, au moins dans une certaine mesure, par des recherches sur le terrain. Ce n'est pas notre intention de prendre position: quelle que soit la part de vérité que ces analyses psychosociologiques contiennent, il nous suffit ici de montrer que l'approche herméneutique du phénomène juridique leur donne place et légitimité[48]: Les modalités réelles du fonctionnement social des garanties que le système juridique prétend apporter doivent être l'objet d'une conscience *externe* aussi constante que l'élaboration *interne* que les juristes font des normes de ce système.

IV.2. Retour

«Le droit moderne, du moins celui de l'Europe continentale, est essentiellement constitué de textes, formulés de manière générale et abstraite à l'effet de régir à l'avenir tout conflit qui rentrerait dans leur champ d'application. Dégager leur sens, aussi bien en eux-mêmes que dans leurs rapports avec les cas d'espèce, est donc non seulement l'activité quotidienne des juristes, mais le mode de fonctionnement même de l'ordre juridique.»

---

[48] Voir par exemple l'analyse structurelle des rapports de pouvoir dans l'organisation juridique chez BOURDIEU, P. (1986), «La force du droit. Eléments pour une sociologie du champ juridique», *Actes de la recherche en sciences sociales*, 64 (septembre), pp. 3 ss — référence indiquée sans qu'on puisse y lire une adhésion sans réserve à ce que le sociologue paraît avoir comme conception du droit en tant qu'«ordre» et «force symbolique».

C'est par ces lignes que nous avons introduit cet article. C'est par elles que nous le terminerons, en nous autorisant l'espoir que le détour herméneutique aura permis de lire *autrement* les structures de l'ordre juridique et que, par conséquent, elles seront lues cette seconde fois autrement qu'elles l'ont été la première. Une telle (re)lecture serait la démonstration même des thèses que nous avons avancées.

PIERRE MOOR
Université de Lausanne

BIBLIOGRAPHIE

ALEXY, R. (^{2}1994), *Theorie der juristischen Argumentation*, Francfort.

BOURDIEU, P. (1986), «La force du droit. Eléments pour une sociologie du champ juridique», *Actes de la recherche en sciences sociales*, 64 (septembre), pp. 1-19.

BOURETZ, P. (1999), «Interprétation, Narrativité et Argumentation», dans: *Dworkin. Un débat*, Bruxelles, pp. 129-164.

CASTORIADIS, C. (1990a), «Pouvoir, politique, autonomie», dans: *Le monde morcelé. Les carrefours du labyrinthe* III, Paris, pp. 113-139.

CASTORIADIS, C. (1990b), «Temps et création», dans: *Le monde morcelé. Les carrefours du labyrinthe* III, Paris, pp. 247-278.

CASTORIADIS, C. (1996a), «Anthropologie, philosophie, politique», dans: *La montée de l'insignifiance. Les carrefours du labyrinthe* IV, Paris, pp. 105-124.

CASTORIADIS, C. (1996b), «Imaginaire politique grec et moderne», dans: *La montée de l'insignifiance. Les carrefours du labyrinthe* IV, Paris, pp. 159-182.

CASTORIADIS, C. (1997), «Fait et à faire», dans: *Fait et à faire. Les carrefours du labyrinthe* V, Paris, pp. 9-77.

DWORKIN, R.M. (1985), *A Matter of Principle*, Cambridge Mass./London.

GADAMER, H.-G. (1976), *Vérité et méthode: les grandes lignes d'une herméneutique philosophique*, trad. E. SACRE, Paris.

GADAMER, H.-G. (1986a), «Zwischen Phänomenologie und Dialektik — Versuch einer Selbstkritik», dans: *Gesammelte Werke*, tome II: *Wahrheit und Methode: Ergänzungen, Register*, Tübingen, pp. 3-23.

GADAMER, H.-G. (1986b), «Hermeneutik als theoretische und praktische Aufgabe», dans: *Gesammelte Werke*, tome II: *Wahrheit und Methode: Ergänzungen, Register*, Tübingen, pp. 301-318.

GADAMER, H.-G. (1990), *Gesammelte Werke*, tome I: *Wahrheit und Methode: Grundzüge einer philosophischen Hermeneutik*, Tübingen.

GADAMER, H.-G. (1991a), «Entre phénoménologie et dialectique — Essai d'autocritique», dans: *L'art de comprendre — Ecrits II: Herméneutique et champs de l'expérience humaine*, trad. fr. P. FRUCHON. Paris, pp. 11-38.

GADAMER, H.-G. (1991b), «L'herméneutique, une tâche théorique et pratique», dans: *L'art de comprendre — Ecrits II: Herméneutique et champs de l'expérience humaine*, trad. fr. I. JULIEN-DEYGOUT, Paris, pp. 329-349.

GADAMER, H.-G. (1996), *Vérité et méthode: les grandes lignes d'une herméneutique philosophique*, trad. fr. et éd. P. FRUCHON, J. GRONDIN et G. MERLIO, Paris.

GINZBURG, C. (1992), «Spie — Radici di un paradigmo indiziario», dans: *Miti emblemi spie — Morfologia e storia*, Milano, pp. 158-209.

HABERMAS, J. (1992), *Faktizität und Geltung*, Francfort (trad. fr. R. ROCHLITZ et CH. BOUCHINDHOMME (1997), *Droit et démocratie — Entre faits et normes*, Paris).

MOOR, P. (1997), «Dire le droit», *Revue européenne des sciences sociales*, 35, N° 107, pp. 33-55.

MOOR, P. (2001), «Norme et texte: logique textuelle et Etat de droit», dans: *Aux confins du droit — Essais en l'honneur du Professeur Charles-Albert Morand*, Bâle/Genève/Munich, pp. 377-399.

MORIN, E. (1991), *Les idées. La méthode IV*, Paris.

RICŒUR, P. (1986a), «De l'interprétation», dans: *Du texte à l'action. Essais d'herméneutique II*, Paris, pp. 13-39.

RICŒUR, P. (1986b), «Phénoménologie et herméneutique», dans: *Du texte à l'action. Essais d'herméneutique II*, Paris, pp. 43-81.

RICŒUR, P. (1986c), «La tâche de l'herméneutique», dans: *Du texte à l'action. Essais d'herméneutique II*, Paris, pp. 83-111.

RICŒUR, P. (1986d), «La fonction herméneutique de la distanciation», dans: *Du texte à l'action. Essais d'herméneutique II*, Paris, pp. 113-131.

RICŒUR, P. (1986e), «Qu'est-ce qu'un texte?», dans: *Du texte à l'action. Essais d'herméneutique II*, Paris, pp. 153-178.

RICŒUR, P. (1986f), «Le modèle du texte», dans: *Du texte à l'action. Essais d'herméneutique II*, Paris, pp. 205-236.

RICŒUR, P. (1995), «Interprétation et/ou argumentation», dans: *Le Juste 1*, Paris, pp. 163-184.

RICŒUR, P. (2001a), «La prise de décision dans l'acte médical et l'acte judiciaire», dans: *Le Juste 2*, Paris, pp. 245-255.

RICŒUR, P. (2001b), «L'Universel et l'historique», dans: *Le Juste 2*, Paris, pp. 267-285.

TIMSIT, G. (1997), *Archipel de la norme*, Paris.

L'APPLICATION DE LA LOI
L'EMPIRE DU SIGNE

Appliquer la loi, c'est donner au signe son empire. Avant d'en venir à l'élucidation et au commentaire de cette formule, je voudrais marquer le double paradoxe — la double provocation — qu'elle implique. Prétendant faire de la loi un signe, elle se place en rupture complète avec toute une histoire et une tradition de la doctrine juridique. Probablement marquée par le traumatisme originaire du jusnaturalisme, c'est une histoire tout entière orientée par la volonté juspositiviste de réagir contre les nuées du jusnaturalisme, et — ramenant la loi du Ciel sur la Terre — d'en faire une œuvre humaine, et non divine ou surnaturelle: ainsi le positivisme définit-il la loi comme produit de l'industrie du Législateur et expression de la volonté du Souverain. Cette définition a entraîné une double conséquence: d'une part, elle impliquait de rompre avec la question de la fondation du droit — et de faire de cette problématique, au moins sous ses espèces de la relation du droit à la morale, à la religion ou aux valeurs, une problématique méta-juridique — c'est à cette démarche que Weber a donné son expression canonique avec les concepts de «désenchantement du monde» et de «rationalisation du droit»; d'autre part, et dans la mesure même où l'on cessait de s'interroger sur ses fondations, la loi devenait à son tour elle-même fondation et tenait le rôle que ne pouvaient plus assurer les considérations métaphysiques qui, jusqu'alors, avaient fondé l'exercice du pouvoir — ce à quoi Weber donnait une nouvelle fois sa traduction théorique en faisant de la légalité dans les Etats modernes le fondement même de la légitimité.

De ce double point de vue, la conception de la loi comme signe constitue une rupture. Premièrement, elle est un signe — et non le fondement — de la légitimité. Deuxièmement, et comme tout signe, elle est indissociable, pour sa compréhension, du code présidant à sa lecture et, par conséquent, de ces fondations mêmes que le juspositivisme avait décidé de considérer comme étrangères au droit. Faire donc de la loi un signe, et rompre sur ce point deux fois avec Weber, c'est dire que l'application de la loi dépend de cela même que, depuis le positivisme, on pensait relever du méta-juridique. Doit donc être opérée une révision déchirante de la notion de la loi. Si la loi est un signe, il faut s'interroger sur la nature de ce signe. Et sur les frontières de son empire…

I. La nature du signe

Toute l'histoire de la pensée juridique est radicalement étrangère à cette idée que la loi est un signe. On le mesurera à constater les impasses où, malgré ses constructions savantes, successivement, la pensée juridique s'est enfermée.

A. Les *constructions* de la doctrine se sont faites à partir de deux sortes de matériaux — relatifs, les uns à la légitimité, les autres à la réalité de la loi.

J'ai parlé du traumatisme originaire du jusnaturalisme. Dans cette conception, le droit trouve sa source et son fondement dans la nature des choses — *Bonum est in re*. Ce qui donne à la loi à la fois sa réalité — conception analogique de la loi: «toute loi trouve sa source en cette réalité objective: le bien commun qui est fin ultime»[1] — et sa légitimité: «la loi, parce qu'elle conduit vers la fin ultime, ne produit cet effet que par la participation de chacun au bien. Elle est donc relative à ce bien commun dont toute loi reçoit sa légitimité»[2]. Double identification de la loi: — à la légitimité: la loi est obéie parce qu'elle est légitime; et à la réalité: elle est légitime parce qu'elle se confond avec le bien commun, qui est la réalité. Cette conception analogique évite, chez les jusnaturalistes, que l'on y doive se poser le problème de l'application de la loi: dans cette conception, la loi singulière — le singulier des choses — est un simple mode de l'universel — de l'universel des lois[3]. Dans ces conditions, aucune contradiction ni désaccord n'y peut jamais surgir entre la loi et son application.

C'est contre cette vision totale et unitaire de la loi que vont s'édifier toutes les constructions théoriques qui, par décrochages et combinaisons successifs, vont composer l'essentiel de la doctrine juridique depuis le milieu du XIXème siècle.

---

[1] Sur la conception analogique de la loi chez Saint Thomas, BASTIT, M. (1990), *Naissance de la loi moderne*, Paris, p. 60.
[2] BASTIT, M. (1990), p. 60.
[3] BASTIT, M. (1990), p. 363.
[4] BASTIT, M. (1990), p. 365.

a. Premier décrochage — d'avec la réalité: il est le fait du juspositivisme. Séparation de ce qui est vrai et de ce qui est bien[4]. Abandon des choses au sens «de l'existence d'une réalité située au delà de nous»[5] en laquelle se condenseraient les fins communes de la collectivité — la loi se réduit à ses aspects formels, qui en font la vérité, l'objectivité, la positivité pour tout dire. La loi n'est plus que «le produit immanent de l'industrie du législateur»[6]. Ce décrochage d'avec la réalité entraîne dans le même temps un transfert de légitimité. La loi positiviste rompt, certes, avec les valeurs — le bien commun — qui faisaient sa légitimité; elle ne renonce pour autant pas à fonder les raisons de l'obéissance qui lui est due: celles-ci lui viennent désormais des conditions formelles de son élaboration. Ainsi la loi positiviste se pose-t-elle à la fois dans sa généralité et son abstraction — rupture du lien avec la réalité — et continue-t-elle d'affirmer sa légitimité: celle, seule, de son Auteur, Législateur souverain, organe de la Volonté générale. On conçoit que l'application de la loi positiviste ne puisse alors revêtir que les deux seuls caractères dont la pare une certaine lecture — abusive? — de Montesquieu. L'application de la loi ne peut être que déductive — le juge est la bouche qui prononce les paroles de la loi…: il ne dispose par définition d'aucune légitimité propre, puisque de cette légitimité le Législateur seul est investi; l'application de la loi ne peut par ailleurs se faire que de manière uniforme et sans considération des réalités ni des particularités, l'abandon des choses revenant en effet à renoncer à l'objet propre de chaque loi et, simultanément, à supprimer la fin particulière par laquelle chacune pouvait se différencier de toutes les autres[7].

b. Le deuxième décrochage se produit à partir de la fin du XIXème siècle. Il est inverse et symétrique du précédent. Renouant, comme son nom l'indique, avec la réalité, le jusréalisme le paie cependant d'une renonciation à la légitimité de la loi. Réaliste, la théorie l'est en effet en ce qu'elle reconnaît que la loi n'est plus le produit de l'activité du seul Législateur. Trop d'indéterminations — ambiguïtés, lacunes, contradictions… — affectent le texte de la loi, acte voté par le parlement, pour ne pas laisser au juge une marge considérable dans la détermination de la signification qu'il lui confère. La loi devient, selon les réalistes, ce que le juge dit qu'elle est: c'est affirmer le rôle fondamental du juge dans

---

[5] BASTIT, M. (1990), p. 364.
[6] BASTIT, M. (1990), p. 362.
[7] BASTIT, M. (1990), p. 362.

l'élaboration de la loi. Une telle position trouve son expression caricaturale dans la formule selon laquelle le droit n'est jamais que ce que le juge a mangé à son petit-déjeuner... La loi, dans cette conception, perd alors toute légitimité, son contenu dépendant — en fonction des circonstances — des valeurs, et peut-être même seulement, des humeurs personnelles du juge... Identification aux choses. Totale occultation de la légitimité[8].

B. Deux *impasses*. Deux doctrines qui, l'une, identifiant la légalité à la légitimité, abandonne toute réalité; l'autre qui, confondant légalité et réalité, renonce à toute légitimité. L'application de la loi, pour le positivisme, n'est que la reproduction à l'échelon inférieur et dans des conditions uniformes, de principes généraux et abstraits énoncés à l'échelon supérieur par le législateur: subordination et indifférenciation. A l'inverse, l'application de la loi, pour le réalisme, est le prétexte à la création par le juge des principes qu'il aura décidé d'inventer en fonction des situations: discrétion et discrimination. Deux impasses: ces deux doctrines ignorent l'une et l'autre — l'une autant que l'autre, et quoi qu'il en paraisse de la doctrine réaliste sur la foi du titre qu'elle se donne — les réalités empiriques du droit. L'application de la loi ne peut en effet se réduire à la seule reproduction à l'échelon inférieur du contenu d'une loi, ni ne se dilate jamais aux dimensions d'une création normative qui ne conserverait plus aucun lien avec le texte dont elle prétendrait pourtant être l'application. Deux impasses.

a. — L'impasse de la légitimité. Le système de droit moderne, né au XIXème siècle de la critique du jusnaturalisme et auquel le positivisme a

---

[8] A partir de ces deux modèles doctrinaux, se déclinent alors toute une série de modèles faibles en fonction de l'accent qu'ils mettent ou des aménagements qu'ils apportent tant à la logique de l'un et l'autre modèles — logique de déduction pour le modèle positiviste, logique de discrétion, au sens de pouvoir discrétionnaire dans l'application de la loi, pour le modèle réaliste — qu'à la place qu'ils font au texte de la loi dans la détermination de la signification qu'ils lui confèrent (de sa détermination exclusive par le texte de la loi — on connaît, en droit, une Ecole de l'Exégèse... — à sa surdétermination exclusive par les humeurs du Juge...).
Ces modèles faibles, qui ne sont que la déclinaison et le produit de l'aménagement des modèles forts, ne rompent en aucun cas avec les principes théoriques fondamentaux sur lesquels sont construits les modèles forts, et ne peuvent pas plus, pour cette raison, offrir de solution originale ni exacte aux problèmes de l'application du droit que n'avaient prétendu le faire les modèles forts.
On s'en tiendra, pour cette raison, à la présentation des deux modèles forts. On pourra cependant se reporter, pour une analyse complète de l'ensemble des modèles, forts et faibles, et de leur articulation, à: TIMSIT, G. (2003), «La loi et ses doubles, thématiques du raisonnement juridique», *Droits*, 136/1, pp. 135-160.

donné son expression théorique la plus cohérente, se signale, on l'a déjà relevé, par la séparation instaurée entre légalité et moralité. Le transfert de légitimité qu'il provoque procède de ce que, éliminant toute fondation métaphysique de la loi, il conserve cependant à la légalité une légitimité qu'elle tire désormais de sa définition comme expression de la volonté du Souverain. C'est ce transfert de légitimité que consacre Weber lorsqu'il fait de la légalité l'un des trois fondements, avec la tradition et le charisme, de la légitimité de l'Etat. Mais, comme le remarque Habermas, ce concept positiviste de droit — identifiant légalité et légitimité — laisse «dans l'embarras quant à la question de savoir comment une domination légale peut être légitimée (…). Etant présupposé que la légitimité représente une condition nécessaire pour le maintien de toute domination politique, comment peut en général être légitimée une domination légale, dont la légalité repose sur un droit purement décisionniste (par conséquent sur un droit qui dévalue par principe la fondation)?»[9] La réponse de Weber consiste, on le sait, à voir la source de la légitimité dans le respect par la loi des règles relatives à son élaboration. Ce serait là la preuve formelle que la loi est bien ce qu'elle prétend être: expression — puisque, formellement, elle émane de lui — de la volonté du Souverain. La légitimité repose ainsi sur «la croyance en la légalité des ordres légaux et des directives légales de ceux qu'elle habilite à exercer la domination»[10]. Mais, comme Habermas le fait alors remarquer, «ce qui demeure obscur, c'est d'où la croyance en la légalité doit tirer la force de légitimation». Si la légalité signifie en effet la conformité à des règles — en l'occurrence, des règles de procédure —, et si ces règles ne peuvent, par hypothèse positiviste, trouver de justification morale, alors se repose le problème de la légitimité de la loi. Le positivisme l'a juste différé: «la croyance en la légalité ne peut (…) engendrer la légitimité que si la légitimité de l'ordre juridique, établissant ce qui est légal, est déjà présupposée. Il n'y a aucune issue (…).»[11]

La vérité, ajoute Habermas, est que «la croyance en la légalité ne peut pas par elle-même, i.e. par la forme d'une loi positive, produire la légitimité»[12]. La croyance en la légalité doit elle-même être ancrée dans ce qu'il appelle «la confiance dans les *fondements rationnels*, globalement présupposés, de l'ordre juridique»[13] — ce qui fait en fin de compte de la

[9] HABERMAS, J. (1987), *Théorie de l'agir communicationnel*, I, trad. J.-M. FERRY et J.-L. SCHLEGEL, Paris, p. 275.

[10] WEBER, M. (1995), *Economie et société*, Paris.

[11] HABERMAS, J. (1987), p. 275.

[12] HABERMAS, J. (1987), p. 276.

[13] HABERMAS, J. (1987), p. 276.

légalité, non le fondement de la légitimité comme le prétend Weber et l'avait théorisé le positivisme, mais seulement un indice, un signe de la légitimité de la loi. «De quelque côté qu'on se tourne, la légalité reposant uniquement sur la loi positive peut *indiquer* mais non pas *remplacer* la légitimité qui la sous-entend.»[14] "Indiquer": première démonstration du statut de la loi comme signe.

b. Il en est une seconde — au bout de la seconde impasse: l'impasse de la réalité. L'identification, comme le prétendent les réalistes, de la loi à la réalité présente à leurs yeux cette justification qu'elle permet de restituer à la loi et son application toute sa complexité — celle du réel. Ainsi les réalistes peuvent-ils intégrer au raisonnement l'ensemble des éléments — y compris politiques, psychologiques, moraux... — qui, intervenant dans l'interprétation de la loi, en font au moment de son application la signification finale. La logique d'une telle position est que l'on ne peut plus trouver de contrainte ni de limite à l'interprétation ou l'application de la loi. Beaucoup de réalistes n'hésitent pas à l'endosser. La liberté, la discrétion même — l'arbitraire, en vérité (il faut bien appeler un chat un chat...) — de l'interprète font de la norme produite au terme du processus, le résultat d'un pur et simple — et brutal — rapport de forces entre les institutions, les personnes, les organes qui coopèrent ou s'affrontent dans la procédure de création normative. La norme n'a plus alors d'autre légitimité que celle de la puissance qui l'a produite. Ce qui est bien le contraire de la légitimité[15]. Or une telle analyse, outre qu'elle mène à la négation de l'idée même de loi, est en contradiction avec les réalités empiriques du droit. La loi n'est ni, comme le prétendent les positivistes, transcendante à la société, ni comme le pensent les réalistes, immanente au corps social, totalement immergée ou confondue en lui. Elle est à la fois l'un et l'autre. Et la théorie doit en rendre compte — simultanément.

Immanente au corps social, la loi en est une émanation et en porte la marque: elle a trait au réel et à la société dont elle est un outil et l'instrument. Transcendante au corps social, elle n'en est cependant pas un outil et un instrument passif: elle a ce caractère de signifier à l'intention de ceux auxquels elle s'adresse un droit, une obligation, une habilitation, une recommandation... Elle est un instrument de traitement du réel. Or,

---

[14] HABERMAS, J. (1987), p. 276.
[15] On se souvient que Weber distingue entre *Macht* (la puissance) et *Herrschaft* (la domination).

elle ne peut traiter de la réalité que si elle indique quelle réalité sociale existante elle veut empêcher que l'on transforme ou quelle réalité sociale future elle veut obtenir que l'on crée. Elle ne peut le faire en donnant de cette réalité, actuelle ou à venir, une description qui la restituerait, intégrale, dans tous ses détails, dans toute sa réalité aux yeux de ceux qui, ayant à mettre en œuvre la loi, sont chargés de traiter de la réalité. La loi, œuvre humaine, ne peut évidemment donner de la réalité qu'une représentation stylisée, schématisée, réduite à ses caractères essentiels: ceux qui sont pertinents au regard de l'action — nécessairement limitée — à entreprendre. Le Législateur souverain n'est pas Dieu. Même pas peintre, ni dessinateur. Ni écrivain. Encore moins photographe. La loi ne peut donc jamais donner qu'une représentation — pas une reproduction — de la réalité: seulement une vision rationalisée de la réalité à traiter, une vision aux fins de traitement de cette réalité. A cet égard, la loi tient, dans le rapport à la réalité à décrire, la même place et joue exactement le même rôle que tient la perspective, lorsque, à l'époque de la Renaissance, elle est inventée par Giotto et Duccio dans ce mouvement que décrit Erwin Panofsky[16]. Le législateur, s'il n'est certes pas peintre ni dessinateur, est cependant, comme le peintre ou le dessinateur, confronté au problème de la représentation de la réalité. A la fois, il doit la simuler — et il ne peut le faire. La perspective est, en peinture et dans les arts graphiques, l'invention qui — rompant avec la représentation primitive: représentation plane, «aplatie», de corps ou d'objets sur une surface où tous les corps ou objets se situent à la même distance du spectateur — introduit la profondeur et l'espace dans le tableau: un espace tridimensionnel dans un tableau qui, lui, reste nécessairement un espace à deux dimensions. La réalité est désormais, grâce à la perspective, mieux figurée qu'elle ne l'était au Moyen Âge, dans ces représentations «aplaties» que l'on savait seules donner encore des paysages ou des objets à cette époque. Mieux figurée, illusion de la réalité, elle n'en reste cependant qu'une illusion. Car la perspective ne sert qu'à restituer une réalité «travaillée» par l'œil du peintre. La réalité, la vraie, n'est nullement identifiable à celle du tableau qui, pour donner l'illusion d'un volume, de la distance et de l'espace, utilise un plan, une surface, et y fait figurer des objets ou des corps, les uns plus petits que les autres, pour donner l'impression au spectateur que les objets les plus petits sont plus éloignés du spectateur que les objets les plus grands. La loi joue exactement le même rôle que la perspective à

---

[16] PANOFSKY, E. (1975), *La perspective comme forme symbolique*, Paris.

l'égard de la réalité. Instrument de traitement de la réalité, elle en est à la fois une représentation et une non-représentation. C'est ce phénomène dual, de représentation et non-représentation, de représentation rationalisée et illusoire de la réalité, qui fait de la loi un signe et que je veux désigner du concept utilisé par Paul Ricœur à propos des œuvres historiques et fictives — le concept de représentance[17]. «Etre comme, dit Paul Ricœur, c'est être et n'être pas.»[18] «Représentance, ajoute-t-il, signifie tour à tour, réduction au Même, reconnaissance d'Altérité, appréhension analogisante.»[19] Et en effet, de la même manière que l'historien est chargé de reconstituer une réalité qui a cessé d'exister, le Législateur est chargé, lui, de figurer dans la loi une réalité qui n'existe pas encore: «s'il se produit, dans telles conditions, tel événement, qui n'existe pas encore — et ne se produira peut-être jamais… (un accident, par exemple) —, sera engagée, dans telles conditions, la responsabilité du sujet à l'origine de l'événement»; ou bien: «si vous vous comportez de telle manière (si vous créez des emplois, par exemple, — mais peut-être ne les créerez-vous pas…), je vous accorderai tel avantage et vous exonérerai du paiement des charges sociales relatives aux emplois qui auront été créés». Une réalité qui, non seulement n'existe pas encore, mais qui, de surcroît n'existe dans la loi que de manière approchée, nécessairement réduite à ceux de ses éléments constitutifs indispensables à la caractérisation de la situation dont veut traiter le législateur. La loi ne dit pas: «si un individu brun, portant des chaussures noires, âgé de 65 ans…»; elle dit: «tout citoyen français, âgé de 18 ans au moins…». La loi a donc bien, non une fonction de représentation à proprement parler, mais de représentance — de réduction au même, c'est vrai; de représentation de la réalité, en effet; mais aussi de reconnaissance d'altérité: cette réalité «représentée» n'est certes pas la réalité existante — infiniment diverse et, dans son infinie diversité, impossible à restituer intégralement; elle ne peut donc, cette réalité, être appréhendée que de manière partielle — «analogisante», dit Paul Ricœur[20] —, au travers des seuls éléments soumis au traitement et pertinents au regard de l'action à mener. Elle n'est pas la réalité. Elle est une autre réalité — une métaphore de la réalité — destinée à traiter de la réalité en grandeur réelle. Une quasi-réalité. Un signe, en lieu et place de la réalité. Comme elle l'est aussi de la légitimité.

---

[17] RICŒUR, P. (1985), *Temps et Récit*, 3, Paris, p. 183.
[18] RICŒUR, P. (1985), p. 281.
[19] RICŒUR, P. (1985), p. 281.
[20] Et non: analogique…

II. Les frontières de l'empire

Résumons donc. La loi est un signe — de la légitimité qui la fonde, et de la réalité qu'elle représente.

Et poursuivons maintenant: c'est de ce double caractère qu'elle tient l'empire qu'elle exerce. Et c'est pour avoir ignoré son caractère de signe — de signe double: de la réalité et de la légitimité — que la doctrine dominante n'a jusqu'à présent pu rendre compte des conditions exactes de l'opération d'application de la loi. Une opération qui n'est jamais ni totalement libre comme ont voulu le faire croire les réalistes, ni entièrement contrainte comme l'a longtemps prétendu le positivisme. On le vérifiera tant à propos de la structure que des modalités de l'opération d'application de la loi.

A. C'est au travers de ce que l'on connaît en droit sous le nom de qualification des faits que peut être appréhendée la *structure* de l'opération d'application de la loi. Toute opération de ce type est subordonnée à une question préalable: les faits en présence desquels se trouve le juge (ou l'administrateur en charge de l'exécution de la loi) sont-ils de nature à justifier l'application de la loi? Distinguant selon que la loi est précise ou imprécise, selon qu'elle énonce explicitement ou non les conditions posées à son application, la doctrine dominante conclut, selon les cas, à un pouvoir discrétionnaire ou lié du juge dans l'application de la loi. Ainsi fait-elle le départ d'une «vision puriste de la qualification des faits», «exempte de toute appréciation» — qui ferait donc de la qualification un jugement de réalité exclusif de toute référence à des valeurs; et à l'inverse, de la «qualification souveraine», qui — elle — serait le produit d'un «absolu 'pouvoir discrétionnaire' statuant en pure opportunité»: dans cette dernière hypothèse, la doctrine assume le risque, et le revendique même, que de telles qualifications soient «erronées» pourvu, dit-elle, que ces qualifications servent de moyens efficaces au service de fins honorables[21]. Nobles sentiments. On peut cependant s'en inquiéter. L'opposition ainsi dressée entre les deux types de qualifications revient en effet, comme d'habitude, à consacrer la distinction majeure qu'a toujours faite la doctrine dominante entre la réalité — qu'elle ne réussit pas à assumer (la «vision puriste»), et la légitimité — qu'elle finit par ruiner: les qualifications «erronées» au service de fins «honorables». Qui décide en effet de «l'erreur» et de «l'honorabilité»?...

---

[21] CAYLA, O. (1998), «La qualification ou la vérité du droit», *Droits*, 18, p. 18.

La vérité est que la qualification des faits ne peut être analysée dans les termes trop simples auxquels on la réduit. Deux fonctions sont, en fait, remplies par l'opération de qualification, qui correspondent aux deux éléments constitutifs de la structure d'une opération d'application de la loi: une fonction de spécification des faits d'une part, et une fonction de certification de la référence d'autre part.

– La fonction de spécification des faits d'abord. Compte tenu de l'abstraction de la loi — du caractère sélectif et limité de la représentation de la réalité à laquelle elle procède en vue d'en permettre le traitement par la puissance publique —, l'opération de spécification a pour objet de vérifier ce qui, dans la réalité singulière à laquelle est confronté le juge, permet de reconnaître l'une de ces réalités visées de manière générale par le législateur comme devant donner lieu à l'application de la loi. La spécification s'analyse ainsi en une recherche par le juge, dans l'individuel, de ce qu'il y a de général en lui — de ce qui fait de l'individuel et du concret rencontrés par le juge partie intégrante de la généralité «couverte» et visée par le législateur. Souvent, l'opération de spécification se suffit à elle-même — du moins apparemment — et le processus de qualification des faits semble s'y limiter. Le mode de spécification, dans ce cas, consiste alors à rechercher dans la loi quelles conditions elle pose à son application. Ces conditions, dites «pertinentes», sont destinées à schématiser une réalité infiniment trop riche et complexe pour donner lieu à représentation/reproduction par la loi.

– La structure de l'opération d'application de la loi ne se résume cependant pas — contrairement aux apparences et à l'opinion de la doctrine dominante, qui y verrait volontiers le tout de la qualification — à cette vérification du juge. Une telle vérification suppose en effet une prise de position préalable sur le contenu même et la portée des conditions posées par la loi. C'est l'objet de l'autre part de l'opération de qualification — que j'appellerais volontiers: de certification de la référence. C'est une opération consistant en une attestation par le juge de la référence, implicite ou explicite, à laquelle il recourt pour déterminer la signification du texte qu'il applique: opération duale elle-même s'analysant en ce que le juge — se référant à des valeurs, à un code au sens linguistique du terme, qui fondent et légitiment l'application individuelle de la loi générale — garantit en même temps, par l'invocation de cette référence, que la solution singulière ainsi adoptée est correctement imputée à la loi générale qu'il applique.

Structure complexe de l'opération d'application de la loi. La loi est signe de la réalité qu'elle représente: abstraite, la loi ne peut en effet trouver d'application que dans et par la spécification des faits destinée à faire descendre la loi de son empyrée. Elle est également signe de la légitimité qui la fonde — une légitimité que l'opération d'application de la loi doit, à travers le code qui commande à la signification finalement retenue, certifier — explicitement ou non — pour justifier cette application-là, et aucune autre, de la loi…[22]

B. On voit que l'opération d'application de la loi ne saurait être ramenée à aucun des schémas trop sommaires auxquels la réduirait volontiers la doctrine dominante. Les deux grandes doctrines juridiques, dans leur rusticité, ne sont jamais capables, chacune, que de rendre compte d'une seule des *modalités* d'application de la loi — soit, avec le positivisme, et sa surestimation théorique de la légitimité, de la reproduction mécanique de la loi par un juge totalement soumis au Souverain; soit, avec le réalisme, et sa surestimation inverse de la réalité, de la liberté du juge qui, «appliquant» la loi, l'invente en vérité au gré de ses humeurs ou dans les limites du rapport de forces dans lequel il est engagé. On doit en fait recenser trois modalités d'application de la loi, qui sont essentielles et distinctes. Elles correspondent aux trois degrés de liberté, — ou, à l'inverse, de nécessité — existant dans la mise en œuvre de la loi[23].

Pour en rendre compte, je propose de réutiliser les analyses doctrinales précédentes. Et, pour ce faire, de les soumettre à une conversion de leurs éléments constitutifs — une conversion, au sens arithmétique du terme destinée à les ramener au minimum possible de concepts communs permettant de restituer (c'est-à-dire, tout à la fois, expliquer et comprendre…[24]) de

---

[22] Cette distinction des deux fonctions de spécification et de certification a été testée sur un exemple précis, dont on trouvera l'analyse détaillée dans la revue *Enquêtes*, n° 7, consacrée aux «objets du droit»: cf. TIMSIT G. (1998), «La transdiction à l'œuvre, étude de cas», *Enquêtes*, 7, p. 233-250. Le test a été constitué en l'occurrence par un de ces arrêts que les juristes appellent «grands arrêts» parce qu'ils apportent une solution de principe originale ou particulièrement typique d'une évolution ou d'une situation donnée.

[23] Ces trois modalités d'application de la loi ont été recensées et décrites par Montesquieu dans MONTESQUIEU (1748), *l'Esprit des lois*, VI, 3, Paris, et ont également fait l'objet d'une tentative de systématisation par Dworkin. Telles quelles, ces analyses, par leurs récurrences et leurs convergences, constituent un véritable test de la validité empirique des doctrines de l'application de la loi dans la mesure où elles imposent, et à Dworkin lui-même en premier lieu, de rendre compte de l'ensemble des situations qu'elles décrivent (et, non pas seulement, comme le font les doctrines positiviste et réaliste, et Dworkin lui-même, de l'une ou l'autre seule d'entre elles). Le problème théorique qui se pose donc est triple: rendre compte, à la différence des doctrines jusqu'à présent rencontrées, de l'ensemble des modalités d'application de la loi; en rendre compte dans des termes qui leur soient communs; en rendre compte enfin dans les conditions les plus économiques, c'est-à-dire avec le minimum de concepts théoriques.

[24] Sur expliquer et comprendre, cf. RICŒUR, P. (1986), *Du texte à l'action, Essais d'herméneutique II*, Paris.

manière homogène l'ensemble de la réalité — et toute sa diversité. Je propose donc de construire mon analyse sur le concept de signe — ce que j'ai déjà commencé de faire — et celui de détermination — ce que je me propose de poursuivre maintenant.

J'ai attribué, on l'a vu, l'échec des doctrines classiques, positiviste et réaliste — leur incapacité avérée à rendre compte de l'ensemble des modalités d'application de la loi — à leur identification de la légalité soit à la légitimité, soit à la réalité. Identifications abusives: la légalité ne se confond pas avec… Elle est seulement signe de…: de la réalité qu'elle représente et de la légitimité qui la fonde. Or elle ne peut être signe que parce qu'elle est écriture. C'est en effet l'écriture de la loi qui autorise son «irréalité» — la distance qui s'établit de la réalité à la «représentation» qui en est donnée par la loi. La loi est en effet écriture et généralité — généralité parce qu'écriture, et irréalité dans la mesure même de sa généralité. La loi est toujours à distance de la réalité — et ne se peut confondre, jamais, avec elle. Elle ne peut donner qu'un signe, une indication, de la réalité. Et son «application», si elle tend à la rapprocher de la réalité, ne parvient jamais absolument — comment pourrait-il en être autrement? — à la reproduire exactement. On mesure alors la marge d'indétermination qu'introduit l'écriture de la loi dans la «représentation» qu'elle propose de la réalité.

On mesure en même temps la marge de détermination qu'introduit l'écriture de la loi dans la signification qu'elle confère à la réalité. Le positivisme, en identifiant légalité et légitimité, faisait du Législateur la seule source de légitimité — et par conséquent de l'auteur de la loi le seul facteur de détermination de la signification de la loi. En reconnaissant au contraire la loi comme signe de légitimité, on dénoue le lien de détermination; on l'élargit pour y englober d'autres facteurs de légitimation que ceux qui tiennent à l'origine de la loi. Et c'est à nouveau l'écriture de la loi qui rend possible cet élargissement du champ de la légitimité. C'est en effet parce que la loi est écrite que, se détachant de son Auteur — le Législateur —, elle peut être comprise comme signe d'une autre légitimité. La théorie de la loi comme signe ne fait en effet plus de la légitimité la seule légitimité (procédurale) dont est investi l'Auteur formel de la loi. La légitimité de la loi — parce que la loi est écrite et qu'elle se détache, comme toute écriture, de son scripteur —, c'est désormais la légitimité substantielle des valeurs auxquelles adhère la collectivité qui a adopté cette loi et accepté de vivre sous son règne.

Le concept central et unique auquel mène donc, à partir de la loi comme signe, la conversion des analyses doctrinales sur la légalité/

réalité et /légitimité, c'est le concept de détermination/indétermination — décomposable lui-même, du coup, en ses trois mécanismes. D'abord, un mécanisme de prédétermination de la signification de la loi par l'Auteur même de la loi. On ne saurait le négliger sous le prétexte que le lien est défait de la loi à son Auteur. La loi, signe de la légitimité, reste en tout état de cause signe de la légitimité de son Auteur qui, en en prédéterminant la signification, leste cette signification de tout le poids de la légitimité qui est la sienne. Cette prédétermination ne peut cependant jamais être complète ni radicale: l'écriture de la loi dans les mots de la langue naturelle, leur polysémie, interdit que puissent être évitées toutes les ambiguïtés, toutes les indéterminations. Existe donc un autre mécanisme — de codétermination de la signification de la loi par son lecteur. La loi/écriture est soumise à la lecture de ses destinataires qui revendiquent pour leur compte la légitimité qu'ils contestent à l'Auteur de la loi. Cette légitimité qu'ils s'arrogent, le lecteur, les destinataires de la loi ne peuvent pourtant pas plus que l'Auteur de la loi y prétendre seuls — alors même que c'est par la signification qu'ils confèrent au texte de la loi qu'elle advient à la réalité. Un troisième mécanisme intervient en effet — de surdétermination de la signification de la loi par référence aux valeurs qui président à sa lecture.

Si l'on admet cette analyse[25], on peut alors mieux distinguer entre les différents types d'application de la loi selon que domine, dans sa mise en œuvre, l'un ou l'autre des trois mécanismes de détermination de sa signification. Deux d'entre les modalités d'application de la loi correspondent aux deux cas de figure envisagés et traités par les doctrines positiviste et réaliste. Ils sont cependant analysés ici dans une perspective nouvelle.

La première modalité est celle — dont traite, seule, la doctrine positiviste — de la pure et simple reproduction par le juge du contenu de la loi élaborée par le législateur. Le juge, bouche de la loi. J'ai voulu utiliser

---

[25] On en trouvera un exposé détaillé dans: TIMSIT, G. (1991), *Les noms de la loi,* Paris, et TIMSIT, G. (1993), *Les figures du jugement*, Paris. Par l'indissociabilité qu'elle instaure entre les différents mécanismes de détermination, cette analyse ne devrait pas être en contradiction avec l'analyse de Gadamer lorsqu'il insiste sur le fait que «l'application n'est pas une partie accessoire et occasionnelle du phénomène de la compréhension mais qu'elle contribue à la déterminer dès le début et dans son ensemble» (GADAMER, H.-G. (1996), *Vérité et méthode, Les grandes lignes d'une herméneutique philosophique*, trad. et éd. P. FRUCHON, J. GRONDIN et G. MERLIO, Paris, p. 346) et lorsqu'il poursuit sur le «caractère effectivement commun à toutes les formes d'herméneutique [qui] se résume dans le fait que c'est seulement dans l'interprétation que se concrétise et s'accomplit le sens qu'il s'agit de comprendre, mais que pourtant cet acte d'interprétation reste entièrement lié au sens du texte» (GADAMER, H.-G. (1996), p. 315).

à ce propos, pour la désigner, le concept de *transcription*. Ce concept me paraît en effet faire place à un élément que la doctrine positiviste, dans ses analyses, occulte complètement. S'agissant d'une transcription, l'opération ainsi désignée renvoie en effet sous ce nom à cette idée, et à ce fait essentiel, que la loi est écriture — texte élaboré par le législateur. En tant que telle, écriture dans laquelle s'inscrit la volonté du Sujet auteur du texte, la loi apparaît essentiellement comme mécanisme de prédétermination. Parler de transcription à son propos présente alors cet avantage de montrer cette application de la loi pour ce qu'elle est exactement: une opération dans laquelle le juge s'efface devant la légitimité du Souverain — dont la loi est le signe qu'il respecte —, mais qui aussi, et parce que la loi n'est qu'un signe de la réalité, fait de la loi une opération aussi abstraite et éloignée de la réalité que la loi elle-même qu'il s'agit d'appliquer: uniformité et indifférenciation de la norme édictée. On définit ainsi, du même mouvement, et la liberté du juge et la nécessité qui s'impose à lui dans l'application de la loi: la nécessité, qui résulte de la légitimité du Souverain auquel se soumet le juge — et sa liberté, qui lui vient de ce que la légitimité du Souverain a pour signe un texte, une écriture. S'explique alors par là la démarche du juge qui, voulant traduire dans son jugement la volonté du Législateur, utilise le raisonnement syllogistique à partir des principes énoncés par la loi, recherche loyalement les intentions du législateur telles qu'elles ont été inscrites dans le texte de la loi ou le contexte qui l'entoure, procède à la lecture littérale ou grammaticale du texte etc... Ainsi s'explique également qu'une telle démarche puisse déboucher sur des solutions en total décalage avec les réalités politiques du moment ou la sensibilité de l'opinion...

A l'opposé d'une telle démarche, se trouve une autre des modalités d'application de la loi — dont une certaine vulgate réaliste rend compte de manière caricaturale[26]. Je l'ai désignée du nom de *transgression*. En quoi s'analyse-t-elle? On sait que, pour les réalistes, l'application de la loi n'est contrainte d'aucune manière: selon eux, le juge lecteur de la loi est le seul qui, en définitive, décide de la signification qu'elle revêt. Il en est donc le seul créateur, capable par là d'en faire une exacte application à la réalité, les considérations politiques, morales, économiques, psychologiques et même stratégiques qu'il y introduit et qui fondent sa décision lui permettant d'ajuster la norme ainsi édictée à la réalité dont elle a pour

---

[26] Sur cette vulgate et ses caricatures, cf. TIMSIT, G. (2001), «Contre la nouvelle vulgate», dans: *Le nouveau constitutionnalisme, Mélanges en l'honneur de Gérard Conac*, Paris, pp. 31-48.

mission d'assurer le traitement. Dans une telle vision, on ne peut craindre que l'application de la loi se fasse de manière abstraite, uniforme et désincarnée. On peut en revanche redouter l'excès inverse — que l'on passe de l'uniformité à une telle différenciation qu'en fait la loi que l'on prétendait générale ne soit plus qu'une collection de lois individuelles — et qu'il n'y ait donc plus de lois — et qu'elle ne soit, en fin de compte, que l'expression d'un rapport de forces. Négation de toute légitimité.

L'analyse proposée, en mettant l'accent sur les mécanismes de détermination, et sur celui des mécanismes qui domine en l'occurrence: celui de la codétermination, permet de rendre compte plus exactement que ne le fait la doctrine réaliste de l'état exact des réalités empiriques. En analysant cette modalité d'application de la loi comme transgression, elle restitue le juge dans toute la complexité de la situation qui est la sienne: dans sa liberté — que seule sait prendre en considération la doctrine réaliste — de lire le texte comme il l'entend en fonction de références ou de valeurs qui lui sont strictement personnelles et qu'il substitue à celles que le législateur avait inscrites dans la loi; et en même temps dans la nécessité où il se trouve, que ne sait pas expliquer la doctrine réaliste (sinon en changeant de plan, et en invoquant des considérations «stratégiques», ou en disant qu'il s'agit de «contraintes de l'argumentation», ou même en parlant de «camouflage»…), de «faire parler le texte» dans le sens qu'elle veut lui attribuer. Incohérence de l'analyse réaliste — conséquence inéluctable d'une doctrine trop fruste, si fruste en vérité qu'elle n'est même pas capable de distinguer entre transgression et violation de la loi — car la transgression de la loi n'est guère qu'une violation qui a réussi (le problème se posant alors de savoir à quelles conditions une violation peut «réussir»…).

C'est là qu'intervient la dernière modalité d'application de la loi — caractérisée par la dominance du troisième des mécanismes de détermination: la surdétermination. Je parle à ce propos de *transdiction* — néologisme construit sur le modèle du mot juridiction: opération consistant, pour le juge — en l'absence, ou du fait de, l'insuffisance de détermination de la référence dans le texte élaboré par le législateur, à «dire» le droit (c'est l'étymologie même du mot juridiction: *juris-dictio*) à la lumière des valeurs dominant dans le corps social qui l'a institué comme juge. Opération de «*dite*» du droit permettant au juge d'adapter la loi aux réalités du corps social.

La transdiction se distingue clairement sur ce point de la transcription. La norme individuelle édictée en application de la loi n'y est en effet pas le produit de la simple subsomption d'un fait particulier sous une norme générale qui lui est, dit-on, «appliquée», mais de la déclinaison, à partir de la norme générale, et au cas par cas, des faits singuliers en fonction des informations nouvelles dont les faits sont porteurs sur les situations à traiter. Dans les deux hypothèses, la normativité permet, il est vrai, le traitement de cas individuels. Mais, dans le cas de la transcription, tous les faits semblables donnent lieu à «application» de la norme générale; dans le second, celui de la transdiction, ce sont des faits dissemblables qui donnent lieu à la mise en œuvre de la norme générale. Dans l'hypothèse de la subsomption, l'essentiel tient au caractère non révisable de la conclusion élaborée par application de la norme générale: la «conclusion» — l'application individuelle de la norme générale — y est subordonnée à la réunion des caractères énoncés par cette norme elle-même; celle-ci s'applique ainsi ou non selon que les caractères sont ou non réunis dans la situation considérée. Dans l'hypothèse de la déclinaison propre à l'opération de transdiction, il s'agit au contraire d'une inférence révisable: «une inférence dont la validité dépend du contexte dans lequel on l'emploie (…). La transitivité du raisonnement n'est plus garantie (…). Dès lors, la justification des raisonnements par cas ne consiste pas simplement à énoncer une règle générale valide pour des cas similaires (…). Le «cas» suspend cet «automatisme» et amène à reconsidérer, en fonction des objectifs fixés, l'ordre de priorité des règles applicables les unes par rapport aux autres[27]. Ces règles restent en tout état de cause valides et leur application est déclenchée, selon la situation, par la considération privilégiée des valeurs qui vont surdéterminer la signification du texte de la loi. Ainsi, tandis que, dans la transcription, la légitimité de la loi, c'est celle du législateur souverain qui se traduit par l'«irréalité» de la norme appliquée, la «dite» singulière du droit par le juge assure au contraire la «réalisation» de l'opération d'application de la loi et sa légitimité tient à celle des valeurs sociales dominantes qui inspirent cette lecture et cette application-là de la loi.

On comprend alors comment l'opération de transdiction peut être distinguée non seulement, comme on vient de le faire, de l'opération de transcription, mais également de la transgression dont l'adéquation à la réalité se paie ainsi de la négation de la légitimité du législateur et de son remplacement par une légitimité réduite à celle des seules valeurs personnelles du juge. Et l'on se souvient que certains vont jusqu'à parler de ses humeurs…

Reste alors à distinguer entre transgression et violation de la loi. Pour la doctrine positiviste, toute transgression devrait être analysée en

---

[27] LIVET, P. (2001), «Action et cognition en sciences sociales», dans: J.-M. BERTHELOT, *Epistémologie des sciences sociales*, Paris, p. 311.

une violation de la loi — et aucune interprétation *contra legem* ne devrait être acceptable: ce que dément la jurisprudence qui admet parfaitement que des interprétations délibérément contraires au texte d'une loi (à sa lettre et à son esprit) soient reconnues comme légales. La doctrine réaliste, à l'inverse, ne devrait pas admettre qu'une interprétation puisse jamais être considérée comme illégale au motif qu'elle contreviendrait à la loi, puisque, par définition, pour elle, c'est le juge qui fait la loi — ce qui, à nouveau, est manifestement en contradiction avec les réalités jurisprudentielles. Il doit donc bien exister une démarcation entre transgression et violation de la loi. Il faut en fait, pour la faire apparaître, renoncer aux analyses dichotomiques des doctrines traditionnelles — et prendre en considération les trois mécanismes de la signification dans ce qu'ils disent, chacun, de la légitimité qui fonde la loi et de la réalité qu'elle représente. Les trois types de situations peuvent être, du coup, distingués les uns des autres — et de la violation de la loi.

Les situations de transcription d'abord — où la prédétermination par le législateur est maximale et, symétriquement, la surdétermination par référence aux valeurs minimale. Le rôle du juge y est, par conséquent, réduit à peu de choses dans la mesure où le juge se contente de reproduire dans son jugement les dispositions de la loi, aussi abstraitement qu'elles ont été énoncées par le législateur lui-même. L'application de la loi, dans cette hypothèse, se caractérise par la légitimité «législative» qui la fonde, et la forte «irréalité» qui l'affecte dans la mesure où, n'étant qu'une retranscription de la loi, la norme qui applique la loi présente les mêmes caractères que la loi /écriture dont elle est l'exécution.

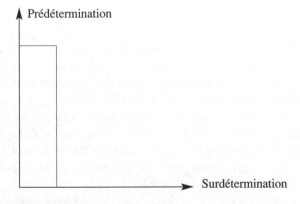

Les situations de transdiction — où la prédétermination est minimale et la surdétermination maximale. Le rôle du juge est, dans ces situations,

considérable, puisque c'est lui qui met au jour les valeurs qui servent à la
surdétermination de la signification et assurent l'adéquation de la norme à
la réalité. La légitimité de la loi ne trouve cependant de fondement, dans
cette hypothèse, ni chez le législateur (prédétermination minimale), ni chez
le juge qui l'a édictée qui ne dispose que de sa propre légitimité personnelle: comme dans la transcription, la légitimité du juge s'efface donc ici
devant une autre légitimité: celle, en l'occurrence, de la Société, dont le
juge est l'institution, et de ses valeurs — dont il est le porteur.

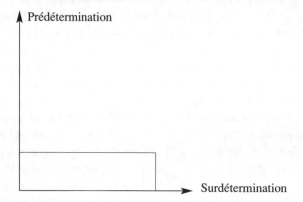

La troisième situation est celle de la transgression: elle se caractérise par l'association d'une forte prédétermination de la loi par le législateur qui l'a élaborée et d'une forte surdétermination par le juge qui la
lit: situation de transgression dans la mesure où — à l'encontre du texte
de la loi tel que, compte tenu de la légitimité de son auteur, il devrait être
lu — le juge fait une lecture de la loi et lui confère une signification qui
contrevient à celle que le texte de la loi aurait dû revêtir. Cette situation
ne s'identifie ni à celle de la transcription où le juge se rallie à la signification prédéterminée par le législateur — ici, c'est le contraire: il fait
prévaloir la «sienne» —, ni à celle de la transdiction où n'existe par
hypothèse aucune prédétermination, ou seulement très faible, et où, par
conséquent, le juge ne fait qu'occuper un terrain qui était resté vide. Situation de transgression originale dont la jurisprudence offre des exemples
célèbres… mais restés mal analysés, bien qu'ils aient été salués comme
des avancées et des progrès de l'état de droit.

La vérité est que, dans cette hypothèse, l'on a assisté à une véritable
violation de la loi — si toutefois l'on doit entendre la loi au sens tradi-
tionnel et étroit d'une norme édictée par le législateur et bénéficiant de

la légitimité de son Auteur. En ce sens, en effet, la loi a bien été, dans ce cas, violée puisqu'une interprétation en a été retenue, contraire à celle que l'auteur du texte avait voulue et à laquelle il avait conféré sa légitimité. L'interprétation retenue l'a été au bénéfice de la légitimité des valeurs sociales dominantes dans la Collectivité au moment de la lecture de la loi — légitimité qui a donc prévalu sur celle du Législateur: violation réussie de la loi, c'est-à-dire transgression, parce qu'elle repose sur un mécanisme de surdétermination par les valeurs sociales dominantes. Ce qui permet de la distinguer objectivement de la violation pure et simple de l'illégalité, violation reconnue comme telle, caractérisée, elle, par le fait que l'interprétation *contra legem* en laquelle elle s'analyse, tout comme une transgression, ne trouve cependant pas, à la différence de la transgression, de fondement dans la légitimité des valeurs sociales dominantes, mais seulement dans les valeurs personnelles du juge.

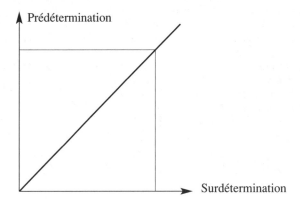

Dans le schéma ci-dessus, la diagonale mesure alors la progression du rôle du juge dans la détermination de la norme — le degré de codétermination, cette codétermination subissant une mutation lorsqu'elle passe de la mise à jour par le juge des valeurs sociales dominantes qui fondent la légitimité de la transgression à la mise en œuvre par ses soins des valeurs qui lui sont personnelles et subjectives et, qui — constitutives de l'illégalité — le placent au delà de l'empire du signe.

GÉRARD TIMSIT
Université de Paris 1, Panthéon-Sorbonne

BIBLIOGRAPHIE

BASTIT, M. (1990), *Naissance de la loi moderne*, Paris.

CAYLA, O. (1998), «La qualification ou la vérité du droit», *Droits*, 18, pp. 3-18.

GADAMER, H.-G. (1996), *Vérité et méthode, Les grandes lignes d'une hermé-neutique philosophique*, trad. et éd. P. FRUCHON, J. GRONDIN et G. MERLIO, Paris.

HABERMAS, J. (1987), *Théorie de l'agir communicationnel*, I, trad. J.-M. FERRY et J.-L. SCHLEGEL, Paris.

LIVET, P. (2001), «Action et cognition en sciences sociales», dans: J.-M. BER-THELOT, *Epistémologie des sciences sociales*, Paris, pp. 269-316.

MONTESQUIEU (1748), *l'Esprit des lois*, Paris.

RICŒUR, P. (1985), *Temps et Récit*, 3, Paris.

RICŒUR, P. (1986), *Du texte à l'action, Essais d'herméneutique II*, Paris.

TIMSIT, G. (1991), *Les noms de la loi,* Paris.

TIMSIT, G. (1993), *Les figures du jugement*, Paris.

TIMSIT G. (1998), «La transdiction à l'œuvre, étude de cas», *Enquêtes*, 7, pp. 233-250.

TIMSIT, G. (2001), «Contre la nouvelle vulgate», dans: *Le nouveau constitu-tionnalisme, Mélanges en l'honneur de Gérard Conac*, Paris, pp. 31-48.

TIMSIT, G. (2003), «La loi et ses doubles, thématiques du raisonnement juri-dique», *Droits*, 136/1, pp. 135-160.

WEBER, M. (1995), *Economie et société*, Paris.

PANOFSKY, E. (1975), *La perspective comme forme symbolique*, Paris.

INDEX NOMINUM

INDEX RERUM I
ARTICLES EN FRANÇAIS

INDEX RERUM II
DEUTSCHSPRACHIGE ARTIKEL

TABLE DES MATIÈRES

PRINTED ON PERMANENT PAPER • IMPRIME SUR PAPIER PERMANENT • GEDRUKT OP DUURZAAM PAPIER - ISO 9706

N.V. PEETERS S.A., WAROTSTRAAT 50, B-3020 HERENT